普通高等教育“十三五”规划教材 · 安全工程专业
“十三五”江苏省高等学校重点教材(编号:2018-1-032)

安全管理学

(第二版)

邵　辉　毕海普　主编

中国石化出版社

内 容 提 要

本书运用管理学、心理学、行为学等学科的基本原理、方法，较为系统地研究了安全管理的相关问题。全书共分8章，分别为绪论、安全管理学理论基础、安全管理方法与技术、安全投资与保险管理、安全生产事故管理、安全管理标准化、安全文化、安全管理实践。

本书可以作为普通高等院校安全工程、消防工程、安全管理工程等专业的教学用书，也可供企业的安全和技术管理人员参考，也适合作为企业安全管理培训用书。

图书在版编目(CIP)数据

安全管理学／邵辉，毕海普主编．—2版．—北京：中国石化出版社，2019.12

普通高等教育"十三五"规划教材

"十三五"江苏省高等学校重点教材

ISBN 978-7-5114-5647-2

Ⅰ.①安…　Ⅱ.①邵…②毕…　Ⅲ.①安全管理学-高等学校-教材　Ⅳ.①X915.2

中国版本图书馆CIP数据核字(2019)第296557号

中国石化出版社出版发行

地址：北京市东城区安定门外大街58号

邮编：100011　电话：(010)57512500

发行部电话：(010)57512575

http://www.sinopec-press.com

E-mail：press@sinopec.com

北京柏力行彩印有限公司印刷

全国各地新华书店经销

*

787×1092毫米 16开本 23印张 520千字

2021年5月第2版　2021年5月第1次印刷

定价：60.00元

第二版前言

普通高等教育“十二五”规划教材《安全管理学》自2014年出版以来，得到了相关院校的大力支持与认可，2018年被评为“十三五”江苏省高等学校重点教材(编号：2018-1-032)。为了更好地发挥本教材在安全工程专业人才培养、安全生产教育培训中的积极作用，结合多年的教学实践对教材进行全面修订，形成《安全管理学(第二版)》。

本次修订以中国工程教育专业认证“学生为中心、成果导向、持续改进”的理念为指导，以培养“懂工程、责任心强、安全素质高、会管理”的安全专门人才为目标，结合工程应用，突出培养学生解决复杂工程安全问题的综合能力。

本次修订在保持第一版的基本结构和篇幅的基础上，对相似的、陈旧的、过于理论化的内容进行了适当合并和精简，对新标准、新技术、新方法等内容结合工程安全问题进行了补充；将原第六章“职业健康安全管理体系”、第七章“企业安全生产标准化”进行合并，从安全管理标准化的角度重新构建了第六章“安全生产标准化管理”；在相关章节增加了安全管理信息化发展趋势等内容，补充了企业安全管理信息体系、事故模拟与验证和预测技术、基于仿真技术的安全培训方法；同时对第二章“安全管理学理论基础”、第三章“安全管理方法与技术”、第八章“安全管理的实践”进行了较大幅度的修改。教材由原9章调整为第二版的8章，每章节增加了复习思考题。

本书第二版由邵辉、毕海普老师担任主编，具体修订分工如下：第1、2章由邵辉负责、第3、4、5章由毕海普负责，第6、7、8章由邵小晗负责。赵庆贤、王新颖、单雪影、时静洁、张晓磊等老师，谢小龙、韩骥等研究生也做了大量的工作。

本次教材修订得到了江苏省教育厅、常州大学的大力支持和帮助，得到江苏省高等教育教改研究重点课题(2017JSJG026)、江苏省高校品牌专业建设工程一期项目(PPZY2015B154)的资助，在此一并表示感谢！

由于水平有限，书中难免存在不当之处，敬请读者批评指正！

编　者

2021年4月

第一版前言

生产系统是一个复杂的“人–机–环境”系统，安全管理就是对这一系统及其要素进行全方位、全过程的管理和控制，保证生产处于最佳安全状态，安全管理是一种动态管理。本书试图运用现代安全管理原理、方法和手段，分析和研究各种不安全因素，从技术上、组织上和管理上采取有力的措施，解决和消除各种不安全因素，防止事故的发生。

本书是作者在多年教学和科研的基础上，考虑到近年来安全管理技术迅速发展的状况，以及广大技术人员和管理人员进行知识更新的需要而编写的。本书从安全管理的基本知识和原理入手，系统地介绍了安全管理在安全生产中的地位，阐述了安全管理方法与技术、安全投资与保险管理、安全生产事故管理、职业健康安全管理体系、企业安全生产标准化、安全文化、我国安全管理的实践，为安全生产管理提供理论和技术支持。

安全管理学是保证企业安全生产的主要技术支撑，是安全工程专业学生必须掌握的专业技术，在安全人才培养中占有重要的地位，对培养学生的安全工程思维和应用能力具有重要意义。

在编写过程中，作者力求将基本理论、分析方法与安全生产中的具体安全管理问题相结合，既注意提高安全管理理论水平，又注重解决实际问题。在对理论和分析方法的阐述中强调了实用性和可操作性。在风格上注重简明性和趣味性。在表述上力求深入浅出，语言简炼明了，案例生动有趣。

全书由常州大学邵辉(第 1 章)、沈阳航空航天大学黄春新(第 2、3 章)、江苏大学刘宏(第 4、6 章)、淮海工学院李娜(第 5 章)、常州大学葛秀坤(第 7、8 章)、黄勇(第 9 章)老师负责编写，常州大学邵辉教授承担策划、统调与统审。

本书在编写的过程中，参考并引用了相关教材、专著和论文的内容，在此向原作者表示感谢！同时，本书的编写还得到常州大学、中国石化出版社的大力支持和帮助，一并表示感谢！

本书是编者多年来的教学与研究和不断阅读与思索的成果，限于作者的理论水平和实践经验，书中难免存在一些不足，恳请广大读者予以批评指正。

目 录

第1章 绪　　论

第2章 安全管理学理论基础

第3章 安全管理方法与技术

第4章 安全投资与保险管理

第5章 安全生产事故管理

第6章 安全管理标准化

第7章 安全文化

第8章 安全管理实践

第1章 绪 论

1.1 安全生产需求安全管理学

1.1.1 安全生产的概念

"安全生产"就是指在生产经营活动中，为避免造成人员伤害和财产损失的事故而采取相应的事故预防和控制措施，以保证从业人员的人身安全，保证生产经营活动得以顺利进行的相关活动。

安全生产是安全与生产的统一，其宗旨是安全促进生产，生产必须安全。搞好安全工作，改善劳动条件，可以调动职工的生产积极性，减少职工伤亡、财产损失；可以增加企业效益，进而促进生产的发展。生产必须安全，是因为安全是生产的前提条件，没有安全就无法生产。

(1) 安全生产的基本原则

① 管生产必须管安全的原则。在生产过程中必须坚持在抓生产的同时抓好安全，以实现安全与生产的统一。生产和安全是一个有机的整体，两者不能分割更不能对立起来，应将安全寓于生产之中。

② 安全具有否决权的原则。安全生产工作是衡量工程项目管理的一项基本内容，它要求对各项指标考核、评优创先时，首先必须考虑安全指标的完成情况。安全指标没有实现，即使其他指标顺利完成，仍无法实现项目的最优化，安全具有一票否决的作用。

③ "三同时"原则。基本建设项目中的职业安全、卫生技术和环境保护等措施和设施，必须与主体工程同时设计、同时施工、同时投产使用，这是法律制度所规定的原则。

④ "五同时"原则。企业在组织计划、布置、检查、总结、评比生产工作的同时，要同时计划、布置、检查、总结、评比安全工作。

⑤ "四不放过"原则。就是事故原因未查清不放过，当事人和群众没有受到教育不放过，事故责任人未受到处理不放过，没有制订切实可行的预防措施不放过。"四不放过"原则的支持依据是《国务院关于特大安全事故行政责任追究的规定》(国务院令第302号)。

⑥ "三个同步"原则。安全生产与经济建设、深化改革、技术改造同步规划、同步发展、同步实施。

(2) 安全生产的本质

① 保护劳动者的生命安全和职业健康是安全生产最根本、最深刻的内涵，是安全生产本质的核心。它充分揭示了安全生产以人为本的导向性和目的性，是我们党和政府以人为本的执政本质、以人为本的科学发展观的本质、以人为本构建和谐社会的本质在安全生产领域的鲜明体现。

② 突出强调了最大限度的保护。所谓最大限度的保护，是指在现实经济社会所能提供的客观条件的基础上，尽最大的努力，采取加强安全生产的一切措施，保护劳动者的生命安全和职业健康。根据目前我国安全生产的现状，需要从三个层面上对劳动者的生命安全和职业健康实施最大限度的保护：

一是在安全生产监管主体，即政府层面，把加强安全生产、实现安全发展、保护劳动者的生命安全和职业健康，纳入经济社会管理的重要内容，纳入社会主义现代化建设的总体战略，最大限度地给予法律保障、体制保障和政策支持。

二是在安全生产责任主体，即企业层面，把安全生产、保护劳动者的生命安全和职业健康作为企业生存和发展的根本，最大限度地做到责任到位、培训到位、管理到位、技术到位、投入到位。

三是在劳动者自身层面，把安全生产、保护自身的生命安全和职业健康，作为自我发展、价值实现的根本基础，最大限度地实现自主保安。

③ 突出了在生产过程中的保护。生产过程是劳动者进行劳动生产的主要时空，因而也是保护其生命安全和职业健康的主要时空，安全生产的以人为本，最集中地体现在生产过程中的以人为本。同时，还从深层次揭示了安全与生产的关系。在劳动者的生命和职业健康面前，生产过程应该是安全地进行生产的过程，安全是生产的前提，安全又贯穿于生产过程的始终。二者发生矛盾，当然是生产服从于安全，当然是安全第一。这种服从，是一种铁律，是对劳动者生命和健康的尊重，是对生产力最主要最活跃因素的尊重。

④ 突出了一定历史条件下的保护。这个一定的历史条件，主要是指特定历史时期的社会生产力发展水平和社会文明程度。强调一定历史条件的现实意义在于：

一是有助于加强安全生产工作的现实紧迫性。我国是一个正在工业化的发展中大国，经济持续快速发展与安全生产基础薄弱形成了比较突出的矛盾，处在事故的“易发期”，搞不好，就会发生事故甚至重特大事故，对劳动者的生命安全和职业健康威胁很大。做好这一历史阶段的安全生产工作，任务艰巨，时不我待，责任重大。

二是有助于明确安全生产的重点行业取向。由于社会生产力发展不平衡、科学技术应用的不平衡、行业自身特点的特殊性，在一定的历史发展阶段必然形成重点的安全生产产业、行业、企业。如化工、煤矿、交通、建筑施工等行业、企业，这是现阶段的高危行业，工作在这些行业的劳动者，其生命安全和职业健康更应受到重点保护，更应加大这些行业安全生产工作的力度，遏制重特大事故的发生。

三是有助于处理好一定历史条件下的保护与最大限度保护的关系。最大限度保护应该是一定历史条件下的最大限度，受一定历史发展阶段的文化、体制、法制、政策、科技、经济实力、劳动者素质等条件的制约，搞好安全生产离不开这些条件。因此，立足现实条件，充分利用和发挥现实条件，加强安全生产工作，是我们的当务之急。同时，最大限度保护是引力、是需求、是目的，能够催生、推动现实条件向更高层次、更为先进的历史条件形态转化，从而为不断满足最大限度保护劳动者的生命安全和职业健康这一根本需求提供新的条件、新的手段、新的动力。

1.1.2 我国当前的安全生产现状

随着我国经济的快速发展，经济成分的多样化给安全生产造成非常复杂的局面。在一些地区、一些企业，以牺牲安全为代价获取短期、局部经济利益的现象十分普遍。

我国国有企业长期以来习惯于上级行业部门的行政管理，政府的行业主管部门也习惯于直接管理企业内部事物。国家机关改革后，行业行政职能削弱，要求企业依法自主经营、自我约束、自己承担法律责任。但是，由于相关法律法规的不健全或监督执行不力，安全工作又不直接与收益相关联，有些企业在生产中是经济利益第一，安全工作仅是口头形式。某些私企、合资或小型外商独资企业的安全工作比国有企业还要差，安全生产责任主体没有真正落实到位。有相当一部分中小企业没有建立和完善安全生产规章制度和操作规程，有的即使有基本的安全生产规章制度和操作规程，也只是为了应付检查，做表面文章，没有真正落实到实处。还有许多企业的安全生产规章制度和操作规程多年不进行修订，满足不了不断变化的新技术、新设备、新工艺的安全要求。还有些企业，没有建立和健全安全生产管理机构，未按规定配备足够的安全管理人员，造成安全管理混乱，安全生产事故频发。

例如，中国石油某公司多次发生事故。

① 2010 年 7 月 16 日，输油管道发生爆炸漏油事故，泄漏的 1500t 原油入海，造成 430 余平方公里海面污染的重大损失，引起了广泛的关注。

② 同年 10 月 24 日下午，码头油库“7・16”爆炸事故现场拆除着火油罐时，引燃罐体内残留原油，再次发生火情。

③ 2011 年 7 月 16 日，新区三蒸馏 1000 万吨/年常减压装置换热器“大帽”泄漏着火。相关人士透露，该装置是炼油的第一道工序，在整个炼油过程中至关重要。此次火灾将换热器和两个空冷器烧毁，使整个装置瘫痪，必将导致其他装置非正常运行。在短期内难以修复，将严重影响生产。因此，此次火灾将造成重大财产与生产损失。

④ 2011 年 8 月 29 日，该公司储油罐发生火灾。

⑤ 2017 年 8 月 17 日，该公司 140 万吨/年重油催化裂化装置原料油泵发生泄漏引发火灾。

再如，2011 年的“7・23”动车追尾事故，造成 35 人死亡 210 人受伤的悲剧。2014 年 8 月 2 日，江苏省昆山经济技术开发区的某金属制品有限公司抛光二车间发生特别重大铝粉尘爆炸事故，当天造成 75 人死亡、185 人受伤。2019 年 3 月 21 日，江苏省盐城市响水县陈家港镇化工园区内某化工公司化学储罐发生爆炸事故，并波及周边 16 家企业，截至

2019年3月25日，事故已造成78人死亡。

根据国际劳工组织的报告，目前全世界就业总人数为27亿人，每年因职业事故造成的死亡人数约21万人(指劳动者工伤事故死亡人数，不包括交通事故和职业病死亡)，由职业事故和职业危害引发的财产损失、赔偿、工作日损失、生产中断、培训和再培训、医疗费用等损失，约占全球国内生产总值的4%。

世界各国既采用事故死亡人数的绝对指标，也采用反映事故死亡人数与经济发展关系的相对性指标，如从业人员10万人事故死亡率、单位国内生产总值事故死亡率、百万工时事故死亡率，以及道路交通万车死亡率、煤炭百万吨死亡率等，来反映国家地区或某些行业领域的安全状况。如果这些指标居高不下，则意味着为经济发展付出了高昂的生命代价。

工业发达国家工伤事故10万人死亡率一般在6以下，并呈逐年缓慢下降趋势，最低的是英国，已降到1以下，美国、法国、德国均在5以下，发展中国家一般在10左右。近年来，我国各类生产安全事故呈下降趋势。各类事故起数、死亡人数分别由2004年的80.4万起、死亡13.7万人，减少到2018年的4.9万起、3.46万人，下降了94%、75%。其中特重大事故起数、死亡人数分别由2005年的131起、死亡2606人，减少到2018年的19起、227人，下降了85%、91%。

在国家对于安全生产的重视与大力扶持下，虽然我国安全生产的形势较十几年前有了很大的改观，但目前所面临的形势仍然是严峻的，就2018年一年来看，平均每一天有大约134起事故发生，也就是说每小时就会发生5起事故，使人民群众生命和国家财产蒙受重大损失，在政治上也产生了不良影响。

通过对近年来发生的各类伤亡事故分析，具有如下一些特点：

① 绝大多数事故属于责任事故。主要是违章指挥、违章作业，疏于管理、监督不力造成的。最突出的如山东烟台1999年“11·24”特大海难事故，就是一起在恶劣的气象和海况条件下，船长决策失误和操纵不当，安全管理存在严重问题而导致的重大责任事故，造成282人遇难，直接经济损失约9000万元。再如2000年江西省上栗县的“3·11”特大爆竹爆炸事故也是如此，造成33人死亡。

② 发生事故最多的是乡镇、私营、个体企业，约占事故总数的80%以上。据统计，乡镇煤矿死亡人数占全国煤矿死亡人数的72%；乡镇煤矿百万吨死亡率高达17.67，为重点煤矿(0.941)的20倍。一些企业业主在事故发生后，逃之夭夭，把大量善后工作、赔付责任推给当地政府。

③ 近年来，农民工、外来工成为伤亡事故的主体，约占伤亡事故总数的80%以上。由于劳动用工形式的多样化和灵活性，劳动力的流动性加大加快，加上这一群体普遍缺乏安全知识和自我保护意识，成为事故的最大受害者，而他们当中的一些人又往往是事故的直接责任者。

④ 交通事故和发生在饭店、酒楼、娱乐等公共场所的重、特大事故明显增多。据公安部提供的数字，2011上半年交通事故死亡人数达44379人，同比增长11.2%。河南省焦

作市“3·29”天堂录像厅特大火灾事故死亡74人，主要原因是个体经营者严重违法违规经营，深夜播放非法音像制品，为逃避检查关闭通道，失火后又不及时报警；有关执法人员徇私舞弊，明知其违规经营，还发给营业执照。

⑤ 因工程(设备)质量低劣和伪劣产品而引发的重、特大事故明显增加。如重庆市綦江县彩虹桥垮塌事故，阜新发电有限责任公司电机烧毁事故等都属于这类事故。

⑥ 违法违规开采矿产资源，特别是小矿山超层越界开采，在油(气)田和输油(气)管道上偷油、偷气，而引发的事故明显增多。

发生各类事故的直接原因虽各不相同，但综合起来分析，其主要原因：

①不少领导干部和经营管理者对党中央、国务院有关安全生产的指示精神并没有认真贯彻，思想上没有引起高度重视，组织上、制度上的管理没有采取相应措施，有的甚至麻木不仁、置若罔闻，中央的精神没有真正落实到基层。

②有的企业非法生产经营，片面追求经济效益，有的基层负责领导和执法部门干部甚至还入干股、拿好处。尤其是一些乡镇、私营企业根本不具备基本的安全生产条件，不少设备、设施存在严重的事故隐患，带病运转。

③有些企业没有认真贯彻执行现有的安全生产法规，存在严重的违章指挥、违章作业、违反劳动纪律的“三违”现象。

④安全生产法规建设跟不上形势发展需要，现有法规对大量涌现的非国有企业约束不力。

⑤安全生产管理监督不力，管理监督力量严重不足。

⑥执法不严，事故发生后有关责任人没有得到严肃处理，其他人也没有从中吸取教训，以致同类事故屡查屡教不止。

除这些原因外，各类事故的频繁发生，也反映出一些深层次并需要尽快解决的问题：

① 安全生产管理体制极不适应安全生产的需要。长期以来，我国安全生产工作的重点主要放在国有企业，特别是国有大中型企业，国有企业的重点又放在工矿企业和交通运输企业。随着改革的深入和经济的快速发展，各类非国有经济成分大量增加，农民工和外来工大量增加，造成私营、个体经济组织和乡镇企业中的伤亡事故大量增加。而现行的安全生产管理体制又存在着职能交叉、责任不明和监管缺位、无人责任的问题，不利于对安全生产的综合协调和监管，加上一部门和基层政权的领导干部疏于管理和监督，安全力度明显削弱，现有安全生产监督管理体制与现实经济状况不相适应的矛盾越来越突出。

② 安全生产监督力量极不适应安全生产需要。过去，各产业部门都有健全的安全监管机构和相应的监管人员。机构改革后，许多产业部门已被撤销，由于安全监督力量大大削弱，现有的人员光调查处理事故都跑不过来，更谈不上经常性的监督检查，不少地区的安全生产监督管理工作已经出现断档。现有安全监管力量严重不足与安全工作面广量大不相适应的矛盾越来越突出。

1.1.3 安全生产的发展趋势

(1) 安全产面临的挑战与机遇

① 随着人民生活水平的不断提高，特别是独生子女已经步入就业大军，职工及其家属对伤亡和职业病的心理承受能力越来越脆弱。劳动安全卫生条件越来越成为人们择业的重要标准。

② 严重的伤亡事故和职业危害，不仅给人民群众的安全与健康造成重大损害，而且影响经济的健康发展和社会稳定，甚至产生不良的国际影响(特别是在人权问题上)。因此，劳动安全卫生状况是国家经济发展和社会文明程度的反映。保证所有劳动者的安全与健康是社会公正、安全、文明、健康发展的基本标志之一，也是保持社会安定团结和经济持续、快速、健康发展的重要条件。

③ 科技进步一方面从根本上为搞好安全生产创造了有利的条件，但另一方面，在当代这样高速度、高能量运行的综合系统中，一个小小的失误或缺陷可能会带来惨重的灾难。

④ 我国将长期处于劳动力在数量上供大于求、而在质量上又供不应求的这样一个阶段。必须有效地提高经营者和职工的素质，才能做到安全生产。

⑤ 全球的劳动安全卫生的发展趋势也向我们提出挑战。

(2) 安全生产的基本对策

① 必须坚持“安全第一，预防为主，综合治理”的安全生产方针。实践表明，坚持安全生产方针，最重要的是要全面理解和正确处理安全与生产、安全与效益的关系。要坚持树立安全第一思想，任何企业都要努力提高经济效益，但必须服从安全第一的原则。在社会主义市场经济条件下，不能允许只要有钱赚，就可以危及人民的生命安全。安全就是生命，安全就是生产力，安全就是效益，安全才能稳定，安全促进发展。

坚持“预防为主”是对人民生命财产安全负责的具体体现，也是多年来血的教训的总结。预防是要有投入的，这个投入既包括精力的投入、教育的投入，也包括资金、技术和设备、设施的投入，有投入就会有回报。国内外大量事实证明安全投入的产出比、预防性效果与事后整改效果均体现出“预防为主”的重要性，同时预防为主也是最有经济效益的。

② 安全生产工作必须由各级人民政府负责，必须切实加强政府对安全生产工作的监督检查。各级政府的主要领导是本地区安全生产的第一责任人。为官一任，必须确保一方平安。搞好安全生产是我国的一项基本政策，也是可持续发展战略的重要组成部分，必须从讲政治、保稳定、促发展的高度把安全工作纳入各级政府的重要议事日程。安全生产工作应该而且完全可以与产业结构调整，企业技术进步，经济发展，城市建设和规划，新建、改建、扩建项目的立项、设计、施工、竣工验收等工作结合。在建立社会主义市场经济的过程中，政府依法对企业的安全生产进行监督检查，建立一支专门的、高素质的国家安全生产监察队伍。这种监督检查并不替代企业内部的安全管理。要逐步建立统一的而不是分散的安全生产监察体系。

③ 必须依法管理安全生产。现在我国已经建立了安全生产的法规体系，实施依法管理安全生产工作，依法保障劳动者的安全与健康，依法查处责任事故，是搞好安全生产工作的重要保证。要真正做到有法可依，有法必依，执法必严，违法必究。

④ 必须进一步落实企业的安全生产责任制，建立健全安全生产的自我约束机制。企业的法定代表人是企业安全生产的第一责任人。企业必须严格执行国家有关安全生产的法律、法规和标准，必须结合企业特点建立健全安全生产规章制度，坚持预防为主，落实安全措施，确保安全生产。国有企业应当在安全生产方面也发挥榜样作用。安全生产和科学管理是企业永恒的主题，任何时候都不可有丝毫的放松。

要积极而又稳妥地开展企业职业安全卫生管理体系认证和安全生产标准化工作，大力加强中小企业安全工作。

⑤ 必须加强安全生产的宣传教育，提高全民族的安全素质。安全生产工作必须坚持预防为主，预防就要坚持宣传教育为主。通过宣传教育提高各级领导、企业经营管理者的认识是关键，提高劳动者(特别是务工农民)的安全生产知识、自我保护意识是实施预防为主、搞好安全生产的基础。生产安全、生活安全涉及到每一个家庭、每一个大人和小孩，提高全民族的安全素质是一项长期而又紧迫的任务。

⑥ 必须按照市场经济的需求，大力培育、发展安全生产检测检验、安全培训、评估、技术咨询服务等中介组织，大力培育、发展劳动保护产业。这既是政府安全生产监察的技术依托和技术支持，也是广大企业，特别是数以百万计的中小企业的需要。对安全生产管理人员要逐步开展执业资格的认定工作，使安全生产管理不断提升。

⑦ 必须严肃查处事故，举一反三。一旦发生事故，要坚持“救人第一”的原则，并采取有力措施尽可能把损失降低到最低限度。调查处理事故要坚持事故原因没有查清不放过、事故的责任者没有得到严肃处理不放过、广大职工没有受到教育不放过、防范措施没有落实不放过的原则，真正从发生的事故中吸取深刻的教训，切实加强和改进安全生产工作。

⑧ 必须实施工伤保险与事故预防相结合的制度。利用工伤保险的差别费率和浮动费率，促使企业加强事故预防。依法规定从工伤保险基金中提取一定比例的经费用于事故预防和安全生产的宣传教育工作，使安全生产工作逐步进入“预防→减少事故→减少工伤赔付→降低企业缴纳工伤保险基金费率→预防”的良性循环。

⑨ 必须充分利用政府、企业和劳动者三方协调机制，促进安全生产工作。在这方面各级工会组织要发挥重要作用，政府依法监督检查，客观、公正是三方协调一致的关键。三方协调一致，建立稳定和谐的劳动关系，促进社会的安全、稳定和全面发展。

⑩ 必须从我国的实际出发，标本兼治，长抓不懈。不断增长的对减少伤亡事故和职业危害的迫切需要与落后的安全生产状况之间的矛盾将贯穿在今后相当长的安全生产工作过程中。安全生产状况是企业生产水平、我国生产力水平、科技教育水平、全民族安全文化素质的综合反映。

(3) 安全生产的发展趋势

① 从事故多发到逐步稳定、下降的发展周期规律

研究表明，安全状况相对于经济社会发展水平，呈非对称抛物线函数关系，大致可划分为4个阶段：

一是工业化初级阶段，工业经济快速发展，生产安全事故多发；

二是工业化中级阶段，生产安全事故达到高峰并逐步得到控制；

三是工业化高级阶段，生产安全事故快速下降；

四是后工业化时代，事故稳中有降，死亡人数很少。

例如：日本1948~1960年处于工业化初级阶段，人均国内生产总值从300美元增到1420美元，年均增长15.5%，事故也急剧增加，13年间职业事故死亡率增长了146.1%。1961~1968年处于工业化中级阶段，人均国内生产总值从1420美元增加到5925美元，事故高发势头得到一定控制，但在工业、制造业就业人口仅5000万人左右的情况下，职业事故死亡人数仍在6000人左右的高位波动。1969~1984年进入工业化高级阶段，事故死亡人数大幅度下降到2635人，平均每年减少5.2%。之后，日本进入后工业化时代，事故死亡人数保持平稳下降趋势。

英国、德国、法国等工业化国家的安全生产，也都经历了从事故多发，到下降和趋于稳定的过程。安全生产的这种阶段性特点，揭示了安全生产与经济社会发展水平之间的内在联系。当人均国内生产总值处于快速增长的特定区间时，生产安全事故也相应地较快上升，并在一个时期内处于高位波动状态，我们把这个阶段称为生产安全事故的“易发期”。所谓“易发”，是指潜在的不安全因素较多。这个期间，一方面经济快速发展，社会生产活动和交通运输规模急剧扩大；另一方面安全法制尚不健全，政府安全监管机制不尽完善，科技和生产力水平较低，企业和公共安全基础仍然比较薄弱，教育与培训相对滞后，这些因素都容易导致事故多发。

依据世界银行关于经济发展水平的划分标准，有关机构选择27个国家、14项经济社会发展指标进行了综合分析，发现安全生产除了与经济社会发展水平和产业结构相关外，还与国家安全监管体制、安全法制建设、科技投入水平、社会福利制度、教育普及程度、安全文化等因素密切相关，因此“易发”并不必然等于事故高发、频发。事实上，各国“易发期”所处的经济发展区间、经历的时间跨度也不尽相同：美国、英国处于人均1000~3000美元之间，时间跨度分别为60年(1900~1960)和70年(1880~1950)；战后新兴的工业化国家日本的“易发期”则处于1000~6000美元之间，时间跨度也缩短为26年(1948~1974)。

② 我国安全生产经历的一些规律特点

建国以来，我国安全生产在曲折中发展，大致经历了四个事故高峰期(1958~1961、1971~1973、1996~1998、2001~2002)。通过对各个时期、各个阶段事故伤亡统计数据进行分析，可以发现：

一是事故总量随着经济规模的扩大而上升。从大致走势看，建国以来事故死亡人数呈

上升态势。值得注意的是 2003 年出现了“拐点”，当年在国内生产总值持续增长背景下，事故死亡人数开始下降。从事故死亡指数曲线分析，1953~1976 年波动幅度较大，1978 年后波动幅度相对较小，死亡人数指数波动幅度与 GDP 增长率的变化具有统计学关系，改革开放以来比较稳定的经济社会环境，为安全生产平稳发展创造了有利条件。

二是反映事故死亡人数与经济活动关系的一些相对性指标持续下降。煤炭百万吨死亡率、道路交通万车死亡率以及工矿企业从业人员 10 万人死亡率呈逐年下降趋势。这表明随着安全法制的健全和政府监管力度的加大，我国安全生产确实在不断地加强和改进。

三是特别重大发生频率呈增加态势，这种现象表明，随着生产规模扩大、生产集中化程度提高、城市化进程加快、交通运输增加等，发生群死群伤重特大事故的几率随之增加；而劳动生产率低下，规范的生产经营秩序尚未建立健全，也加大了重特大事故风险。防范遏制重特大事故，是当前和今后一个时期我国安全生产工作的重点任务。

③ 信息化安全管理

20 世纪 80 年代以来，随着现代安全科学管理理论、安全工程技术和计算机软、硬件技术的发展，在工业安全生产领域应用计算机做为安全生产辅助管理和事故信息处理的手段，得到了国内外许多企业和部门的重视。这一技术正在不断得到推广应用。国外很多专业领域，如航空工业系统、化工工业系统，以及像美国国家职业安全卫生管理部门、同际劳工组织等机构，都建立了自己的安全工程技术数据库，开发了符合自己综合管理需要的系统。在国内，很多工业行业也都开发了适合自己行业使用的各种管理系统。如原劳动部门开发了劳动法规数据库和安全信息处理系统；航空、冶金、煤炭、化工、石油天然气等行业，都开发了事故管理系统、安全仿真培训系统等。

在安全信息技术方面，开发了很多实用软件，如“事故信息管理与分析系统”“安全生产综合信息管理系统”“职业安全健康法规、标准数据库系统”“石油勘探开发安全生产多媒体培训系统”“建筑安全生产多媒体培训系统”“FTA 树分析系统”“安全评价系统”“安全工程电子课件系统教材”“危险源预控与应急信息系统”等。

对安全信息技术方面总的发展趋势进行分析，要把现代的计算机技术与安全科学管理技术有机地结合；把安全系统管理和事故分析预测、预警、辅助决策相结合；利用多媒体技术和仿真技术提高安全教育和培训的功能和效果，将会大大促进现代企业安全管理、安全教育，提高事故预防能力和安全生产保障水平。

1.1.4 安全生产中安全管理学的需求

从上述的介绍可见，安全生产是一个复杂的人-机-环境系统，涉及许多的因素。但在这个系统中人是最积极、最活跃、最关键的因素。大量的事故统计资料表明，绝大多数事故的发生与人的不安全行为有关。据统计，法国电力公司在1990 年提出的安全分析最终研究报告中指出，70%~80%的事故与人的不安全行为有关。日本劳动省 1983 年对制造业伤亡事故原因分析表明，85687 起歇工 4 天以上的事故中，由人的不安全行为导致的占

92.4%。美国矿山调查表明，由人的不安全行为导致的事故占矿山事故总数的85%。我国煤矿中的“三违”现象是导致事故多发的重要原因，它是典型的“人的不安全行为”。由此可见，人对于安全的主导作用，贯穿于企业安全生产的所有方面。

美国心理学家勒温认为，人的行为受人的内在心理、生理因素与环境因素相互作用的影响。研究人的行为，掌握人的行为规律，进行有效的安全管理，就可能预测人的行为，控制人的行为，减少不安全行为在生产过程中出现，达到企业的安全生产。

安全管理学的一个重要方面就是对人的研究与管理。

1.1.5 安全生产意识中安全管理学的需求

江泽民同志指出：隐患险于明火，防范胜于救灾，责任重于泰山。其中，“隐患险于明火”就是预防事故、保障安全生产的认识论哲学。“隐患险于明火”是说隐患相对于明火是更危险的要素，而在各种隐患中，思想上的隐患又最可怕。“防范胜于救灾”就是在预防事故、保障安全生产的方法论上，事前的预防及防范方法胜于和优于事后被动的救灾方法。

胡锦涛同志指出：“高度重视和切实抓好安全生产工作，是坚持立党为公、执政为民的必然要求，是贯彻落实科学发展观的必然要求，是实现好、维护好、发展好最广大人民的根本利益的必然要求，也是构建社会主义和谐社会的必然要求。强调了安全生产工作对于立党、为民的重要性，明确了安全生产与科学发展和构建和谐社会的关系和地位。

习近平总书记就做好安全生产工作作出重要批示，指出：接连发生的重特大安全生产事故，造成重大人员伤亡和财产损失，必须引起高度重视。人命关天，发展决不能以牺牲人的生命为代价。这必须作为一条不可逾越的红线。习近平同志的“红线”意识强调了安全是人类生存发展最基本的需求和价值目标：没有安全，一切都无从谈起。

1.2 安全管理概述

1.2.1 安全管理的研究对象

企业生产系统是一个复杂的“人-机-环境”系统，安全管理必须对这一系统及其要素进行全方位、全过程的管理和控制。因此，安全管理的对象必然是这个“人-机-环境”系统的各个要素，包括人的系统、物质系统、能量系统、信息系统以及这些系统的协调组合。

(1) 人的系统

人的管理是安全管理的核心，因为生产作业过程中判别安全的标准必须以人的利益和需求为核心，所有物质、能量、信息系统都是按照人的意愿做出安排，接受人的指令。伤亡事故发生的根源常常是人的因素，事故统计分析表明，90%以上的事故是人员“三违”

(违章作业、违章指挥、违反劳动纪律)造成的。因此，安全管理必须以人为根本加强对人的系统的管理和控制。

人的系统的安全管理应是一种反馈管理。因为发动和控制这个系统运转的是人，但为了管理的有效性，必须反馈回来，对发动和控制者进行管理，也就是既要管理操作人，也要管理决策指令人，凡与系统有关的人员都不能例外。相比之下，加强对居于高层的决策、指令、设计人员的管理更为重要，因为其位置特殊，影响面广，所起作用关系全局。而操作人员只涉及局部，影响面较小。

(2) 物质系统

物质系统包括生产作业环境中的机械设备、设施、工具、器件、构筑物、原材料、产品等一切物质实体和能量信息的载体。物质系统是生产的对象，也是发生事故的物质基础。虽然不具有能量也不能造成危害，但能量一定会以物质形态表现出来并附在这些载体上。一切赋有足够能量的物质都可能成为事故和产生危害的危险源。

物质不安全因素是随着生产过程中物质条件的存在而存在，随着生产方式、生产工艺过程的变化而变化的。在生产过程中，仅仅依靠人的技能和注意力是不能保证安全生产的，因为人不可能对生产环境中的每一个事物都予以注意，也不可能每时每刻都处在紧张状态。总可能产生判断上的失误，进行不安全的动作。因此，必须加强物质系统的安全管理，通过危险辨识与控制，创造本质安全化作业条件，保证物质系统和环境的本质安全。

(3) 能量系统

能量有多种形式，生产中经常存在和使用的能量有机械能(动能和势能)、热能、电能、化学能、光能、声能和辐射能等。不同形式的能量具有不同的性质，通常能量必须通过运载体才能发生作用。因此，凡说能量往往与其运载体联系在一起，而不能单独把能量抽象出来。实质上，一切危害产生的根本动力在于能量，而不在于运载体。没有能量既不能做有用功，也不能做有害功。能量越大，一旦失控所造成的后果也越严重。在安全管理中，要研究生产环境中的能量体系，对能量的传输、使用严加控制，一旦能量失控并超过一定量度便可能造成事故。

(4) 信息系统

信息是沟通各有关系统空间的媒介。从安全的观点看，信息也是一种特殊形态的能量，因为它具有引发、触动和诱导作用，可以引发、驱动另一空间超过自身无数倍的能量，完成自身所不能完成的任务。从其可能造成危害的规模来看，也可能是最可怕和不可估量的。虽然在工业生产系统中，信息系统所能造成的危害后果有限，但其对安全管理的重要性是不可低估的。安全管理中必须充分注重信息的作用，加强对信息获取、传输、存储、分析、反馈的控制，实现安全信息化管理，以推动安全管理的科学化、动态化、民主化。

1.2.2 安全管理的主要任务

安全管理工作的主要任务是积极采取组织管理措施和工程技术措施，保护员工在生产过程中的安全健康、促进经济的发展，其主要任务有：

(1) 改善生产条件

从根本上改善生产条件，消除不安全、不卫生的各种因素。需要采用新技术、新设备、新工艺，不断地进行技术改革、设备更新换代，实现生产过程的机械化、自动化和远距离操作，使作业者不接触危险因素，从而从根本上消除发生工伤事故和职业病的可能性，这种治本的措施是改善劳动条件的根本途径。

(2) 采取安全措施

采取各种综合性的安全措施控制或者消除生产过程中容易造成员工伤害的各种因素，减少和杜绝伤亡事故，从而保证员工安全地进行生产。员工在进行生产活动时，常常接触到许多不安全的因素，例如：使用机器时，有被绞辗伤害的危险，用电时有被电击伤害的危险等。如果机械设备设计不合理，或者操作者对其运行规律认识不足或使用不当，就会发生事故，导致设备损坏、伤害作业者。

不同的企业有不同的生产特点，要根据自己的实际情况，从作业条件、产品设计、工艺流程、生产组织、操作技术等方面，采取各种安全措施，保证操作者的安全。例如：完善机械设备的安全装置，做到“有轮必有罩、有轴必有套”。预防绞辗事故：在机器的转动危险部位装上联锁装置，万一发生异常情况能自动断电以预防误操作造成事故。在起重设备上安装各种限位装置，超负荷限制装置等保险装置，以预防起重机出轨、超载等造成事故。有计划地检修、保养设备，定期进行机械强度试验，使力学性能和安全防护装置处于良好状态。

减少或消灭工伤事故是安全管理工作的首要任务，要推广安全可靠的操作方法，消除危险工艺过程，对现有的机械设备设计安全防护装置，采取安全技术措施，对新产品、新工艺、新技术进行“三同时”审查验收。发生事故后，按照“四不放过”的原则，组织追查处理并提出预防事故的措施，以便吸取教训，做好劳动保护工作。

(3) 职业健康安全管理

职业健康安全管理，即采取劳动卫生技术措施，与职业病和职业中毒作斗争，使员工免受尘、毒及其他有害因素的危害。工业生产过程中可能产生有毒气体、粉尘、放射性物质、高频、微波、噪声、振动、高温等危害人体的因素。如钢铁冶炼和轧钢、锻压、铸造等工艺过程中，员工经常接触火花、高温、热辐射等。在有色金属、化工原料、医药、化肥、塑料、染料等生产工艺过程中，铅、苯、汞、铬、铍、硫化氢、二氧化硫、有机氯等有毒物质及易燃易爆物品，经常危害职工的安全与健康。在采矿、采石、隧道施工地质勘探、机械制造以及石英玻璃、陶瓷、耐火材料的原料破碎、过筛、搅拌等工艺过程所产生的粉尘，往往造成员工的职业病。安全管理的任务是从“防”字出发，积极采取治理措施。

例如，采取密闭湿式作业，加强通风换气等措施防止粉尘危害；对产生噪声的地点和设备，采取隔声或消声措施以减少噪声的危害；供给各种个人劳动保护用品，以减少操作中的有害因素影响，保护操作人员。

总之，在生产过程中，员工的健康状况可能受到生产过程、生产环境因素的不良影响，对于这些不良影响未及时消除，以致对人体产生危害，这种危害就是职业病。即，由于职业危害引起的疾病叫职业病。安全管理任务是针对危害的因素和情况，提出控制和消除危害的措施，达到改善劳动条件、预防职业病和职业中毒的目的。

1.2.3 安全管理的主要内容

(1) 安全管理的基础工作

安全管理的主要内容包括建立纵向专业管理、横向各职能部门管理以及与群众监督相结合的安全管理体制、以企业安全生产责任制为中心的规章制度体系、安全生产标准体系、安全技术措施体系、安全宣传及安全技术教育体系、应急与救灾救援体系、事故统计、报告与管理体系、安全信息管理系统，制定安全生产发展目标、发展规划和年度计划，开展危险源辨识、评估和管理进行安全措施经费管理等。

(2) 生产、建设中的动态安全管理

主要指企业生产环境和生产工艺过程中的安全保障包括生产过程中人员不安全行为的发展与控制，设备安全性能的检测、检验和维修管理，物质流的安全管理，环境安全化的保证，重大危险源的监控，生产工艺过程安全性的动态评价与控制，安全监测监控系统的管理，定期不定期的安全检查监督等。

(3) 安全信息化工作

包括对国际国内安全信息、行业安全生产信息、本企业内安全信息的搜集、整理、分析、传输、反馈，安全信息运转速度的提高，安全信息作用的充分发挥等方面，以提高安全管理的信息化水平，推动安全生产自动化、科学化、动态化。

1.2.4 安全管理的作用和意义

安全管理的根本目的是保护广大职工的安全与健康，防止伤害事故和职业危害，保护国家和集体的财产不受损失。在安全管理、安全技术、劳动卫生这三者之中，安全管理起着决定性的作用。

(1) 搞好安全管理是防止伤亡事故和职业危害的根本对策

造成伤亡事故的直接原因概括起来主要有人的不安全行为、物的不安全状态和不良的环境。在这些直接原因的背后还隐藏着若干层次的背景原因，直至最深层的本质原因，即管理上的原因。发生事故以后，人们往往把事故的原因简单地归咎为“违章”二字，但实质上之所以“违章”，还有许多更深层次的本质上的原因。不找出这些原因，并采取措施加以消除就难免再次发生类似的事故。防止发生伤亡事故和职业危害，归根结底应从改进管理做起。

(2) 搞好安全管理是贯彻落实安全生产方针的基本保证

“安全第一，预防为主、综合治理”是我国的安全生产方针，为了贯彻这一方针，一方面需要各级领导有高度的安全责任感和自觉性，采取各类防止事故和职业危害的对策；另一方面需要广大职工提高安全意识，自觉贯彻执行各项安全生产规章制度，不断增强自我防护能力。所有这些都有赖于良好的安全管理。设定目标、建立制度、计划组织、加强教育、督促检查、考核激励，综合各方面的管理手段，才能够调动各级领导和广大职工的安全生产积极性。

(3) 有效的安全管理是安全技术和劳动卫生措施落实的保障

安全技术指各专业有关安全的专门技术，如电气、锅炉压力容器、起重运输、防火防爆等安全技术，劳动卫生指对尘、毒、噪声、辐射等各方面物理化学危害因素的预防和治理。毫无疑问，安全技术和劳动卫生措施对于从根本上改善劳动条件、实现安全生产有巨大作用。然而这些硬技术，基本上是以物为主的，是不可能自动实现的，需要计划、组织、督促、检查，进行有效的安全管理活动才能发挥它们应有的作用。

如我国对锅炉压力容器从设计、制造、安装、使用、检查、修理、改造的全部过程都实施有力的监督、审查、控制，建立了一整套的安全管理保障体系，从而明显地改善了锅炉压力容器的安全状况。

再如，单独某一方面的安全卫生技术，其安全保障作用是有限的，当代生产的高度发展，要求综合应用各方面的安全技术，才能求得整体的安全。而这种横向综合的功能也只有依靠有效的安全管理才能得以实现。总之，硬技术的发挥，有赖于软科学的保证。“三分技术，七分管理”这已成为当代社会发展的必然趋势，安全当然也不能例外。

(4) 在技术、经济力量薄弱的情况下，为实现安全生产，更需要突出安全管理的作用

防止伤亡事故和职业危害，最很本的措施是提高技术装备本质安全水平。也就是说从物质条件上根本消除、控制危险和有害因素，然而技术装备本质的安全水平有赖于国家经济与科学技术的高度发展，不是在短期内就能够办到。在这种情况下，为了实现安全生产，只能从改善安全管理上、从调动人的积极性上解决问题。实践表明，国家的安全立法和监察，建立健全安全生产责任制和安全生产的规章制度，安全责任与经济责任相结合，对人员的安全教育和培训，对设备设施的安全检查维修、安全竞赛、评比、奖惩，对安全工作的考核、评价，并与晋级调档、评选先进挂钩、行使安全否决权等都是极为有效的措施和手段，综合地加以应用对于保证安全生产发挥了极大的作用。从长远看，随着经济的发展，生产规模不断扩大，技术不断更新，新设备、新材料、新工艺不断被采用，也会不断出现新的危险和危害。因此本质安全水远是相对的，从这个意义上说，有效的安全管理措施是十分重要的。

(5) 搞好安全管理，有助于改进企业管理，促进经济效益的提高

安全管理是企业管理的重要组成部分，二者密切联系，相互影响，相互促进。为了防止伤亡事故和职业危害，必须从人、物、环以及它们的合理匹配入手。包括提高人员的素质，整治和改善作业环境，设备与设施的检查、维修、改造和更新劳动组织的科学化，以及改善作业方法等。为了实现这些对策措施，必然会对生产管理、技术管理、设备管理、人事管理，进而对企业各方面工作提出越来越高的要求，从而推动企业管理的改善和全面工作的进步。企业管理的改善和全面工作的进步反过来又为改进安全管理创造了条件，促使安全管理水平不断得到提高。作业环境和劳动条件的改善使劳动者可以安全、健康、心情舒畅地劳动和工作，从而发挥出高度的劳动积极性，这也为改善企业管理、全面推进各

方面工作创造了最主要的条件。

1.2.5　安全管理的研究方法

安全管理是企业管理的一个重要分支，它研究解决生产中与安全有关的问题，其方法主要有两大类：

（1）事后法。该方法是对过去已发生的事件进行分析，总结经验教训，采取措施，防止重复事件的发生，因而是对现行安全管理工作的指导。例如，对某一事故分析其原因，查找引起事故的不安全因素。根据分析结果，制订和实施防止此类事故再度发生的措施。此种方法也称为“问题出发型”方法，就是传统的安全管理方法。

（2）事先法。该方法是从现实情况出发，研究系统内各要素之间的联系，预测可能会引起危险、导致事故发生的某些原因，通过对这些原因的控制来消除危险，避免事故，从而使系统达到最佳安全状态。这就是现代安全管理方法。也称为“问题发现型”方法。

无论是“事后法”，还是“事先法”，其工作步骤都是从问题开始，研究解决问题的对策、对实施的对策效果予以评价，并反馈评价结果，更新研究对策。安全管理的研究步骤如图 1-1 所示。

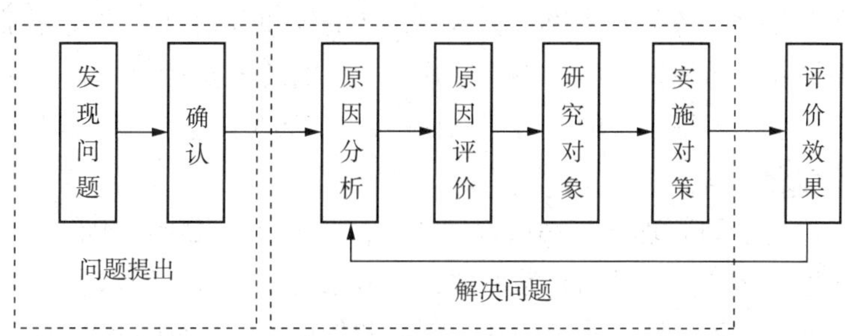

图 1-1　安全管理的研究步骤

① 发现问题。即找出所研究的问题，“事后法”是指分析已存在的问题或事故，“事先法”则是指预防可能要出现的问题或事故。

② 确认。是对所研究的问题进一步核查与认定，要查清何时、何人、何条件、何事（或可能出现什么事）等。

③ 原因分析。是解决问题的第一步，原因分析即寻求问题或事故的影响因素，对所有的影响因素进行归类，并分析这些因素之间的相互关系。

④ 原因评价。将问题的原因按其影响程度大小排序分级，以便视轻重缓急解决问题。

⑤ 研究对策。根据原因分析与评价，有针对性地提出解决问题，研究防止或预防事故的措施。

⑥ 实施对策。将所制定的措施付诸实践，并从人力、物力、组织等方面予以保证。

⑦ 评价效果。是对实施对策后的效果、措施的完善程度及合理性进行检查与评定，并将评价结果反馈，以寻求最佳的实施对策。

1.3 安全管理的基本控制维度

安全管理是一系列复杂的系统工程，涉及人、物、环境等各种要素，如何控制安全管理系统有效、协调的运行，保障生产活动安全进行，是安全管理需要解决的重点问题。世间万物、各种状态都是处在一个多维系统，生产活动中的安全管理就是由知识(技术)维度、逻辑(空间)维度和时间(秩序)维度构成的三维控制系统，正确理解、综合运用这三维，是做好安全管理的最基本出发点。

1.3.1 安全管理的知识(技术)维度

毫无疑问，安全管理需要知识(技术)。员工的相关知识(技术)是安全管理的基本控制维度之一。员工的相关知识(技术)可以形象地比喻为一座漂浮在海面上的冰山，露出海面的可见部分为员工的显性知识，而沉入海水中的不可见部分为员工的隐性知识。显然，对于冰山来说，其露出水面的部分只是其体积的一小部分。同样，员工的隐性知识也远远大于其显性知识。这一特点对安全管理中员工知识(技术)的培训与管理具有重要意义。传统企业的经营和发展也不再主要依赖于资本、自然资源和劳动力等传统资源，而是更多地依赖于知识。创造和传播知识已经成为企业核心能力的关键要素，企业唯一的竞争优势或许是比它的竞争对手学习得更快的能力。知识(技术)管理不仅是一项重要管理活动，而逐渐成为一种管理理念。

事实上，知识(技术)管理作为一项管理活动，并不是近几十年才有的，而是伴随着人类生产活动而诞生的。从狩猎种田到钻木取火，从家庭作坊到兴修水利，从埃及的金字塔到中国的万里长城，无不蕴涵着大量的知识创造和传播活动，许多传统的手工艺技能也得以在子承父业、师传徒受的方式下代代相传，只不过那时的知识管理是一种无意识活动，还没有概念化，更没有专门技术来强化这一过程。直到20世纪90年代，随着知识管理概念的深化和信息技术的发展，信息相关技术，如Lotus Notes、Internet、Intranet和Extranet等，才逐步应用到知识管理领域，不少企业投入大量资金开发基于知识的信息系统，信息技术成为一些企业，特别是西方企业实施知识管理的主要手段。有人甚至预言，到2100年98%的知识将由计算机产生，而人类产生的知识只占2%。

然而知识(技术)管理是一项相当复杂的活动，信息技术对知识(技术)管理的促进作用十分有限。最近20年美国工业界在信息技术上的投资超过1万亿美元，而这一切对知识(技术)工作者工作效率和工作能力的改进收效甚微。究其原因，是因为大多数企业在实施知识(技术)管理的过程中片面强调“技术”的作用，而忽视了“人”的因素。因此，平衡“技术”与“人”的因素，选择有效的知识(技术)管理策略，已经成为当前实施知识(技术)管理战略的紧迫问题。

(1) 知识(技术)创造与传播过程

知识(技术)是指专业智能，也就是组织成员所拥有的know-what、know-how、know-why，以及自我激励的创造力。在组织机构中，知识(技术)除储存于员工的大脑中外，还根植于组织机构的文件、日常工作、程序、惯例及规范中。组织中的知识(技术)可以分为隐性知识(tacit knowledge)和显性知识(explicit knowledge)两种。隐性知识是指难以表述清楚、隐含于过程和行动中的知识(技术)，如员工拥有的know-how、know-why等。显性知识是指可用语言、文字、数字、图表等清楚地表达的知识，也叫编码知识(codified knowledge)，如计算机程序、设计规范、操作规程等。隐性知识具有高度个人化和难以沟通的特征，因此不易实现个人间的共享；而显性知识由于其易表达、可编码特征，因此很容易在个人间沟通和共享。隐性知识和显性知识之间可以相互转化，组织中的知识(技术)创造与传播就源于“隐性知识与显性知识的不断汇谈(dialogue)”。

社会化是人之间共享隐性知识的过程，在这个过程中隐性知识通过观察、模仿和亲身实践等形式得以传递，师传徒受就是个人间共享隐性知识的典型形式。由于新知识(技术)往往起源于个人，因此社会化是知识(技术)创造和传播的起点。

外在化是对隐性知识(技术)的清楚表述，并将其转化成别人容易理解的形式，这个过程依赖于类比、隐喻和假设，倾听和深度汇谈是推动隐性知识(技术)向显性知识(技术)转化的重要工具。

组合是将零碎的显性知识(技术)进一步系统化和复杂化的过程。经过社会化和外在化过程，员工头脑中的显性知识(技术)还是一些零碎的知识(技术)，也没有变成格式化的语言。将这些零碎的知识(技术)组合起来，并用专业语言表述出来，这就完成了组合的过程。

内化意味着新创造的显性知识(技术)又转化为组织中其他成员的隐性知识。经过组合过程，新知识(技术)得以在组织成员间传播。组织中的成员接收了这些新知识(技术)后，可以将其用到工作中去，并创造出新的隐性知识(技术)。团体协作、干中学和工作中培训等是实现新知识(技术)内化的有效方法。

个人的隐性知识(技术)经过社会化、外在化、组合和内化四个阶段，实现了个人之间、个人与组织之间知识的传递，并最终又产生了新的隐性知识(技术)。这个过程中，知识(技术)的转化、传递和创造是一个动态的、递进的过程。当个人的隐性知识(技术)完成一次螺旋运动、转化为新的隐性知识(技术)后，新的知识(技术)螺旋运动又开始了。

(2) 知识(技术)管理的内涵

知识(技术)管理就是组织开发必要的环境和条件来推动组织中知识(技术)的创造和传播过程，使知识(技术)螺旋不断地向前延伸。知识(技术)管理既包括将组织中现有的显性知识(技术)编码化，也包括发掘员工头脑中的隐性知识(技术)，使其转化为可编码的显性知识(技术)，或者实现隐性知识(技术)的共享。由于显性知识(技术)容易沟通和共享，因此也极易被竞争对手学到。对于组织来说，显性知识(技术)显然不可能形成持续的竞争优势，构成组织核心能力的知识(技术)是建立在隐性知识(技术)基础上的，所以知识(技术)管理的核心内涵是发掘员工头脑中的隐性知识。

发掘员工头脑中的隐性知识(技术)有两种模式:

①员工自己将一部分隐性知识(技术)清楚地表达出来，转变成显性知识(技术)，经过组合过程将其系统化后，通过某种技术平台(如网络、程序、出版物等)与组织的其他成员共享;

②员工的隐性知识(技术)首先通过社会化过程将其传递给组织的其他成员，然后经过外在化和组合过程将其显性化。在后一种模式中，最终实现显性化的隐性知识(技术)也仅仅是传递出来的隐性知识(技术)的一小部分，而大部分的隐性知识(技术)经过社会化过程后，只是变成了其他员工的隐性知识(技术)，无法实现显性化。

第一种模式传递的隐性知识(技术)非常有限，通过第二种模式能够将隐性知识(技术)显性化的也仍然是冰山一角，大量的隐性知识(技术)必须通过社会化的过程进行面对面的传递。因此，组织对知识(技术)管理的中心任务:

首先，提供必要的技术条件，鼓励员工自己将其所拥有的隐性知识(技术)显性化，或者经社会化后进一步显性化，然后经过组合转化为系统化的显性知识，通过某种技术平台实现显性知识(技术)共享;

其次，创造必要的组织环境，促进面对面的隐性知识(技术)共享。

在知识经济时代，管理知识(技术)成为企业管理的主要内容，实施什么样的知识(技术)管理策略对于企业的成功至关重要。

1.3.2 安全管理的逻辑(空间)维度

安全管理的逻辑(空间)维度是解决安全管理的逻辑(空间)过程，是指在时间维度中的每一个阶段内所要进行的工作内容和应该遵循的思维程序。在对安全管理逻辑过程的认识上，目前尚未达成统一模式。美国项目管理协会将项目风险管理过程划分为风险管理计划、风险识别、定性风险分析、定量风险分析、风险应对、风险监控等过程。中国(双法)项目管理研究委员会将项目风险管理过程分为风险管理规划、风险识别、风险评估、风险量化、风险应对计划、风险监控等过程。

在不同的安全管理的逻辑(空间)维内，其管理的思维程序及对应的管理空间是不同的，正确把握安全管理的逻辑(空间)维是做好安全生产的又一重要控制措施。

1.3.3 安全管理的时间(秩序)维度

时间(秩序)维度支持的是管理控制和行为控制，它们属于前瞻性、主动性、计划性和策划性的控制。时间(秩序)维度在控制活动中主要表现出三个特征:层级和时间、“四步骤”原则和两种牵制功能。

(1) 层级和时间

时间(秩序)维度本身又有两个维度，一个是层级(沿着垂直方向)，另一个是时间(沿着水平方向)。

① 层级。管理控制和行为控制的层级有多种划分形式，不同的划分形式具有不同的

定义。常见的管理控制和行为控制层级的划分形式有两种：

一种是按照组织级别的形式划分，沿着垂直的方向分层，每一层的内容是相对独立的；

另一种是按照功能梯级的形式划分，也是沿着垂直的方向分层，但所有的功能层级既包括管理控制和行为控制，也包括技术控制，因此它可以构成梯级控制效应。在安全管理学采用的是“三层级”嵌套控制和“五梯级”嵌套控制。

“三层级”嵌套控制：

按照组织级别的形式划分管理控制和行为控制的层级，有几个级别就有几个层级，并且层级与级别的等级总是保持一致。每个层级都应具有前瞻性、主动性的管理控制功能。从低层级到高层级，管理策划功能一层比一层突出宏观决策；从高层级到低层级，技术策划功能一层比一层突出技术细节。类似于厂部、车间和班组构成的“三层级”控制，被广泛地采用。嵌套安全管理学提倡的则是具有实质功效的“三层级”嵌套控制。

“五梯级”嵌套控制：

嵌套安全管理学提倡由以下五个梯级嵌套而成的梯级控制：

第一梯级(最高梯级)是方针控制，属于具体方向和路径控制；

第二梯级是目标控制，属于对要素功效的助产控制；

第三梯级是安全工程技术方案控制，属于产生控制手段(包括硬件和软件的)和提升系统能力控制；

第四梯级是复杂作业控制，属于跨层级、跨专业的控制；

第五梯级是“两专(专业技术和专门技术)”控制，属于人机界面简单作业的控制和对潜在事故的控制。

方针控制、目标控制、安全工程技术方案控制、复杂作业控制和“两专”控制所构成的“五梯级”嵌套控制，在实践中显示出良好的操作性和功效性。

方针控制。它属于谋划战略方向和建立战术路径的控制。方向和路径，两者相依共存，缺一不可。对于管理控制来说，方向充其量只是想法，而路径是具体手段，两者皆有，方针才有实质意义。

目标控制。从控制的视角看去，更想看到的是目标对要素功能形成过程的助产作用，而不是过程的结果。事实正是如此，目标来自于要素管理所派生的对管理功能效果的必要检测和调控，这种检测和调控是要素管理的辅助性技术手段，而且这种检测是定性和定量的，它对管理过程的活动来说是校准器，对管理功能在过程中的形成来说是助推器。因此在管理体系中：要素是管理主线，目标的作用则是实现预期的要素功能过程的技术保障，而绝不是滞后于过程、等待结果的绩效考核。

安全工程技术方案控制。它属于总体性、策划性和阶段性的管理控制和行为控制，它通过产生控制手段、不断提升系统的软件和硬件的能力，间接地对危险进行控制。安全工程技术方案的初始的控制特征是本质安全化项目的“立项”，过程的控制特征是本质安全化项目的研发和实施，终止的控制特征是本质安全化项目投入运营后转化为安全装置或者行为规范。安全工程技术方案具有前瞻性、主动性和建设性的管理控制和行为控制的功能。

复杂作业控制。它属于对常规或非常规、重复性或非重复性复杂作业过程的管理控制和行为控制，也就是按照事先对复杂作业策划好的逻辑关系进行管理控制和行为控制，它具有经验累积性、规范性、主动性的管理控制的功能，因为它涉及跨级别的职责的分工、跨部门的程序和规则的分配，涉及对不相容职务行为的分离和对系统牵制手段的设置，它属于跨层级、跨专业的控制。

“两专”控制。不仅包括应对准事故系统中每一个危险点的具体、有效的控制措施和手段，而且包括应对潜在事故系统的排障措施、排险措施和紧急行动计划等应急预案，它既属于对人机界面的简单作业的专业技术控制，也属于对潜在事故的专门技术控制。

② 时间。管理控制和行为控制按照时间程序进行，并且在时间进程中遵循计划打算、实施运作、检查纠正和总结评审的“四步骤”原则。安全工程技术方案控制的时间维度表现为阶段性，它自立项、策划到实施，再到跟踪检查，最后到竣工验收并准予投入运营，是在完成一个阶段性的管理控制和行为控制的任务。

安全工程技术方案控制在阶段性的时间进程中直接地体现了所遵循的“四步骤”原则。“四步骤”原则在时间进程中的直接体现，被称为安全工程技术方案控制的“显性”时间特征。复杂作业控制的时间维度表现为逻辑关系。逻辑关系包括时间关系、工艺关系、组织关系和指令关系。

时间关系是由时间进程决定的工作之间的先后顺序关系，工艺关系是生产工艺过程和非生产性工作程序决定的工作之间的先后顺序关系，组织关系是以组织安排到位或资源(人力、机具、材料、作业方案、环境条件、工作图和资金等)到位为前提条件而决定的工作之间的先后顺序关系，指令关系是行政或技术职能层级之间的控制关系而决定的工作之间的先后顺序关系。

(2)“四步骤”原则

① 计划打算。计划打算是关于确定要实现的管理目的(包括目标、指标和进度)和实现目的的最佳途径及最优方法的决策。重要的是，计划打算的决策者和实施者彼此要就计划目标及实现目标的途径、方法等达成充分的共识，并且这种共识要以组织的方针和行为规范为评判标准，不得偏离。

② 实施运作。实施运作是实现计划打算的任务，其中包括工作设计、组织结构设计和过程方案设计，并依据工作分工、组织结构和过程方案推动任务的完成。其本质是把不同岗位或不同工序的个体和群体整合为与任务相关的整体，通过发挥整体功能去完成任务和实现目标。

③ 检查纠正。检查纠正是管理者为确保实施运作的实际结果与计划打算的期望指标一致而开展的过程控制活动，目的是在活动进程中及时发现计划打算的缺陷、洞察实施运作的偏差，并调动资源及时弥补缺陷和纠正偏差。检查纠正实际上是确保执行人遵守程序

和规则，按照时间进度、工作质量去完成任务所施加的牵制手段。

④ 总结评审。在完成了一项任务之后，组织内的每一个个体对为成果而努力的过程、对成果的效益都有深刻的见解和独特的评价。最高管理者必须了解这些见解和评价。

总结评审为最高管理者了解这些见解和评价提供了“打开天窗听亮话”的机会，从而为改进领导工作、为后续的项目决策提供了前车之鉴。总结评审在安全生产管理中具有显著重要的作用。最高管理者处于组织最高的塔尖层面，他们掌握着几乎全部的资源。而熟悉危险点并知道如何改进控制手段的人却分布于组织最低的塔底层面，他们掌握的资源最稀少。懂得如何避免事故的人由于得不到资源而无法付诸实现，这是“命令下传式”的组织结构给安全生产活动造成的最大障碍。因此，总结评审的最重要作用是能够实现组织的最高层级与最低层级的交流和沟通，使最低层级能够获取控制危险的资源。

(3) 两种牵制功能

时间维度具备内外两种牵制功能。内在的牵制功能表现为前述的以检查、纠正为保证的对程序和规则的遵守，对时间点和质量点的控制；外在的牵制功能表现为时间维度对系统整体施加的影响，即无限循环的“四步骤”原则的内部效应，由内向外扩张，显现为系统的外部效应，形成系统的整体运行模式，成为推动系统整体持续发展的动力。

1.4 安全生产管理概述

1.4.1 安全生产管理的基本原则

(1) 风险管理是安全生产管理核心的原则

关于安全生产管理的核心原则有三种不同的认识：事故管理、危险管理和风险管理。从安全系统及其相关概念可知，危险因素、风险、事故、事故后果具有内在的逻辑关系，如图 1-2 所示。

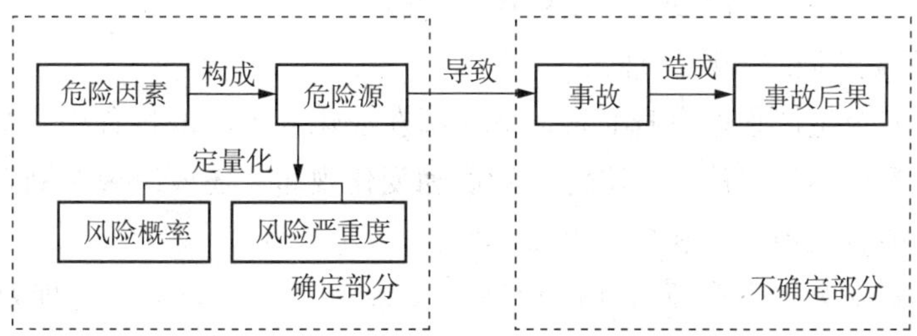

图 1-2 安全系统各要素的逻辑关系

在现实系统中，危险因素、危险源是客观的和确定的(尽管由于其隐蔽性而难以准确认识)，而事故是不确定的。为了防止事故发生，控制事故后果，就必须开展系列风险管理工作。包括：在不断努力克服系统中的危险因素的基础上，辨识系统中的各类潜在危险源，确定事故发生的可能性及后果的严重度，采取措施降低风险事件发生的概率、控制风险事件后果的严重程度，从而预防事故发生、控制事故后果。

风险管理是定量化辨识危险因素和危险源、预防和控制事故的发生，在安全生产管理中起到关系全局、承前启后的关键作用，是安全生产管理的核心。"事故管理"和"危险管理"的观点都是片面的，"事故管理"容易陷入事故不可知论，造成被动应付事故的局面。而"危险管理"缺乏对危险的定量化认识，难以使安全生产管理进入科学化水平。

(2) 系统安全管理原则

安全生产管理应遵循整体性原理。企业是由车间、班组、工艺单元等众多基本单元构成，这些单元相互作用、相互关联，构成一个有机的整体。企业安全生产管理必须以这些基本单元的安全管理为基础和前提，实现局部安全和整体安全的统一，才能使企业安全生产管理达到协调一致的安全水平，实现企业的整体安全。

① 安全生产管理应遵循动态性原理

企业生产环境和工艺条件的变化，必然引起危险源的改变。而企业安全水平的提高，又使得安全目标也随之提高。以往安全不能代表现安全。目前安全不能代表将来安全。安全生产管理是随着生产技术水平和企业答理水平的发展，特别是安全科举技术及管理科学的发展而不断发展。根据安全条件和安全需求的变化，安全生产管理必须不断调整工作重点，实现安全水平的持续提升。

② 安全生产管理应遵循开放性原理

企业在不断总结自身安全管理经验、教训的同时，必须不断地、积极地吸收、消化外部的安全生产管理经验，学习、领会别人的最新理论和实践研究成果，结合企业自身特点加以创造性的应用，才能使企业的安全生产管理保持较高的水平。

③ 安全生产管理应遵循环境适应性原理

安全生产管理受到外部、内部环境的影、保障、制约、干扰。能动性的安全生产管理不但要能够适应这些环境，而且能够利用有利的环境条件，规避和限制不利的环境条件为安全生产管理服务。另外，根据安全生产目标的要求，努力改善这些环境，使安全生产管理的氛围更加和谐，安全生产管理的条件更加优越。

④ 安全管理应遵循综合性原理

一方面，就安全生产管理自身而言，危险源在演化为事故的过程中，受到众多因素的影响，安全生产管理不仅要认识危险源的发展和变化规律，还要综合判断众多影响因素在其中的作用，才能有效地预防和控制事故的发生。

另一方面，就安全生产管理与其他管理的关系而言，安全生产管理要融入企业的生产、经营管理、质量管理、设备管理等各项工作之中，综合分析各管理领域的特点及其对安全的需求，才能实现企业的全面发展。

(3) 人本安全管理原则

人是安全生产管理的主要对象，对人的管理是安全生产管理的出发点。大量的统计数据表明，80%以上的事故原因是人的不安全行为，20%左右的物的不安全状态背后往往也凝结着人的因素。海因里希则认为，管理因素是一切不安全行为、不安全状态的根本原因。可见安全生产管理在任何时候都应该将提高人的安全意识，培养人的安全素质，改进对人的管理作为中心和重点。

人是安全保护的主要对象，保护人身安全是安全生产管理的目标。在预防事故的各项措施中，以预防人身伤害为主要措施，在控制事故和应急救援过程中，以不不惜代价拯救生命为目标是安全生产管理中应遵循的基本原则。

(4) 权变安全管理原则

安全生产管理系统中的各个要素，管理者、管理环境、管理手段、管理对象、管理目标等因时、因势处于动态发展和变化之中，是安全生产管理在主观上必须不断改进的内在动力。安全生产管理者必须以动态的观点，把握安全生产管理系统运动变化的规律性，及时调整安全生产管理活动的各个环节和各种关系，以保证安全生产管理活动达到预定的安全目标。

(5) 效益安全管理原则

安全生产管理的效益体现为社会效益和经济效益两方面。安全生产管理首先要追求社会效益，通过各项管理措施保障劳动者的安全、健康。通过减少危害和降低事故保障社会的平安、稳定。安全生产管理并不排斥对经济效益的追求，恰恰相反，安全生产管理是实现经济效益的保障和前提。安全生产管理通过防损、减损(减少人员伤害、职业病、事故经济损失、环境危害等)而直接产生经济利益。

由于事故造成的损失最终体现在生产成本方面，安全生产管理还具有增值效益。安全生产管理在维持生产正常运行过程(经济增值过程)的同时也保障了生产力的诸因素，调节了生产关系，通过安全生产管理造就和谐、舒适的作业环境，保护和激发了劳动者的创造力，增加了企业的经济效益。

1.4.2 企业安全生产管理系统

(1) 企业安全生产管理系统

企业安全生产管理是通过企业安全生产管理系统实现的，企业安全生产管理系统是在企业安全生产组织框架下，由安全管理主体、安全管理环境、安全管理手段、安全管理客体等基本要素构成，以实现控制事故、消除隐患、减少损失，达到企业最佳安全水平为目标的整体，如图 1-3 所示。

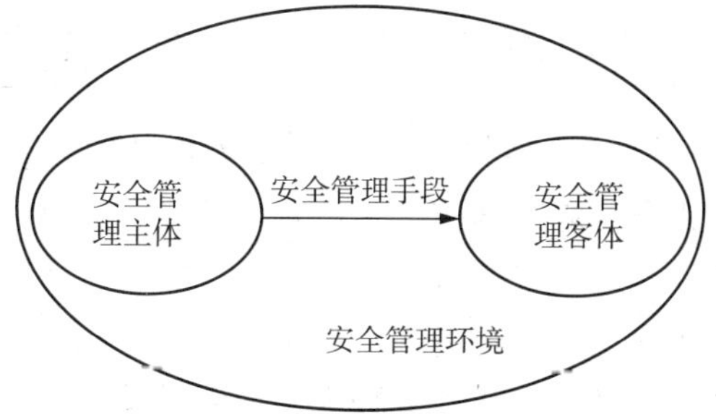

图 1-3 安全生产管理系统的基本要素及关系

(2) 企业安全生产管理目标

安全管理目标是在一定的时期内(通常为一年)，在国家安全相关法律法规以及各项规章制度的约束下，结合企业生产经营的具体情况自上而下制定的降低生产风险，预防和控制各类事故的各项安全目标的总和。安全生产目标管理是为了达到安全目标所开展的一系列的组织、协调、指导、激励和控制活动。

安全目标管理的基本程序及内容：

年初，在企业安全负责人和安全组织机构的领导下，结合企业经营管理的总目标，制定安全生产管理的目标然。经过协商后，自上而下地层层分解制定各级、各部门直到每个职工的安全目标。在制定和分解目标时，要把安全目标和经济发展指标捆在一起，还应把责、权、利也逐级分解，做到目标与责、权、利的统一。通过开展系列组织、协调、指导、激励、控制活动，依靠全体职工自下而上的努力，保证各项目标任务的实现，最终实现企业总体安全目标。

年末，对各级安全目标的实现情况进行考核，并给予相应的奖惩。在此基础上讨论总结，再制定新的安全目标，进入下一年度的循环。

(3) 企业安全生产管理组织

安全生产管理机构是企业专门负责安全生产监督管理的内设机构，是落实国家有关安全生产的法律法规，组织生产经营单位内部各种安全检查活动，负责日常安全检查，及时整改各种事故隐患，监督安全生产责任制的落实等。安全生产管理组织机构的结构、责任、权限分配对安全生产管理的实施具有重大的影响。企业安全生产管理组织机构的一般组成可用图 1-4 表示。

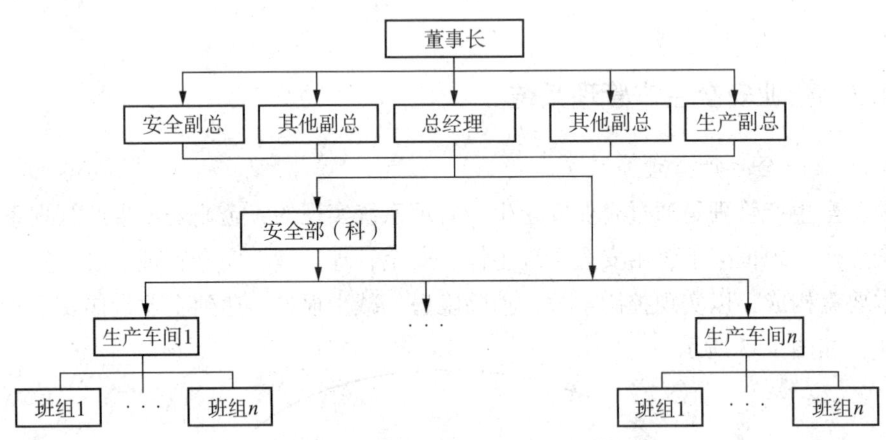

图 1-4　企业安全生产管理的一般组织机构图

全生产管理机构工作人员都是专职安全生产管理人员，它是企业安全生产的重要组织保证。《中华人民共和国安全生产法》第十九条规定，“从业人员超过三百人的生产经营单位，应当设置安全生产管理机构或者配备专职安全生产管理人员”。“从业人员在三百人以下的，应当配备专职或者兼职的安全生产管理人员或者委托具有国家规定的相关专业技术资格的工程技术人员提供安全生产管理服务”。

1.4.3 企业安全生产管理主体

企业安全生产管理的主体是具有安全管理权力、承担安全责任的部门、机构或个人。全员参与是企业安全生产管理的重要特征，是我国安全生产管理体制决定的。《中华人民共和国安全生产法》对于不同的人群，都赋予了一定的安全管理权力。因此，从狭义的概念上来说，企业安全生产管理的主体是对企业安全生产负主要责任的管理人员。从广义概念上来说，企业安全生产相关的人员、社会监督人员以及所有企业员工都可以而且应当成为安全生产管理的主体。

(1) 企业安全生产管理人员

企业安全生产管理人员包括：企业主要负责人(法人、主要经理人员等)、安全生产管理人员、各级生产技术管理人员等，是代表企业，承担安全生产主体责任的主要责任人。

① 企业主要负责人。《中华人民共和国安全生产法》规定，企业主要负责人是本单位安全生产的第一责任者，对企业的安全生产工作全面负责。企业主要负责人需要了解、熟悉国家有关安全生产的法律、法规、规章规程和国家标准、行业标准，需要建立健全安全生产责任制，需要听取有关安全生产的汇报，需要参与各种安全生产检查以及其他有关安全生产的工作等。这就迫切要求主要负责人掌握与本单位生产活动有关的安全生产知识，只有这样，才能真正搞好安全生产工作，保障生产单位的安全生产，防止和减少各类生产安全事故的发生。

② 安全生产管理人员。安全生产管理人员是生产单位专门负责安全生产管理的人员，是国家有关安全生产法律、法规、方针、政策在本单位的具体贯彻执行者，是企业安全生产规章制度的具体落实者。安全生产管理人员知识水平的高低、工作责任心的强弱，对生产单位的安全生产起着重要作用。这里讲的安全生产管理人员，是所有从事安全生产管理人员的总称。它既包括安全生产管理机构的负责人，也包括生产单位主管安全生产的负责人，既指专职的安全生产管理人员，也指兼职的安全生产管理人员。

安全生产管理人员必须具备与本单位所从事的生产活动相适应的安全知识和管理能力才能保障生产单位的安全生产。国家规定企业安全生产管理人员也必须经过有关主管部门的考核，考核合格后方可上岗。

③ 生产技术管理人员。依据“管生产必须管安全”的原则，企业各级生产技术管理人员应该提高安全意识，强化安生产技术管理过程中的安全管理，承担相应的安个责任。

企业的生产管理、经营管理、质量管理、设备管理等各岗位的技术管理人员，必须根据各管理领域特点及其对安全的需要，掌握相应的安全管理知识和技能。根据安全责任制的规定，自觉地、主动地将安全工作融入所从事的岗位工作中，为实现企业整体、全面的安全而努力。

(2) 企业安全生产相关的人员

① 政府安全生产监督管理人员。政府安全生产监督管理人员包括：各级安全监督部门管理人员、政府聘请的安全生产监督检查人员、消防系统安全管理人员、特种设备监管

人员等。

《中华人民共和国安全生产法》规定，国务院和地方各级人民政府应当加强对安全生产工作的领导，支持、督促各有关部门依法履行安全生产监督管理职责。县级以上人民政府对安全生产监督管理中存在的重大问题应当及时协调、解决。各级人民政府有关部门依法在各自的职责范围内对有关的安全生产工作实施监督管理。采取多种形式，加强对有关安全生产的法律、法规和安全生产知识的宣传，提高职工的安全生产意识。

公安机关消防机构安全管理人员依据《中华人民共和国消防法》，代表政府负责对企业等单位遵守消防法律、法规的情况依法进行监督检查。包括消防设计审核、消防验收和消防安全检查等管理工作。

特种设备监管人员依据《特种设备安全监察条例》，代表政府负责企业的、涉及生命安全、危险性较大的锅炉、压力容器(含气瓶)、压力管道、电梯、起重机械、客运索道、大型游乐设施和场(厂)内专用机动车辆等特种设备的生产(含设计、制造、安装、改造、维修)、使用、检验检测及其监督检查等管理工作。

生产经营单位对负有安全生产监督管理职责的部门的监督检查人员依法履行监督检查职责，应当予以配合，不得拒绝、阻挠。

② 安全中介机构人员。安全中介机构包括安全评价机构、安全工程师事务所、安全技术服务机构人员等。《中华人民共和国安全生产法》规定，依法设立的为安全生产提供技术服务的中介机构，依照法律、行政法规和执业准则，接受生产经营单位的委托，为其安全生产工作提供技术服务。承担安全评价、认证、检测、检验的机构应当具备国家规定的资质条件，并对其做出的安全评价、认证、检测、检验的结果负责。

③ 社会监督人员。社会监督人员包括：人民代表、政协委员、媒体人士、社会公众等关心安全生产的人员。

④ 企业从业人员。企业从业人员作为安全管理的对象，也在一定程度上可以成为安全管理者。《中华人民共和国安全生产法》分别赋予企业从业人员及工会组织安全管理的权利。

1.4.4 企业安全生产管理手段

企业的安全生产管理手段包括：行政手段、法制手段、经济手段、文化手段、科技手段等。安全生产管理的基本制度和措施是实施安全生产管理手段的依据和保证。根据《中华人民共和国安全生产法》，企业应承担安全生产的主体责任，必须遵守《中华人民共和国安全生产法》和其他有关安全生产的法律、法规，加强安全生产管理，建立健全安全生产责任制度，完善安全生产条件，确保安全生产。

(1) 安全生产管理的基本制度和措施

安全生产管理的基本制度和措施主要包括以下方面：

① 安全生产的市场准入制度。即生产经营单位必须具备法律、法规和国家标准或行业标准规定的安全生产条件。不符合安全生产条件的，不得从事生产经营活动。

② 生产经营单位主要负责人对本单位安全生产工作全面负责的制度。

③ 企业必须依法设置安全生产管理机构或安全生产管理人员的制度。

④ 对生产经营单位的主要负责人、安全生产管理人员和从业人员进行安全教育、培训、考核的制度。

⑤ 对特种作业人员实行资格认定和持证上岗的制度。

⑥ 建设工程项目的安全措施应当与主体工程同时设计、同时施工、同时投入使用的“三同时”制度。

⑦ 对部分危险性较大的建设工程项目实行安全条件论证、安全评价和安全措施验收的制度。

⑧ 安全设备的设计、制造、安装、使用、检测、维修和报废必须符合国家标准或行业标准的制度。

⑨ 对危险性较大的特种设备实行安全认证和使用许可，非经认证和许可不得使用制度。

⑩ 对从事危险品的生产经营活动实行审批和严格监管的制度。

⑪ 对严重危及生产安全的工艺、设备予以淘汰的制度。

⑫ 生产经营单位对重大危险源的登记建档及向安全监督管理部门报告备案的制度。

⑬ 对爆破、吊装等危险作业的现场安全管理制度。

⑭ 生产经营单位的安全生产管理人员对本单位安全生产状况的经常性检查、处理、报告和记录的制度等。

安全生产管理的基本制度和措施的核心是安全责任制度、安全教育制度和安全检查制度。

(2) 安全生产责任制度

安全生产责任制是指从制度上对企业所有人员和所有部门在其各自职责范围内对安全工作应负的责任作出明确的规定，并遵照执行。安全生产责任制是企业岗位责任制的组成部分，是企业中最基本的一项安全制度。它是根据“预防为主”的原理和“管生产必须管安全”的原则，规定企业各级领导、职能部门、各类技术人员和生产工人在生产劳动中应该担负的安全责任，是安全生产过程中责、权、利的体现。

安全生产责任制把安全管理组织体系协调和统一起来，使企业的安全责任纵向到底、横问到边，形成安全责任体系，便于安全生产各项规章制度的贯彻、执行、监督、检查和总结。使得安全生产工作事事有人管、层层有责任，使企业的各级领导和广大职工分工协作，共同努力，切实做好安全生产工作。

安全生产责任制的内容就是对安全职责的具体规定，其范围较广，不同企业安全生产责任制均有所不同，具体内容应根据企业实际情况加以规定。

(3) 安全教育制度

安全教育是企业为提高职工安全技术水平和防范事故能力而进行的教育培训工作。安全教育的内容主要包括：安全生产思想教育，安全生产方针政策教育，安全技术知识教育，典型经验和事故教训教育及现代安全管理知识教育。

(4) 安全检查制度

安全检查是根据企业生产特点，对生产过程中的安全进行经常性的、突击性的或者专业性的检查。安全检查是企业安全生产的重要措施，是安全管理的重要内容。《中华人民共和国安全生产法》第二十八条指出："生产经营单位的安全生产管理人员应当根据本单位的生产经营特点，对安全生产状况进行经常性检查，对检查中发现的安全问题，应当立即处理。不能处理的，应及时报告本单位有关负责人，检查及处理清况应当记录在案"。

复习思考题

(1) 试述安全生产的概念。

(2) 简述我国安全管理的发展历程及未来趋势。

(3) 安全管理的作业表现在哪些方面？

(4) 何为安全管理？安全管理的研究对象及主要内容是什么？

(5) 我国安全管理工作中存在哪些问题？

第2章 安全管理学理论基础

2.1 管理的组成要素及逻辑关系

管理者、管理对象与管理环境构成了管理的最根本要素。管理者是管理的主体，对管理活动的顺利进行和组织目标的实现起重要作用。管理对象是管理活动作用的受体，也就是管理的客体。任何管理活动都是针对一定的管理对象展开的。管理环境，是指存在于社会组织内部与外部的影响管理实施和管理效果的各种力量、条件和因素的总和。任何管理活动都是在一定的管理环境当中进行的。管理环境为管理活动本身提供了外在基础，在此基础上，管理者协调管理对象，从而使得管理活动正常进行，以达成组织目标。

2.1.1 管理者

管理者的出现是伴随着社会化大生产和分工的发展，逐渐从生产劳动者中分离出来的，是一部分专门从事管理工作的人员。如工长，他们脱离了劳动，专门从事生产的管理，是工业生产中最先出现的管理阶层。在管理实践繁荣的早期，管理者被定义为“对其他人的工作负有责任的人”。彼得·德鲁克认为管理者真正成为管理者的理由，不在于他的权力和职位，而在于他对组织的贡献和责任。管理者是管理活动的主体，是履行各项管理职能的主体，他对于组织管理工作的成败起关键作用。

管理者都是在组织当中开展管理工作的。按管理者在组织当中的不同层次及工作领域，大致可以这样将管理者进行分类。

(1) 按管理层次分类

组织当中的管理者可以按其所处的管理层次不同分为高层管理者、中层管理者和基层管理者。不同层次的管理者，在组织中所处的地位和所承担的责任大小不同。

高层管理者是对整个组织的管理负有全面责任的人，主要职责是制定组织的总体目标、战略，掌握组织的大政方针并评价整个组织的绩效。如企业的总裁、大学的校长、政府机关中的部长，他们是组织中的少数人，但肩负着对组织未来发展的战略思考与决策的重任。中层管理者是指处于高层管理者和基层管理者之间的一批中间层次的管理人员，他们的主要职责是贯彻执行高层管理人员所制定的重大决策，监督和协调基层管理人员的工作，同时也担负着上下层之间的信息传递工作。中层管理者通常是企业组织中的部门经理、大学里的院系主任、政府机关的厅、局长等。基层管理者亦称第一线管理人员，是组织中处于最低层次的管理者，他们所管辖的仅仅是作业人员而不涉及其他管理者。主要职责是给下属作业人员分派具体工作任务，直接指挥和监督现场作业活动，保证各项任务的有效完成(如工长、科长、班组长等)。上述三个不同层次的管理人员，其工作内容和性质存在着很大的差别。基层管理者关心的主要是具体的战术性工作，即具体工作如何完成，他们在处理问题时，往往凭借的是其丰富的生产、销售经验和熟练的技术才能。而高层管理人员关心的主要是抽象的战略性工作，是对组织总的长远目标和战略计划感兴趣，他们在处理问题时，往往依靠的是其丰富的人际技能与战略洞察力。中层管理者关心如何实现高层管理者所拟订的战略，因此，他们所关心的问题就可能是如何夺取竞争对手的市场，扩大市场占有率。

(2) 按不同工作领域分类

随着生产的集中，组织规模的扩大，生产经营活动的日益复杂，组织中产生了各种不同的职能领域，如营销、财务、生产、人事、研究开发等，这些职能领域吸纳了大量的管理人员。按不同工作领域划分管理者类型，如企业中可分为营销经理、财务经理、生产经理、人事经理、研究开发经理等。生产管理者主要负责生产活动的组织如原材料准备、资源转化、提交产成品等；财务管理者管理组织的资金流动，财务资源的有效使用和运营；营销管理者要对组织当前和未来客户需求进行调研、规划，组织产品的销售推广，参与产品的研发；人事管理者负责组织人力资源的合理使用，如人员招募、培训、考核、评定、晋升等。研发管理者负责组织新产品研究与开发，负责组织技术创新，协助高层管理者拟订本组织的长期技术发展战略。这些是一般组织中常见的一些领域的管理者，现代组织随着其规模的不断扩大和环境的日益复杂多变，持续产生着一些特殊的专门管理者，如公众关系管理者、信息情报管理者、国际管理专家等。

管理者对组织的生存和发展起着至关重要的作用。优秀的管理者亦是一种稀缺的资源，是组织渴望获得的英才，是猎头公司追逐的对象。

2.1.2 管理对象

任何一个组织为了其存续必须拥有一些生产要素，包括人力、财物、信息、时间、技术、关系等。这些生产要素就是组织的资源。对于管理对象包括哪些要素，一般认为管理对象应包括但不限于下面几种要素。

① 人员。人是管理的主要对象。人在管理中具有双重地位，既是管理者又是被管理者。管理过程是一种社会行为，是人们相互之间发生复杂作用的过程。管理过程各个环节的主体是人，各个环节的工作都是由人来完成的。因此人与人的行为是管理过程的核心。它是组织最基本的资源，也是最重要的资源，是管理的最主要对象。

② 物资。物资是指组织所需要的诸如设备、设施、各种原材料等资源。它是一个组织赖以实现其目标的重要物质基础。加强物资的管理，必须制订好物资采购计划，搞好定额管理，加强库存管理，降低库存，提高物资利用率。

③ 资金。资金是组织所拥有的货币资金，资金是组织经营活动的“粘合剂”。出于通

过货币资本和现金可以购买物质资源和人力资源，故金融资源的多寡实际上反映了组织拥有资源的多寡。资金管理就必须对资金筹措、资金运用、资金耗费与经济核算等过程加强管理，以降低成本，提高资金使用效益。

④ 信息。在信息社会时代，倍息已成为重要的管理对象，同时，信息也是组织运行的重要资源。信息是能够反映管理内容并可以传送和加工处理的文字、数据、图表等。信息系统是管理过程中的“神经系统”。管理中的人流、物流，都要通过信息来反映和实现的。管理职能要发挥作用，也需要信息的支持。只有道过信息的不断交换、传递，把各要素有机地结合起来，才能形成现实的管理活动。

⑤ 技术。科学技术是第一生产力。组织所拥有的科学技术在一个组织的发展中起着十分重要的作用，它是组织十分重要的资源。因此，组织应加大科技投入，建立自己的科技研发体系，加强科技开发的力度，搞好技术创新，逐步形成自己的核心竞争力，促进组织的持续发展。

⑥ 关系。组织不是孤立的，它必定与其他的组织保持密切的关系。关系资源就是指组织与其他各方面，如政府、银行、其他企业、学校、团体、名人、媒体等的合作及亲善的程度与广度。

⑦ 时间。任何管理活动都是在特定时间、空间条件下进行的，管理离不开时间。现代社会的一个重要特点，就是时效性日益突出。任何组织的管理活动及组织资源的分配，都有一个时间性问题，时间区域不同，结果就会有所区别，甚至可能会完全不同。应加强时间管理，科学地运筹时间，提高工作效率，是现代管理中的新课题。

2.1.3 管理环境

管理环境，是指存在于社会组织内部与外部的影响管理实施和管理效果的各种力量、条件和因素的总和。管理环境可以按存在于社会组织的内外范围不同分为内部环境和外部环境。

内部环境主要是指社会组织履行基本职能所需的各种内部的物质资源与条件，还包括人员的社会心理因素、组织文化等因素。内部环境具有一定的可控性。

外部环境是指组织外部的各种自然社会条件或因素。组织的外部环境可以进一步划分为一般环境和任务环境。一般环境，也称宏观环境，就是各个组织都共同面临的整个社会的一些环境因素；任务环境也称微观环境，是指某个社会组织在完成特定任务过程中所面临的特殊环境因素。例如，一个企业，与一所学校面临相同的宏观环境，但其所面临的任务环境不但与学校的任务环境不同，而且与其他企业的任务环境也可能不同。对企业来说，任务环境主要包括资源供应、合作者、竞争考、顾客、政府主管部门以及社区等。外部环境对于组织来说具有不可控性。

管理与所处的环境(主要指外部环境)存在着相互依存、相互影响的关系。具体表现为下面几种关系：

2.1.3.1 对应关系

组织的管理与环境之间存在着相互对应的关系。组织是整个社会的一个子系统，社会上的诸种因素总是不可避免地在组织内部体现出来。以企业为例，社会上的环境可以划分为经济、技术和社会三大环境，那么，企业内部就与之相对应，存在着经营、作业和人际关系三大管理领域。从这个意义上说，每一个组织都是一个微缩了的小社会。

2.1.3.2 交换关系

组织与环境之间不断地进行着物质、能量和信息的交换。例如，一家生产企业，从市场上搜集情报信息，并购进原材料。再将加工完的产品拿到市场上销售，并通过广告等形式向社会广泛传递有关产品的信息，而组织、协调和控制这些活动的管理行为，也必然同环境之间存在交换关系。

2.1.3.3 影响关系

组织的管理受外部环境的决定与制约。但同时，组织的管理也会反作用于外部环境。二者之间存在着极为密切的影响和制约关系。

组织的环境，特别是组织不可控的外部环境对组织管理的影响极大。来自组织外部环境的影响主要有这样几个方面：

(1) 经济环境的影响

经济环境与组织管理的关系是最为直接的，对管理的影响也是最大的。经济环境对组织管理的影响大致表现如下：

① 经济物质资源

一个组织所在地的经济资源状况对组织的生存与发展影响是相当大的，它关系到资源取得的成本高低、利用资源进行生产与经营的方便条件、优势与效益等。

② 国家的经济制度与经济体制

国家的经济制度直接决定着管理的社会属性，并对整个管理产生影响；经济体制，如市场经济与计划经济对组织的管理提出了不同的要求，影响也是明显的。

③ 计会的经济规模与发展水平

社会的经济规模与发展水平直接决定着一些企业的经营状况，进而对管理提出不同的要求。例如，处在经济繁荣期和经济衰退期的企业，其管理思路、战略与方法将有根本性的差异。

④ 市场供求与竞争

经济环境中最直接、最明显影响组织(主要指企业)的是市场。而市场存在两种主要的力量，即供给和需求。代表市场需求一方的是顾客，是决定企业经营管理的最重要力量，是企业的衣食父毋。顾客的需要及欲望决定着企业生产与经营的方向。而涉及供给一方的是本企业的供应商、合作者和竞争者，其实力、决策、行为都对本企业的经营管理有重要影响作用。同时，生产者竞争、消费者竞争也都将对企业产生重要影响。

⑤ 国民收入与消费水平

国民收入与消费水平的高低，对企业的产品结构、质量要求和销售数量都将产生直接的影响，是企业经营状况的重要决定因素。

(2) 技术环境的影响

社会组织的技术环境，主要是指组织所在国家或地区的技术进步状况，以及相应的技术条件、技术政策和技术发展的动向与潜力等。在知识经济到来的今天，社会组织提高效益，寻求发展，越来越依靠技术进步。当今无论是国内还是国际，获得突飞猛进发展的大企业，无不是靠先进技术取得优势的。技术环境已成为组织环境中的关键因素。技术环境对组织管理的影响表现在任何技术水平、技术条件、技术过程的变化，都必然引发管理思想、管理方式与方法的更新。特别是计算机的广泛应用，全面地更新了生产过程和管理方式，同时，对管理者的素质也提出了更高的要求。

(3) 政治与法律环境的影响

政治与法律环境包括国际、国内及本地区的政治制度、政治形势、政策法规等。不同的政治制度对管理的社会属性起决定作用；政治形势的状况及变动趋势，关系到社会的稳定，也直接关系到社会组织的运行与管理；国家的政策关系到资源状况、居民的收入水平、消费与市场需要、企业内部制度与政策以及人员心理等；国家的法制建设关系到组织外部法律环境与内部的法制观念与管理。

(4) 社会与心理环境的影响

社会与心理环境主要是指组织所在地的人口、教育、生活习俗、风气、道德、价值观念，以及社区成员的各种心理状况等。由于社会组织是由人组成的，而且，人既是管理者又是管理对象，这就决定了社会组织及其管理离不开人与人之间的关系，离不开人们的社会心理因素。社会上的各种人文环境及心理氛围必然对社会组织的成员及管理产生广泛而深刻的影响。

2.1.3.4 内部管理与外部环境的动态平衡

对组织生存发展及组织管理而言，环境起着一定的决定与制约作用，这就要求管理者应带领组织能动地适应环境，谋求内部管理与外部环境的动态平衡。

(1) 了解和认识环境

管理者要能动地适应环境，首先要了解和认识环境，这是环境管理的基础。管理者要把对环境的了解与掌握作为重要管理职责。要通过各种渠道搜集有关环境的信息，掌握关于环境的各种因素与变量，把握环境发展变化的趋势与规律，对各种环境变量做到心中有数，始终保持对环境的动态监视与整体把握。

(2) 分析与评估环境

在掌握组织环境大量信息，对组织环境充分了解的基础上，要对各种环境因素进行深入地分析与评估。要划分与确定环境因素的类型，确定环境对组织管理影响的领域、性质及程度的大小。例如，根据一些因素与组织之间的联系，将环境区分为一般环境和任务环境；还可以根据环境的变化程度，将组织所面临的环境分为稳定环境和动态环境。

(3) 能动地适应环境

在对环境科学评估、正确分类的基础上，要研究与选择对待不同环境的办法。一般是采取依据分类区别对待的管理办法。

① 对于一般环境

这是所有组织共同面临的、个别组织无法改变的环境。面对这种环境，只能采取主动适应的办法。管理者要从组织环境的既定条件和因素出发，去研究、解决本组织的问题，千方百计地利用环境的有利条件，发挥本组织适应环境的优势，因势利导地寻求组织与环境的平衡，以获得组织的发展。

② 对于任务环境

这是本组织直接面临、且影响巨大的环境，又是本组织在一定程度上可以施加影响的环境。面对这种环境，管理者要积极干预，创造条件，影响环境朝向有利于本组织的方向发展。例如，企业通过广告、促销等多种方式影响消费者购买心理，从而使消费者产生对本企业产品品牌的特殊偏好，导致其采取大批购买行动；再如，利用正确的竞争策略，打败竞争者，扩大市场份额。

③ 对于稳定环境

管理者可以按正常的程序和规范进行预测与计划，并实行较为稳定和长期的战略与政策。

④ 对于动态环境

管理者则要加强监测，并采取权变管理模式，灵活应变。例如，在职权配置上给基层实体以更大的自主权，或建立分权型组织，以便让其独立地、灵活地适应多变的外部环境。

2.2 安全管理原理

2.2.1 管理原理

2.2.1.1 管理原理概述

(1) 管理原理的定义

所谓原理是指某种客观事物的实质及其运动的基本规律。管理原理是指在管理活动中所应当遵循的基本规律，它是通过对管理工作的实质内容进行科学分析和总结而形成的基本真理，对一切管理活动具有普遍的指导意义。

管理方法是管理活动中为实现管理目标，保证管理活动顺利进行所采取的工作方式。管理原理和管理方法是彼此相互联系和相辅相成的。管理方法是管理理论、原理的自然延伸与具体化，是管理原理指导管理活动的必要中介和桥梁，是实现管理目标的途径和重要手段。管理原理只有通过必要的管理方法才能在管理的实践活动中发挥作用，管理方法只有在正确的管理理论指导下，才不致产生盲目性，并取得有效的成果。在吸收和运用多种学科知识的基础上，管理方法已逐渐形成了一个相对独立、自成体系的研究领域。管理方法一般可分为管理的法律方法、管理的行政方法、管理的经济方法、管理的教育方法及管理的技术方法等。它们形成了一个完整的管理方法体系。从一些特定的角度，可以对管理方法做这样的分类：按管理对象的范围，可分为宏观管理方法、中观管理方法和微观管理方法；按管理方法的适用程度，可分为一般管理方法和具体管理方法；按管理对象的性质，可分为人事管理方法、物资管理方法、资金管理方法、信息管理方法；按所运用的方法的量化程度，可分为定性方法和定量方法等。管理实践的很多事例都说明，一个成功的管理者之所以成功，首先是因为他所从事的管理活动符合了管理的客观规律。同时，也得益于管理方法上的科学性和有效性。

(2) 管理原理与管理原则

原则是根据认识客观事物的基本原理而引申出来的，是人们规定的行动准则；而原理是指描述某种客观事物的实质及其运动的基本规律。原理是对管理活动工作客观必然性的刻画，原理的“原”即指“源”，是指原本、根本的意思，而原理的“理”，是指道理、规律和基准的意思。如果违背了原理，在管理活动中必然会遭到客观规律的惩罚，必将会造成严重的后果。而由认识客观事物的基本原理而引申出来的原则，当然也应以客观规律为依据，但是，在具体的管理活动中，原则的执行会受到一定的人为因素影响，为了加强其约束作用，于是便对管理活动有了一些规定，成为人们共同遵循的行为规范，如果违反了规定的原则将要受到相应惩罚。

管理原理是基础，管理原则是规范。掌握管理原理和管理原则，应认识它们的区别，并领悟它们的联系。在管理活动中，确定管理原则时，既要以客观规律为依据，尽量使之符合相应的原理，又要以一些规定来强化原则的约束作用，加强管理的指导作用，增强管理效果。管理原则，就是在管理的实践活动中归纳出来的管理者必须遵循的行为规范。管理原则是管理经验的结晶，是管理技巧所在，是管理者的行为指南。

(3) 管理原理的特点

管理原理具有客观性、概括性、稳定性和系统性的特点。管理原理的客观性体现在对管理实质及其客观规律的表述上，许多管理原则正是通过对基本原理的认识引申而来，规定人们的行动。在确定各项管理原则时，要以客观真理为依据。概括性是指管理原理是对现实管理现象的抽象，是对各项管理制度和管理方法的高度综合与概括。它反映的领域很广泛，如涉及人与物、物与物、人与人的关系，又因组织部门不同、行业类型不同呈现出管理活动的多样性，但它在总结大量管理活动经验的基础上，舍弃了各组织之间的差别，经过高度综合概括得出具有普遍性、规律性的结论。稳定性是指管理原理具有相对稳定的特点，它随着社会经济和科学技术的发展而不断发展。系统性是说管理原理中的系统原理、人本原理、效益原理及责任原理组成了一个有机体系，即根据管理现象本身的有机联系，形成一个相互联系、相互转化的完整的统一体。管理的实质，就是在系统内部，通过确定责任，以达到一定的效益。

(4) 管理原理的现实意义

研究管理基本原理，有助于提高管理工作的科学性，避免盲目性。了解了管理原理，管理工作就有了指南，建立组织、进行决策、制定规章制度等就有了科学依据。有助于人们掌握管理的基本规律，以便更快地形成自己的管理哲学，来应对瞬息万变世界中的各种管理问题。有助于迅速找到解决管理问题的途径和手段，如建立科学合理的管理制度规范管理行为，找到适合组织实际情况的领导方式等。总之，管理原理是管理活动的高度抽象和实践经验的升华，是指导一切管理的行为准则，掌握了管理的原理就等于掌握了管理活动的基本规律，对于强化管理工作，提高管理工作效率和效益，更好地发挥组织功能意义重大。

2.2.1.2 系统原理

(1) 系统原理的概念

任何社会组织都是由人、物、信息组成的系统，任何管理都是对系统的管理。系统原理是认识管理本质和方法的最基本视角，在管理原理的体系中起统帅作用。所谓系统，是指由相互联系和相互作用的若干部分组成，并具有特定功能的有机整体。自然界和人类社会有各种各样的系统。如人体有消化、呼吸、血液循环、神经等系统；自然界有动物、植物、分子、原子结构等系统；在宇宙，有各种行星系统；在社会国民经济领域，有工业、农业、商业、交通、文教、卫生等系统。系统广泛而大量存在，从宏观事物到微观事物都有系统存在的情形。在现代管理中，人们也可以把任何一个企业、单位或部门看成是一个系统。系统具有集合性、层次性、相关性的特点，系统是由若干要素结合而成，一个系统至少由两个或两个以上的子系统(要素)构成；系统结构是有层次的，构成一个系统的子系统和子子系统分别处于不同的地位；系统内各要素之间相互依存、相互制约，表现为子系统与系统之间、系统内部子系统或要素之间。

(2) 系统原理的要点

① 整体性、功能性。系统要素之间的相互关系及要素与系统之间的关系是以整体为主进行协调，局部服从整体，使整体效果为最优。系统是由若干子系统(要素)构成的统一体，系统不管由多少要素构成，这些要素都是相互联系、相互作用而形成统一整体的，否则系统便失去了全局和根本。系统的功能不等于要素功能的简单相加，而是要大于各个部分功能的总和。系统原理强调从总体着眼，部分着手，统筹考虑，各方协调，达到整体的最优化。系统整体坚强统一的程度，决定着系统的质量；系统整体对内调控和对外适应的能力，决定着系统的生机和活力。每一个系统都具有特定的功能和作用，这是系统存在对自身和外部的价值所在。构成系统多层次的子系统不但有相互有机联系的一面，亦有各自的地位和作用。整体的统一，靠多层次子系统的分工和协调来达成；整体的效能，靠多层次子系统各自的作用及其综合而发挥；整体各方面的优化，靠多层次子系统的最佳组合而实现。

② 动态性与环境适应性。系统作为一个运动的有机体，稳定状态是相对的，运动状态是绝对的。系统作为一种运动而存在，系统内部的联系、系统与环境的相互作用都是运动，系统的功能也在随时间不断变化，系统正是在这种不断变化的动态过程中生存和发展的。系统不是孤立存在的，它要与周围环境中的事物发生各种联系，环境是一个更高级的大系统。系统要与环境进行物质、能量和信息的交换，保持对环境的最佳适应状态。适应

性愈强，系统的生命力愈强，愈能竞争和发展。掌握系统的动态性、环境适应性，可以使管理者预见系统的发展趋势，能动态地认识和改变系统环境、正确决策，使系统健康有活力地发展。

③ 综合性和开放性。系统的综合性表现在系统目标的多样性与综合性，系统实施方案选择的多样性与综合性。所谓综合就是把系统的各部分各方面和各种因素联系起来，考察其中的共同性和规律性。系统目标是从各种复杂的因素中综合的结果，系统目标确定得恰当，各种关系能够协调一致，就能大大发挥系统效益。同样，为达到某个目标，会有各种各样的途径和方法，方案的多样性要求必须综合研究，选出满意方案。系统由许多子系统和单元综合而成，系统目标设立和方案选择都有综合性，综合性原理已成为一项创造性极强的方法，量的综合会导致质的飞跃，产生新的事物，综合的对象越多，范围越广，所做的创造也就越大。系统也是对外开放的，只有系统从外部获得的能量大于系统内部消耗散失的能量，系统才能不断发展壮大。管理者应充分估计外部对本系统的种种影响，努力扩大本系统从外部吸入的物质、能量和信息。

(3) 系统原理的应用

在管理中运用系统原理，管理者应尽力做到这样几点：

① 管理工作有统筹兼顾的全局性，把整体目标优化作为根本的出发点。在管理过程中要用系统的观点、系统分析方法，正确处理整体与局部、局部与局部以及各要素之间的关系。始终把整体观念、全局利益放在首位，精心运筹，全面安排，实现系统的整体优化。

② 力求各管理局部的良好分工与协作，使之充分发挥各自的职能和作用，以求管理全局的最佳效能。主要是对人、财、物、事等各要素的科学组织、调节和运用，以取得“人尽其才、物尽其用、财尽其利”的优良效果。

③ 搞好企业(部门或单位等)与环境的协调统一，使管理系统能顺应社会大系统的动态变化，这是经营管理能够立足和发展的宏观必要条件。管理者应重视国内外市场和商品信息的调查和搜集，重视国内外政治、经济、文化、科技等方面的重大变化，并据此及时制定对策。

④ 根据系统的动态性原理，强调管理工作的时限性。系统处在不断的变化之中，其中内因是变化的依据，外因是变化的条件。所以管理工作不存在一成不变的模式，应当因地、因时、因人制宜不断调整。

2.2.1.3 人本原理

(1) 人本原理的概念

人本原理的实质，就是以人为本的原理。它要求人们在管理活动中坚持一切以人为核心，以人的权利为根本，强调人的主观能动性，力求实现人的全面、自由发展。其实质也就是充分肯定人在管理活动中的主体地位和作用。它要求管理者在一些管理活动中要十分重视处理人与人之间的关系，充分调动人的主动性和创造性，把做好人的工作作为管理根本，使管理对象明确组织的整体目标、自己所担负的责任，自觉、主动地为实现整体目标努力工作。

(2) 人本原理的要点

① 员工是组织的主体——尊重人

劳动是企业经营的基本要素之一，人们对提供劳动服务的劳动者在企业生产经营中的作用是逐步认识的。在早期，管理的研究者基本上限于把劳动者视为生产过程中的一种不可缺少的生产要素。第二次世界大战后，有一部分管理学家和心理学家，开始认识到劳动者的行为决定了企业的生产效率、质量和成本。同时他们强调，管理者应该从多个方面去激励劳动者的工作热情，引导他们的行为，使其符合企业的要求。

② 员工参与是有效管理的关键——依靠人

实现有效管理有两条完全不同的途径，其一是高度集权，从严办事，依靠严格的管理和铁的纪律，重奖重罚，取得组织目标统一，行动一致，从而实现较高的工作效率。其二则是适度分权，民主治理，依靠科学管理和员工参与，使个人利益与组织利益紧密结合，使组织的全体员工为了共同的目标而自觉的努力奋斗，从而实现高度的工作效率。两者的根本不同之处在于，前者把员工当作管理上的客体，员工处于被动的被管地位。后者把员工视为管理主体，使其处于主动参与管理的地位。影响企业发展的因素无非是天时、地利、人和，其中以人和最宝贵。有了人才能去争取和利用天时(客观环境和机遇)，才有可能去逐步完善和充分发挥地利(本组织的资源优势)。人和的物质基础是经济利益的一致，真正的人和事组织应当成为全体员工的命运共同体。

③ 使人性得到最完美的发展是现代管理的核心——发展人

管理者在管理过程中应引导和促进人性的发展，任何管理者都会在管理过程中影响下属人性的发展。同时，管理者行为本身又是管理人性的反映，只有管理者的人性达到比较完美的境界，才能使组织内员工的人性得到完美的发展，员工队伍的状况又是组织成功的关键。因此，在实施每一项管理措施、制度、办法时，不仅要看到实施所取得的经济效果，同时还要考虑对人精神状态的影响，要分析它们是促使员工的精神状态更加健康、人性更加完美，还是起到相反作用。

④ 管理是为人服务的——为了人

管理以人为中心，为人服务，为的是实现人的发展。其中的“人”不仅包括组织内部的人，且还包括存在于组织外部的、通过组织提供产品为之服务的用户。因为社会生产和提供某种产品或服务，是一个组织存在的主要理由，市场是否愿接纳和吸收该组织的产品成为组织能否继续生存、经营管理能否成功的主要决定因素。在市场经济条件下，用户是组织存在的社会土壤，是组织效益的来源。

(3) 人本原理的应用

① 从员工和顾客两个方面建立广泛的激励机制。对员工来说，领导者要严于律己，勇于创新，用模范作用激励员工。通过与员工的经常性沟通来营造一种相互理解、相互信任的氛围，建立一种沟通式的激励机制。鼓励创新和学习，积极为员工提供学习深造的机会，建立培训制度，规定业绩达到什么程度就可以去学习深造。适当授权，赋予员工具有

挑战性的工作，创造其实现自己人生价值的条件，充分发掘其潜能。对顾客来讲，管理的根本目的是服务于人。

② 建立行为监督机制。管理者要对员工的行为进行监督，同时科学地分析其行为产生的原因，最大限度地满足员工科学合理的需要。此外，还要建立组织内部个人行为自我约束系统，使每个员工自觉进行自我管理，充分体现组织对人性的尊重。

③ 划分能级，量才授权。选拔和任用优秀人才是现代管理的核心，在管理实践中要会察人识人、知人善任，使人尽其才、才尽其用。在具体操作中要注意如下几点，能级的划分应保证组织结构的稳定性和有效性。每个能级应具有不同的责任、权利和利益，坚持责、权、利一致原则。各能级必须实现动态对应。

④ 恰当运用动力。在实施中，要注意保证物质动力、精神动力的协调运用，不可偏废一方。正确认识和处理好集体动力与个体动力、长远动力与眼前动力、正态动力与偏态动力的关系。行为得到改进、效益有所增加时，应及时给予奖励，以激励其正态动力。当行为出轨、退化、降效或自耗时，应随时予以制止、纠正及惩罚，防止偏态动力发展阻碍组织目标的实现。

⑤ 建立纪律约束机制。首先要求领导者个人必须树立纪律观念，领导者坚持原则和实事求是的作风会直接影响企业内部的工作作风和纪律状况。建立纪律约束机制还要兼顾公平。任何人都希望自己在一个组织中得到公平的待遇，所以在纪律面前要人人平等。这是组织形成积极向上、奋发图强、相互尊重的良好氛围的基础。

2.2.1.4　效益原理

(1) 效益原理的概念

① 效益原理

在管理中，重视效益、追求效益，以最小的消耗和代价获取最佳的经济和社会效益，这就是管理效益原理的基本要求。管理的主要目的是创造出最大的效益。追求应有的效益是组织生存和发展的前提条件。因此，学习和研究效益管理，可以使管理者在管理的各个方面、各个环节中都能自觉地运用效益原理来指导管理，检验管理成果，推动管理发展。研究效益原理，可以使管理者全面理解效益的内涵，自觉做到经济效益和社会效益、长期效益和眼前效益，以及组织效益和个人利益的协调一致。

② 效果、效率及效益

效果是指单位时间经过转换而产出的有用成果。效率是指单位时间内所取得的效果的数量，反映了劳动时间的利用状况。效益是指有效产出与投入之间的一种比例关系。效益与效果和效率是相联系又相互区别的概念。对于效果而言，有些有效益，有些无效益。只有被社会所接受的效果才是有效益的，如只有市场需要，能卖出去的产品才是有效果并有效益的。卖不出去的产品，只有效果而没有效益。效率与效益也是有联系的，但实践中二者并非一致。如企业耗费过多的资金进行技术改造，提高技术水平，从而提高了效率，但如果实际结果使单位产品生产的物质劳动消耗的增量超过了活劳动的减量，会导致生产成本增加。还有如产品生产规模过大，生产量超过市场需要而出现卖不出去的现象，这都是效率提高而效益降低的情况。一般情况下，有效益，必有效率，但个别情况，如石油、农业限产有效益，但无效率。

所谓经济效益，是以最小代价创造出最大价值，获得最佳经济效益。它是对管理的经济目标实现程度从数量方面进行评价的依据。如社会生产的经济效益可用如下公式表示：

$$社会效益=\frac{劳动成果(符合社会需要的产品或劳动总数)}{社会劳动消耗及占用总量}$$

这个公式说明，经济效益是以生产的物质技术联系为基础，反映了社会生产力的发展水平以及生产关系的性质和生产关系与生产力结合的状况。如公式的分子是生产目的的物质体现，分母是达到生产目的的手段。因此可以说，经济效益的实质是以尽量少的劳动和物质消耗，生产更多的符合社会需要的产品。

所谓社会效益，是指劳动所产生的成果对社会产生有用的和积极影响的程度和做出的贡献。可用下式表示：

$$社会效益=\frac{对社会的贡献(对社会产生有益作用的产品或劳务的总量)}{社会劳动消耗及占用总量}$$

这个公式也表明了生产关系与生产力的结合状况，但更强调对社会的贡献。社会效益的核心就是必须对杜会进步和经济发展带来积极影响，做出有益贡献。

经济效益和社会效益之间既有联系，又有区别。经济效益是社会效益的基础，社会效益是促进经济效益提高的重要条件。它们的主要区别是经济效益较社会效益直接、明显，容易计算，而要衡量计算社会效益就较困难。管理实践中，应坚持两种效益的统一，确立管理活动的效益观，把长远和眼前、局部和全局的效益统一于经济和社会效益的协调统一之中。影响这个问题的因素很多、很复杂，但主体管理思想正确与否是极其重要的。

(2) 效益原理的要点

效益是管理的根本目的。管理就是对效益的不断追求。这种追求是有规律可循的。

① 在实际工作中，管理效益的直接形态是通过经济效益而得到表现的。这是因为由于管理系统是一个人造系统，它基本是通过管理主体的劳动所形成的按一定顺序排列的多方面多层次的有机系统。尽管其中有纷繁复杂的因素相交织，但每一种因素均通过管理主体的劳动而活化，并对整个管理活动产生着影响。综合评价管理效益，当然必须首先从管理主体的劳动效益及所创造的价值来考虑。

② 影响管理效益的因素很多，其中主体管理思想正确与否占有相当重要的地位。在现代化管理中，采用先进的科学方法和手段，建立合理的管理机构和规章制度无疑是必要的。但更重要的是一个管理系统高级主管所采取的战略。这是更加带有全局性的问题。实际上，管理只解决如何“正确地做事”，战略才告诉我们怎样“做正确的事”。企业如果经营战略错了，局部的东西再好，但产品不适销对路，质量再好，价格再低，也毫无意义。实际上，管理效益总是与管理主体的战略联系在一起的。

③ 追求局部效益必须与追求全局效益协调一致。全局效益是一个比局部效益更为重要的问题。如果全局效益很差，局部效益就难以持久。当然，局部效益也是全局效益的基

础，没有局部效益的提高，全局效益的提高也是难以实现的。局部效益与全局效益是统一的，有时又是矛盾的。因此，当局部效益与整体效益发生冲突时，管理必须把全局效益放在首位，做到局部服从整体。

④ 管理应追求长期稳定的高效益。企业每时每刻都处于激烈的竞争中。如果企业只满足于眼前的经济效益水平，而不以新品种、高质量、低成本迎接新的挑战，就会随时有落伍甚至被淘汰的危险。所以，企业经营者必须有远见卓识和创新精神，随时想着明天。不能只追求当前经济效益，不惜竭泽而渔、寅吃卯粮、不保持必要的储备、不及时地维护修理设备、不进行必要的技术改造，不爱护劳动力，这样的话，必然损害今后的经济效益。只有不断增强企业发展的后劲，积极进行企业的技术改造、技术开发、产品开发和人才开发，才能保证企业有长期稳定的较高经济效益。

⑤ 确立管理活动的效益观。管理活动要以提高效益为核心。追求效益的不断提高，应该成为管理活动的中心和一切管理工作的出发点。要克服传统体制下“以生产为中心”的管理思想。因为这种管理思想必然导致片面追求产值、盲目增加产量的倾向，从而可能造成产品大量积压、效益普遍低下的状况。

(3) 效益原理的应用

追求效益要学会自觉地运用客观规律。例如，必须学会运用价值规律，随时掌握市场情况，制定灵活的经营方针，灵敏地适应复杂多变的竞争环境，满足社会需求。

2.2.1.5 责任原理

(1) 责任原理的概念

管理是追求效率和效益的过程。在这个过程中，要挖掘人的潜能就必须合理分工，明确责任，做到责、权、利相结合。只有做到职责明确，才能对组织中的部门和每一位员工的工作绩效作出正确的考评，从而有利于调动人的积极性，保障组织目标的实现。

(2) 责任原理的要点

① 明确每个岗位的职责

挖掘人的潜能的最好办法是在明确每个岗位职责的基础上，物色合格人员来担任。分工是生产力发展的必然要求。在合理分工的基础上确定每个人的职位，明确规定各个岗位应负担的任务，这就是职责。一般来讲，分工明确，职责也会明确，但实际上两者的对应关系并不那么简单。因为，分工一般只是对“做什么”作了形式上的划分，至于工作的数量、质量、速度、效益等要求，分工本身还难以完全体现出来，而职责正是对这些内容的规定。所以，职责是组织赋予其成员的任务，也是维护组织正常秩序的一种约束力，是以行政性规定来体现的客观规律的要求。职责不是抽象的概念，而是在数量、质量、时间、效益等方面有严格规定的行为规范。表达职责的形式主要有各种规程、条例、范围、目标、计划等。

在分工的基础上确定职责时，需要注意三点内容。首先，职责界限要清楚。在实际工作中，工作职位离实体成果越近，职责越容易明确；工作职位离实体成果越远，职责越容易模糊，应按照与实体成果联系的密切程度，划分出直接责任与间接责任、实时责任和事后责任。其次，职责内容要具体，并要作出明文规定。只有这样，才便于执行检查与考核。此外，职责中还要包括横向联系的内容。在规定某个岗位工作职责的同时，必须规定同其他单位个人协作配合的要求，只有这样，才能提高组织整体的功能。最后，职责一定要落实到个人，只有这样，才能做到事事有人负责。没有分工的共同负责，实际上是职责不清，无人负责，其结果必然导致管理的混乱和效率的降低。

② 合理进行职位设计和授权

影响个人对所管理的工作能否做到完全负责，基本上取决于三个因素：权限、利益和能力。

a. 权限。明确了职责，就要授予相应的权力。实行任何管理都要借助于一定的权力，也离不开对人、财、物的调度与使用。如果没有一定的人权、物权、财权，任何人都无法对任何工作实行真正的管理。职责和权限显然很难从数量上画等号，但有责无权，责大权小，许多事情都得请示上级，由上级决策，上级批准，当上级过多地对下级分内的工作发指示、作批示时，实际上等于宣告此事下级不必完全负责。所以，明智的上级应该克制自己的权力欲，要把下级完成职责所必要的权限全部授给他们，由他们独立决策，自己只需必要时才给予适当的帮助和支持。只有这样，才可能使下级具备履行职务责任的条件。

b. 利益。合理授权只是完全负责所需的必要条件之一。完全负责就意味着责任者要承担全部风险。而任何管理者在承担风险时，都会自觉或不自觉地对风险与可能的收益进行比较，然后才决定是否值得去承担这种风险。管理工作中，为什么有时候上级放权，下级反而不要，宁可捧着“铁饭碗”吃无味的“大锅饭”？原因就是在于风险与收益不对称，无足够的利益作为动力。当然，人们追求的这种利益不仅是物质上的，也包括精神上的满足感。

c. 能力。能力是能否完全负责的关键因素。管理工作既要依靠管理科学，又须借助管理艺术，具备生产、技术、经济、社会、心理等各方面的知识是必需的，需要有分析决策的能力。除具有组织管理的才能外，还要有实践工作的经验。科学知识、组织才能和实践经验就是管理能力的构成要素。由于每个人的管理能力不同，因此，所承担的职责也不尽相同。如果能力低的人承担了要求较高的职责，必然不能胜任，结果只能是遇事总是请示上级，或是依赖助手，或是凑合应付，不可能完全负责。

职责和权限、利益、能力之间的关系应遵循等边三角形定理，其中三条相等的边分别是职责、权限和利益，它们是相等的；而能力则是等边三角形的高，根据具体情况，可以略小于职责。这样，对管理者来说，如果他的管理能力与其所承担的职责相比，就会感到有种压力，这种压力感会促使他更加努力刻苦地学习新知识，注意发挥参谋的作用，使用权限也会更加慎重，获得的利益也会产生更大的动力，把担负的工作做得更好。不过，能力相对职责来说，也不能过小，否则会无法履行其应尽的职责。

(3) 责任原理的应用

正确运用奖惩手段，是应用责任原理的充分体现。对每个管理人员的工作表现及其业绩运用奖惩手段分别处理，有助于提高人的积极性，挖掘人的潜能，从而更好地履行其职能，使个人的工作与行为向符合组织需要的方向发展。公正及时的奖罚，有助于提高人的积极性，挖掘人的潜力，提高管理绩效。正确运用奖惩手段，必须以准确的人事考核为前提。如果考核不准确，不能恰如其分地反映被考核人的实际工作表现与业绩，反而会影响管理者的工作积极性。所以，正确制定工作业绩的考核标准是首要问题。对有成绩与贡献的人员，要及时给予肯定和奖励，使他们的积极行为维持下去。奖励可以用物质奖励与精神奖励相结合的方式，以便收到互补的效果。必须强调，奖励要及时。如果长期埋没人们的工作成果，就必然会挫伤人们的积极性，而过时的奖励，就会失去其本身的积极作用。惩罚也是一种有效的激励手段，它是利用令人不喜欢的东西或取消某些为人所喜爱的东西，以改变人们的工作行为。虽然，惩罚的举措可能会导致受罚者的挫折感，在一定程度上可能会影响其工作热情，但惩罚只要是公正的，受罚者也会口服心服。而惩罚的最大意义在于杀一儆百，利用人们害怕惩罚的心理，通过惩罚少数人来教育大多数人，同时，还可以制止组织不希望出现的行为，并减少或挽回可能出现的损失。正确运用奖惩手段，使每个人都能积极、有效、负责任地工作，这就要建立健全组织的奖惩制度，使奖惩工作尽可能规范化与制度化。奖惩是有效实施责任原理不可缺少的手段。

2.2.2　安全管理基本原理

2.2.2.1　安全管理公理

公理是事物客观存在及不需要证明的命题。安全管理公理可理解为“人们在安全管理实践活动中，客观面对的、并无可争论的命题或真理”。安全管理公理是客观、真实的事实，不需要证明或争辩，能够被人们普遍接受，具有客观真理的意义。

(1) 生命安全至高无上

生命安全在一切事物中，必须置于最高、至上的地位。该公理表明了安全的重要性。“生命安全至高无上”是我们每一个人、每一个企业和整个社会所接受和认可的客观真理。对于个人，生命安全为根，没有生命就没有一切；对于企业，生命安全为天，没有生命安全，就没有基本的生产力；对于社会，生命安全为本，没有人的生命安全，社会不复存在。生命安全是个人和家庭生存的根本，是企业和社会发展的基础。无论是自然人和社会人，无论是企业家还是政府管理者，都应该建立安全至上的道义现、珍视生命的情感观和正确的生命价值观，人的生命安全必须高于一切。

(2) 事故灾难是安全风险的产物

事故及公共安全事件的发生取决于安全风险因素的形态及程度，事故灾难是安全风险的产物。该公理表明了安全的本质性或根本性。安全风险是事物所处的一种不安全状态，在这种状态下，将可能导致某种事故或一系列的损害或损失事件的发生。事故是由生产过程或生活活动中，人、机、环境、管理等系统因素控制不当或失效所致，这种不当或失效就是风险因素。理论上讲，事故都是来自于技术系统的风险，系统能量的大小决定系统固有风险，系统存在形态和环境决定系统现实的风险。风险因素的发生概率及其状态决定安全程度，安全程度或水平决定避免事故的能力。

该公理明确了安全工作的目标，指出了如何实现对事故有效预防的方向。

(3) 安全是相对的

人类创造和实现的安全状态和条件是动态、变化的，安全的程度和水平是相对法规与标准要求、社会与行业需要存在的。安全没有绝对，只有相对；安全没有最好，只有更好；安全没有终点，只有起点。安全的相对性是安全社会属性的具体表现，是安全的基本而重要的特征。这一公理表明了安全的相对性特征。

安全科学是一门交叉科学，既有自然属性，也有社会属性。针对安全的自然属性，从微观和具体的技术对象角度，安全存在着绝对性特征。从安全的社会属性角度，安全不是瞬间的结果，而是对事物某一时期、某一阶段过程状态的描述，安全的相对性是普遍存在的。绝对安全是一种理想化的目标，相对安全是客观现实。相对安全是安全实践中的常态，是普遍存在的，因此应有相对安全的策略和意识。应对安全的相对性需要有如下策略：要建立发展观念；要树立全过程思想；要具有"居安思危"的认知。

(4) 危险是客观的

在社会生活、公共生活和工业生产过程中，来自于技术与自然系统的危险因素是客观存在的。危险因素的客观性决定了安全科学技术需求的必然性、持久性和长远性。该公理反映了安全的客观性属性。人类需要发展安全科学技术，这是因为在人类生产、生活活动过程中，面对各种自然系统和人造系统的客观危险性和危害性，并且随着科学技术的发展，危险性越来越复杂，危害性越来越严重。辨识、认知、分析、控制危险性，消除、降低、减轻其危害性，就是安全科学技术的最基本任务和目标。

根据该公理，首先应充分认识危险或危险源，只有在充分认识危险的基础上，才能分析危险，进而控制危险，消除危害，避免事故灾难的发生。

(5) 人人需要安全

每一个自然人、社会人，无论地位高低、财富多少，都需要和期望自身的生命安全，都需要安全生存、安全生产、安全发展，安全是人类社会普遍性及基础性的目标。安全是人类生产、生存、生活的最根本的基础，也是生命存在和社会发展的前提和条件，人类从事任何活动都需要安全作为保障和基础。无论是自然人还是社会人，生命安全"人人需要"；无论是企业家还是员工，安全生产"人人需要"，因为安全保护生命、安全保障生产。

该公理表明了安全的普遍性或普适性，即人人需要安全、人人参与安全、人共享安全。

2.2.2.2 安全管理定理

定理是指事物发展的必然要求或必须遵循的规律，定理可基于公理推导得出。安全管理定理是基于安全管理公理推理证明的安全管理活动的规律和准则。安全管理定理为安全管理科学的发展和公共安全管理活动提供理论的支持和方向引导，对公共安全管理工作或安全科学监管的实践具有指导性，是安全管理活动或安全管理工作必须遵循的必然规律及基本准则。

（1）坚持安全第一的原则

人类一切活动过程中，时时处处人人事事必须“优先安全”“强化安全”“保障安全”。对于企业，当安全与生产、安全与效益、安全与效率发生矛盾和冲突时，必须“安全第一”“安全为大”。

“安全第一”这一口号，起源于1901年美国的钢铁工业时代。百年之间，“安全第一”已从口号变为公共安全基本方针，成为人类生产活动甚至一切活动的基本准则。“安全第一”是人类社会一切活动的最高准则。“安全第一”是一个相对、辩证的概念，它是在人类活动的方式上相对于其他方式或手段而言，并在与之发生矛盾时，必须遵循的重要原则。

该定理要求首先要树立“安全第一”的哲学观；第二，要做到全面的“安全第一”；第三，要正确处理好安全与发展、安全与效益、安全与生产等基本矛盾与关系。

（2）秉持事故可预防信念

从理论上和客观上讲，任何来自于技术系统、人造系统的事故发生是可预防的，其灾难导致的后果是可控的。

对技术系统从设计、制造、运行、检验、维修、保养、改造等环节，从人、物、环境、管理等要素出发，甚至对技术系统采取管理、监测、调适等措施，对技术存在条件、状态和过程进行有效控制，从而实现对技术风险的管理和控制，实现对事故的防范。对于来自于自然的灾害，目前我们还不能阻止其发生，但可以预测、预警和应对，规避其后果的严重性。对于人为的社会事件灾难，更是可以从社会风险因素出发，消除其发生的基础和原因，从而避免社会突发事件的发生。

在人类社会发展的过程中，事故给人类带来了很大的灾难，但是，作为社会主宰者的人类，秉持事故可预防的信念，在不断地与事故博弈的过程中，已经取得了很大的进步。在安全科学技术发展的今天，更应该继承前人的智慧，秉持事故可预防的信念，向着“本质安全”以及“零伤害、零事故”的目标迈进。

（3）遵循安全发展规律

人类对安全的需求是变化和发展的，人类的安全标准和规范是不断提高的；人类的社会发展和经济发展要以安全发展为基础，只有安全发展，才能有社会经济的长远发展和持续发展。安全发展是社会文明与杜会进步程度的重要标志，社会文明与社会进步程度越高，人们对生活质量和生命与健康保障的要求愈为强烈。安全发展是社会文明与社会进步程度的重要标志，社会文明与社会进步程度越高，人们对生活质量和生命与健康保障的要求愈为强烈。满足人们不断增长的物质与文化生活水平的要求，必须坚持安全发展，实现安全目标的不断提升。

该定理告诉我们，安全是发展的过程，要以发展的眼光去看待安全，看待安全的各个环节：一是要建立“以人为本”的发展理念，二是要实现安全目标的不断提升。

（4）把握持续安全方法

安全是一个长期发展的、实践的过程，在任何时期从事安全活动，都要注重安全理念和方法的科学性、有效性和寻求安全与资源的最优化匹配组合，把握持续安全的方法。在从事安全活动时，就应该树立持续安全的理念，把握持续安全的方法，来适应发展环境的变化和人们需求的变化。危险是客观的，安全是永恒的。曾经的安全并不代表未来的可靠，不能用过去式状态来肯定当前的状态。安全是在不断发展的，不同的时期不同的环境、经济水平条件下，安全的内容是不同的，因此，注重安全理念和方法的科学性、有效性和系统性，寻求安全与资源的最优化匹配组合，不断完善和改善安全管理标准。只有把握持续安全的方法，才能有效地控制系统危险，保证系统安全。

(5) 遵循安全人人有责的准则

安全需要人人参与，人人担责，坚持“安全义务，人人有责”的原则，建立全员安全责任的网络体系，实现安全人人共享。人人需要安全，那么人人就应该参与安全，为安全尽责。这里“责”应当理解为“责任心”“安全职责”“安全思想认识和安全管理尽责”等。不论何人，都应该对安全尽责，形成“人人讲安全，事事讲安全，时时讲安全，处处讲安全”以及“我的安全我负责、他人安全我有责、社会安全我尽责”的安全氛围。安全是与我们每个人都息息相关的，从生活到工作都离不开安全。树立“安全第一”的意识，不小瞧任何细节的疏忽，时时刻刻以“安全无小事，责任大于天”来要求自己，对待周围有可能发生危险的事物采取谨慎科学的态度，以安全为第一原则。

2.3 管理的基本职能

2.3.1 计划

(1) 计划的概念

在汉语中，“计划”一词既可以是名词，也可以是动词。从名词意义上说，计划是指用文字和指标等形式所表述的、组织以及组织内不同部门和不同成员在未来一定时期内关于行动方向、内容和方式安排的管理文件。计划既是决策所确定的组织在未来一定时期内的行动目标和方式在时间和空间的进一步展开，又是组织、领导、控制和创新等管理活动的基础。从动词意义上说，计划是指为了实现决策所确定的目标而预先进行的行动安排。这项行动安排工作包括在时间和空间两个维度上进一步分解任务和目标，选择任务和目标实现方式，进度规定，行动结果的检查与控制等。有时用“计划工作”表示动词意义上的计划内涵。因此，计划工作是对决策所确定的任务和目标提供一种合理的实现方法。

在组织中制定计划就是为组织制定目标并且选择达到目标的手段。没有明确的计划，管理者就不可能知道如何有效地组织和利用人力和物力资源，甚至他们不知道要组织什么；没有明确的计划，他们就没有信心去领导整个企业，别人也不会跟随他们；没有明确的计划，他们也不可能达到目标，或者不知道他们在何时何地已经脱离了正确的发展方向，控制也成了无效的劳动。错误的计划经常影响整个组织的未来发展。综上可知，制定计划是多么的关键。

(2) 计划的类型和层次

计划根据时间和空间两个不同的标准，可以做如下分类：

根据时间长短，可以分为长期计划和短期计划；根据职能空间不同，可以分为业务计划、财务计划和人事计划；根据综合性程度(涉及时间长短和涉及的范围广度)，可以分为战略计划和作业计划；根据明确性不同，可以分为具体性计划和指导性计划；根据程序化程度，可以分为程序性计划和非程序性计划。

一般来说，组织由两种计划来管理。这两种计划是战略计划和作业计划。

战略计划是为了致力于组织长远目标而制定的计划，它由高层管理者制定，决定着企业的长远目标。作业计划是指提供每天公司作业战略所需要的详细的计划，也就是通过日常活动来实施战略计划。两种计划都是处理企业达到目标过程中的重要方法。战略计划处理企业内部人员和其他企业人员的关系；作业计划处理企业内部人员的关系。一方面，战略计划和作业计划都是按梯次设计和执行的，最顶端为企业的任务陈述，它是由管理者基于企业的目的、能力和其在国际上的地位所定出的广泛的目标。任务陈述是企业特征比较固定的一部分，它能使企业内部人员团结一致，鼓足干劲。但另一方面，战略计划与作业计划又有质的区别。战略计划与作业计划主要有三方面的不同。其一，时间基准不同。战略计划考虑的是企业几年甚至几十年的发展规划。而对于作业计划而言，一年就是一个相对的时间周期。其二，范围不同。战略计划影响公司广泛的活动，而作业计划只局限在很小的范围内，两者所涉及的关系、数量存在很大差别，因此有些管理学家把前者称为战略目标，把后者称为行动目的。其三，详细程度不同。一般来说，战略计划听起来很简单、笼统，但这样却可以指导企业员工全盘考虑整个企业的运作。另一方面，由于作业计划是从战略计划中派生出来的，它就显得相对详细一些。

(3) 计划的编制过程

计划的编制本身也是一个过程。为了保证编制的计划合理，能实现决策的组织落实，计划的编制必须采用科学的方法。虽然可以用不同的标准把计划分成不同类型，计划的形式也多种多样，但管理人员在编制任何完整的计划时，实质上都遵循相同的逻辑和步骤。首先要确定目标。我们都有成名、发财、赢得别人尊敬和羡慕的梦想。为了实现梦想，必须制定适当的、具体的目标。确定目标是决策工作的主要任务，是制定计划的第一步。目标是指期望的成果。认清当前实际情况，计划是连接组织当下与未来的设计通道。目标指明了组织的未来状况。因此，制定计划的第二步是摸清楚企业当下的具体形势。看清当下的目的在于找到恰当的通往未来的路径，也就是实现目标的途径。这不仅需要有开放的精神，将组织、部门置于更大的系统中，而且要有动态的观点，考察环境、对手与组织自身的随时间的变化与相互间的动态反应。对外部环境、竞争对手和组织自身的实力进行比较研究，不仅要研究环境给组织带来的机会与威胁、与竞争对手相比组织自身的实力与不足，还要研究环境、对手及其自身随时间变化的变化，还要掌握组织自身过去的历史。回顾过去不仅是从过去发生的事件中得到启示和借鉴，更重要的是探讨过去通向现在的一些规律。从过去发生的事件中探求事物发展的一般规律有两种基本方法——演绎法和归纳法。演绎法是将某一大前提应用到个别情况，并从中引出结论；归纳法是从个别情况发现结论，并推论出具有普遍原则意义的大前提。现代理性主义的思考和分析方式基本上可分为上述两种。根据所掌握的材料情况，研究过去可以采用个案分析、时间序列分析等形式。

①预测并有效地确定计划的重要前提条件。前提条件是关于计划的环境的假设条件，是关于由现在到未来的过程中所有可能的假设情况。对前提条件认识越清楚、越深刻，计划工作越有效，而且组织成员越彻底地理解和同意使用一致的计划前提条件，企业计划工作就越协调。因此，预测并有效地确定计划的前提条件有重要意义。最常见的预测方法是德尔菲法。由于将来是极其复杂的，要把一个计划的将来环境的每个细节都做出假设，不仅不切合实际而且得不偿失，因而是不必要的。因此，前提条件应限于那些对计划来说是关键性的或具有重要意义的假设条件，也就是说，应限于那些对计划贯彻实施影响最大的假设条件。

②拟定和选择可行的行动计划。拟定和选择行动计划包括以下三个内容。拟定可行的行动计划、评估计划和选定计划。

拟定可行的行动计划要求拟定尽可能多的计划。可供选择的行动计划数量越多，对选中的计划的相对满意程度就越高，行动就越有效。因此，在计划拟定阶段，要发扬民主，广泛发动群众，充分利用组织内外的专家，产生尽可能多的行动计划。评价行动计划要认真考察每一个计划的制约因素和隐患；要用总体的效益观点来衡量计划；既要考虑到每一计划的有形的、可以用数量表示出来的因素，又要考虑到无形的、不能用数量表示出来的因素；要动态地考察计划的效果，不仅要考虑计划执行所带来的利益，还要考虑计划执行所带来的损失，特别注意那些潜在的、间接的损失。这一阶段的最后一步是按一定的原则选择出一个或几个较优计划。

③制定主要计划。制定主要计划就是将所选择的计划用文字形式正式表达出来，作为管理文件。计划要清楚地确定和描述相应内容，包括做什么、为什么做、由谁做、在何地做、在何时做、怎样做等。

④制定预算，用预算使计划数字化。在做出决策和确定计划后，最后一步就是把计划转变成预算，使计划数字化。编制预算，一方面是为了计划的指标体系更加明确，另一方面是使企业更易于对计划执行进行控制。定性的计划往往在可比性、可控性和进行奖惩方面比较困难，而定量的计划则具有较硬的约束。

2.3.2 目标管理

(1) 目标的定义及特征

组织目标可以指组织欲达成的未来的一种状态，它指明了组织或个人的发展方向，这种状态可以用一系列指标来刻画，并激励组织和个人采取有利于达成目标的行动。目标是组织的基本特征，是计划工作和一切管理工作的基础，亦是管理活动的出发点和终点。

组织目标是一个有层次的网络，同时，目标必须与组织发展所处的不同阶段相结合。

因此，目标具有层次性、多样性、网络性以及时间性等特征。

① 层次性

目标的层次性与组织的层次性有关。组织一般可以划分为高层、中层、基层和工作层四个层次。这是组织纵向分工的结果，也是提高管理效率的结果。组织目标，尤其是总目标，对于具体的组织成员来说过于抽象，需要将其逐步分解成一个与组织层次、组织分工相适应的层次体系，让组织的每一个层次、每一个部门、每一个成员都有相应的具体目标，成为他们的行为方向和激励手段，这些目标又是组织目标具体化层次的展开。在组织目标中，最高、最抽象的是组织总目标，它是组织的共同愿景、宗旨和使命的具体化。将组织总目标具体化，是高层管理者的任务。这些具体目标再分解就是分组织的目标，分组织目标继续具体化则形成下属部门和单位的目标，最终目标被具体化为每个成员的目标，这样就形成了一个完整的目标层次体系。

② 多样性

总的来说组织的目标只有一个。所谓目标的多样性，是指总目标有多侧面的反映，或可以用不同指标来反映。例如，一所大学的总目标是建成国际知名的研究型大学。这个总目标的多样性，可以从招收高质量的学生、聘请国际一流的教授、出世界一流的科研成果等多个侧面目标来反映。目标的多样性还体现在真实目标与宣称目标的差异上。宣称目标是一个组织对其目标的官方陈述，可以从组织章程、年度报告、公共关系通告或者组织管理者的公开声明中体现出来；真实目标则可以通过观察组织成员行动得出结论，组织成员的行动表现了一个组织优先考虑的目标。可是，这二者会发生矛盾或偏差。因为宣称目标通常受社会舆论影响，并且不同的信息发布者可能表述得不一样。当然，更深一层的原因，是组织成员对目标的理解不深入，对其重要性了解不够。

③ 网络性

一个组织的目标通常是通过各种活动的相互联系、相互促进来实现的。所以目标和具体计划通常构成一个网络，而它们的关系也不是简单的线性，即目标之间左右关联、上下联通、彼此呼应，融汇成一个整体。正因为如此，更要保证各个目标彼此协调、相互支援和相互连接。

④ 时间性

按时间的长度可以将目标分为短期目标和长期目标，这二者的划分是相对的。短期目标是长期目标的基础，任何长期计划的实现都是由近及远的；另一方面，短期目标必须体现长期目标，必须是为实现长期目标服务。因此，应该根据各个目标编制计划，并将这些计划汇集成总计划，以检查它们是否符合逻辑，是否协调一致，以及是否切实可行。

(2) 目标管理的概念及特点

目标管理是一种以工作为中心和以人为中心的综合性管理方法。组织各级管理者同组织成员共同制定组织目标，使目标与组织内每个成员的责任和成果相互密切联系，明确规定每个人的职责范围，用目标的完成情况来进行管理、评价和决定每个成员的贡献，并给予奖励和处罚。

目标管理有下面几个特点：

① 组织目标是上级与下级共同商定的，而不是上级下达指标，下级仅仅是执行者。

② 每个部门和个人的任务、责任及应该达到的分目标是根据组织的总目标决定的。

③ 每个部门和个人的一切活动都围绕着这些目标展开，这就使履行的职责与实现的目标紧密地结合起来。

④ 个人和部门的考核均以目标的实现情况为依据。

(3) 目标管理的检查与评价

对各级目标的完成情况，要事先规定出期限，必须进行定期检查和评价。定期检查的内容包括下级的目标执行情况、在发现问题时给予必要的指导和帮助。检查的方法可灵活地采用自检、互检和责成专门的部门进行检查。检查的依据就是事先确定的目标。在规定的目标实施期限结束后，要对目标的实施情况作出评价，并根据评价结果进行奖罚。随后，又将进入新的一轮目标管理过程。目标管理是一个循环往复的过程，因此，目标实施的检查与评价阶段，既是对上一轮目标管理的总结，又是下一轮目标管理中目标体系制定的依据。

2.3.3 预测

(1) 预测的概念

预测就是对尚未发生或目前还不确切的事物进行预先的估计和推断，是现时对事物将要发生的结果进行探讨和研究。

在设计一个新系统或改造一个旧系统时，人们都需要对系统的未来进行分析估计，以便做出相应的决策，即使是对正在运转的系统，也要经常分析将来的前途和发展设想。对系统的未来进行分析估计，也就称为系统预测。系统预测是以系统为研究对象，根据以往旧系统或类似系统的历史统计资料，运用某些科学的方法和逻辑推理，对系统中某些不确定因素或系统今后发展趋势进行推测和估计，并对此做出评价，以便采取相应的措施，扬长避短，使系统沿着有利的方向发展。

(2) 预测的特征

预测具有两个特征：一是由已知的来推断未知的，即由过去的与现在的已知事态推断将来的尚未发生的事态；二是由确定的来推断不确定的。科学预测绝不是幻想或主观臆断，而是建立在客观事物发展规律基础之上的科学推断。

(3) 预测的原理

① 惯性原理。任何事物的发展都与其过去的行为与状态有一定关系。事物“惯性”越大，表示过去对未来的影响也越大，对于处于平衡态或相对平衡状态下的系统使用惯性原理进行预测可以获得较好的效果。

② 类推原理。某些事物的发展变化常存在一定的类似性。利用这种事物相互间具有的类似性，可以根据一事物的演变规律来推测另一事物未来的发展情况。

③ 相关性原理。事物的发展变化都不是孤立的，而是与其他事物的变化有关连，受它们的影响与制约。因此，可以利用有相关关系的其他事物的变化规律来推断待测事物的

发展与变化情况。

④ 概率推断原理。当待测事物具有不确定性时，如风险估计，可应用此原理，此时根据概率论，以较大概率出现的预测结果作为正确的结论。

(4) 预测的方法

对一个系统来说，各种因素交错复杂，一旦预测错误，往往会造成巨大损失。预测的方法和技术越来越受到重视，其对于长远规划的制定、重大问题的决策以及提高系统的有效性等，都具有极其重要的意义。

常用的预测方法中，定性预测一般利用的数据较少或者缺乏数据可用，故较大程度上依赖于人的主观判断与经验，常用的有专家调查法、德尔菲法等。对于定量预测，它要占用较多的历史与相关因素的数据，通过数学模型进行模拟分析与统计推断，得出数值化的结论。常用的有回归分析方法，以建立互有影响的因素间的相关关系；平滑方法，以筛除数据的局部和偶然波动，显示出事物的趋势规律；滤波方法，以滤去随机干扰和误差的影响。此外还有概率预测方法，这是当预测目标的未来发展可能出现几种情况时，用以估计事物发展出现各种情况的概率。

定量预测一般用到的模型：

① 因果关系模型。它是将待预测事物作为因变量记为 y，将和 y 有关的其他因素作为自变量(记为 x)，建立 y 与 x 间的统计相关关系 $y=f(x)$，进而预测 y 的未来变化。因果关系模型主要采用回归分析。根据自变量的数目又分为一元回归分析和多元回归分析；根据自变量和因变量间的关系性质有线性回归(f 为线性函数)和非线性回归(f 为非线性函数)分析等。

② 时间序列模型。它以时间因素 t 为自变量，建立 y 与 t 间的关系或不同时间点上 y 的演变关系，来预测 y 的未来与规律。时间序列模型包括自回归模型(采用回归分析)和平滑模型，后者可采用移动平均预测法和指数平滑法进行处理。对于随机型时间序列，可以用 Box-Jenkins 方法来处理。

③ 因果和时间相结合的模型。例如动态系统辨识和预测中常用的 CAR 模型(带外生变量的自回归模型)，这时自变量中既有时间因素 t 又包括有相关因素的变量 x，而且 x 本身亦是时间的函数。此外，动态系统中还常将系统的状态变量提取出来，形成所谓卡尔曼滤波模型和贝叶斯动态模型等。

④ 灰色预测模型。

⑤ 概率预测模型。

2.3.4　决策

(1) 决策的概念

所谓决策，通俗地说，就是人们为某一件事情拿主意、下决心并作出合理选择的过程。我们在社会活动中，为了达到某一目的，通常可以采取几种办法或几个行动方案，从中选出利益最大、损失最小的行动方案，这就是决策。在一切社会组织的管理活动中，决策都居于重要的地位，是一项重要的管理活动。决策既是科学，也是经验。它既要求决策者按科学的程序、依据科学的理论、采用科学的方法进行分析决策，又需要决策者的智慧、判断力和经验。事实上，决策贯穿于管理的全过程，在计划、组织、领导以及控制等管理活动中，都需要作出一定的决策。因此，人们把决策看作管理的核心问题。

决策是管理活动中的一项重要内容，在一定意义上就是为了解决问题而采取的对策。美国著名经济学家西蒙认为“管理就是决策”。也有学者认为“决策是指从两个或两个以上的可行方案中选择一个合理方案的分析判断过程”。“决策是组织的决策者以其知识、经验、掌握的信息为依据，遵循决策的原理原则，采用科学的方法，确定组织未来的行动目标，并从两个以上可能实现目标的行动方案中选择一个较为满意的方案的分析决断过程”。这些说法均从决策的不同角度作出了说明。

(2) 决策的特征

① 决策是行动的基础

任何一项管理活动都要预先明确该项活动要解决什么问题，达到何种目的，为达到预期目的有哪些方法可以利用，哪种方法好，怎样做，何时做等问题。决策要对每个可行方案进行综合分析与评价，按照一定的准则选择一个较优方案，并以此作为实施的方案。因此，决策是行动的基础。

② 决策具有超前性

决策所涉及的问题一般都与未来有关，是为了解决目前面临的、待解决的新问题以及将来可能出现的任何问题，找出各种可行的解决方案。任何决策都是针对未来行动的，所以决策是未来行动的基础，具有超前性。这就要求决策者具有超前意识、思维敏锐，能预见事物的发展变化，适时作出正确的决策。

③ 决策具有明确的目的性

决策是为了解决一定的问题，达到一定的目标。在对行动方案作出选择前，首先要有明确的目的。如果没有目的或目的性不明，决策就没有方向，往往会导致决策无效甚至失误。

④ 决策方案的可选择性

决策必须有两个以上的方案可供选择，如果不存在两个以上方案，或无法制定方案或只有一个可行方案，也就不存在选择，那就无所谓决策。

⑤ 决策的过程性

决策在本质上是一个多阶段、多步骤的分析判断过程，而不是一个“瞬间”作出的决定。决策是一个提出问题、分析问题和解决问题的系统分析过程。在进行决策时，决策者首先需要做大量的调查分析和预测工作，然后确定行动目标，找出可行方案，并进行判断、权衡、选择，最后结合起来组成一个完整的决策过程。无论决策的复杂程度如何，决策都有一个过程。

(3) 决策的程序

决策是一项复杂的活动，是指从问题提出到作出决策所经历的过程。一般来说，决策的程序一般包括如下步骤：

① 发现问题

决策是从问题开始的。问题是指理想与现实的差距，没有问题就不需要决策，所以决策必须是在发现问题的基础上进行的。问题产生的来源很多，发现问题的方法也很多，当有一些情况发生时，往往意味着问题也会随之产生。比如：

a. 组织内的情况发生变化时；

b. 环境发生变化时；

c. 组织运行与计划目标发生偏差时；

d. 组织管理工作受到各种批评时。

在这一步骤中，管理者要尽可能精确地评估问题和机会。要尽力获得精确的、可信赖的信息，并正确地解释它。同时，需要注意处在控制之外的因素也会对机会和问题的识别产生影响。

② 确定目标

决策目标是指决策者在未来一段时间内希望达到的某种效果。决策者发现了问题之后，是否要采取决策行动及采取何种行动，就取决于决策目标的确定。明确的目标有几个识别特征，包括：可以计量其结果，以便进行考核；可以规定时间，以便在拟订方案时有所参考；责任明确，即明确由谁来对这项目标负责。

③ 拟订方案

目标确定后，接下来的工作就是分析目标实现的可能途径，即拟订备选方案。在这一阶段，决策者必须开拓思维，无分发挥想象力，广泛搜集与决策对象及环境有关的信息，并从多角度预测各种可能达到目标的途径及每一途径的可能后果。拟订方案需要注意几个问题：

a. 供决策者决策的方案至少需要两个或两个以上，这样决策者才可能从中进行比较，然后选出满意的方案。在方案拟订的过程中，各种可能实现的方案尽量都考虑到，以免漏掉那些可能是较好的方案；

b. 拟订的方案应该注意可行性，要充分考虑方案的实现必须具备哪些条件，其中哪些是现已形成的，哪些是经过努力以后可以形成的，这种努力有多大的成功把握；

c. 拟订的方案还应具有相互排斥性，如果各方案内容接近甚至相同，那就失去了选择的意义；

d. 各个方案之间还应当是可以比较的，如果没有可比性，同样会给选择带来不便，备选方案应是整体详尽性与相互排斥性相结合，以避免方案选择过程中的偏差。

④ 确立衡量效益的标准

衡量效益的标准决定了最后的分析结果，但这一标准很大程度上取决于决策者的主观判断。在不同的决策者之间，最佳方案的选择很可能因衡量效益的标准不同而不同。通常可以通过成本与收益来衡量方案效益。成本是方案实施过程中所需消耗的资源，如资金、人员、设备等。收益则是由某些行动的结果而产生的价值。在决定选择方案的整体价值时，成本与收益都要考虑。确立了各可行方案的效益衡量标准后，就可据以对每个方案的预期结果进行测量，以供方案评价和选择之用。

⑤ 比较和选择方案

方案选择是指对几种可行备选方案进行评价比较和选择，形成一个最佳行动方案的过程。决策的方法通常包括经验判断法、数学分析法、实验法。经验判断法是一种依靠决策者的实践经验和判断能力来选择方案的方法；数学分析法是一种用数学模型进行科学计算后进行选择方案的方法；实验法是选择重大方案时，在既缺乏经验、难以判断，又无法采用数学模型的条件下，可以选择几个少数单位作为试点，以取得经验和数据，作为选择方案依据的方法。

⑥ 实施方案

决策的目的在于行动，否则再好的决策也没有用处，所以方案实施是决策过程的重要步骤。方案确定后，就应当组织人力、物力及财力资源，实施决策方案。在决策实施过程中，决策机构必须加强监督，及时将实施过程的信息反馈给决策制订者。当发现偏差时，应及时采取措施予以纠正。如果决策实施情况出乎意料，或者环境状态发生重大变化，应暂停实施决策，重新审查决策目标及决策方案，通过修正目标或者更换决策方案来适应客观形势的变化。实施方案应具有灵活性。

⑦ 检查评估

由于决策的成败在很大程度上还取决于执行情况，因此在实施中要对决策执行的过程和效果进行检查和评估。通过执行过程的检查，以便及时发现新情况、新问题，找出偏差、分析原因，保证和促进决策方案的顺利实施。通过效果的评价，以确认方案实施后是否真正解决了问题。若是执行有误，应采取措施加以调整，以保证决策的效果；若方案本身有误，应会同有关部门和人员协商修改方案。若方案有根本性错误或运行环境发生不可预计的变化，使得执行方案产生不良后果，则应立即停止方案的执行，待重新分析、评价方案及运行环境后再考虑执行。

(4) 决策的类型

由于企业活动非常复杂，因而管理者的决策也多种多样。依据各种不同的标准，决策可以分成许多类别，了解各种类型决策的特点，有助于管理者进行决策。

① 战略决策、战术决策和业务决策

战略决策是指直接关系到组织的生存发展的全局性、长期性、战路性问题的决策，如企业方针、目标与计划的制定、产品转向、技术改造和引进、组织结构的变革等。战略决策的特点：影响的时间长、范围广，决策的重点在于解决组织与外部环境问题，注重组织整体绩效的提高。战略决策属于组织的高层决策，是组织高层领导者的一项主要职责。战略决策大多是定性决策。

战术决策又称管理决策或策略决策，它是指组织在执行战略决策过程中，在合理选择和使用人力、物力和财力等方面的决策。如企业的销售、生产等专业计划的制定，产品开发方案的制定，职工招收与薪酬待遇，更新设备的选择，资源和能源的合理使用等方面的决策。战术决策是为了保证战略决策的实现所作的决策，它具有局部性、中期性、战术性的特点。这类决策大多由中层管理人员来执行，决策的重点是对组织内部资源进行有效地组织和利用，以提高管理效能，战术决策所要解决的问题大多可以定量化。

业务决策是指在日常业务活动中为了提高效率所作的决策。如基层组织中任务的日常分配、劳动力调配、个别工作程序和方法的变动等。业务决策具有日常性、短期性、琐碎性的特点，属单纯执行性决策。这类决策所要解决的问题常常是具体而明确的，一般由基层管理者进行。

② 程序化决策和非程序化决策

在企业全部经济活动过程中，有许多问题需要进行决策，这是企业经营职能的需要，也是企业管理科学化和现代化的需要。但是，企业的工作千头万绪，每天要处理的问题成百上千，事事都来一番“科学决策”绝无必要。程序化决策又称常规决策或例常决策，是指经常发生的、能按规定的程序和标准进行的决策，多指对例行公事所作的决策。如企业中任务的日常安排、常用物资的订货与采购，会计与统计报表的定期编制与分析等。这类决策的决策过程通常是标准化的、程序化的，可通过惯例、已有的规章制度、标准工作流程等来加以解决。一般说来，绝大多数的业务决策和部分的战术决策都是属于程序化决策。

非程序化决策又称非常规决策或例外决策，是指具有极大偶然性、不确定性且无先例可循的决策。如企业经营方向和目标决策、新产品开发决策、新市场开拓决策等。这类决策的决策过程难以标准化、程序化，决策者往往没有固定的模式、规则和处理经验可循，决策的进行很大程度上依赖决策者的洞察力、判断力、知识和信念。绝大多数的战略决策和部分的战术决策属于非程序化决策。

③ 确定型决策、风险型决策和不确定型决策

确定型决策是指各种可行方案的条件都是已知的，结果只有一个，是比较易于分析、比较和抉择的决策。

风险型决策是指各种可行方案的条件大部分是已知的，结果有多个，且每个结果发生的可能性(即概率)是已知的一种决策。这类决策的决策结果需按概率来加以确定，因此存在着一定的风险。

不确定型决策是指各种可行方案的条件大多未知，结果有多个，且每个结果发生的可能性(即概率)是未知的一种决策。因为已知的条件太少，且无概率可言，因此这类决策的决策结果更多取决于决策者个人的经验、直觉和性格等。

组织的业务决策常属于确定型决策，而战略性决策一般属于风险型决策或非确定型决策，战术性决策则二者兼而有之。

④ 个人决策和集体决策

个人决策是指决策过程中，最终方案的选择仅仅由一个人决定，即决策的主体是一个人。在个人决策中，常常要运用直觉决策，管理者运用专业知识和过去已习得的与情境相关的经验，在信息非常有限的条件下迅速作出决策选择。管理者在何种情况下最有可能使用个人决策的方法？研究者确定了七种情况：a. 时间有限，但又有压力要作出正确决策

时；b. 不确定性水平很高时；c. 几乎没有先例存在时；d. 难以科学地预测变量时；e. 事实有限，不足以明确指明前进道路时；f. 分析性资料用途不大时；g. 当需要从几个可行方案中选择一个，而每一个方案的评价都不错时。

集体决策是指决策过程由两个人以上的群体完成，即决策的主体是两个人以上的群体。群体通常能比个人作出质量更高的决策，因为它具有更完整的信息和更多的备选方案；同时，以群体方式作出决策，易于增加有关人员对决策方案的接受性。集体决策的效果受群体大小、成员从众现象等因素的影响。群体越大，异质性的可能性就越大，需要更多的协调和更多的时间促使所有的成员作出贡献。因此，群体不宜过大，小到五人，大到十几人即可。有证据表明，五到七人的群体在一定程度上是最有效的。与个人决策相比，群体决策的效率相对较低。在决定是否采用群体决策时，主要的考虑是效果的提高是否足以抵消效率的损失。

⑤ 其他分类

决策还可以根据时间的长短分为长期决策、中期决策和短期决策；根据决策性质的不同，决策可以分为定性决策和定量决策；根据决策层次的不向，决策可以分为高层决策、中层决策和基层决策；根据决策目标的多少，决策可以分为单目标决策和多目标决策。

(5) 决策的方法

① 头脑风暴法(简称 BS 法)，也叫思维共振法，最早是由英国的奥斯本提出的。这种方法是通过有关专家之间的信息交流，引起思维共振，产生组合效应，从而导致创造性思维的连锁反应。

头脑风暴法一般分为以下三个阶段：

第一阶段是对已提出的每一种设想进行质疑，并在质疑中产生新设想，同时着重研究有碍于实现设想的问题；

第二阶段是对每一种设想编制一个评价意见一览表，同时编制一个可行性设想一览表；

第三个阶段是对质疑过程中所提意见进行总结，以便形成一组对解决所论及问题的最终设想。实践证明，头脑风暴法可以排除折中方案，对所决策的问题通过客观分析可找到一组切实可行的方案。

② 德尔菲法不仅是预测的一种方法，而且也是一种在决策中被普遍采用的重要方法。

③ 哥顿法是美国人哥顿于 1964 年提出的决策方法。该法与头脑风暴法相类似，由会议主持人先把决策问题向会议成员作笼统的介绍，然后由会议成员海阔天空地讨论解决方案；当会议进行到适当时机，决策者将决策的具体问题展示给小组成员，使小组成员的讨论进一步深化，最后由决策者吸收讨论结果进行决策。采用该方法时应选择有丰富经验的主持人，他要能很好地把握“包袱”抖露的时机。

④ 盈亏平衡点法(也称量本利分析法)是进行产量(或销量)决策常用的方法。该方法基本特点：把成本分为固定成本和可变成本两部分，然后与总收益进行对比以确定盈亏平衡时的产量或某一盈利水平的产量。其中可变成本与总收益为产量的函数。

⑤ 经济批量法。经济活动中，在特定时期和指定业务量条件下，每次业务量和从事该业务的次数成反比。业务活动费用有两种：一种费用由每次活动业务量的大小决定，且与之成正比；另一种费用则与该种业务发生次数多少有关，且与之成正比。由于每次业务量与业务发生次数的反比关系，总费用中的两个组成部分亦呈反比关系。最优经济批量模型所要解决的，就是寻找其中总费用的最低点。

⑥ 线性规划法，指当资源限制或约束条件表现为线性等式或不等式时，运用数学分析模型求解线性目标函数的最大值或最小值。

运用线性规划建立数学分析模型求优化解的步骤：

a. 确定影响结果的变量；

b. 列出目标函数方程；

c. 找出影响结果的约束条件；

d. 求出最优解。

⑦ 风险型决策方法。当一个决策方案对应两个或两个以上相互排斥的可能状态，每一种状态都以一定的可能性出现，并对应特定的结果，这种已知方案的各种可能状态及其发生的可能性大小的决策称为风险型决策。数学上用概率来量化某一随机事件发生的可能性，即决策方案对应的某种状态的可能性大小可用概率来描述。

在风险型决策中，概率是计算期望值的必要条件，因而也是按期望值标准进行方案选择的必要条件。但在现实经济活动中经常很难知道某种状态发生的客观概率，因此也无法根据期望值标准进行方案选择。这时如何进行方案选择主要依赖于决策者对待风险的态度。

a. 冒险法（大中取大法或称乐观准则）

冒险法指愿承担风险的决策者在方案取舍时以各方案在各种状态下的最大损益值为标准（即假定各方案最有利的状态发生），在各方案的最大损益值中取最大者对应的方案。

b. 保守法（小中取大法或称悲观准则）

与冒险法相反，保守法的决策者在进行方案取舍时以每个方案在各种状态下的最小值为标准（即假定每个方案最不利的状态发生），再从各方案的最小值中取最大者对应的方案。

c. 折中法

保守法和冒险法都是以各方案不同状态下的最大或最小极端值为标准。但多数场合下决策者既非完全的保守者，亦非极端冒险者，而是介于两个极端的某一位置寻找决策方案（即折中法）。

d. 后悔值法

后悔值法是用后悔值标准选择方案的方法。所谓后悔值是指在某种状态下因选择某方案而未选取该状态下的最佳方案而少得的收益值。

e. 平均值法

当无法确定某种自然状态发生的可能性大小，且无法确定其顺序时，可以假定每一自然状态具有相等的概率，并以此计算各方案的期望值，并以此为标准进行方案选择，这种方法就是平均值法。由于假定各种状态的概率相等，平均值法实质上是简单算术平均法。

2.4 管理系统工程概述

管理作为一种实践活动，几乎与人类社会的进程同时开始，凡是有人群活动的地方，就会有管理。随着历史的进程，管理的含义、内容和方式，在不断变化、发展着。随着生产的现代化和社会化发展，经济管理活动越来越复杂，规模越来越大，相关因素越来越多。可以概括为这样几方面：

① 管理规模日益大型化　生产越来越集中，企业规模不断扩大；

② 管理组织日益专业化　随着生产力和科学技术的发展，寻求按专业化的职能来设置管理机构，由具有管理知识和技能的人来进行管理成为趋势；

③ 管理人员日益知识化　管理人员必须具有现代管理知识，不但在各专业业务岗位上要有精通计划、生产、财务、供销等方面的专业人才，而且要求具有进行指挥和决策能力的综合人才；

④ 管理体制日益合理化　管理功能发挥的好坏，取决于管理体制是否合理，因此建立一个高效率的经济管理体制，对调整和优化企业管理是一项重要的战略选择。

基于此，管理过程的复杂性、综合性和多变性，决定了管理活动是一项复杂的系统工程，只有运用系统工程这样一门综合性的组织管理技术，才能解决各层次的经济管理问题。管理系统工程可以认为是以各层次的管理活动为对象，运用系统工程的原则和方法，为管理活动提供最优规划和计划，进行有效地协调和控制，并使之获得最佳经济效益和社会效益的组织管理方法。不同性质、不同层次的管理活动，必然具有不同的管理职能。管理活动无论何时都不会脱离其对象而单独存在。在每一种具体情境中，管理职能的内容取决于管理对象的特点。在运用管理系统工程的过程中，首先需要建立系统结构。可以划分为垂直分系统结构和水平分系统结构两种。

(1) 垂直分系统是根据经营管理活动的不同，按其不同职能而划分的。大致可以划分为这样几个分系统：

① 计划分系统；

② 生产分系统；

③ 财务分系统；

④ 销售分系统；

⑤ 人事管理分系统；

⑥ 物资供应分系统；

⑦ 研发分系统。

但是随着企业管理的发展，部门的分系统将会不断地细化、在各分系统之间往往由于各自追求本单位的利益，而难以取得一致的意见，并且往往会因利害关系导致对立局面，从而影响企业的整体利益。因此，需要在垂直分系统结构中建立横向的水平分系统结构。

（2）水平分系统的建立是为了协调各职能分系统之间的相互关系，以便达到统一的控制与协调。它按水平层次划分为三个阶层：高级管理层、中级管理层和基层管理层。这三级管理阶层分别担负着不同的任务。

① 高级管理层也称为战略计划层，它是站在企业的整体立场上，对企业实行综合指挥和统一管理。其基本职能是制定企业的经营方针和目标，调查和分析企业的环境，明确经营战略，编制长期计划，进行预测和预算，确定新产品的研制计划，制定设备计划和拟定投资方案，计划与制定综合资源分配方案，评价整个企业的生产业绩等。

② 中级管理层也称管理控制层，其主要职能是为不同职能部门制定达到总体经营目标的管理分目标，筹划和选择事务的实施方案，按照部门分配资源，协调各部门之间的相互关系，按不同职能制定具体实施的详细程序，评价生产业绩以及制定对偏离目标行动的修正方案等。

③ 基层管理层也称执行层，其主要职能是按照上级的指令，进行组织、指挥和具体实施生产作业计划，对生产过程中发生的事故及时妥善处理，并向上级呈报情况。

在三级管理系统中，由上向下的指令和由下向上的报告都贯穿着信息的流动，由每一管理层又按水平方向把各主要职能分系统的信息贯通起来，构成了纵横交错的信息网。它综合了各个职能部门的目标和计划，从总体上使各个职能部门协调和统一，为实现企业的全面管理奠定良好的基础。

2.4.1 系统分析

（1）系统分析基本概念

系统分析一词是由美国兰德咨询公司首先使用的，他们为解决复杂问题，发展并总结出一套方法和步骤，称之为系统分析。采用这套方法研制的规划——计划——预算系统先在美国国防部得到应用，随后推广到美国联邦政府有关部门，并陆续被民间机构采用，以改进交通、通信、计算机、公共卫生和医疗等设施的效率和效能。随着系统分析在各个领域和各类问题中的扩展与应用，由于专业内容不同，应用系统思想和方法侧重不同，以及各自的经验不同，对系统分析的含义或定义就有了不一致的看法。例如，有人认为是运筹学的扩展；有人认为是研究系统结构和状态的变化或演化规律的理论和方法；有人认为是系统观念在管理、规划功能上的一种应用，是一种科学的作业程序或方法；还有人认为是一种决策的辅助技术等。

系统分析的狭义解释是系统工程中的一个逻辑步骤，它是用系统工程方法来分析和解决问题初始阶段的有关任务，为随后的系统设计、评价和优化、决策实施提供重要基础。广义的解释是把系统分析作为系统工程各种方法特别是定量方法的总称。系统分析是运用数学手段研究系统的一种方法，对研究对象建立一种数学模型，按照这种模型进行数学分析，然后将分析的结果运用于原来的系统。尽管各种解释不同，但系统分析是系统工程的核心工作与重要标志。其是从系统论的概念和思想出发，采用各种分析方法和手段，对研究的事物进行定性和定量分析、协调和综合，求得系统整体最优或最满意的解决办法。

(2) 系统分析基本要素

美国兰德公司在系统分析方面做过不少工作，比较有名，有所谓"兰德型系统分析"之称。兰德公司归纳的系统分析要素：目标、替代方案、费用和效益、模型和评价准则。此外，还有把结论和建议作为后续的要素。

① 目标

系统所期望达到的目标或对系统的整体要求是建立系统的根据，也是系统分析的要点，故应予以明确并全面的理解，才能着手下一步工作，以避免出现方向性错误。

② 替代方案

方案是试图实现系统目标的途径与方法。应该考虑和提出多种替代方案供进一步分析和比较，没有足够数量的方案也就不存在优化。对于已有系统的改进而言，保持原状态也是一种方案，只有证明它是不可行或不及其他方案时才予以否定。

③ 费用和效益

费用是指一个方案为实现系统目标所需消耗的全部资源，一般可用货币表示，但有时还需计算非货币支出的费用。分析时要研究费用的构成，计算系统的"寿命周期总费用"。各方案的费用构成不一定完全相同，为此应注意用同一种方法去估算费用，以保证结果的可比性。效益是指达到目的所取得的成果，一般可折合成货币的形式来表示。兰德型系统分析重视费用与效益的综合分析与评价，故又称为"成本-效益分析"或"费用-效益分析"。

④ 模型

模型是建立在对系统本质理解的基础上的，是方案的某种表达形式。通过模型可以对各种方案进行模拟、分析和计算，以预测各种替代方案的性能、费用、效益等情况，获取相应信息和数据。使用模型(实物和概念模型)是系统分析的基本特征。

⑤ 评价准则

准则是系统目标的具体指标，用以度量系统效能，评估各替代方案的优劣顺序，既能准确反映相应效能，又便于量度。

⑥ 结论

将分析研究的成果用决策者容易理解的措辞，归纳为详略得当的结论。

⑦ 建议

根据分析结果提出理由充分的、有关行动的科学建议。系统分析者的任务主要不是决策而是阐明问题和有关情况并提出行动建议。

(3) 系统分析的主要作业

系统分析的主要作业包括系统的模型化、系统的最优化和系统的评价。通过这三方面的研究，可对管理系统进行定性分析和定量分析，为制定管理决策提供科学依据。

① 构造模型的过程称为系统的模型化。模型化是一种创造性的劳动，有人把构造模型看成是一种艺术的构思。模型化过程的好坏，对系统分析的效果有着很大的影响。在进行管理系统分析时，一般是将系统整体分解为多个分系统，这是为了使研究对象符合客观

实际，有利于工作进行。当整个系统被分解为许多分系统以后，分析对象就成为一个个分系统。对每个分系统要分别构造模型进行分析。由于模型的抽象性，由此构造出来的模型就有较强的适用性。但是客观世界千变万化，人的认识毕竟是有限的，因此模型构造不可能一劳永逸，应经常对现有模型做合理的修改，或者根据新的环境变化构造新的模型。

② 系统的最优化就是根据系统模型的求解而获得系统目标的最优解。通常“最优”的含义是根据一些标准做判断的。所以有关判断标准的数量、程度不同，就会得到不同的最优解。系统目标的最优化，主要是指解决有关最优规划、最优计划、最优控制和最优管理等问题。确定管理系统的最优化，可考虑这样几个原则：a. 使管理效率最大；b. 使系统的经营所耗费用最少；c. 使系统的经营所获得的效益最大；d. 使系统劳动生产率最高。通过对系统的管理，提高和改善职工的生活和福利。前面所提及的“最大”、“最少”、“最高”的概念是相对的，绝对的最优化是不存在的。20 世纪中叶以后，由于运筹学的产生与发展，以数学手段为基础研究出的最优化方法对处理并不十分复杂的问题是适用的，为经济管理决策提供了有力的手段。但是，最优标准是理想化的标准，使系统分析完全达到最优的要求，并不容易达到，特别是对复杂的管理系统分析更是如此，这是因为在进行系统分析时要受到许多主客观条件的限制，加上信息的限制、认识的限制以及指标不易量化的限制等，实际上很难把所有可行方案及其执行结果全部考虑，所以也就很难断定通过模型选定的方案是否最优。此外，对复杂问题的分析要牵扯到许多部门。对于本部门来说是最优的方案，对其他部门来说，就不一定是最优的，甚至可能还有不利的影响。从时间效果看，短期效果是最优的方案在长期看来可能并不好。总之，系统分析的最优化标准，不能盲目地追求绝对优化，应当有一个“有限合理性标准”。在经营管理系统的分析活动中，进行优化方案选择时，经常存在着一些矛盾因素，进行最优化时就更为复杂一些。

③ 系统的评价是系统分析中复杂且重要的工作环节。系统评价是利用模型和各种资料，对比各种可行方案，从技术、经济的观点对各种方案予以评价，权衡各方案的利弊得失，从系统的整体观点出发，综合分析问题，选择适当且最有可能实现的方案。系统评价是利用价值概念来评价系统，也可用来评定不同系统之间的优劣。价值是一个综合的概念，是在人们长期的实践活动中形成的。系统总是在一定环境条件下存在，所以采用的价值概念都是相对的。系统评价要考虑到系统的价值结构。系统是由各种资源按某一特定任务而形成的整体。研究系统的价值结构，基本上就是分析系统的价值和资源输入的关系，两者一般表现为非线性关系。一般来说，增加所输入的某种资源，会增加系统的总价值。然而，两者之间存在着非线性的关系。也就是说，当开始输入资源时，价值逐渐增长，随着资源的不断输入，价值将达到一个临界饱和增长区域，最后将不再增长，这种非线性关系对系统的评价有重要的实际意义。决定事物相对价值的主要环境条件：任务环境、对象环境、自然地理环境、资源环境、技术环境、需求环境、社会环境等。比如，对象系统是一个钢铁联合企业，在考虑筹建方案时，除了要考虑冶炼技术、冶炼设备、生产线布局等这些与生产能力有关的因素外，还要考虑到气候、地质、资源、地理、交通、产品的市场需求、环境污染等各种因素。

(4) 系统的综合评价

系统的综合评价包括制定评价准则，根据各方案的技术、经济、社会、环境等方面的指标数据，权衡得失、综合分析，选择出适当且能实现的最优方案或提出若干结论，供决策者抉择。除了在方案优选阶段需进行综合评判外，在方案选出并试运行后还需再作进一步检验与评判。系统的综合评价是系统分析和系统决策的重要组成。系统的综合评价中应遵循的原则主要：①客观性——提供的评价资料应全面充分与可靠；②公正性——参与评价的人员组成有代表性，要保证专家人数的比例，评价人员要能自由表态不受任何压力；③系统性——评价指标要形成体系，能反映待评价系统的目标所涉及的各个方面，不致局限或片面。

系统综合评价的程序，一般可归纳如下：

① 确定评价项目，建立评价指标；

②拟定评价指标量化依据；

③分析实现该系统目标的各方案满足评价指标的程度；

④对各方案作出整体综合评价；

⑤根据预定准则，作出评价结论。

系统综合评价指标体系，它是由若干个评价指标组成的整体。具体选择哪些指标，因不同系统而异。一些大型项目一般应考虑以下几方面：

① 政策性指标　用以描述政府制定的方针、政策、法律约束和发展规划等方面要求；

② 技术性指标　反映工程的结构性能，产品的功能，施工工艺的可行性与复杂性，系统运行的可靠性、安全性与寿命等技术方面的要求；

③ 经济性指标　包括工程造价、分期投资额、投资回收期、直接效益以及间接收益等；

④ 社会性指标　主要指对地区综合发展的影响、能提供的就业机会、创造的社会福利等；

⑤ 资源性指标　描述系统各方案中涉及的物资、劳动力、能源、水资源、土地等及其有关的限制条件；

⑥ 环境指标　涉及对生态环境方面的影响，如污染、环境与生物保护等；

⑦ 时间性指标　主要指系统建成时间、进度安排等；

⑧ 其他　指不包括在前述指标范畴中的具体项目和特有的某些指标。

(5) 系统分析的常用工具

系统分析并没有一套普遍适用的技术方法，随着分析对象的不同，分析问题的不同，所使用的具体方法可能也不相同。一般说来，系统分析的各种方法可分为定性和定量两大类。定量方法适用于系统结构清楚、收集到的信息准确、可建立数学模型等情况。如果问题涉及的系统结构不清，收集到的信息不太准确，或是由于评价者的偏好不一，对所提方案评价不一致等，难以形成常规的数学模型时，可以采用定性的系统分析方法。常用的定量方法在其他章节中分别作叙述。下面简介下系统分析中几个常用的定性工具，包括目标-

手段分析法、因果分析法、K-J法等。

① 目标-手段分析法

目标-手段分析法就是将要达到的目标和所需要的手段按照系统展开，一级手段等于二级目标，二级手段等于三级目标，依次类推，便产生了层次分明、相互联系又逐渐具体化的分层目标系统。在分解过程中，要注意使分解的分目标与总目标保持一致，分目标的集合一定要保证总目标的实现。分解过程中，分目标之间可能一致，也可能不一致，甚至是矛盾的，这就需要不断调整，使之在总体上保持协调。将总目标分解为若干个层次的分目标，需要有很大的创造性，要有丰富的科学技术知识与实践经验。目标分解需反复地进行，直到满意为止。

目标-手段分析法的实质是运用效能原理不断进行分析的过程。如，用于有关能源发展的项目，要发展能源，其手段主要有发展现有能源生产、开发研究新能源和节约能源，而节约能源的主要手段是综合利用能源和开发节能设备。

② 因果分析法

因果分析法是利用因果分析图来分析影响系统的因素，并从中找出产生某种结果的主要原因的一种定性分析方法。系统某一行为(结果)的发生，绝非一种或两种原因所致，往往是由多种复杂因素的影响所致。为了分析影响系统的重要因素，找出产生某种结果的主要原因，系统分析人员广泛使用了一种简便而有效的定性分析方法——因果分析法。这种方法是在图中用箭头表示原因与结果之间的关系，形象简单，一目了然。分析的问题越复杂这种方法越能发挥其长处，因为它把人们头脑中所想问题的结果与其产生的原因结构图形化、条理化。在许多人集体讨论一个问题时，这种方法便于把各种不同意见加以综合整理，从而使大家对问题的看法趋于一致。

③ K-J法

K-J法是一种直观的定性分析方法，它是由日本东京工业大学的川喜田二郎教授开发的。K-J法是从很多具体信息中归纳出问题整体含义的一种分析方法。基本原理：把每个信息做成卡片，将这些卡片摊在桌子上观察其全部，把有“亲近性”的卡片集中起来合成为子问题，依次做下去，最后求得问题整体的构成。这种方法把人们对图形的思考功能与直觉的综合能力很好地结合起来，不需要特别的手段和知识，不论是个人或者团体都能简便地实行。因此，K-J法是分析复杂问题的一种有效方法。

K-J法的实施按下列步骤进行：

a. 尽量广泛地收集与问题可能有关的信息，并用关键的语句简洁地表达出来。

b. 一个信息做一张卡片，卡片上的标题记载要简明易懂。如果是团体实施，则要在记载前充分协商好内容，以防误解。

c. 把卡片摊在桌子上通观全局，充分调动人的直觉能力，把有“亲近性”的卡片集中到一起作为一个小组。

d. 给小组取个新名称，其注意事项同步骤a。这个小组是由小项目(卡片)综合起来的，应把它作为子系统来登记。这个步骤不仅要凭直觉，而且要运用综合和分析能力发现小组的意义所在。

e. 重复步骤 c 和 d，分别形成小组、中组和大组，但对难以编组的卡片不要勉强地编组，可把它们单独放在一边。

f. 把小组(卡片)放在桌子上进行移动，根据小组间的类似关系、对应关系、从属关系和因果关系等进行排列。

g. 将排列结果画成图表，即把小组按大小用粗细线框起来，把一个个有关系的框用带箭头的线段连接起来，构成一目了然的整体结构图。

h. 观察结构图，分析其含义，取得对整个问题的明确认识。

2.4.2 预测技术及应用

预测，可以解释为由过去推测未来。预测是为决策提供作为依据的信息。为提高预测的可信性，最重要的条件是掌握足够的能真正反映事物发展规律的资料、数据、信息等，这是预测的基础和前提。科学的预测是通过认真的调查研究或科学实验，搞清引起事物变化的主要因素之间的内在联系，运用必要的情报资料，依靠预测技术寻求事物的发展规律。需要指出的是，人们对所研究事物的深刻了解、丰富的实践经验、敏锐的观察力和卓越的判断能力对于科学的预测也是非常重要的。

自 20 世纪 60 年代初以来，工商企业使用预测技术的比例一直在稳步增长。随着预测技术应用的发展，理论学家同时也提供了多种多样可供选择的预测模型。

下面就几种比较常用的预测技术及方法做以阐述。

(1) 直观预测法

① 专家调查法

专家调查法是依靠向专家调查来进行预测，所以预测的准确性主要取决于专家的知识和经验。专家预测法分为个人预测和集体预测。专家的人数根据预测的问题而定。人数过少容易片面，人数过多意见不易集中。

a. 个人预测。首先向专家们提出问题，同时提供有关信息。然后由专家们独自分析，不开会讨论，最后把专家们的意见整理归纳，形成预测结论。专家个人预测的优点是能充分发挥专家个人的能力，容易集中意见。缺点是预测的结果可能出现片面性。

b. 集体预测。专家们根据提出的预测问题和所提供有关信息，先做准备。然后在会议期间提出自己的预测意见，通过讨论，互相启发和补充，最后经过修正，形成预测结论。专家集体预测的优点是能够集思广益，分析问题比较全面。缺点是少数人的正确意见容易受多数人意见的影响，降低预测的可靠性。

② 德尔菲法

德尔菲法实质上也是一种专家调查方法。由主持预测的机构给参加预测的专家们发调查表，用书面联系，不开会讨论。根据专家们的初步预测意见，经综合整理，不记名再反馈给各个专家，请专家再次提出意见。如此经过多次反复，将渐趋一致的意见作为预测结论。由于专家们并不直接对话，不会碍于情面而影响意见的发挥，而且不记名反馈预测意见不会有约束作用，专家们可根据每次提供的信息，修正自己的意见。德尔菲法兼有专家个人预测和专家集体预测的优点。同时又避免了它们的缺点。这种方法在国外应用较广，效果显著。

使用专家调查法、德尔菲法进行预测时，对专家们所提出的预测意见要进行综合归纳和处理，从而得出预测结论。采用的方法有算术平均法和加权平均法。算术平均法的基本原则：认为各个专家的预测结果同等重要，应同等看待。加权平均法的基本原则：认为各个专家的预测结果的重要性不同，不应同等看待，因为专家的知识和经验不同，所预测的结果有的实现的可能性大，比较重要，有的实现的可能性小，不太重要。所以，应对各个专家的预测结果给予不同的权数来评定。

(2) 回归分析法

回归分析法是从被预测变量和与它有关的解释变量之间的因果关系出发，来预测事物未来发展趋势的一种定量分析方法，因此又称为因果分析预测法。“回归”源于生物学界，19 世纪英国生物学家高尔顿在研究人体遗传特征时发现，个子高的双亲其子女也较高，但平均来看，却不比他们的双亲高；同样，个子矮的双亲其子女也较矮，但平均来看，却不如他们的双亲矮。他把这种身材趋于人类平均高度的现象称为“回归”，并作为统计概念加以应用。后来，他又提出“相关”的概念，由此逐渐形成具有独特理论和方法体系的回归分析。一个系统中的各种变量，一般来说，可有两类关系，一种是函数关系；另一种就是相关关系。前者称为确定性关系，后者虽有联系，但不能用函数准确表达，只能通过统计分析来找出它们的关系和内在规律，从而近似地确定出变量之间的函数关系，实现对变量的估计和测定，并对变量间关系的密切程度进行描述，这种相关关系在现实生产、生活中是大量存在的。例如，一个地区人民的经济收入水平的变化与消费水平的关系，某地区一定时期化肥施用量和粮食产量的关系，一定条件下交通流量的增加与交通安全的关系等。回归分析预测模型按照自变量的个数，可分为一元回归分析和多元回归分析。按照因变量和自变量之间的关系，又可分为线性回归分析和非线性回归分析。

(3) 时间序列法

时间序列法的应用始于 19 世纪 80 年代，西方经济学家对资本主义经济周期的波动的研究和商情预测。这种预测方法在应用中不断发展完善，逐步形成了预测学中一个有广泛应用价值的方法。它的基本原理是：从过去按时间顺序排列的数据中找出事物随时间发展的变化规律，推算出演变的趋势。因此，它也叫趋势外推法。常用的时间序列预测方法有移动平均法和指数平滑法。

2.4.3 线性规划模型及其应用

线性规划是运筹学的一个重要分支，它的应用范围已渗透到工业、农业、商业、交通运输及经济管理等许多领域。小到日常工作和计划的安排，大到国民经济计划的最优方案的提出，都有它的用武之地。由于它的适应性强、应用面广、计算技术简便等特点，使其成为现代管理科学的重要基础和手段之一。

(1) 线性规划模型的基本结构

线性规划模型的结构决定于线性规划的定义。线性规划，是求一组变量的值，在满足一组约束条件下，求得目标函数的最优解。因此，线性规划的模型结构包括以下三个部分。

① 变量。变量是指系统中的可控因素，也是指实际系统中有待确定的未知因素。这些因素对系统目标的实现和各项经济指标的完成具有决定性影响，故又称其为决策变量，例如决定企业经营目标的产品品种和产量等。其描述符号是 X_j 或 X_{ij}，用一个或几个英文字母，附以不同的数字下标，表述不同的变量。模型变量中除决策变量外，还有一种叫辅助变量，它包括松弛变量和人工变量。它们是为模型运算时的需要而设定的。在模型中一般不起决策性作用。但可能在计算机运算输出的结果中出现，可反映某种资源的剩余值。

② 目标函数。目标函数是指系统目标的数学描述。线性规划目标函数的重要特征之一是线性函数，即目标值与变量之间的关系是线性关系，这是线性规划模型的基本条件和假设。目标函数特性之二是单目标，实现单目标的最优值。一般是求效益性指标如产值、利润等的极大值，或者是损耗性指标如原材料消耗、成本、费用的极小值。极值标准的确定要根据系统的具体情况和决策的要求来定。

③ 约束条件。约束条件是指实现系统目标的限制因素，它涉及到系统内外部条件的各个方面，如内部条件原材料的储备量、生产设备能力、产品质量要求；外部环境的市场需求和上级的计划指标等。这些因素对实现系统目标都起约束作用，故称其为约束条件。根据约束因素对系统的约束要求和作用不同，约束条件的数学表达形式也不同。线性规划的约束条件有三种形式：大于等于(≥)；等于(=)；小于等于(≤)。前两种形式多属于效益性指标或合同要求，必须按计划及合同要求超额或如数完成；后者多属于资源供应约束，由于供应数量有限，一般不容许超出。因为线性规划的约束因素涉及的范围较广，约束幅度较大，因此，约束条件多用数学不等式形式来描述。

另外，线性规划的变量皆为非负值。

综上所述，就可列出线性规划的一般形式：

$$Z_{\max\ (\text{or}\ \min)} = C_1X_1+C_2X_2+\cdots C_jX_j+\cdots+C_nX_n \text{满足于}$$

$$\alpha_{11}X_1 + \alpha_{12}X_2 + \cdots\alpha_{1j}X_j + \cdots + \alpha_{1n}X_n(\leqslant=\geqslant)b_1$$

$$\alpha_{21}X_1 + \alpha_{22}X_2 + \cdots\alpha_{2j}X_j + \cdots + \alpha_{2n}X_n(\leqslant=\geqslant)b_2$$

$$\cdots\ \cdots\ \cdots\ \cdots\ \cdots\ \cdots\ \cdots\ \cdots\ \cdots\ \cdots$$

$$\cdots\ \cdots\ \cdots\ \cdots\ \cdots\ \cdots\ \cdots\ \cdots\ \cdots\ \cdots$$

$$\alpha_{m1}X_1 + \alpha_{m2}X_2 + \cdots\alpha_{mj}X_j + \cdots + \alpha_{mn}X_n(\leqslant=\geqslant)b_m$$

$$X_j \geqslant 0 \quad (j=1,\ 2,\ 3,\ \cdots,\ n)$$

上式可简化为：

$$Z_{\max(\text{or}\ \min)} = \sum_{j=1}^{n} C_jX_j$$

满足于 $\sum_{j=1}^{n} \alpha_{ij}X_j(\leqslant=\geqslant)b_i$

$$X_j \geqslant 0 \quad (i=1, 2, 3, \cdots, m)$$

如果用矩阵形式可写成

$$\max \text{ 或 } \min \quad \boldsymbol{Z}=\boldsymbol{CX}$$

满足于
$$\boldsymbol{AX}=\boldsymbol{B} \quad (\boldsymbol{X} \geqslant 0)$$

式中，$\boldsymbol{C}=(C_1, C_2, C_3, \cdots, C_n)$，行向量(目标函数系数值)；

$\boldsymbol{X}=(X_1, X_2, X_3, \cdots, X_j, \cdots, X_n)^{\mathrm{T}}$，列向量；

$\boldsymbol{B}=(b_1, b_2, b_3, \cdots, b_i, \cdots, b_m)^{\mathrm{T}}$，列向量(约束条件的常数项)；

$$\boldsymbol{A}=\begin{bmatrix} \alpha_{11} & \alpha_{12} & \cdots & \alpha_{1n} \\ \alpha_{21} & \alpha_{22} & \cdots & \alpha_{2n} \\ \vdots & \vdots & & \vdots \\ \alpha_{m1} & \alpha_{m2} & & \alpha_{mn} \end{bmatrix}, \ m \times n \text{ 阶向量(技术系数矩阵)。}$$

根据线性规划模型的一般形式分析，线性规划具有下列特性：

① 线性函数　线性规划的目标函数与约束条件中的因素均为线性函数(变量均为一次项)，这是线性规划建模的前提。实际系统中的非线性关系，不在线性规划研究的范围内。

② 单目标　这与经济管理中多指标的实际要求是矛盾的。一般处理方法是抓主要矛盾，确定一个主要目标实现最优，带动其他目标的实现，或者单目标多方案择优。

③ 连续函数　线性规划的最优解值是连续的，可以是整数，也可以是分数(或小数)。如果实际系统要求实现整数最优，而这时线性规划最优解值是分数，满足不了决策者的要求，这种情况属于整数规划研究的范围。

④ 静态的确定值　线性规划模型参数，一般要求是确定型的，参数均应是已知的，所以它只是一种实际活动的静态描述。

(2) 线性规划模型的应用

运用线性规划模型，对于提高企业竞争能力、提高经济效益有着重要作用。

① 产品搭配　当企业生产所需要资源数量，如设备能力、原料供应量等条件已定时，对经营管理的要求，就是如何充分利用这些资源，使企业的经济效益最大。

② 合理下料　在企业生产中常需将不同的原料切割成不同规格的毛坯，各种毛坯的数量要求也不同，运用线性规划模型就可以实现合理下料，节约原料用量，降低生产成本。

③ 计划安排　在企业设备能力一定的条件下，运用线性规划模型进行计划安排的优化分析，就可以制定出取得利润最大或加工费用最低的计划方案。

④ 物资调运　在物资供应系统中，存在着多个生产单位和多个需求单位，由于产、需单位之间距离不同、运输方式不同，所以单件产品运费有一定差距，物资调运问题就是在产、需平衡条件下，应用线性规划模型求出总运费最少的调运方案。

(3) 线性规划模型的基本解法

线性规划模型的基本解法有图解法和单纯形法两种。图解法一般只适用于两个变量的线性规划问题，实用价值不大，但它阐述了线性规划解题的基本思路。单纯形法是一种解多变量线性规划问题的实用解法，在应用过程中一般要利用计算机求解。具体解法可以参照管理系统工程或运筹学相关书籍。

2.4.4 网络分析技术

(1) 概述

网络分析技术主要应用于工程项目管理。据资料统计，采用网络分析技术的工程项目，一般能缩短工期20%左右，节约费用10%左右，这种效果是在不增加设备、人力和投资，不采用新技术、新工艺、新材料，仅仅是因加强管理而获得的。应用网络分析技术的优点包括：①可以指明整个工程项目的关键所在，便于进行重点管理，合理调配人力、物力，保证整个工程能如期完成；②可以通过网络图反映出整个工程项目结构和各工序之间的相互关系，便于统筹安排，促进各部门的相互配合，保证自始至终对整体计划进行有效监督和控制；③可以把一个复杂的、大规模的工程项目分解为若干个小系统，分权管理，调动基层的主观能动性；④可以把无形资源(时间、信息)和有形资源(人、财、物)管理有机结合起来，从许多可行方案中，选择最优方案；⑤可以利用电子计算机进行计算，为实现管理自动化创造了有利条件。

在网络分析技术中，网络计划模型是图形与数学模型结合为一体的集成性模型。主要结构由网络图及网络时间参数两大部分组成。

(2) 网络图的组成与绘制

一项任务总是由多个工序组成的，在计划安排时，用箭线来表示各工序的相互关系，并将通过计算标明有关时间参数的箭线图称为网络图。网络图是网络计划模型的基础。

① 网络图的组成

网络图是由工序、事项、线路三个部分组成的。

a. 工序(工作)。所谓工序是指一般要消耗资源(人力、物力等)、占用时间等的具体活动的过程。工序划分粗细的程度，一般根据管理要求程度高低酌情而定。有的具体活动的过程，虽不消耗资源，但它需要一定时间才能完成，如水泥浇灌后的凝固、面包制作中的发酵等，也应看作是工序。工序在网络图中用带箭头直线，即箭线→表示。箭头方向表示工序进行的方向，依此来反映各工序前后衔接的关系。在箭线上方一般要标明该工序的名称或代号，下方标明完成该工序所需的时间。同一网络图中，所用的时间单位应该统一。箭线的长短在不附有时间坐标的网络图中与工时的长短无关。此外还有一种工作称为虚工序，它是虚设的，既不消耗资源，也不占用时间，主要作用是为了正确表达各工序之间的相互关系。虚工作用虚箭线⇢表示。

b. 事项(结点)。事项是指两个工序之间的衔接点。在网络图中用圆圈○表示。事项不占用时间，也不消耗资源，它只是表示某个工序开始或结束的一种符号。一个网络图中，一般只有一个始点和一个终点，其他事项点称为中间事项，作为中间事项对它前面的工序来说是结束事项，而对它后面的工序来说又是开始事项。例如：①$\xrightarrow{\text{甲}}$②$\xrightarrow{\text{乙}}$③，事项②对工序甲来说，是结束事项，对工序乙来说，又是开始事项。

c. 线路。线路是指从始点开始，顺着箭头所指方向，连续不断地到达终点的一条通道。例如在图 2-1 中，从始点①连续不断地走到终点⑪的线路上有上、中、下三条：

一个网络图中一般有多条线路。每条线路上各工序所需工时的总和，称为该条线路的路长。在图 2-1 中，各条线路的路长为：

上：1+2+3+5+4=15

中：1+2+3+4=10

下：1+6+2+3+4=16

在所有线路中，总可找出一条路长值最大，即所需工时最多的线路，这条线路在网络图中称为关键线路，从图 2-1 中看，下面的线路是关键线路。关键线路在网络图上一般用红线或粗线标出，以区别于非关键线路。一般不采用上述把各条线路一一列出，然后比较路长值的方法，因为一来计算繁琐，二来当网络图比较复杂时有可能会遗漏某些线路。实际应用时均采用通过计算网络时间参数的方法来确定关键线路。

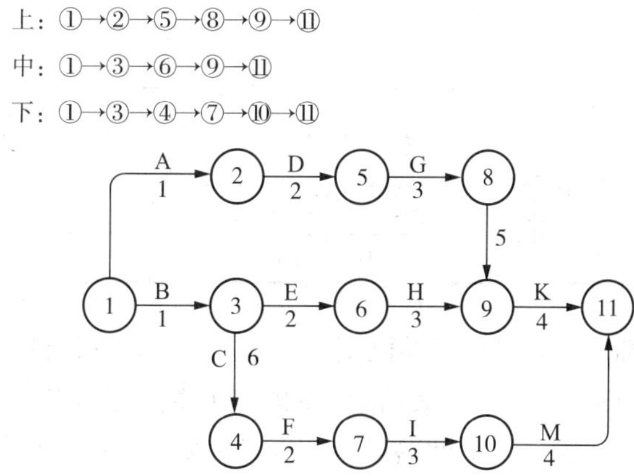

图 2-1　网络图举例

应用网络计划模型的主要任务之一就是找出关键线路，因为关键线路决定着总工期。如果能采取积极措施来缩短这条关键线路和完工时间，总工期就可能缩短。因此，在计划管理中总的原则：向关键线路要时间，向非关键线路要资源。即为了保证整个任务按期或提前完工，必须抓好关键线路上各关键工序的工作，而非关键线路的路长值小于总工期，时间上有机动余地，因此可以从非关键线路上的有关工序抽调一定的人力、物力去支援关键线路。这样既有利于缩短工期，又为资源调度的科学化提供了一种具体有效的方法。

② 网络图的绘制

网络图的绘制一般可分为三个步骤，任务的分解和分析、画图及编号。

a. 任务的分解和分析。任何一项任务都是由许多工序组成的，在网络图绘制前，首先应将一项任务分解为一定数目的工序。分解的原则：根据要求确定粗细，逐步细化，逐步具体；其次是进行任务的分析，即确定各工序之间的先后顺序和相互关系，有紧前工序和紧后工序两种表达方式。所谓紧前工序就是当某项工序开始前，必须先期完成的工作；

所谓紧后工序就是当某项工序完成后，紧接着就要开始的工作。除紧前、紧后关系外，还应考虑工序之间的平行、交叉等关系。

任务的分解和分析是一项重要的基础工作，要依靠计划管理人员和熟悉总体工作的工程技术人员的密切配合，深入细致地调查研究才能做好这项工作。

任务经分解后，应将结果编汇成明细表，栏目有三项：工序名称代号，工序之间的关系(紧前或紧后)，工序时间(表 2-1)。

表 2-1 任务经分解

工序代号	紧前工序	工序时间(a-m-b)
A	—	1-2-3
B	A	2-3-4
C	A	4-5-6
D	A	3-4-5
E	B	4-6-8
F	C	1-2-3
G	D	1-1-1
H	E、C	4-5-6
I	F	4-5-6
J	F、G	4-6-8
K	H、I、J	2-3-4

b. 画图。有了明细表，就可以开始画图。要正确地画好网络图，必须注意以下规则：

其一，画出的网络图要符合明细表所规定的各工序之间的逻辑关系。

其二，网络图是有向的，用箭线标出工序前进方向，图形从左向右排列，不能有回路。

其三，合理运用虚工序。任何一支箭线和它相关的事项。即 O→O 只能代表一项工作。如果出现图 2-2 所表示的情况是不符合要求的，这样没有把工序甲和工序乙两项活动区分开，对这种表达形式要引用虚工序，以示区分，如图 2-3 所示。

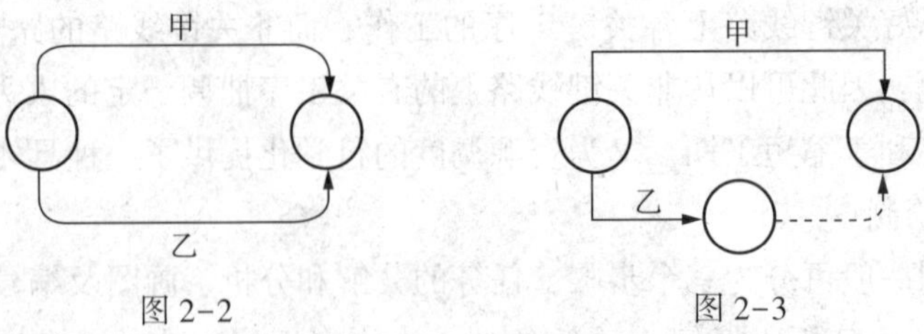

图 2-2　　图 2-3

这样就可以明确地表达出工作甲和工作乙的开始和结束时间，也符合两个事项之间只能有一个工作的原则。虚工作不占用时间，也没有名称或代号，故不应列入明细表。

网络图力求简明清晰。应避免箭线交叉；如有几项工序有一共同开工和完工事项，而且是由同一单位承担，可考虑简化、合并；一般情况下，网络图应只有一个始点、一个终点。

c. 编号。为便于对网络图的管理和计算，网络图中的事项要统一进行编号，每个事项均应编排一个顺序号，由左向右，箭尾编号要小于箭头编号，不能重复编号，可以跳跃但不一定连续。

根据上述规则和表 2-1 所规定的工作之间关系，画出的网络图和编号情况如图 2-4 所示。

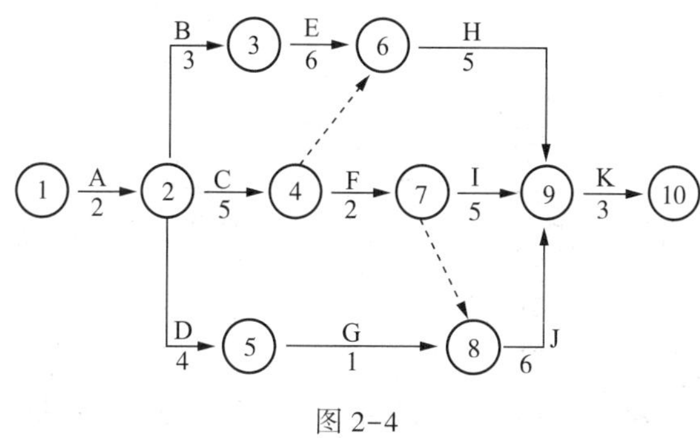

图 2-4

(3) 网络图的时间参数计算

网络图的时间参数包括工序时间，以事项为对象的 3 种参数，或以工序为对象的 6 种参数。

① 工序时间

工序时间是运用网络计划模型最基本的数据。工序时间单位的确定(小时、日、周、月等)应根据具体情况而定。某一工序如有现成工时定额，则直接填入明细表，对于第一次做、没有工时定额的工作，可找有经验的人员一起协商，根据正态分布的原理，可用下式求出该工序完成时间的估计值：

$$t = \frac{a + 4m + b}{6}$$

式中　a——该工序最快完工的估计时间；

m——该工序最可能完工的估计时间；

b——该工序最慢完工的估计时间。

在网络时间参数计算中，工作时间用符号 $t(i, j)$ 表示，i 为该工作箭线箭尾事项的编号，j 为箭头事项的编号。如图 2-4 中，工作 E 的工作时间可以用 $t(3, 6) = 6$ 的方式来表示。

② 事项时间参数

事项时间参数有 3 个：事项最早开始时间、事项最迟结束时间、事项时差。

a. 事项最早开始时间。事项最早开始时间用符号 $t_E(j)$ 线表示，j 为箭头所指事项的编号。事项最早开始时间是指从始点到该事项最长线路的时间总和。因此，作为一项任务首项工作的始点事项的最早开始时间等于 0；某一箭头所指事项的最早开始时间，由它的箭尾事项的最早开始时间加上本身工时决定。如果有多条箭线与箭头事项相连，即多箭线射入某一事项的情况下，应用其中箭尾事项最早开始时间与相应工时相加之和的最大值为该事项的最早开始时间。综上所述，用数学公式表示，则有：

$$t_E(I)=0 \quad (\text{式中的 } I \text{ 为始点号})$$

$$t_E(j)=\max\{t_E(i)+t(i,j)\} \quad (j=1,2,3,\cdots,n)$$

事项最早开始时间的计算，应从始点开始，从左到右，顺箭线方向进行，结果用□括起，标在相应的事项点旁。根据图 2-4 所示数据，各事项的最早开始时间计算结果见图 2-5。

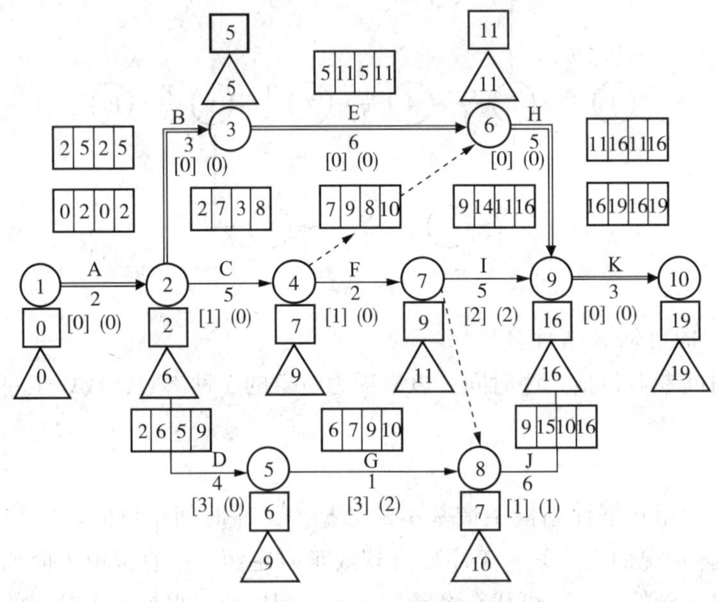

图 2-5

b. 事项最迟结束时间。事项最迟结束时间用符号 $t_L(i)$ 表示，i 为箭尾事项的编号。事项最迟结束时间是指如在这个时刻该事项不完工，就要影响其紧后各工作的按时开工及总完工期。作为终点的最迟结束时间就是项目的总完工期，并且数值与终点的最早开始时间相等。一个箭尾事项的最迟结束时间，由它的箭头事项的最迟结束时间减去相应的工作时间决定。如果从此箭尾事项引出多条箭线时，即在多箭线由某一事项射出的情况下，应选其中箭头事项的最迟结束时间与相应工作时间相减之差的最小值为该事项最迟结束时间。综上所述，用数学公式表示，则有：

$$t_L(n)=t_E(n) \quad (\text{式中 } n \text{ 为终点编号})$$

$$t_L(i)=\min\{t_L(j)-t(i,j)\} \quad (i=n-1,n-2,\cdots,1)$$

事项最迟开始时间的计算，应从终点开始，从右到左，逆箭线方向进行，结果用△括起，与表示最早开始时间的□上下排列，标在相应的事项点旁。计算结果如图 7-5 所示。

c. 事项时差。事项时差用符号 $S(i)$ 或 $S(j)$ 表示。i 和 j 分别为箭尾事项和箭头事项的编号。

事项时差是指在不影响整个项目完工期或下一个事项最早开始的情况下，该事项可以推迟的时间。计算方法是用该事项的最迟结束时间减去最早开始时间。用数学公式表示：

$$S(i)=t_L(i)-t_E(i) \text{ 或 } \qquad S(j)=t_L(j)-t_E(j)$$

若时差为零，并满足下式的事项称为关键事项，将它们按编号顺序从始点到终点串联起来，就是所要寻求的关键线路。

$$t_E(j)-t_E(i)=t_L(j)-t_L(i)=t(i,\ j)$$

③ 工序时间参数。

工序(工作)的时间参数有6个：工序最早开始时间，工序最早结束时间，工序最迟开始时间，工序最迟结束时间，工序的总时差，工序的分时差。

a. 工序最早开始时间。一个工序必须等它的紧前工序完工以后才能开始，在这以前是不具备开始条件的，这个时间值称为工序的最早开始时间，即紧前工序全部完成，本工序可能的开始时刻。工序的最早开始时间，用符号 $ES(i,\ j)$ 表示。计算方法是用该工序的紧前工序的最早开始时间，加上紧前工序的工时。当遇到紧前工序有多个时，应选其中最早开始时间加上该项工序之和的最大值。与始点相连接的各个工序的最早开始时间等于0。计算时应从与始点相连接的工序开始，从左到右，依次计算。综上所述，用数学公式表示：

$$ES(i,\ j)=0$$

$$ES(i,\ j)=\max\{ES(h,\ i)+t(h,\ i)\} \quad (h<i<j)$$

某项工序最早开始时间，数值上与该工序箭尾事项的最早开始时间相等，即：

$$ES(i,\ j)=t_E(i)$$

如事项时间参数已经算出，某项工序的最早开始时间照抄箭尾事项的最早开始时间即可。将工序最早开始时间的计算结果填入相应工序上(下)方的第一个方格中。

b. 工序最早结束时间。某项工序的最早结束时间是指一个工序必须等它紧前各工序完工后，其自身也完工的时间，用符号 $EF(i,\ j)$ 表示。其时间值等于该工序最早开始时间加上自身的工时，即：

$$EF(i,\ j)+t(i,\ j)$$

在网络图上就是把箭线上(下)方第一个方格中的数，加上所在箭线上的工序时间，其结果填入第二方格中。

与终点相连工序的最早结束时间为总工期，当有多个工序与终点相连时，总工期为各工序最早结束时间的最大值，即：

$$\text{总工期}=\max\{EF(i,\ n)\}$$

c. 工序最迟开始时间。某项工序的最迟开始时间是指在不影响其紧后各工序按时开始，该工序最迟必须开始的时间值。用符号 $LS(i,\ j)$ 表示。计算方法是用该工序的紧后工序的最迟开始时间，减去本身的工时。当遇到紧后工序有多个时，应选其中紧后各个工序最迟开始时间，分别减去该工序工时之差的最小值，与终点相连接的各工序的最迟开始时间，等于总工期减去各自的工时。计算方向是从与终点相连的工序开始，由右到左，依次计算。综上所述，用数学公式表示，则有：

$$LS(i,\ n)=\text{总工期}-t(i,\ n)$$

$$LS(i,\ j)=\min\{LS(j,\ k)-t(i,\ j)\}\quad (i<j<k)$$

某项工序的最迟开始时间，数值上等于该工序箭头事项最迟结束时间减去自身工时之差，即：

$$LS=t_{L}(j)-t(i,\ j)$$

工序最迟开始时间的计算结果，填入相应箭线上(下)方第三个方格。

d. 工序最迟结束时间。某项工序的最迟结束时间，是指为了不影响紧后各工序按时开始，该工序本身最迟完工的时间，用符号 $LF(i,\ j)$ 表示，其时间值等于该工序最迟开始时间加上自身工时之和，即：

$$LF(i,\ j)=LS(i,\ j)+t(i,\ j)$$

在网络图上就是把第三个方格中的数加上所在箭线的工时，把结果填入第四个方格中。

某项工作最迟结束时间，数值上等于该项工作箭头事项的最迟结束时间，即：

$$LF(i,\ j)=t_{L}(j)$$

e. 总时差。某项工序的总时差是指该工序的完工期，在不影响整个项目总工期的条件下，可以推迟开始时间。用符号 $TF(i,\ j)$ 表示。其时间值等于该工序的最迟开始时间减去最早开始时间，或该工序的最迟结束时间减去最早结束时间。计算结果用方括号括起，标在相应工序箭线的下方。某工序的总时差数值上等于该工序箭头事项的最迟结束时间，减去箭尾事项的最早开始时间，再减去工时。综上所述，用数学公式表示：

$$\begin{aligned}TF(i,\ j)&=LS(i,\ j)-ES(i,\ j)\\&=LF(i,\ j)-EF(i,\ j)\\&=t_{L}(j)-t_{E}(i)-t(i,\ j)\end{aligned}$$

总时差在网络图的作业线路中，可以串用，但不是从始至终，而是以关键线路分段。即，有时差的工序箭线与关键线路相遇时，就为一段，其时差不能再往下串用。在某一段内，作为该段的总时差是取其中的最大值，而不是各工序总时差之和。例如，在 D→G→J 这段内总时差是 3，而不是 7(3+3+1)，这段内的三个工序的总时差可以串用，但这段内三个工序总推迟时间是 3 个单位时间，如 D 已推迟了 3 个单位时间，则 G、J 就不能再推迟了。

把总时差为零的各工序依次连接起来，就是关键线路。如图 2-5 的关键线路是 A→B→E→H→K。

f. 分时差。某项工序的分时差是指一个工序的完工期，在不影响紧后各工序最早开始的条件下，可以推迟的时间。用符号 $FF(i,\ j)$ 表示。其时间值等于该工序的紧后工序最早开始时间减去本工序的最早结束时间之差。计算结果用圆括号括起，标在相应箭线的下方，某工序的分时差数值等于该工序箭头事项的最早开始时间，减去箭尾项的最早开始时间，再减去工时。综上所述，用数学公式表示：

$$FF(i, j) = ES(j, k) - EF(i, j) \quad (i < j < k)$$
$$= t_E(j) - t_E(i) - t(i, j)$$

各工序的分时差，只能为本工序所用，不能与其他工序串用，在以关键线路分段的某一段线路内，各工序分时差的总和等于该段内总时差的最大值。如 D→G→J 这段中，分时差分别是 0、2、1，与此段总时差的最大值参数相同，如图 2-5 所示。

2.4.5 安全管理新模式——体系化管理

恩格斯曾经说过，社会客观现实的需求比十几所大学更能够推动发明创造的产生。传统的安全生产管理模式已走到了尽头，以 HSE 管理体系为代表的安全生产的体系化管理，正是基于客观现实的强烈需求而产生的一种先进、科学的安全生产管理模式，但由于这种管理模式来自西方，所以存在文化背景差异、生活习惯以及语言翻译等诸多方面的问题，在对其理解上存在诸多误区，应用方面更是出现了不少问题。

(1) 体系化管理特点

“体系”一词来自于英文单词“system”，一般英汉词典把其同时译作“系统、体系”两个汉语词意，维基百科把其定义为一组交互或相互依赖的组件形成的一个整体。因此，体系与系统是一回事，体系管理就是系统管理。实质上，系统管理就是体系管理的精髓、本质，是体系管理最突出的特点。除系统管理外，体系化管理还有重视领导作用、全员参与、PDCA 循环以及文件化管理等，这些都是体系化管理不同于传统管理的一些显著特点。

那么，为什么要实施系统管理？实施系统管理就是为了解决以往非系统管理无法解决的问题。如 HSE 管理体系的出现，就是因为传统安全管理那种只靠安全管理部门“单一”的管理模式，已经无法解决现代工业化社会重特大事故的高发问题了。只有通过实施系统管理，落实直线责任，使各级组织、各职能部门齐抓共管、各负其责，才能够从根本上解决传统安全管理存在的突出问题，才能够真正做好安全生产管理工作。

目前，体系化管理已经应用到很多行业、领域，比较知名的有质量管理方面的 ISO 9000 质量管理体系，健康安全与环境管理方面的 HSE 管理体系，环境管理方面的 ISO 14000 环境管理体系，安全健康管理方面的 OHSAS 18000 职业安全健康管理体系，以及社会责任管理方面的 SA 8000 社会责任管理体系等。纵观这些实施体系化管理的行业、领域，无论是质量管理、环境与健康管理，还是社会责任等，它们与安全生产管理都有一个共同的特点：即这些行业的管理涉及面都很宽泛，非单一主管管理部门力所能及。因此就要做好相应的管理工作，都需要落实直线责任，齐抓共管，进行综合治理，也就是需要实施系统管理。

就事故防控方面而言，目前有 HSE 管理体系、ISO 14000 环境管理体系、OHSAS 18000 职业安全健康管理体系等，其中，HSE 管理体系无论是应用范围还是取得的成效都比较突出。

(2) 体系化管理体系的意义

① 强化企业管理的需要

企业需要通过认证的体系越来越多，各种体系之间的接口，各要素之间的协调，随着时间的动态变化，会越来越复杂，矛盾会越来越多，解决会越来越困难。根据系统论的整体性原则，影响一个企业管理功能和效率的发挥，并不取决于某一个或某几个体系的有效发挥，而是由企业管理体系的整体有效性所决定。这一点也恰恰说明，我们费了很大力气建立了某一方面的体系，尽管也运行得很好，但是从整体效益来看没有明显提高。更何况现在又有几个管理体系同时作用在企业管理体系之内，如果不能相互协调、相互补充、相互衔接，不仅不能发挥整体功能，而且会相互造成负面影响，其结果势必降低整体有效性。因此，不论从企业发展还是从企业内部管理的角度，一体化管理体系都是企业自我发展，自我完善的需要。

② 企业提高效益的重要途径

用一套体系文件进行统一控制，使所有的活动和过程都达到规范化，无疑会提高效率。一次认证审核，无疑会大大降低成本，用较少的投入和较短的时间，达到多个目标，无疑会显著地提高效益。

③ 增强竞争实力的重要手段

我国加入 WTO 以后，面临严酷的国际竞争，只有靠竞争的实力才能取得国际市场的准入证。国际市场的需要是多方面的，需要多种认证，只有涵盖多种认证的一体化管理体系，才能确保企业的产品和服务符合各种要求，最大限度地满足社会和相关方的需求。

④ 适应国际认证发展大趋势的需要

从国际认证的发展趋势来看，形形色色的认证越来越多，企业将建立实施多种管理体系，寻求多种认证。国际标准化组织为适应这一发展趋势，多年来一直努力促进一体化认证，以提高认证水平，满足需要，实现可持续发展，保持各国认证的强劲势头。

复习思考题

(1) 简述安全管理的基本原理与运用原理的原则。

(2) 简述管理各组成要素间的逻辑关系。

(3) 简述管理的基本职能。

(4) 如何理解系统安全管理与系统安全之间的联系与区别?

(5) 如何实施系统安全管理?

第3章 安全管理方法与技术

3.1 安全计划管理的方法与技术

3.1.1 安全计划管理概述

(1) 安全计划管理的含义

计划就是指未来行动的方案。它具有这样三个明显的特征：必须与未来有关；必须与行动有关；必须由某个机构负责实施。古代所谓"凡事预则立，不预则废"、"运筹帷幄之中，决胜千里之外"，说的实质就是计划。当今社会，人们为了纷繁复杂的社会生产、生活的正常进行，需要制订各种各样的计划，例如，大至国家的政治方针，小至某项工作、某个工程、某个战役的策划。本章要阐述的，是指安全管理中的计划和计划性，称之为安全计划管理。

安全生产活动作为人类改造自然的一种有目的的活动，需要在安全工作开始前就确定安全工作的目标。安全活动也是以一定的方式，消耗一定质量和数量的人力、物力和财力资源，这就要求在进行安全活动前对所需资源的数量、质量和消耗方式作出相应的安排。企业安全活动本质上是一种社会协作活动，为有效地进行协作，必须事先按需要安排好人力资源，并把人们实现安全目标的行动相互协调起来。安全活动需要在一定的时间和空间中展开，如果没有明确的安全管理计划，安全生产活动就没有方向，人、财、物就不能合理组合。各种安全活动的进行就会出现混乱，活动结果的优劣也没有评价的相应标准。

(2) 安全计划管理的作用

① 安全决策目标实现的保证。安全计划是为了具体实现已定的安全决策目标，而将整个安全目标进行分解，计算并筹划人力、财力、物力，拟订实施步骤、方法，同时制定相应的策略、政策等一系列安全管理活动。任何安全计划都是为了促使某一个安全决策目标的实现而制订并执行的。如果没有计划，实现安全目标的行动就会成为杂乱无章的活动，安全决策目标就很难实现。

② 安全工作的实施纲领。任何安全管理都是安全管理者为了达到一定的安全目标对被管理对象实施的一系列的影响和控制活动。安全计划是安全管理工作中一切实施活动的纲领。只有通过计划，才能使安全管理活动按时间、有步骤地顺利进行。因此，离开了计划，安全管理的其他职能作用就会减弱甚至不能发挥，当然也就难以进行有效的安全

管理。

③ 能够协调、合理利用一切资源，使安全管理活动取得最佳效益。当今时代，各行业的生产呈现出高度社会化。在这种情况下，每一项活动中任何一个环节如果出了问题，就可能影响到整个系统的有效运行。安全计划工作能够通过统筹安排、经济核算，合理地利用企业人力、物力和财力资源，有效地防止可能出现的盲目性和紊乱，使企业安全管理活动取得最佳的效益。

3.1.2 安全计划的内容与形式

3.1.2.1 安全计划的内容

安全计划具备如下三要素：

(1) 目标。安全工作目标是安全计划产生的导因，也是安全计划管理的方向性要求。因此，制订安全计划前，要分析研究安全工作现状，并准确无误地提出安全工作的目的和要求，以及提出这些要求的根据，使安全计划的执行者事先了解到安全工作未来的结果。

(2) 措施。安全措施和方法是实现安全计划的保证。措施和方法主要指达到既定安全目标需要什么手段，动员哪些力量，创造什么条件，排除哪些困难，如果是集体的计划，还要写明某项安全任务的责任者，便于检查监督，以确保安全管理计划的实施。

(3) 步骤。步骤也就是工作的程序和时间的安排。在制订安全计划时，有了总时限以后，还必须有每一阶段的时间要求，以及人力、物力、财力的分配使用，使有关单位和人员知道在一定的时间内，一定的条件下，把工作做到什么程度，以争取主动协调进行。

安全计划的各个要素在具体制订时，首先要说明安全任务指标。至于措施、步骤、责任者等，应根据具体情况而定，可分开说明，也可在一起综合说明。但是，不论哪种编制方法，都必须体现出这三个要素。子要素是安全计划的主体部分。除此以外，每份计划还应包括标题、计划的制订者和制订日期、必要的图表或文字说明等。

3.1.2.2 安全计划的形式

安全计划的形式是多种多样的。按时间顺序来划分，可分为长期计划、中期计划和短期计划；按计划的内容分为安全生产发展计划、安全文化建设计划、安全教育发展计划、隐患整改措施计划、班组安全建设计划等；按计划的性质可分为安全战略计划、安全战术计划；按计划的具体化程度可以分为安全目标、安全策略、安全规划、安全预算等；按计划管理形式和调节控制程度的不同可分为指令性计划、指导性计划等。

(1) 按时间可分为长期、中期和短期安全计划

① 长期安全计划。它的期限一般在10年以上，又可称为长远规划或远景规划。其确定主要考虑以下因素：第一，为实现一定的安全生产战略任务大体需要的时间；第二，人们认识客观事物及其规律性的能力、预见程度，制订科学的计划所需要的资料、手段、方法等条件具备的情况；第三，科技的发展及其在生产上的运用程度等。长期安全管理计划一般只是纲领性、轮廓性的计划，以综合性指标和重大项目为主，还必须有中期、短期计划来补充，将计划目标加以具体化。

② 中期安全计划。它的期限一般为5年左右，由于期限较短，可以比较准确地衡量计划期各种因素的变动及其影响。所以在一个较大系统中，中期安全计划是实现安全管理的基本形式。它一方面可以把长期的安全生产战略任务分阶段具体化，另一方面又可为年度安全计划的编制提供基本框架。五年计划也应列出分年度的指标，但它不能代替年度计划的编制。

③ 短期安全计划。短期安全计划包括年度计划和季度计划，以年度计划为主要形式。它是中期、长期安全管理计划的具体实施计划和行动计划。它根据中期计划具体限定本年度的安全生产任务和有关措施，内容比较具体、细致、准确，有执行单位，有相应的人力、物力、财力的分配，为检查计划的执行情况提供了依据。

(2) 按管理层次可分为高层、中层、基层安全计划

① 高层计划。高层安全计划是由高层领导机构制订并下达到整个组织执行和负责检查的计划。高层安全计划一般是战略性的计划，它是对本组织事关重大的、全局性的、时间较长的安全工作任务的筹划。如远景规划，就是对较大范围、较长时间、较大规模的工作的总方向、大目标、主要步骤和重大措施的设想蓝图。

② 中层计划。中层安全计划是由中层管理机构制定、下达或颁布到有关基层执行并负责检查的计划。中层计划一般是战术或业务计划。战术或业务计划是实现战略计划的具体安排，它规定基层组织和组织内部各部门在一定时期需要完成什么安全工作任务，如何完成，并筹划出人力、物力和财力资源等。

③ 基层计划。基层安全计划是由基层执行机构制订、颁布和负责检查的计划。基层计划一般是执行性的计划，主要有安全作业计划、安全作业程序和规定等。

(3) 安全计划的实施力度可分为指令性计划和指导性计划

① 指令性计划。指令性计划是由上级计划单位按隶属关系下达，要求执行计划的单位和个人必须完成的计划。主要表现为强制性、权威性和行政性。指令性计划主要是靠行政方法下达指标完成。

② 指导性计划。指导性计划是上级计划单位只规定方向、要求或一定幅度的指标，下达隶属部门和单位参考执行的一种计划形式。表现为约束性、灵活性和间接调节性。

3.1.3　安全计划指标和指标体系

3.1.3.1　安全计划指标的概念和基本要求

安全计划规定的各项发展任务和目标，除了作必要的文字说明以外，主要是通过一系列有机联系的计划指标体系表现的。计划指标是指计划任务的具体化，是计划任务的数字表现。一定的计划指标通常是由指标名称和指标数值两部分组成的，如煤炭企业年平均重伤人数、百万吨重伤率等。计划指标的数字有绝对数和相对数之分。以绝对数表示的计划指标，要有计量单位；而以相对数表示的计划指标，通常用百分数表示。由于社会现象和过程是一个有机整体，因此，表示计划任务的各项指标也是相互联系、相互依存的，从而构成一个完整的指标体系。进行计划管理，搞好综合平衡，都要求有一个完整、科学的计

划指标体系。计划指标体系的设计应遵循系统性、科学性、统一性、政策性以及相对稳定性的基本要求。

3.1.3.2 安全计划指标体系的分类

安全计划指标体系是由不同类型的指标构成的，而每一类指标又包括许多具体指标，这些指标从不同的角度进行划分。可以从以下几个方面进行归类。

(1) 数量指标和质量指标

计划任务的实现既表现为数量的变化，又表现为质量的变化，计划指标按其反映的内容不同，可分为数量指标和质量指标。

① 数量指标。数量指标是以数量来表现计划任务、发展水平和规模，一般用绝对数表示。如企业的总产量、职工工资总额等。用以反映计划对象的安全生产总投入等。

② 质量指标。质量指标是以深度、程度来表现计划任务，用以反映计划对象的素质、效率和效益，一般用相对数或平均数表示。如企业的劳动生产率、成本降低率、设备利用率、隐患整改率等。

(2) 实物指标和价值指标

① 实物指标。实物指标是指用质量、容积、长度、件数等实物计量单位来表现使用价值量的指标。运用实物指标，可以具体确定各生产单位的生产任务，确定各种实物产品的生产与安全的平衡关系。

② 价值指标。价值指标是以货币作为计量单位来表现产品价值、安全投入及伤亡事故损失关系的指标。价值指标是进行综合平衡和考核的重要指标。在实际工作中，通常使用的价值指标有两种：一种是按不变价格计算的，这可以消除价格变动的影响，反映不同时期产出量的变化；另外一种是按现行价格计算的，可以大体反映产品价值量的变动，用于核算分析产出量、安全投入、事故损失间的综合平衡关系。

(3) 考核指标和核算指标

① 考核指标。考核指标是考核安全计划任务执行情况的指标。如考核安全学习情况的指标，职工安全学习成绩及格率；考核安全检查质量的指标，隐患整改率。考核指标既可以是实物指标，也可以是价值指标；既可以是数量指标，又可以是质量指标。

② 核算指标。核算指标是指在编制安全计划过程中供分析研究用的指标，只作计划的依据。如企业中安全生产装备、安全控制能力利用情况、安全生产投入的使用金额、安全生产产生的收益额等。

(4) 指令性指标和指导性指标

与指令性计划和指导性计划相对应，指令性指标是企业用指令下达的、执行单位必须完成的安全生产指标，具有权威性和强制性。指导性指标，对企业安全工作只起指导作用，不具有强制性。

(5) 单项指标和综合指标

单项指标是指安全工作中单项任务完成情况的指标。比如某台设备的检修安全任务完成情况指标，某项工程的安全控制情况指标等。综合指标则是反映安全计划任务综合情况的指标，由多项具体安全工作任务指标组合而成的。

总的来说，企业安全计划指标应随着客观情况的发展、技术水平的提高而不断地进行调整、充实和完善，这是企业安全计划管理中的重要内容。

3.1.4　安全计划的编制

3.1.4.1　安全计划编制原则

安全计划具有主观性，计划制订的好坏，取决于它和客观相符合的程度。为此，在安全计划的编制过程中，必须遵循一系列的原则。

(1) 科学性原则

科学性原则是指企业所制订的安全计划必须符合安全生产的客观规律，符合企业的实际情况。这就要求安全计划编制人员必须从企业安全生产的实际出发，深入调查研究、掌握客观规律，使每一项计划都建立在科学的基础之上。

(2) 统筹兼顾的原则

统筹兼顾的原则是指在制订安全计划时，不仅要考虑到计划对象系统中各个构成部分及其相互关系，而且还要考虑到计划对象和相关系统的关系，进行统一筹划。要处理好重点和一般的关系。处理好简单再生产和扩大再生产的关系。还要处理好国家、地方、企业和职工个人之间的关系。一方面要保证国家的整体安全和长远安全需要，强调局部利益服从整体利益，眼前利益服从长远利益；另一方面又要照顾到地方、企业和职工个人的安全需要。

(3) 积极可靠的原则

制订安全计划指标既要积极，又要可靠。计划要落到实处，而确定的安全管理计划指标，必须要有资源条件作保证，否则，巧妇难为无米之炊。

(4) 弹性原则

也就是应留有余地，使安全计划在实际安全管理活动中具有适应性、应变能力，并与动态的安全管理对象一致。应做到，指标不能定得太高，否则经过努力也达不到，既挫伤计划执行者的积极性，又使计划容易落空。另外，资金和物资的安排、使用要留有一定的后备，否则难以应付突发事件、自然灾害等不测情况。

(5) 瞻前顾后原则

在制订安全计划时，必须有远见，能够预测到未来发展变化的方向；同时又要参考以前的历史情况，保持计划的连续性。从系统论的角度来说，也就是保持系统内部结构的有序和合理。

(6) 群众性原则

群众性原则是指在制订和执行计划的过程中，必须依靠群众、发动群众、广泛听取群众意见。只有依靠职工群众的安全生产经验和安全工作聪明才智，才能制订出科学、可行的安全管理计划，也才能激发职工的安全积极性，自觉为安全目标的实现而奋斗。

3.1.4.2 安全计划编制程序

(1) 调查研究

编制安全计划，必须弄清计划对象的客观情况，这样才能做到目标明确，有的放矢。为此，在计划编制之前，首先必须按照计划编制的目的要求，对计划对象中的各个有关方面进行现状和历史的调查，全面积累数据，充分掌握资料。从获得资料的方式来看，调查分为亲自调查、委托调查、重点调查、典型调查、抽样调查和专项调查等。

(2) 安全预测

进行科学的安全预测是安全计划制订的依据和前提。安全预测的内容十分丰富，包括工艺安全状况预测、设备可靠性预测、隐患发展趋势预测、事故发生的可能性预测等。而从预测的期限来看，则又有长期、中期和短期预测等。

(3) 拟订计划方案

计划机关或计划者应根据充分的调查研究和科学的安全预测得到数据和资料，审慎地提出安全生产的发展战略目标和阶段目标，以及安全工作主要任务，有关安全生产指标和实施步骤的设想，并附上必要的说明。通常情况下要拟订几种不同的方案以供决策者选择之用。

(4) 论证和择定计划方案

这一阶段是安全计划编制的最后一个阶段，主要工作大致可归纳为以下几个方向。

① 通过各种形式和渠道，召集有准备的各方面安全专家的评议会进行科学论证，同时也可召集职工座谈会，广泛听取意见。

② 修改补充计划草案，拟出修订稿，再次通过各种渠道征集意见和建议。

③ 比较选择各个可行方案的合理性与效益性，从中选择一个满意的安全计划，然后由企业权力机关批准实行。

3.1.4.3 安全计划编制方法

安全计划编制不仅要按照一定原则和步骤进行，而且要采用能够正确核算和确定各项安全指标的科学方法。在实际工作中，常用的安全计划编制方法主要有以下几种。

(1) 定额法

定额是通过经济、安全统计资料和安全技术手段测定而提出的完成一定安全生产任务的资源消耗标准，或一定的资源消耗所要完成安全生产任务的标准。它是安全管理计划的基础，对计划核算有决定性影响。

(2) 系数法

系数是两个变量之间比较稳定的依存关系的数量表现，主要有比例系数和弹性系数两种形式。比例系数是两个变量的绝对量之比。如企业安装一台消声器的工作量一般占基建投资总额的比例为25%，那么，这里的0.25就是两者的比例系数。弹性系数是两个变量的变化率之比。如企业产量增长速度和企业总的经济增长速度之比假设为0.2：1，那么，这里的0.2就是产量增长的弹性系数。系数法就是运用这些系数从某些计划指标推算其他相关计划指标的方法。

(3) 动态法

动态法就是按照某项安全指标在过去几年的发展动态来推算指标在计划期中的发展水平的方法。如假设根据历年情况，某企业人身伤害事故每年大约减少5%左右。假定计划期内安全生产条件没有较大变化，那么也就可以按减少5%来考虑。这种方法常见于确定安全管理计划目标的最初阶段。

(4) 比较法

比较法就是对同一计划指标在不同时间或不同空间所呈现的结果进行比较，以便研究确定该项计划指标水平的方法。这种方法常被用于进行安全计划分析和论证。在运用该方法时，要注意同一指标多种因素可比性问题，简单的类比是不科学的。

(5) 因素分析法

因素分析法是指通过分析影响某个安全指标的具体因素以及每个因素变化对该指标的影响程度来确定安全计划指标的方法。例如，在生产资料供应充足的条件下，企业生产水平取决于投入生产领域的劳动量和单位生产率以及企业安全生产的水平。为确定企业产量计划可以分别求出计划期由于劳动力增加可能增加的产量以及由于劳动生产率提高可能增加的产量和安全生产的平稳运行可能增加的产量，然后把三者相加。

(6) 综合平衡法

综合平衡是从整个企业安全生产计划全局出发对计划的各个构成部分、各个主要因素、整个安全计划指标体系全面进行平衡，寻求系统整体的最优化。因此，它是进行计划平衡的基本方法。综合平衡法的具体形式有很多，主要有编制各种平衡表，建立便于计算的计划图解模型或数学模型等。

3.1.4.4 安全计划的检查与修订

制订安全计划并不是计划管理的全部，只是计划管理的开始，在整个安全计划的制订、贯彻、执行和反馈的过程中，计划的检查与修订，占十分重要的地位。

① 计划的检查是监督计划贯彻落实情况，推动计划顺利实施的需要。通过计划检查，就可以及时了解各个子系统内或每一个环节安全计划任务的落实情况，各部门、各单位完成计划的进度情况，以便研究并提出保证完成计划的有力措施。

② 计划检查还可以检验计划编制是否符合客观实际，以便修订和补充计划。计划的编制力求做到从实际出发，使其尽量符合客观实际。但是，由于受到人的认识和客观过程的发展的限制，可能会经常出现计划局部变更的情况。当发现计划与实际执行情况不符时，应具体分析其原因，如果是由于计划本身不符合实际情况，或在执行过程中出现了没有预测到的问题，如重大突发事件、突发重大事故等，就应修订原计划。但修订调控计划必须按一定程序进行，必须经原批准机关审查批准。

③ 计划的检查要贯穿于计划执行的全过程。从安全计划的下达开始，直到计划执行

结束。计划检查要做到全面而深入。检查的主要内容包括，计划的执行是否偏离目标，计划指标的完成程度，计划执行中的经验和潜在的问题，计划是否符合执行中的实际情况，是否有必要作修改和补充等。

3.2 安全目标管理的方法与技术

3.2.1 安全目标管理概述

(1) 安全目标管理相关概念

安全工作是实现一定目标所开展的各种安全活动。安全目标管理就是在一定条件下和一定时间内对安全工作提出目标，并为实现目标开展有效的管理活动。

目标管理是随着经济竞争和企业经营管理需要而产生和发展起来的。1954 年美国管理学家杜拉克首先提出了目标管理和自我控制的基本思想。目标管理的基本思想是，根据管理组织在一定时期的总方针，确定总目标。然后将总目标层层分解，逐级展开，通过上下协调，制定出各层次、各部门直至每个人的分目标，使总目标指导分目标，分目标保证总目标，从而建立起一个自上而下层层展开、自下而上层层保证的目标体系。最终把目标完成情况作为绩效考核的依据。目标管理的思想批判地吸收了古典管理理论和行为科学的管理理论。这种管理事先为组织的每个成员规定明确的责任和任务，并对完成这些责任和任务规定了时间、数量和质量要求。通过目标把人和工作统一起来，使成员不但了解工作的目的、意义和责任，而且对工作产生兴趣，从而实现自我控制和自我管理。

(2) 安全目标管理的特点

① 目标管理是面向未来的管理。面向未来的管理要求管理者具有预见性，要对未来进行谋划和决策。目标正是人们对未来的期望和工作的目的，目标的实施也将在未来展开，以目标为导向，通过组织的有效工作，协调一致，自觉地追求目标实施的成果，才能最终实现目标。

② 目标管理是重视成果的管理。目标管理要达到的目的是目标的实施效果，而非管理的过程，目标管理中检查、监督、评比、反馈的是各阶段及最终目标的完成情况，对完成目标的方法和途径不作限制。

③ 目标管理是自我管理。目标管理是人人参与的全员管理。通过目标把人和工作结合起来，充分发挥每个人的主观能动性和创造性，通过自我管理、自我控制、协调配合达到各自的分目标，进而达成组织的总目标。

安全目标管理是目标管理方法在安全工作上的应用。安全目标管理是企业目标管理的重要组成部分，是围绕实施安全目标开展安全管理的一种综合性较强的管理方法。

(3) 安全目标及作用

任何一个组织都是为了实现一定的目的而组成的，在一定时期内为达到一定的目的而工作。目标正是组织构成、活动目的的具体体现。比如，企业以生产高质量的畅销的产品为目标；商业以提供优质服务，使顾客满意，从而赢得高利润为目标；学校以培养能满足社会需求的人才为目标等。同样，安全目标在企业安全管理中具有重要作用，具体表现为这样几方面。

① 导向作用。安全目标确定之后，组织内的一切安全生产活动应围绕目标的实现而开展，一切人员均应为目标的实现而努力工作，组织内各层次人员的关系围绕目标实现进行调节。目标的设置为安全管理指明了方向。

② 组织作用。管理是—种群体活动。不论组织的目的是什么，组织的构成的复杂程度如何，要达到组织的目标必须把其成员组织起来。共同劳动、协作配合。而目标的设定恰恰能使组织成员看到大家具有同一目的，从而朝着同—方向努力，起到内聚力的作用。

③ 激励作用。激励是激发人的行为动机的心理过程，就是调动人的积极性，焕发人的内在动力。目标是人们对未来的期望，目标的设定，使组织成员看到了努力的方向，看到了希望，从而产生为实现目标而努力工作的愿望和动力。

④ 计划作用。目标规划和制定是计划工作的首要任务。只有组织的总目标确定之后，以总目标为中心逐级分解产生各级分目标、制定出达到目标的具体步骤、方法，规范人们的行为，使各级人员按计划工作。

⑤ 控制作用。控制是管理的重要职能，是通过对计划实施过程中的监督、检查、追踪、反馈和纠偏，达到保证目标圆满完成的目的的一系列活动。目标的设置为控制指明了方向，提供了标准，使组织内部人员在工作中自觉地按目标调整自己的行为，以期很好地完成目标。

总的来说，目标是一切管理活动的中心和方向，它决定了组织最终目的执行时的行为导向，考核时的具体标准，纠正偏差时的依据。总之，在组织内部依据组织的具体情况没定目标是管理工作的重要方法和内容。

3.2.2 安全目标体系的设定

安全目标体系的设定是安全目标管理的核心，目标设立是否恰当直接关系到安全管理的成效。目标设立过高，经努力也不可能达到，会伤害工人的积极性。目标设立过低，不用努力就能达到，则调动不了人的积极性和创造性。这样都对组织的安全工作没有推动作用，达不到目标管理的效果。目标体系设定之后，各级人员依据目标体系层层展开工作，从而保证安全工作总目标的实现。

(1) 目标设定的依据

企业安全目标设定的依据主要有：

① 党和国家的安全生产方针、政策，上级部门的重视和要求。

② 本系统本企业安全生产的中、长期规划。

③ 工伤事故和职业病统计数据。

④ 企业长远规划和安全工作的现状。

⑤ 企业的经济技术条件。

(2) 目标设定的原则

在制定安全目标时应遵循以下原则:

① 突出重点。目标应体现组织在一定时期内在安全工作上主要达到的目的,要切中要害,体现组织安全工作的关键问题。应集中控制重大伤亡事故和后果严重的重伤事故、急性中毒事故及职业病的发生、发展。

② 先进性。目标要有一定的先进性,目标要促人努力、催人奋进,要有一定的挑战性。应高于本企业前期的安全工作的各项指标,略高于我国同行业平均水平。

③ 可行性。目标制定要结合本组织的具体情况,经广泛论证、综合分析,确实保证经过努力可以实现,否则会影响职工参与安全管理的积极性,削弱实施目标管理的作用。

④ 全面性。制定目标要有全局观念、整体观念,目标设定既要体现组织的基本战略和基本条件,又要考虑企业外部环境对企业的影响。安全分目标的实现是各职能部门和各级人员的责任与任务,而安全总目标的实现需要各级部门各类人员的具体条件和部门与部门间、人员与人员间的协调和配合。因此,总目标的设定既要考虑组织的全面工作和在经济、技术方面的条件以及安全工作的要求,也要考虑各职能部门、各级各类人员的配合与协作的可能与方便。

⑤ 尽可能数量化。目标具体并尽可能数量化,这样有利于对目标的检查、评比、监督与考核,也有利于调动职工努力工作实现目标的积极性。对难以量化的目标应采取定性的方法加以具体化、明确化,避免用模凌两可的语言描述,应尽可能考虑可考核目标。

⑥ 目标与措施要对应。目标的实现需要具体措施作保证,只设立目标而没有实现目标的措施。目标管理就会失去作用。

⑦ 灵活性。所设定的目标要有可调节性,在目标实施过程中组织内部、外部的环境均有可能发生变化,要求主要目标的实施有多种措施作保证,使环境的变化不影响主要目标的实现。

(3) 目标设定的内容

目标设定的内容包括目标和保证措施两部分。安全目标是企业中全体职工在计划期内完成的劳动安全卫生的工作成果。企业性质不同,作业条件、内容不同,劳动安全卫生水平不同,安全目标的内容也不同。安全目标一般包括以下几方面。

① 重大事故次数,包括死亡事故、重伤事故、重大设备事故等。

② 伤亡人数指标。

③ 伤害频率或伤害严重率。

④ 事故造成的经济损失,如工作日损失天数、工伤治疗费、死亡抚恤费等。

⑤ 作业点尘毒达标率。

⑥ 劳动安全卫生措施计划完成率、隐患整改率、设施完好率。

⑦ 全员安全教育率、特种作业人员培训率等。

保证措施包括技术措施、组织措施,还包括措施进度和责任者等。保证措施一般有这样几方面。

① 安全教育措施，包括教育的内容、时间安排、参加人员规模、宣传教育场地。

② 安全检查措施，包括检查内容、时间安排、责任人，检查结果的处理等。

③ 危险因素的控制和整改。对危险因素和危险点要采取有效的技术和管理措施进行控制和整改，并制定整改期限和完成率。

④ 安全评比。定期组织安全评比，评出先进班组。

⑤ 安全控制点的管理。制度无漏洞、检查无差错、设备无故障、人员无违章。

(4) 目标的分解

企业的总目标设定以后，必须按层次逐级进行目标的分解落实，将总目标从上到下层层展开，从纵向、横向或时序上分解到各级、各部门直到每个人，形成自下而上层层保证的目标体系。这种对总目标的逐级分解或细分解称为目标分解。目标分解的目的是得到完整的纵横方向的目标体系。

目标分解的结果对目标的实现和管理绩效将产生重要影响，因此必须具有科学性、合理性。在目标分解时应注意，上层目标应具有战略性和指导性，下层目标要具有战术性和灵活性，上层目标的具体措施就是下层的目标。不论目标分解的方法和策略如何，只要便于目标实施都可以采用。落实目标责任的同时要明确利益和授予相应的权力，做到责权利统一。上下级之间、部门之间、人员之间的目标、责任和权利要协调一致，责权利要与单位、个人的能力相符。目标分解要便于考核。

目标分解的形式多种多样，常见的有以下几种。

① 按管理层次纵向分解，即将总目标自上而下逐级分解为每个管理层次直至每个人的分目标。企业安全总目标可分解为分厂级、车间级、班组级及个人安全目标。按职能部门横向分解，即将目标在同一层次上分解为不同部门的分目标。如企业安全目标的实现涉及安全专职机构、生产部门、技术部门、计划部门、动力部门、人事部门等。要将企业安全目标分解到各部门，通过各部门协作配合共同努力，使企业安全总目标得以完成。

② 按时间顺序分解，即总目标按照时间的顺序分解为各时期的分目标。企业在一定时期内的安全总目标可以分解为不同年度的分目标，不同年度的分目标又可分为不同季度的分目标等，这种分法便于检查、控制和纠正偏差。

③ 在实际应用中，一般按层次与时序的综合应用。一个企业的安全总目标既要横向分解到各个职能部门，又要纵向分解到班组和个人，还要在不同年度、不同季度有各自的分目标。只有横向到边，纵向到底，结合不同时期的工作要点，才能构成科学、有效的目标体系。

在安全目标分解的实践中，人们编制了各种形式的安全目标管理责任书，也叫安全目标管理卡，制作与填写安全目标管理卡是目标分解的重要内容。目标管理卡分为单位目标管理卡和个人目标管理卡。内容一般包括，目标项目、目标值、权限和保障条件，以及对策、成果评价、签发日期、签发人等。目标管理卡的应用明确了目标、责任、权力与利益，便于自我管理，也便于检查、评比，以及部门间、人员间的协调与配合。

3.2.3 安全目标的实施

安全目标的实施是指在落实保障措施，促使安全目标实现的过程中所进行的管理活动。目标实施的效果如何，对目标管理的成效起决定性作用。该阶段主要是各级目标责任者充分发挥主观能动性和创造性。实行自我控制和自我管理，辅之以上级的控制与协调。

(1) 目标实施中的控制

控制是管理的一项基本职能，它是指管理人员为保证实际工作与计划相一致而采取的管理活动。通过对计划执行情况的监督、检查和评比，发现目标偏差，采取措施纠正偏差。发现薄弱环节，进行自我调节，保障目标的顺利实施。控制要以实现既定目标为目的，在不违背企业工作重点的前提下，不强调目标责任者对目标实施过程采取相同的方式。鼓励目标责任者的创造精神，目标责任相关的部门和人员要相互协调、配合。遇到影响目标实施的重大问题应及时向上级汇报。控制有这样几种形式。

① 自我控制。它是目标实施中的主要控制形式，通过责任者自我检查、自行纠偏达到目标的有效实施。自我控制便于人人参与安全管理，人人关心安全工作，激发个人的主人翁责任感，可以充分发挥每个人的聪明才留，可以使领导者摆脱繁琐的事务性工作，集中精力把握全局工作。

② 逐级控制。它是指按目标管理的授权关系，由下达目标的领导控制被授权人员，一级控制一级。形成逐级检查、逐级调节、环环相扣的控制链。逐级控制可以使发现的问题及时得到解决。逐级控制时非直接上级不应随意插手或干预下级工作。

③ 关键点控制。关键点是指对实现安全总目标有决定意义和重大影响的因素。关键点可以是重点目标、重点措施或重点单位等。比如，水泥厂的重点目标是含游离二氧化硅粉尘的达标率，重点措施是作业点的密闭化，重点单位是均化库。不同企业、同一企业不同车间、不同作业环境的关键点一般均不相同，因此，应以总目标实现为最终目标，具体问题具体分析。

(2) 目标实施中的协调

协调是目标实施过程中的重要工作，总目标的实现需要各部门、各级人员的共向努力、协作配合。通过有效的协调可以消除实施过程中各阶段、各部门之间的矛盾，保证目标按计划顺利实施。目标实施中协调的方式有这样几种。

① 指导型协调。它是管理中上下级之间的一种纵向协调方式。采取的方式有指导、建议、劝说、激励、引导等。该方式的特点是不干预目标责任者的行动，以上级意图进行协调。这种协调方式主要应用于，需要调整原计划时，下级执行上级指示出现偏差时，需要解决同一层次的部门或人员工作中出现的矛盾时。

② 自愿型协调。它是横向部门之间或人员之间自愿寻找配合措施和协作方法的协调方式。其目的在于相互协作、避免冲突，更好地实现目标。这种方式充分体现了企业的凝聚力和员工的集体荣誉感。

③ 促进型协调。它是各职能部门、专业小组或个人相互合作，充分发挥自己的持长

和优势为实现目标而共同努力的协调方式。

3.2.4 安全目标的考核与评价

为提高安全目标管理效能，目标在实施过程中和完成后都要进行考核、评价，并对有关人员进行奖励或惩罚。考核是评价的前提，是有效实现目标的重要手段。目标考评是领导和群众依据考评标准对目标的实施成果客观的测量过程。这一过程避免了经验型管理中领导说了算，缺乏群众性的弱点。通过考评使管理工作科学化、民主化。通过目标考评奖优罚劣，避免大锅饭，对调动员工参与安全管理的积极性起到激励作用。为下一个目标的实施打下良好基础，从而推动安全管理工作不断前进。

为做好安全目标的考评工作，考评中应遵循这样一些原则。

① 考评要公开、公正。考评标准、考评过程、考评内容和考评结果及奖惩要公开，要增加考评的透明度。不搞领导独裁，不搞神秘化，不搞发红包。考评要有统一的标准，标准要定量化、无法定量的要尽可能细化，使考评便于操作，也避免因领导或被考评人不同，而有不同的考评标准。

② 以目标成果为考评依据。目标管理是强调结果的管理，对达到目标的过程和方法不作规定。因此不论你付出的努力有多大，考评的是成果的大小、质量和效果。这一方法激励人们的创造精神，工作中讲究实效，避免形式主义。

③ 考评标准简化、优化。考评涉及的因素较多，考评结果应最大限度表明目标结果的成效，标准尽量简化，避免项目过多，引起考评工作的繁琐和复杂。考评标准要优化，要抓反映目标成果的主要问题，评定等级要客观。

④ 实行逐级考评。安全目标的设定和分解是逐级进行，进而构成目标体系，由上至下考评，有利于考评的准确性。

对目标的考评内容主要有：目标的完成情况，包括完成的数量、质量和时间；协作情况，目标实施过程中组织内部各部门或个人间的联系与配合情况等。除主要考评内容外，还应适当考虑目标的复杂程度和目标责任人的努力程度。由于考评的标准、内容、对象不同，因此对目标的考评方法也不同，但考评方法应简单、易行，具有系统性、综合性、多样性。可采取分项计分法、目标成果考评法、岗位责任考评法等。

3.2.5 安全目标管理中应注意的问题

(1) 加强各级人员对安全目标管理的认识

企业领导对安全目标管理要有深刻的认识，要深入调查研究，结合本单位实际情况，制定企业的总目标，并参加全过程的管理，负责对目标实施进行指挥、协调。加强对中层和基层干部的思想教育，提高他们对安全目标管理重要性的认识和组织协调能力，这是总目标实现的重要保证。还要加强对职工宣传教育，普及安全目标管理的基本知识与方法，充分发挥职工在目标管理中的作用。

(2) 企业要有完善的系统的安全基础工作

企业安全基础工作的水平，直接关系着安全目标制定的科学性、先进性和客观性。比如，要制定可行的伤亡事故频率指标和保证措施，需要企业有完善的工伤事故管理资料和管理制度。控制作业点尘毒达标率，需要有毒、有害作业的监测数据。只有建立和健全了安全基础工作，才能建立科学的、可行的安全目标。

(3) 安全目标管理需要全员参与

安全目标管理是以目标责任者为主的自主管理，是通过目标的层层分解、措施的层层落实来实现的。将目标落实到每个人身上，渗透到每个环节，使每个职工在安全管理上都承担一定目标责任。因此，必须充分发动群众，将企业的全体员工科学地组织起来，实行全员、全过程参与，才能保证安全目标的有效实施。

(4) 安全目标管理需要责、权、利相结合

实施安全目标管理时要明确职工在目标管理中的职责，没有职责的责任制只是流于形式。同时，要赋予他们在日常管理上的权力。权限的大小、应根据目标责任大小和完成任务的需要来确定。还要给予他们应得的利益，责、权、利的有机结合才能调动广大职工的积极性和持久性。

(5) 安全目标管理要与其他安全管理方法相结合

安全目标管理是综合性很强的科学管理方法，是一定时期内企业安全管理的集中体现。在实现安全目标过程中，要依靠和发挥各种安全管理方法的作用，如建立安全生产责任制、制定安全技术措施计划、开展安全教育和安全检查等。只有两者有机结合，才能使企业的安全管理工作做得更好。

(6) 其他

安全指标、安全设施要求应体现在承包合同中，使全员职工树立安全生产的思想，参与安全管理，重视改善劳动条件，并可随时监督检查、整改事故隐患。安全指标要尽可能具体、明确责任、落实经费，使软指标成为硬指标。安全目标要与行政奖惩挂钩，达不到目标应用行政手段给予处分、降职，使广大干部群众引起重视。

3.3 安全组织管理的方法与技术

组织有两种含义：一方面，组织代表某一实体本身，如工厂企业、公司财团、学校等；另一方面，组织是管理的一大职能，是人与人之间或人与物之间资源配置的活动过程。安全组织管理是安全管理职能之一。完善的安全组织，其一，应有明确的保障生产安全、人与财物不受损失的目的性；其二，应由一定的承担安全管理职能的人群组成；其三，应有相应的系统性结构，用以控制和规范安全组织内成员的行为。例如，制定安全管理规章制度，建立职业安全健康管理体系，编写生产岗位安全职责与职权等。在企业具体的应用主要体现在安全组织机构的设立和职业安全健康管理体系的实施上。

3.3.1 安全组织的构成与设计

要完成具有一定功能目标的活动，就必须有相应的组织作为保障。建立合理的安全组织机构是有效进行安全生产指挥、检查、监督的组织保证。安全组织机构是否健全，组织中各级人员的职责与权限界定是否明确，安全管理的体制是否协调高效，直接关系到安全工作能否全面开展和职业安全健康管理体系能否有效运行。

(1) 安全组织的基本要求

事故预防是有计划、有组织的行为。为了实现安全生产，必须制订安全工作计划，确定安全工作目标，并组织企业员工为实现确定的安全工作目标而努力。因此，企业必须建立安全管理体系，而安全管理体系的一个基本要素就是安全组织架构。由于安全工作涉及面广，因此合理的安全组织架构应形成网络结构，其纵向要形成一个自上而下指挥的、统一的安全生产指挥系统。横向要使企业的安全工作按专业部门分系统归口管理，层层展开。建立安全组织架构的基本要求有：

① 合理的组织结构。为了形成“横向到边、纵向到底”的安全工作体系，要合理地设置横向安全管理部门，科学地划分纵向安全管理层次。

② 明确责任和权利。组织机构内各部门、各层次乃至各工作岗位都要明确安全工作责任，并对各级授予相应的权利。这样有利于组织内部各部门、各层次为实现安全生产目标而协同工作。

③ 人员选择与配备。根据组织机构内不同部门、不同层次、不同岗位的责任情况，选择和配备人员。特别是专业安全技术人员和专业安全管理人员应该具备相应的安全专业知识和能力。

④ 制定和落实规章制度。制定和落实各种规章制度以保证工作安全有效地运转。

⑤ 信息沟通。组织内部要建立有效的信息沟通模式，使信息沟通渠道畅通，保证安全信息及时、准确地传达。

⑥ 与外界协调。企业存在于社会环境中，其安全工作不仅受到外界环境的影响，而且要接受政府的指导和监督等。因此安全组织机构与外界的协调非常重要。

(2) 安全组织的构成

不同行业、不同规模的企业，安全工作组织形式也不完全相同。应根据具体的安全工作组织要求，结合本企业的规模和性质，建立安全管理组织。企业安全管理工作组织的一种构成模式如图 3-1 所示，它主要由三大系统构成管理网络。安全工作指挥系统、安全检查系统和安全监督系统。

① 安全工作指挥系统。该系统由厂长或经理委托一名副厂长或副经理(通常为分管生产的负责人)负责，对职能科室负责人、车间主任、工段长或班组长实行纵向领导，确保企业职业安全健康计划、目标的有效落实与实施。

② 安全检查系统。安全检查系统是具体负责实施职业安全健康管理体系中“检查与纠正措施”环节各项任务的重要组织，该系统的主体是由分管副厂长、安全技术科、保卫科、

车间安全员、车间消防员、班组安全员、班组消防员组成。另外，安全工作的指挥系统也兼有安全检查的职责。实际工作中，一些职能部门兼具双重或多重职责。

③ 安全监督系统。安全监督系统主要是由工会、党、政、工、团组成的安全防线。例如，有些单位的工会发动组织职工开展安全生产劳动竞赛，抓好班组劳动保护，监督检查员工职责的落实。党组织部门负责把安全生产列为对所属党组织政绩考核和对党员教育、评议及目标管理考核的指标之一。各级行政正职必须是本单位安全生产的第一责任者，在安全管理上实行分级负责，层层签订安全生产承包责任状。团委负责动员广大团员青年积极参与安全生产管理及安全生产活动。

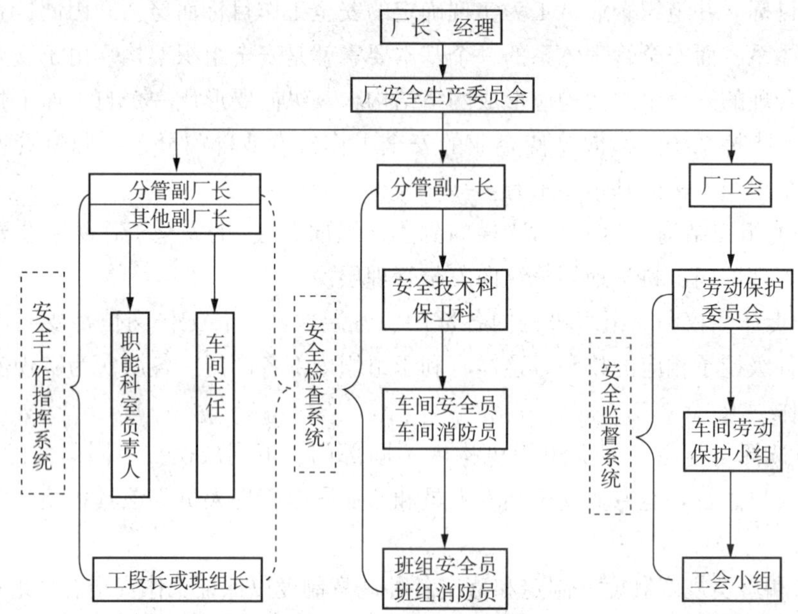

图 3-1　企业安全管理工作组织的一种构成模式

(3) 安全组织的设计

安全组织设计的任务是设计清晰的安全组织管理结构，规划和设计组织各部门的职能和职权，确定组织中安全管理职能、职权的活动范围并编制职务说明书。安全组织设计的原则包括，统一指挥原则，各级机构以及个人必须服从上级的命令和指挥，保证命令和指挥的统一。控制幅度原则，主管人员有效地监督、指挥其直接下属的人数是有限的，每个领导人要有适当的管理宽度。权责对等原则，明确规定每一管理层次和各部门的职责范围，同时赋予其履行职责所必须的管理权限。柔性经济原则，努力以较少的人员、较少的管理层次、较少的时间取得管理的最佳效果。

安全组织结构的类型不同，所产生的安全管理效果也不同。一般来说，安全组织结构分为以下几种类型：

① 直线制结构。各级管理者都按垂直系统对下级进行管理，指挥和管理职能由各级主管领导直接行使，不设专门的职能管理部门。但这种组织结构形式缺少较细的专业分

工，管理者决策失误就会造成较大损失。所以一般适合于产品单一、工艺技术比较简单、业务规模较小的企业。

② 职能制结构。各级主管人员都配有通晓各种业务的专门人员和职能。机构作为辅助者直接向下发号施令。这种形式有利于整个企业实行专业化管理，发挥企业各方面专家的作用，减轻各级主管领导的工作负担。它的缺点是，由于实行多头领导，往往政策多门，易出现指挥和命令不统一的现象，造成管理混乱。因此，在实际中应用较少。

③ 直线职能型组织结构。以直线制为基础，既设置了直线主管领导，又在各级主管人员之下设置了相应的职能部门，分别从事职责范围内的专业管理。既保证了命令的统一，又发挥了职能专家的作用，有利于优化行政管理者的决策。因此在企业组织中得到广泛采用。其主要缺点是，各职能部门在面临共同问题时，往往易从本位出发，从而导致意见和建议的不一致甚至冲突，加大了上级管理者对各职能部门之间的协调负担。其次是职能部门的作用受到了较大限制，一些下级业务部门经常忽视职能部门的指导性意见和建议。

④ 矩阵制结构。便于讨论和应对一些意外问题，在中等规模和若干种产品的组织中效果最为显著。当环境具有很高的不确定性，而目标反映了双重要求时，矩阵制结构是最好的选择。其优势在于能够使组织满足环境的双重要求。资源可以在不同产品之间灵活分配，适应不断变化的外界要求。其劣势在于，一些员工受双重职权领导，容易使人感到阻力和困惑。

⑤ 网格结构。依靠其他组织的合同进行制造、分销、营销或其他关键业务经营活动的结构。具有更大的适应性和应变能力，但是难以监管和控制。

企业可以根据自身的不同情况、不同规模，根据危险源、事故隐患的性质、范围、规模等选择适合的安全组织结构类型。

3.3.2　安全专业人员的配备和职责

安全专业人员的配备是安全组织实施的人员保障。要发展学历教育和设置安全工程师职业制度。对安全专业人员要有具体严格的任职要求。企业内部的安全管理系统要合理配置相关安全管理人员，合理界定组织中各部门、各层次的职责。建立兼职人员网络，企业内部从上到下设置全面、系统、有效的安全组织和人员网络等。

(1) 安全专业人员的配备

根据行业的不同，在企业职能部门中设专门的安全管理部门。如技安处、安全科等，或设兼有安全管理与其他某方面管理职能的部门，如安全环保部、质量安全部等。在车间、班组设专职或兼职安全员。对安全管理人员的素质有具体要求，包括品德素质好，坚持原则，热爱职业安全健康管理工作，身体健康。掌握职业安全健康技术专业知识和劳动保护业务知识。懂得企业的生产流程、工艺技术，了解企业生产中的危险因素和危险源，熟悉现有的防护措施。具有一定的文化水平，有较强的组织管理能力与协调能力。

(2) 安全专业人员的职责

安全组织及专业人员主要负责企业安全管理的日常工作，但是不能代替企业法定代表人或负责人承担安全生产法律责任。安全专业人员的主要职责有以下几方面：

① 定期向企业法定代表人或负责人提交安全生产书面意见，针对本企业安全状况编制企业的职业安全健康方针、目标、计划，以及有关安全技术措施及经费的开支计划。

② 参加制定防止伤亡事故、火灾等事故和职业危害的措施，组织重大危险源管理、应急管理、工伤保险管理等以及本企业危险岗位、危险设备的安全操作规程，提出防范措施、隐患整改方案，并负责监督实施，以及各种预案的编制等。

③ 组织定期或不定期的安全检查，及时处理发现的事故隐患。组织调查和定期检测尘毒作业点，制定防止职业中毒和职业病发生的措施，搞好职业劳动健康及建档工作。督促检查企业职业安全健康法规和各项安全规章制度的执行情况。

④ 一旦发生事故，应积极组织现场抢救，参与伤亡事故的调查、处理和统计工作，会同有关部门提出防范措施。

⑤ 组织、指导员工的安全生产宣传、教育和培训工作，开展安全竞赛、评比活动等。

安全工程师作为安全专业人员，在安全管理中发挥着重要作用。对安全组织中各部门、层次的职责与权限必须界定明确，否则组织就不可能发挥作用。应结合安全生产责任制的建立，对各部门、各层次、岗位应承担的安全职责以及应具有的权限、考核要求与标准作出明确的规定。

3.3.3 安全组织的运行

安全组织的运行直接关系到事故预防的效果、安全目标的实现情况、以及安全资源配置的合理程度等，具有重要作用。安全组织的运行过程，需要以有关的规章制度、深层次的安全文化进行约束。同时需要以完善和合适的绩效考核，以及合理、充足的安全投入作为保障。

(1) 安全组织运行的约束

① 安全规章制度约束。安全组织的有效运行需要对各个方面的规章制度进行设计和规范，这是长期积累的结果。有关规章制度的制定范围应当包括安全组织结构、安全组织所承担的任务、安全组织运行的流程、安全组织人事、安全组织运行规范，安全管理决策权的分配等方面。在有关安全生产法律法规体系的指导下，通过安全规章制度的约束作用，把安全组织中的职位、组织承担的任务和组织中的人很好地协调起来。

② 安全文化约束。保证安全组织通畅运行及其效率，除了有关规章制度的约束作用外，更深层次的约束作用在于企业的安全文化。企业安全文化体现在企业安全生产方面的价值观以及由此培养的全体员工安全行为等方面。它是培养共同职业安全健康目标和一致安全行为的基础。安全文化具有自动纠偏的功能，从而使企业能够自我约束，安全组织能够通畅运行。

(2) 安全组织运行的保障

① 绩效考核保障。安全组织运行保障中，建立完善和合适的绩效考核非常重要，通过较为详细、明确、合理的考核指标指导和协调组织中人的行为。企业制定了战略发展的职业安全健康目标，需要把目标分阶段分解到各部门各人员身上。绩效考核就是对企业安全管理人员以及各承担安全目标的人员完成目标情况的跟踪、记录、考评。通过绩效考核的方式以增强安全组织的运行效率，推动安全组织有效、顺利地运行。

② 安全经济投入保障。安全组织的完善需要合理、充足的安全经济投入作为保障。正确认识预防性投入与事后整改投入的等价关系，就需要了解安全经济的基本定量规律——安全效益金字塔的关系，即设计时考虑1分的安全性，相当于加工和制造时的10分安全性效果，而能达到运行或投产时的1000分安全性效果。这一规律指导人们考虑安全问题要具有前瞻性。要研究和掌握安全措施投资政策和立法，遵循“谁需要，谁投资，谁受益”的原则，建立国家、企业、个人协调的投资保障系统。要进行科学的安全技术经济评价、有效的风险辨识及控制、事故损失测算、保险与事故预防的机制，推行安全经济奖励与惩罚、安全经济(风险)抵押等方法。最终使安全组织的建立和运行得到安全经济投入的保障。有了充足的安全投入，安全组织才能有足够的资金、人力、物力等资源，才能保证安全组织活动的顺利开展和实施。

3.4 安全行为管理的方法与技术

3.4.1 安全行为管理概述

谈及安全行为管理，实际上首先要界定清楚什么是人的不安全行为。以此为基础，在安全管理工作当中，如果能够做到尽可能地避免人的不安全行为的出现，实际上就已经达成了安全行为管理的目标。人的不安全行为是指那些曾经引起过事故或可能引起事故的人的行为，它们是造成事故的直接原因。而人的安全行为则是指那些不会引起事故的人的行为。安全行为与不安全行为是一个相对的概念，安全行为不是绝对的安全，只是发生事故的概率较小而已。人的不安全行为也不是绝对的不安全，只是发生事故的概率较大。

对不安全行为的分类多种，按表现形式、按生产过程的阶段、按行为后果以及按行为产生的根源分类等都可以。

按行为产生的根源可以将不安全行为分为：有意的不安全行为和无意的不安全行为。

(1) 有意的不安全行为

是指有目的、有意图，明知故犯的不安全行为。主要包括错误和违反。错误是由于人陷入认知上的混淆，当面对与自己已形成的概念不相容的信息时往往难以正确接收，而坚持原来的判断和决策。违反是指在常规或应急情景下，操作人员走捷径或者认为现行规程不如自己的办法好或者不得不采取冒险做法。

(2) 无意的不安全行为

是指非故意的或无意识的不安全行为。人们一旦认识到了，就会及时地加以纠正。包括疏忽和遗忘，主要发生在技能型动作的执行过程中，主要是因为人丧失或分散注意力或由于作业环境的高度自动化所致。这类错误的表现情况比较多，有这样几个方面：

① 外部信息有误或人没有感知到外部信息的刺激。

② 人体的生理机能有缺陷。

③ 因知识和经验缺乏而造成判断失误。

④ 因操作技能欠缺而造成反应失误。

⑤ 大脑意识水平低下。

安全行为科学研究成果得出人的安全行为一般规律是，安全行为是人对刺激的安全反应，也是经过一定的动作实现目标的过程。由此归纳出人的一般安全行为模式，刺激—人的肌体—安全行为的反映—安全目标完成。安全行为发生的几个环节是相互影响、相互联系、相互作用的。

3.4.2 安全行为管理原理

安全行为自20世纪80年代提出以来，作为崭新的安全管理理论，得到了快速的发展，并在欧洲、美国、澳大利亚等发达国家迅速推广。行为安全管理的核心是应用行为分析模式来识别关键的安全行为，观察和统计这些行为发生的概率，制定整改措施，以实现安全管理绩效的持续改进。

行为或习惯通常以这样一些形式表现出来。未在许可的情况下操作设备。忽略发出的警告。忽略安全措施。以不恰当的速度操作设备或车辆。不会正确操作安全器材。使用有缺陷的设备。不穿戴个人防护用品。超载行驶。不正确的姿势。对正在运行的设备进行维修。工作时打闹、嬉戏。受酒精或其他药物的影响。违反安全规章制度等。

安全行为管理理论中的四个主要步骤：

① 识别关键行为。

② 收集行为数据。

③ 提供双向沟通。

④ 消除安全行为障碍。

安全行为研究的重点是实质是“不安全行为”。对不安全行为的研究发现，许多伤害事故是由于员工的不安全行为所导致，而不安全的行为则是由于安全管理系统存在缺陷所引发。因此，针对员工的不安全行为，不是责备和找错，而应该识别那些关键的不安全行为，监测和统计分析、制定控制措施并采取整改行动，最终降低不安全行为发生的频率。对于企业而言，影响员工不安全行为的因素可能来自很多方面，例如，管理系统、员工身体健康状况、设备设施状况、工艺流程、产品等方面。不安全行为的类型和频率是安全管理现状的尺度，是事故频率的预警信号。对员工工作习惯的细心观察和分析可以找到许多潜在的不安全行为的原因。人的心理状态，比如态度，可能很难客观地界定和直接改变。

但有时候它却对于人的行为有很大影响。通常可通过改变导致行为的原因，包括管理体系、安全方针和工作条件，进而改善员工的行为和态度。绝大多数伤害事故都是由于不安全行为所导致的。事故调查证明，在工作场所发生一次伤害事故，其实已发生了数百次的不安全行为。这再次印证了海因里希法则。大量的不安全行为增加了重大事故发生的概率。要避免发生重大伤亡事故，就必须减少导致伤害事故的不安全行为。而要降低伤害事故的发生概率的最有效的途径就是控制、避免和消除所有的不安全行为。

现代安全管理越来越重视员工的安全行为与安全意识。企业的安全管理与安全理念也由最初的不注重安全、基于事故的被动反应阶段，发展到基于程序的主动预防事故阶段，发展到提高员工意识、提升企业安全文化、改善不安全行为阶段。

安全行为管理理论通过对不安全行为的研究，建立一套基于员工行为的、系统的、改进安全绩效的机制。这个机制包含识别关键的行为、分析系统原因、制订行动计划、监测执行情况、评估和审查等。

3.4.3　安全行为管理方法

(1) 行为基础安全管理流程(BBS)

行为基础安全的概念产生于20世纪70年代。随着科技的进步，机械设备的稳定性和安全性大幅提高。当企业因为设备或工程技术性问题所造成的意外事故率降低后，人为因素的作用就显得极为明显。在发达国家多数企业的事故发生率已经控制在了一定的水平内，但是传统的安全管理方法开始面临瓶颈。企业开始寻找新的解决方法，对职业伤害的控制逐渐开始向人为因素方向深入研究。

行为基础安全管理流程(BBS)是一种通过使职工参与行为改进的过程，教他们识别关键安全行为，执行收集数据的观察，提供鼓励改进的反馈，将收集的数据运用于积极改变目标系统因素的一系列方法。

工作团队运用持续改进过程，建立干预政策，称为DOIT。

① 定义目标行为(D)，分析企业中曾经发生的一般事故和伤害事故，根据审核结果确定哪些是关键行为，以此编制关键行为检查表，并按照导致伤害事故的程度对条目和行为进行分类，把导致最大伤害事故的条目放在列表的最上端。在检查清单上，注重安全行为，让员工知道怎样的行为才是安全的，致力于增加安全行为并积极减少不安全行为。

② 行为观察(O)。在行为观察之前，必须确定观察者是否自愿参加，以确保观察信息的准确性。观察阶段可以运用两种执行方法，一种是一对一的观察方法，该方法是通过观察员对被观察者进行一对一的观察，注重其安全行为和不安全行为。另一种方法是利用关键行为检查表，以不定时抽查方式进行，确认不安全或安全行为，发现潜在的不安全行为。无论是哪种方式，每完成一次行为观察，观察者就应提供信息反馈，一个没有信息反馈的观察活动没有任何实质意义。观察者应该对观察到的安全行为和不安全行为进行总结，对那些引起重大关注的做法进行沟通，追踪反馈，以减少不安全行为，鼓励安全行为。

③ 干预(I)。干预的过程实际上就是对行为观察中获得的行为信息进行分析，及早纠正可能导致事故的不安全行为。这一阶段的任务是设计和实行干预方法，增加安全行为或减少不安全行为，将目标行为向预期的目标改变。在设计干预的方法时应专注于以积极的结果激励安全行为。当员工安全行为确实感受到支持的时候，他们会倾向于继续自己所做的事情，因此运用积极的结果同时改进行为和态度，可以达到最佳效果。干预的方法有很多，如奖励计划、教育及培训、筹划表彰、庆祝活动和举行座谈会等。

④ 业绩评定(T)。业绩评定主要是根据之前获得的信息，评估安全绩效。如果观察结果显示目标行为没有出现积极的改进，企业应对这种情况进行分析和讨论，修改干预方法或选择其他的干预方法，以达到预期的目标。反之，如果目标行为达到了预期的水平，可以在检查表中添加新的关键行为，扩大行为观察的范围，并制定新的目标行为。

(2) 杜邦 STOP 安全审计

STOP 是美国杜邦公司在 HSE 管理中提出对不安全行为的管理方式。STOP 是由以下四个单词所组成，SAFETY、TRAINING、OBSERVATION、PROGRAMME，即安全、培训、观察、程序。已经被世界大部分石油公司和钻井承包商所采用。鼓励并倡导现场全体作业人员使用 STOP 安全审计，运用 STOP 安全审计纠正不安全行为，肯定和加强安全行为，以达到防止不安全行为的再发生和强化安全行为的目的。

STOP 的执行主要包括五个步骤，称为 STOP“安全观察周”：

① 决定——决定实行观察；

② 停止——停止或暂停其他工作，有足够的时间进行观察；

③ 观察——按照 STOP 卡所列观察内容和顺序，观察员工是如何进行工作，并特别注意工作的行为与安全流程，但不要当着被观察人写观察报告，不要把被观察人的名字写在报告里；

④ 沟通——与被观察人员进行面对面的交流，特别注意他们是否知道并了解工作程序和操作规程；

⑤ 报告——利用安全观察卡来完成报告。

STOP 通过这五个步骤，能够鼓励安全行为的可持续性，及时阻止并纠正不安全行为，增强员工的安全意识，减少事故和伤害的发生。

基本步骤包括：

① 做好培训、宣传工作。STOP 卡是一种在现场进行 HSE 管理的新方式，要在员工中做好宣传动员和培训工作，使大家对使用 STOP 卡有一个明确的认识，并能正确使用。管理者、监督者以及安全代表员需要接受领导层的 STOP 培训课程，学习积极沟通的技巧，以及一些 STOP 的重要法则。在这个培训的过程中，一线管理者的参与尤为重要，因为将由他们将 STOP 法则教给员工。员工的培训主要通过管理者和安全管理员的教导，他们利用安全手册、安全例会或视频对员工进行培训。

② STOP 卡的使用。为使于员工能及时正确使用 STOP 卡，各车间应将 STOP 卡放在员工容易拿到的地方或分发给每个员工。使每个员工在进行作业前可以对照 STOP 卡进行

必要的自我检查，或在作业过程中发现人的不安全行为和物的不安全状态后及时进行记录观察结果。

③ 沟通、交流。STOP 的精髓体现在不同层次的管理人员都要亲身与员工交谈，在交谈中了解员工对自身安全的认识和危险的了解，从而对员工工作中存在的问题和不足给出建议和指导，将安全工作真正落到实处，以达到鼓励安全行为、消除不安全行为的目的。管理人员在与员工交谈时，要注意沟通的技巧，避免修辞性疑问句和以“为什么”来开头提问问题。

④ STOP 卡的收集。企业应在餐厅、会议室等人员经常聚集的地方建立 STOP 卡收集站，员工将当天观察到的不安全行为写在 STOP 卡上并投进 STOP 卡收集箱，由 HSE 专员负责收集。

⑤ STOP 审核。对于所收集的 STOP 卡进行分析，对员工所反映的问题要及时进行整改和处理，并从收集的 STOP 卡中列出所需要的数据，做出总结。区域主管需将总结报告与上月的结果相互比较，分析趋势并作出结论。且需将每月总结报告副本送交安全主管，并将其公布给全体员工，分享安全信息。为鼓励员工积极使用 STOP 卡，公司对每月收集的 STOP 卡进行一次评选，对很有价值的 STOP 卡观察者给予一定的物质奖励。

⑥ 目标设定。如果从 STOP 卡中发现不安全行为的发展趋势，管理者和安全顾问就必须设定目标进行改善，同时制定相应的对策措施。

3.5 安全决策管理的方法与技术

3.5.1 安全决策的含义

安全管理者的工作从一定意义上讲就是进行并实施安全决策。安全决策贯穿于整个安全管理过程，是安全管理的核心。科学安全决策的水平直接影响安全管理的水平和效果。安全管理者应提高安全决策的水平，力求做到正确、合理、经济、高效。安全决策是指人们针对特定的安全问题，运用科学的理论和方法，拟订各种安全行动方案，并从中作出满意的选择，以更好地达到安全目标的活动过程。

(1) 安全决策含义的要点

① 安全决策是一个过程，在这个过程中，要按安全科学研究。

② 安全决策总是为了达到一个既定的目标，没有安全目标就无法进行安全决策。安全目标有误，会导致安全失策。

③ 安全决策总是要付诸实施的。因此，围绕安全目标拟定各种实施方案是安全决策的基本要求。

④ 安全决策的核心是选优。任何一项安全决策必须要充分考虑各种条件和影响因素，制定多种方案，并从中选取满意的方案。

⑤ 安全决策总是要考虑到实施过程中情况的不断变化。还要考虑到实现安全目标之

后的社会效果。没有应变方案和不考虑社会效果的安全决策，至少是不完全的安全决策，更谈不上是科学的安全决策。

(2) 安全决策从不同角度的分类

① 战略性安全决策和策略性安全决策。这是按照安全决策问题的性质来划分的。战略性安全决策指的是影响安全生产总体发展的全局性决策。战略性安全决策往往与企业长期规划有关，它较多地注意外部环境。策略性安全决策又称一般性安全决策。它是指解决局部性或个别安全问题的决策，它是实现安全战略目标所采取的手段，它比战略性安全决策更具体，考虑的时间比较短，主要考虑如何具体安排并组织人力、物力、财力来实现安全战略决策。

② 程序化安全决策和非程序化安全决策。这是按照安全决策问题是否重复出现来划分的。程序化安全决策是指对安全管理活动中反复出现的经常需要解决的安全问题进行的决策。非程序化安全决策是指在安全管理活动中出现的非例行活动的新的安全问题。

③ 确定型安全决策、风险型安全决策和非确定型安全决策。这是按照安全决策问题的性质和安全决策条件的不同划分的。确定型安全决策是指在对执行结果已经确定的方案中进行的选择。风险型安全决策也称为统计安全决策或随机型安全决策，是指以未来的自然状态发生的概率为依据，对无法确定执行结果的方案进行的选择，即无论选择哪个方案，都要承担一定的风险。

④ 静态安全决策和动态安全决策。这是按照安全决策要求获得答案数目的多少或相互关系的情况来划分的。静态安全决策也叫单项安全决策，它所处理的安全问题是某个时点的状态或某个时期总的结果，它所要求的行动方案只有一个。动态安全决策则不同，它要做出一系列相互关联的安全决策。

⑤ 高层安全决策、中层安全决策和基层安全决策。这是按安全决策主体在系统中的地位进行分类的。高层安全决策是由上层安全管理者所作的涉及全局的重大安全决策。中层安全决策是由中层安全管理人员作出的业务性安全决策。基层安全决策是由基层安全管理人员根据高层、中层安全决策作出的执行性安全决策。高层、中层、基层是一个相对概念，按所处系统不同而不同。

3.5.2 安全决策的作用

(1) 安全决策的特点

① 程序性。企业的安全生产决策要求在正确的安全科学理论的指导下，按照一定的工作程序，充分依靠安全管理专家和广大职工群众，选用科学的安全决策技术和方法来选择行动方案。

② 创造性。安全决策是一种创造性的安全管理活动。因为安全决策总是针对需要解决的安全问题和需要完成的安全工作任务而作出抉择，安全决策的创造性要求安全管理者开动脑筋，运用逻辑思维、形象思维等多种思维方法进行创造性的劳动，要求安全决策者根据新的具体情况作出带有创造性的正确抉择。

③ 择优性。择优性是指安全生产决策必须在多个方案中寻求能够获得较大效益，能取得令人满意的安全生产效果的行动方案。因此，择优是安全决策的核心。择优必须至少有两个方案对比，才能存在择优的问题。

④ 指导性。安全决策一经作出并付诸实施，就须对整个企业安全管理活动，对系统内的每一个人都有约束作用，指导每一个人的安全行为，这就是安全决策的指导性。

⑤ 风险性。任何备选方案都是在预测未来的基础上制定的，客观事物的变化受多种因素影响，加上人们的认识总是存在一定的局限性，作为安全决策对象的备选方案不可避免地会带有某种不确定性，即风险性。安全决策者对所作出的安全决策能否达到预期安全目标，都需承担一定风险。

(2) 安全决策的作用

① 安全决策是安全管理工作的核心部分。企业安全管理的职能中最重要的职能就是安全决策。安全管理的其他职能可以说是围绕总的安全决策目标开展的。所以说安全决策是安全管理活动的核心。

② 安全决策决定企业的安全发展方向、轨道以及效率。安全决策的实质是对企业未来行动方向、路线、措施等的选择和抉择。因此，正确的安全决策能指导企业沿着正确的方向、合理的路线前进，这也是安全管理高效能的保证。

③ 安全决策是各级安全管理者的主要职责。安全管理者不论其职位高低，都是不同范围、不同层次的安全决策者，都在一定程度上参与安全决策和执行安全决策。安全管理者的安全决策能力是其各方面能力的集中体现。企业安全管理人员首先必须具备的就是安全决策能力。

④ 安全决策贯穿于安全管理活动的全过程。企业安全管理过程归根到底是一个不断作出安全决策和实施安全决策的过程，安全管理职能的执行与发挥都离不开安全决策。安全决策贯穿于安全管理过程的始终。存在于其中的每个方面、每个层次、每个环节。安全决策是否合理、是否及时，关系到是否达到预期安全目标，甚至决定企业的成败和命运。

3.5.3 安全决策应具备的条件

(1) 科学的安全预测

安全预测是指在正确的理论指导下，采用科学的方法，在分析各种历史资料和现实情况的基础上，对客观事物的发展趋势、未来状况的预见、分析和推断。

① 安全预测对安全决策的作用。在安全管理活动中，安全决策要以安全预测提供的信息为先导和依据，因此，安全预测是安全决策的前提。安全预测可以避免安全决策的片面性，提高其可行性。安全预测可以避免贻误时机，提高安全决策的及时性。安全预测有利于安全决策的科学性、严密性和相对稳定性。

② 安全预测的原则。为提高安全预测的科学性和有效性，必须掌握和遵循几个基本原则。其一，客观性原则。要求从客观事实出发，尊重历史资料，认真分析研究现状，揭示事物的本质联系和必然趋势，如实反映可能出现的安全问题和后果。其二，系统性原

则。安全预测的对象都是一个特定的系统，因此，安全预测要从系统整体着眼，全面考虑系统内的各种相互关系和系统的外界环境因素，克服片面性。其三，连续性原则。任何事物的发展过程都是一个连续不断的过程，因而描述这一过程的安全预测必须按其客观过程的连续性，由历史和现状推算出未来的趋势。其四，定性研究和定量分析相结合的原则。安全预测中的定性研究是对未来事件发展性质的推断。定量分析是对未来事件发展程度和数量关系的预见。只有综合运用定性研究与定量分析方法，才能从数量和性质两个方面揭示事物发展过程的本质特征和规律性，得出符合客观规律的安全预测结果。

③ 安全预测的程序。其一，确定安全预测目标。确定安全预测目标是整个安全预测活动的出发点，有了明确、具体的目标，才能确定安全预测的范围、期限、需要收集的资料以及应采取的步骤和方法，从而避免安全预测的盲目性。其二，搜集、加工和分析资料。开展安全预测工作，必须全面、完整、准确、及时地搜集有关安全预测对象的资料。同时，对于收集来的各种资料要进行加工整理和初步分析，判断资料的真实度和可用度，去掉那些对安全预测无用的资料。其三，选择安全预测方法。安全预测的具体方法很多，选择什么样的方法进行安全预测，要根据预测的目的、掌握资料的情况、预测精度要求、预测经费的多少，以及各种安全预测方法的适用范围而定。其四，实施安全预测。选定安全预测方法之后，就可以进行安全预测。如果选择定性的预测方法，则要注意邀请那些具备丰富的知识、经验且综合分析能力强的人参加安全预测工作，同时也要注意利用过去和现在的大量资料。如果采用定量的预测方法，则要注意建立一定的数学模型。可借助计算机等完成模型计算，推算初步的安全预测结果。

(2) 健全的安全决策组织体系

现代企业安全决策由于多系统、多层次和多因素及其动态变化等，往往不是由一个人而是由一批人才能完成的，所以，健全的安全决策组织体系是保证安全决策顺利进行的前提条件之一。一个健全有效的安全决策组织体系首先应拥有获取安全信息的部门或人员。安全决策的科学性在很大程度上取决于是否全面、及时、准确地掌握了安全信息。其次，应依靠智囊人员，建立专家系统，设计安全决策方案并进行安全分析评估，为科学的安全决策提供多种可行的备选方案。再次，由安全决策者进行综合评价、拍板抉择，这就需要有安全决策机构。安全决策机构的主要责任就是尽可能为执行部门提供整体最优的方案，以取得最佳的安全管理效果。

(3) 素质优良的安全决策工作人员

安全决策者是安全决策组织的核心，他们的素质与安全决策组织的功能密切相关，决定着安全决策的质量。因此，安全决策者应具有比较高的综合素质，具有较好的品德修养，广博的现代社会科学、自然科学和工程技术知识，并对所决策的安全问题有较深的安全专业知识和丰富的实践经验。有面向未来的安全管理观念，敏锐的安全预测能力和安全判断能力。善于控制情感、头脑清醒。智囊参谋人员的索质也直接影响咨询参谋的结果，进而影响到安全决策的效果。因此，安全管理的智囊参谋人员应当对安全工作有较强的责任心。有广博的安全知识和丰富的安全生产实践经验。注重调查研究和不断学习。坚持独立思考，尊重客观事实，不搞先入为主。尊重领导，不盲从。面向未来，有长远观念。安全信息工作人员的素质要求也应较高。完整、准确、及时、适用的安全信息主要靠信息工作人员提供，信息工作人员的素质直接影响安全信息质量的高低。其应具有对工作高度负责的精神外，还应有对安全信息工作的热爱，坚持实事求是的精神，尊重客观事实。有较强的专业知识。对事物变化反应灵敏，善于观察、分析事物的发展变化。作风严谨，工作认真细致。

3.5.4　安全决策的原则和步骤

(1) 安全决策的原则

第一，科学性原则。安全决策的科学性原则是指安全决策必须尊重客观规律，尊重科学，从实际出发，实事求是。执行科学性原则，要求安全决策者具有科学决策的意识，按照科学的决策程序办事。并应尽可能掌握并运用科学的分析方法和手段。第二，系统性原则。安全决策应考虑整个系统与其相关的系统以及构成各个系统的相关环节，以免作出顾此失彼、因小失大的错误决策。第三，经济性原则。一方面应使安全决策过程本身支出费用最小化。安全决策者必须考虑决策过程的费用和成本。在保证安全决策的科学性、合理性的前提下，应选择费用最省、成本最低的决策程序和决策方式。另一方面安全决策的内容应坚持经济效益标准。不同成本的方案，可能产生的效果相同，安全决策就应选择效果佳、花费少的方案。第四，民主性原则。决策过程中应充分发扬民主，认真倾听不同意见。第五，责任性原则。谁作安全决策，谁负责决策的贯彻执行。以免安全决策目标没有实现，或在决策与实际不符的情况下，决策者有可能把责任推给执行者。谁决策，谁来对决策后果负责。决策具有风险，一旦决策失误，企业会受到或多或少的损失。要减少决策的失误，避免一些安全管理者不负责任的主观决策，安全决策者必须对安全决策的后果负责。

(2) 安全决策的步骤

① 发现问题。发现问题是安全决策的起点。问题通常指应该或可能达到的状况同现实状况之间存在的差距，包括已存在的现实安全问题，也包括估计可能产生的未来的安全问题。安全决策水平的高低与发现现实安全问题和未来安全问题的程度紧密相关。

② 确定目标。目标决定着方案的拟订，影响到方案的选择和安全决策后的方案实施。目标必须具体明确，既不能含糊不清，也不能抽象空洞。确定目标，一是根据需要和可能，量力而行，二是既要留有余地，又应使责任者有紧迫感。

③ 拟订方案。拟订方案就是研究实现目标的途径和方法。安全生产决策的一个重要特点就是要在多种方案中选择较好的方案。在拟订方案时贯彻整体详尽性和互相排斥性这两条基本要求。整体详尽性，就是要求尽可能地把各种可能的方案全部列出。互相排斥性是指不同方案之间必须有较大的区别，执行甲方案就不能执行乙方案。备选方案必须建立在科学的基础上，能够进行定量分析的，一定要将指标量化以减少主观性。

④ 方案评估。方案评估就是从理论上和可行性方面进行综合分析，对备选方案加以

评比估价，从而得出各备选方案的优劣利弊结论。在评估方案时要对方案的限制因素、协调性、潜在问题等进行系统的分析。经过分析对比，权衡利弊，对方案进行设计改进。同时，还要进行效益和效应分析。包括经济效益分析、社会效益分析和社会心理效应分析。经济效益分析，是从经济效益的角度，对备选方案中人、财、物等资源的限制因素、客观经济环境和成果等进行具体分析、计算，得出定量的分析结果。社会效益分析，主要指方案实施后对社会的公共利益、社会的安定、生态平衡和人民群众的身体健康等的影响。不同阶层的人在心理上对安全决策的反应是有区别的。因此，方案评估中也要考虑方案实施会产生什么样的社会心理效应。在具体措施上要有解决心理问题的方法。评估心理效应可进行一些社会心理的问卷调查，并吸收一些心理学专家对方案进行社会心理的分析论证。

⑤ 方案选优。方案选优是在对各个方案进行分析评估的基础上，从众多方案中选取一个较优的方案，这主要是安全决策者的职责。在进行方案选优的过程中，安全决策者应注意这样几点。其一，要有正确的选优标准。要求安全决策的主要指标达到相对为优，不可过分追求完美。其二，要有科学的思维方法和战略系统的观念。要坚持唯物辩证法，坚持一分为二，善于把握全局与局部、主要矛盾和次要矛盾、矛盾的主要方面和次要方面，抓住重点兼顾一般，仔细衡量各种方案的优劣利弊，选出优化方案。其三，安全决策者要正确处理与专家的关系。专家仅仅是在安全决策者委托和指导下参与安全决策，绝不能代替安全决策者的决策。其四，应综合各方面安全专家意见，独立拿出总揽全局的决策。

3.5.5 安全决策的基本方法

科学的安全决策要运用科学的安全决策方法。安全管理学家和从事安全管理活动的实际工作者总结概括了许多切实可行的安全决策方法。许多新的科学方法也被广泛地运用到安全决策中。例如，概率论、博弈论及线性规划等理论和方法。简要介绍几种常用的安全决策方法。

(1) 头脑风暴法。头脑风暴法是集中有关专家进行安全专题研究的一种会议形式。即通过会议的形式，将有兴趣解决某些安全问题的人集合在一起，会议在轻松的气氛中进行。参会成员自由地发表意见和看法，可以迅速地收集到各种安全工作意见和建议。“头脑风暴法”也可以通过这种会议对已经系统化的方案或设想提出质疑，研究有碍于方案或设想实施的所有限制性因素，找出方案设计者思考的不足之处，指出实施方案时可能遇到的困难。

(2) 集体磋商法。这是一种让持有不同思想观点的人或组织进行正面交锋，展开辩论，比较出方案的优劣，最后找到一种合理方案的安全决策方法。这种方法适用于有着共同利益追求和同样具有责任心的集体。集体磋商可以以“头脑风暴”的形式出现，也可以以其他形式出现。一般说来，“头脑风暴”的成员，可以是临时请来的某一安全生产领域的专家，而集体磋商的成员是组织内担负安全决策使命的安全生产决策者。

(3) 加权评分法。这是一种对备选方案进行分项比较的方法。把各选方案分成若干对应项，然后逐项进行比较打分，通过加权评分找出备选方案中的最优方案。这种方法能发挥对方案作出最后抉择的安全决策者的主动性，而且可以在获得较优方案的同时，节约大量时间和人力、物力。

（4）电子会议法。这是利用现代的电子计算机手段改善集体安全决策的一种方法。基本做法是所有参加会议的人面前只有一台计算机终端，会议的主持者通过计算机将问题显示给参加会议的人。会议的参与者将自己的意见输入到计算机。通过计算机网络将个人的评论和票数统计都投影在会议室的计算机屏幕上。电子会议法的主要优点是匿名、诚实和快速，自己在“发言”过程中不担心被别人打断或打断别人。

3.6 安全控制管理的方法与技术

3.6.1 安全控制概述

从20世纪40年代发展起来的控制论科学，专门研究各类系统调节与控制的一般规律，已广泛应用于工程、生物、社会、经济等各个领域。以系统论、信息论和控制论为基础的新科学方法论，正日益渗透到自然科学、社会科学的各个方面。从20世纪80年代开始，安全工程学界也开始了对控制论的研究和应用，取得了一些研究成果，丰富了安全科学的理论体系。安全控制理论是应用控制论的一般原理和方法，研究安全控制系统的调节与控制制度规律的一门学科。安全控制系统是由各种相互制约和影响的安全要素所组成的，具有一定安全特征和功能的整体。

安全要素包括：影响安全的物质性因素，加工设备、危险有害物质、能对人构成威胁的工艺装置等；安全信息，如政策、法规、指令、情报、资料、数据和各种消息等；其他因素，如人员、组织架构构、资金等。安全控制系统与一般技术系统比较，有如下几个特点：

① 安全控制系统具有一般技术控制系统的全部特征；

② 安全控制系统是其他生产、社会、经济系统的保障系统；

③ 安全控制系统中包括人这一最活跃的因素，因此，人的目的性和人的控制作用时刻都会影响安全控制系统的运行；

④ 安全控制系统受到的随机干扰非常显著。

3.6.2 安全控制的类别

按照其控制对象，安全控制可以划分为三种类型，即管理控制、行为控制和技术控制，它们统称为安全控制。安全控制因应危险源的定义而存在。其中的管理控制和行为控制属于宏观层面的控制，它们因应的是广义危险源的定义，也就是说，它们是通过管理控制和行为控制间接地控制危险；其中的技术控制属于微观层面的控制，它因应的是具体危险源定义，也就是说，它通过技术控制直接地控制危险。

宏观安全控制系统，一般是指各级行政主管部门，以国家法律、法规为依据，应用安全监察、检查、经济调控等手段，实现整个社会、部门或企业的安全生产的整体控制活动。宏观安全控制系统是以各种生产、经营系统为被控系统，以各种安全检查和安全信息统计为反馈手段，以各级安全监察管理部门为控制器，以国家安全生产方针和安全指标为控制目标的一种宏观系统。宏观安全控制系统模型如图 3-2 所示，将它进一步简化后如图 3-3 所示，它与一般控制论系统方框图相一致。

微观安全控制系统，指应用工程技术和安全技术手段，防止在特定生产和经营活动中发生事故的全部活动。微观安全控制系统是以具体的生产和经营活动为被控制系统，以安全状态检测信息为反馈手段，以安全技术和安全管理为控制器，以实现安全生产为控制目标的系统。

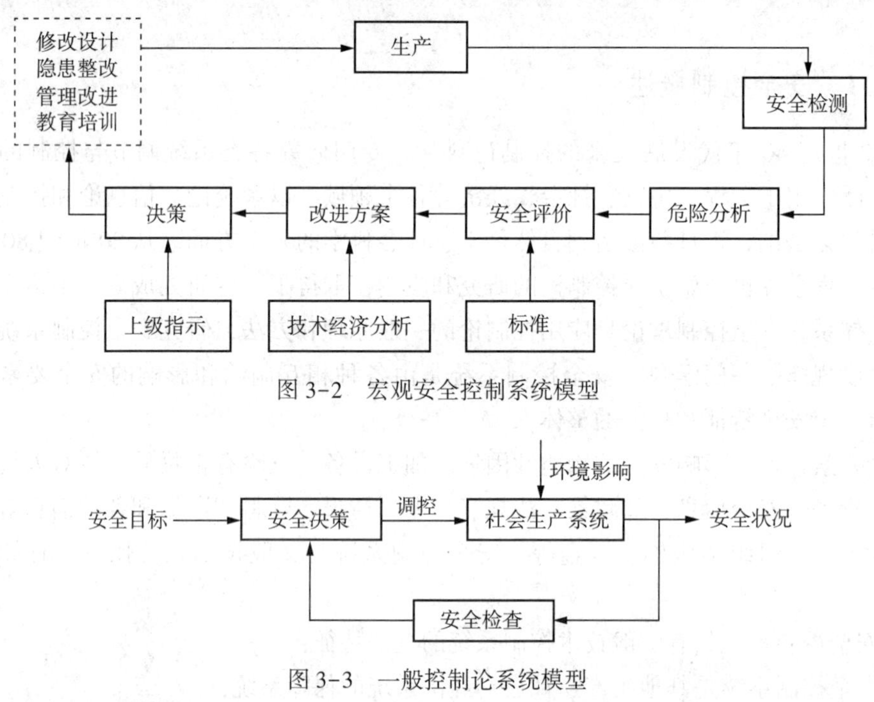

图 3-2　宏观安全控制系统模型

图 3-3　一般控制论系统模型

3.6.3　安全控制的方法

应用控制论方法分析安全问题，其分析程序一般可分为这样几个步骤。

① 绘制安全系统框图。根据安全系统的内在联系，分析系统运行过程的性质及其规律性，并按照控制论原理用框图将该系统表述出来。

② 建立安全控制系统模型。在分析安全系统运行过程并采用框图表述的基础上，运用现代数学工具，通过建立数学模型或其他形式的模型，对安全系统的状态、功能、行为及动态趋势进行描述。

③ 对模型进行计算和决策。描述动态安全系统的控制论模型。一般都是几十个、几百个联立的高阶微分或差分方程组，涉及众多的参数变量。要进行复杂的运算求解，通常要采用计算机进行。对于非数学模型，可通过分析形成一定的措施、办法和政策等。

④ 综合分析与验证。把计算出的结果或决策运用到实际安全控制工作中，进行小范围试验，以此校正偏差，促使所研究的安全问题达到既定的控制目标。

安全系统的控制有这样几个特点。其一，安全系统状态的触发性和不可逆性。虽然事故隐患往往隐藏于系统安全状态之中，系统的状态常表现为突变，也称为状态触发。且此种状态是不可逆的。即系统不可能从事故状态自动恢复到事故前状态。其二，系统的随机性。在安全控制中发生事故具有极大的偶然性，谁，什么时间，什么地点，发生什么事故，基本都是无法确定的随机事件。但是对一个安全控制系统来说，可以通过统计分析方法找出某些变量的统计规律。其三，系统的自组织性。自组织性就是在系统状态发生异常情况时，在没有外部指令的情况下，管理机构和系统内部各子系统能够审时度势按某种原则自行或联合有关子系统采取措施，以控制危险的能力。由于事故发生的突然性和巨大破坏作用，因而要求安全控制系统具有一定的自组织性。这就要求采用开放的系统结构，有充分的信息保障，有强有力的管理核心，各子系统之间有很好的协调关系。

3.6.3.1 安全控制的基本策略

以控制论视角分析系统安全问题，有这样几个结论。其一，系统的不安全状态是系统内在结构、系统输入、环境干扰等因素综合作用的结果。其二，系统的可控性是系统的固有特性，不可能通过改变外部输入来改变系统的可控性，因此在系统设计时必须保证系统的安全可控性。其三，在系统安全可控的前提下，通过采取适当的控制措施，可将系统控制在安全状态。其四，安全控制系统中人是最重要的因素，既是控制的施加者，又是安全保护的主要对象。基于此，安全控制的基本策略可以表述为这样几点。

(1) 建立本质安全型系统

本质安全型系统是指系统的内在结构具有不易发生事故的特性，且能承受人为操作失误、部件失效的影响，在事故发生后具有自我保护能力的系统。与此相关的措施有：

① 防止危险产生条件的形成。如爆炸事故的发生有三个要件，一定量的爆炸物、助燃剂、点爆能量，如果能消除其中任何一个条件，则可避免爆炸事故的发生。

② 降低危险的危害程度。如降低机动车速度，减少油漆中的铅含量，减少面粉厂、煤矿等企业爆炸性粉尘积聚量等。

③ 防止已存在危险的释放。可通过消灭危险或通过使其停止释放来实现。

④ 改变危险源中危险释放的速率或空间分布。如关闭阀门、安装保险丝等防止或减少危险释放的方法。

⑤ 将危险源和需保护的对象从时间上或空间上隔开。

⑥ 在危险源与被保护对象之间设置物质屏障。如电线绝缘、保护措施等。

⑦ 改变危险物的相关基本特性。如改变药品的某些分子结构以消除其副作用，改变物体的表面形状、基本结构、物理化学特性等，以减少其对人的损害。

⑧ 增加被保护对象对危险的耐受能力。

⑨ 稳定、修护和复原被破坏的物体。

(2) 消除人的不安全因素

在现代各类职业事故中，人的因素占到一半以上。因此消除人的不安全因素是防止事故发生的重要策略。其具体措施包括这样几方面：

① 对特殊岗位工作人员进行职业适应性测评。职业适应性是指一个人从事某项工作时必须具备的生理、心理素质特征。它是先天因素和后天环境相互作用的基础上形成和发展起来的。职业适应性测评就是通过一系列科学的测评手段，对人的身、心素质水平进行评价，使人职匹配合理、科学，以提高生产效率、减少事故。

② 加强安全教育与训练。通过安全教育和专业技能训练，可提高职工的安全意识水平、掌握事故发生的规律、正确的操作方法、防灾避险知识等，从而减少人为因素的影响。

③ 充分发挥安全信息的作用。信息是控制的基础，没有信息就谈不上控制。安全状态信息存在于生产活动之中，把它们从生产活动中检测出来，是一个十分重要的问题。安全信息的形式可分为两类，一类是通过安全检测设备、仪器检测出来的各种信息，它们以光、磁、电、声等形式传递，它们多用于微观控制中。另一类是报告、报表的形式，多用于宏观控制之中。这两类形式的信息在安全管理中有广泛的应用。

为发挥各种安全信息的作用，应建立计算机安全信息管理系统，以利于信息的加工、传递、存储和使用。此外，还可建立各类专家系统或决策支持系统，以推进安全管理控制与决策过程的科学化、自动化和智能化。

3.6.3.2 安全控制方法应用

主要体现于事故预警系统、系统风险分析与安全评价系统、安全监测监控系统等。

(1) 事故预警系统。预警属于新兴的交叉学科，以人类面临的各种灾害为研究对象，并通过各种监测、运行与调控机制，构成事故预警系统，以保障社会安宁及生产、生活安全。其中，灾情阈值、灾情警报、实施控制等是预警系统的重要环节。由于安全问题的复杂性，有时单纯依靠“安全控制子系统”是不能解决全部安全问题的，需要及时将逼近事故临界状态的有关情况通知相关人员，以及时采取措施防止事故发生。工业危险源事故临界状态预警阈值的确定要对事故临界状态进行预警，必须在危险源进入事故临界范围时发出警报。

(2) 系统风险分析与安全评价系统。在理论上和实践上确立系统安全分析，也就是如何在系统的整个生命周期阶段，科学地、有预见地识别并控制风险，以便系统能正常运行。系统风险管理及安全评价的过程主要有这样几个步骤。第一，确定风险或风险辨识。这是指辨识各类危险因素、可能发生的事故类型、事故发生的原因和机制。第二，风险分析。分析现有生产和管理条件下事故发生的可能性，以及潜在事故的后果及其影响范围。第三，风险评价与分级。在分析事故发生可能性与事故后果的基础上，评价事故风险的大小，按照事故风险的标准值进行风险分级，以确定管理的重点。第四，风险控制。低于标准值的风险属于可接受或允许接受的风险，应建立监测措施，防止生产条件改变导致风险值的增加。

(3) 安全监测监控系统。在生产过程中利用安全监控系统监测生产过程中与安全有关的状态参数，发现故障、异常，及时采取措施控制这些参数，使其达不到危险水平，消除故障、异常，以防止事故发生。在生活中，也有应用安全监控系统的情况，如建筑物中的火灾报警监控系统等。安全监控常用于生产过程，不同的生产过程有不同的安全监控系统。生产生活中常见的有这样几种安全监控系统。

① 操作安全监控系统。防止人体的一部分进入危险区域受到伤害的安全监控系统。当人或人体一部分进入危险区域时，安全监控系统的驱动部分动作，消除危险。冲压机械操作中安全监控系统最为常见。冲压机械运转时如果人或人体一部分进入危险区域，则安全检测系统使机械停止运转，防止冲压伤害事故发生。

② 可燃气体泄漏监测系统。可燃性气体或可燃性液体泄漏后遇点火源可能发生火灾、爆炸事故。可燃性液体泄漏后蒸发形成可燃性蒸气，因此可燃性气体泄漏监测系统也可以用于监测可燃性液体泄漏。

③ 火灾报警监控系统。火灾监控系统的检知部分通过传感器检知火灾产生的烟雾、高温或光辐射。在判断部分判断出已经发生火灾之后，驱动部分启动各种灭火设施，扑灭火灾，或发出声、光报警信号，由人员扑灭火灾。

复习思考题

(1) 如何科学制定安全管理的计划与目标？

(2) 如何理解安全目标管理与目标管理之间的联系与区别？

(3) 进行目标成果考评时需注意哪些问题？

(4) 为了实施好安全目标管理，应注意哪些方面？

(5) 对企业安全专业人员的配备有哪些要求？

(6) 安全行为管理的方法主要有哪些？

(7) 简述安全决策的含义及作用。

(8) 常用的安全管理控制的方法有哪些？

第4章 安全投资与保险管理

4.1 企业风险管理

4.1.1 风险特征和构成要素

(1) 风险及其特征

对于风险要同时考虑两个方面的因素，一是受害程度或损失大小，二是造成某种损失或损害的难易程度。有无风险在很大程度上决定于可能造成多大损失，而损害发生的难易性则可用某种损害发生的概率大小进行描述。因此，风险是损失的不确定性，是各种造成损失的风险事故发生的不确定性，这种不确定性可以运用数学、统计学进行估算。

风险具有以下特征：

① 客观性。风险是一种客观性存在，如自然灾害、意外事故等损失风险是客观存在、不可能完全排除的。随着人类认识和管理水平的不断提高和改进，人们逐步发现风险的发生具有一定的规律性，这种规律性为人们认识风险、评估风险、规避风险和管理风险提供了可能。

② 突发性。风险事故的发生尽管都有一个从渐变到质变的过程，但由于人们认识的局限或疏忽，往往并未注意到风险的渐变过程，致使风险事件的发生具有突然性，使人感到难以应付。

③ 损害性。风险发生的后果往往会造成一定程度的损失，这种风险损失有时可用货币衡量，有时无法用货币衡量。例如，火灾造成企业财产的损失可用货币进行衡量，但火灾对未婚女职工造成的毁容伤害却无法用货币衡量。风险对人的心理和精神造成的伤害往往也无法用货币衡量。

④ 不确定性(或随机性)。风险的不确定性主要表现在三个方面：一是空间上的不确定性。如所有建筑物都面临着火灾损失的危险，但具体到某一栋建筑物是否发生火灾则是不确定的。二是时间上的不确定性。如每个人都面临着死亡风险，但具体到个人，由于健康状况、生活环境、职业等方面的诸多差异，面临的各种风险也不相同，因而死亡风险是不可预知的。三是损失程度的不确定性。如人们无法预知未来年份发生台风或洪水造成的财产损失或人身伤亡损失的程度。

⑤ 发展性。风险是发展的，经济单位不同的发展时期，风险管理的内容也不同。随

着经济的发展，一些产品在给人们生活带来便利的同时，也使人们面临新的风险。如高压锅在缩短烹饪时间的同时又存在爆炸、损害财产和造成人身伤害的可能性。在工业生产中，新工艺、新设备、新材料的使用都可能伴随未知风险。

（2）风险的分类

① 按照风险产生的原因可分为自然风险、社会风险、政治风险和经济风险。

② 按照风险产生的环境可分为静态风险和动态风险。静态风险是经济条件没有变化的情况下，一些自然现象和人的过失行为造成损失的可能性；动态风险是在经济条件变化的情况下，造成经济损失的可能性，如价格水平的变化可能使企业、个人遭受损失的可能性。二者的主要区别在于：动态风险具有获利的可能性，并非纯粹风险，且影响范围广，难以预测；而静态风险则为纯粹风险，影响范围较小，可以进行预测。

③ 按照风险的损失范围可分为基本风险和特定风险。基本风险主要是由失业、战争、通货膨胀、地震、洪水等经济、政治、自然灾害等个人无法控制的原因引起的风险，既包括纯粹风险又包括投机风险。特定风险主要由个人或单位疏于管理所造成的，风险仅同某些特定单位和个人相关，如火灾、车祸、盗窃等。一般，特定风险属于纯粹风险，影响范围较小，只影响个人、企业或某一部门，可以通过风险预测、风险控制和风险处理等加以管理。

④ 按照风险的性质可分为纯粹风险和投机风险。纯粹风险指那些只有损失机会而无获利可能的风险。例如，自然灾害、生老病死等，都属于纯粹风险。投机风险主要指那些既有损失机会又有获利机会的风险。例如，期货交易、股票投资等。

⑤ 按照风险的分担方式可分为可分散风险和不可分散风险。可分散风险又称非系统风险或公司特别风险，可通过联合协议或者风险分担方式减少风险造成的损失。如航天保险可由通过多家保险公司共保或再保险来分散风险。不可分散风险又称系统风险或市场风险，如国家宏观经济状况的变化、国家财政和货币政策的变化等引起的风险损失。

（3）风险的构成要素

一般来说，风险是由风险因素、风险事故和损失等要素构成的，各要素之间存在着一定的内在联系。

风险因素是指引起或增加风险发生可能性，是引起风险事故发生的机会或产生损失机会的条件，是风险事故发生的潜在原因。根据风险因素的性质可将其分为实质风险因素、道德风险因素和心理风险因素。

风险事故也称风险事件或风险源，是指引起损失的直接原因，是促使风险有可能转变为现实的事件。例如，暴风雨造成公路路面积水、能见度差而引起连环车祸，这里暴风雨、能见度差等是风险因素，而引起连环车祸的风险事件是第一起车祸。

损失是指非故意的、非计划的、非预期的经济价值减少。按照损失的内容可分为实质损失、费用损失、收入损失和责任损失。实质损失又称直接损失，如工伤事故导致员工器官损伤、火灾爆炸导致企业财产、人员损失等；费用损失是指由风险事故而引起的施救费用、救助费用、医疗费用、场地清理费用等；收入损失是指由风险事故而导致的当事人收入减少；责任损失是指根据合同、法律上的规定，行为人应对他人的财产或者人身伤害承担经济赔偿责任的风险。

风险因素、风险事故和损失这三者之间存在着一定的因果联系，即风险因素的存在和增加引起风险事故，而风险事故一旦发生，便会导致损失，如图 4-1 风险结构图所示。

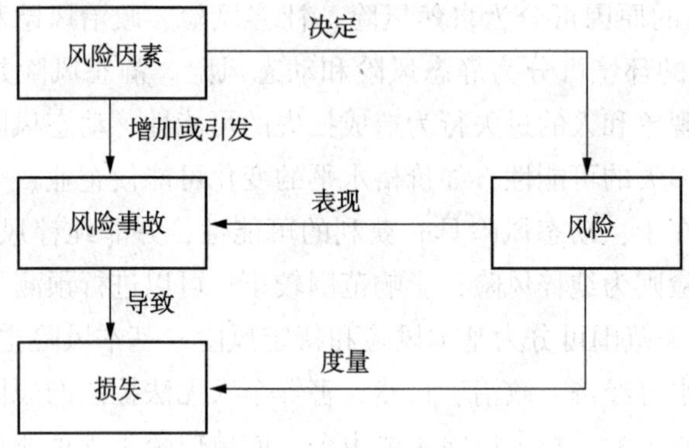

图 4-1　风险因素、风险事故和损失之间关系

从风险因素和风险事故间的关系来看，风险因素只是风险事故产生并造成损失的可能性，风险因素只是其损失的条件，并不直接导致损失。风险因素的变化过程有时易于被人察觉，有时则不易被察觉，风险因素增加到一定程度或者遇到某一特殊情况，才会引发风险事故，而风险事故引起损失。因此，风险因素是产生损失的潜在原因，而风险事故是导致损失的直接原因。

4.1.2　风险管理

(1) 风险管理的概念和目标

风险管理是研究风险发生规律和风险控制技术的一门新兴管理科学，是各经济单位通过风险识别、风险衡量、风险评估、风险管理决策等方式，对风险实施有效控制和妥善处理损失的过程。

① 风险管理的核心是降低损失。在风险事故发生前防患于未然，预见将来可能要发生的损失而事先加以防止，或者预期事故发生后可能造成的损失，事先采取一些解决事故隐患的方法，其核心是降低风险事故造成的损失。

② 风险管理的对象可以是纯粹风险，也可以是投机风险。风险管理不仅仅包括纯粹风险，还应该包括投机风险，主要因为随着国际金融的发展，本来属于投机风险的金融风险管理也已成为风险管理的重要内容。

③ 风险管理单位是风险管理的主体。风险管理单位是风险管理的主体，可以是个人、家庭和企业，也可以是政府机关、事业单位和社会团体等。由于风险管理的主体不同，风险管理的侧重点也有所不同，如企业的风险管理主要是对企业财产和人员的保护，是企业管理的主要职能之一。风险管理单位都是依据风险管理的理念、方式和方法，来寻求最佳的解决各种风险的方案。

④ 风险管理的过程是决策过程。风险管理的设定目标、风险识别、风险衡量、风险评价等，都是为了确定最终的风险管理方案。因此，风险管理的过程实际上是一个管理决策的过程。

因此，风险管理的主要目标是以最少的成本获得最大的安全保障，减少灾害事故的损失和对风险管理单位造成的不利影响。风险管理需要支付一定的成本，如果成本过高，那么风险管理单位就不会采纳这种风险管理方案，因此，风险管理成本是影响风险管理决策和风险管理目标的重要内容。在不同的经济和社会环境、不同的经营理念下，风险管理单位制定的风险管理目标也不相同。

风险管理目标可分为损前管理目标和损后管理目标两种。损前管理目标是选择最经济、最合理的方法，减少或者避免风险事故的发生，使风险发生的可能性和严重性降低到最低程度，并尽可能地降低风险对经济和社会的消极影响，主要包括经济合理目标、安全系数目标和社会责任目标三个方面。损后管理目标是在风险事故发生以后消除引发事故的风险因素，减少风险事故造成的经济损失，主要包括维持生存目标、保持经营连续性目标、稳定收益目标和履行社会责任目标四个方面。

(2) 风险管理的特点

风险管理的特点主要体现在以下几个方面：

① 风险管理对象的特殊性。风险管理的对象是突发事件、意外事件等可能造成损失的风险，风险管理对象的专门性，决定了风险管理的对象具有特殊性。

② 风险管理范围的广泛性。风险管理是关系到所有风险的管理，风险的影响不会局限于任何可预测的范围之内，一个单独的事件可以同时轻易地影响组织的不同领域，而且其后果远远超出了当时的影响。风险的复杂性和普遍性决定了风险管理范围的广泛性。例如，实物资产风险管理、无形资产风险管理、责任风险管理、金融资产风险管理、人力资本风险管理等都属于风险管理的范畴。

③ 风险管理原理的应用性。风险管理的研究对象是导致损失的风险事件，风险管理原理是对风险管理一般规律的概括，这些原理也可应用于车祸、不利的货币汇率波动等具有一定危害的管理。

④ 风险管理的全面性。风险管理是一个全面性的管理，反映风险管理单位对风险和不确定性的理解、衡量和管理决策。任何缺乏全面性的风险管理，都有可能导致风险管理的失败。

(3) 风险管理的基本程序

风险管理的基本程序包括风险识别、风险衡量、风险评价、选择风险管理技术、贯彻执行风险管理决策和风险管理效果评价周而复始的六个阶段，从而构成图 4-2 所示的一个风险管理周期循环过程。

① 风险识别。风险识别是风险管理的第一个环节，是对风险的感知和发现。识别风险，有助于风险管理单位及时发现风险，减少风险事故的发生。一般需要识别的潜在损失风险包括：a. 财产的物质性损失风险以及额外费用支出；b. 因财产损失而引起的收入损

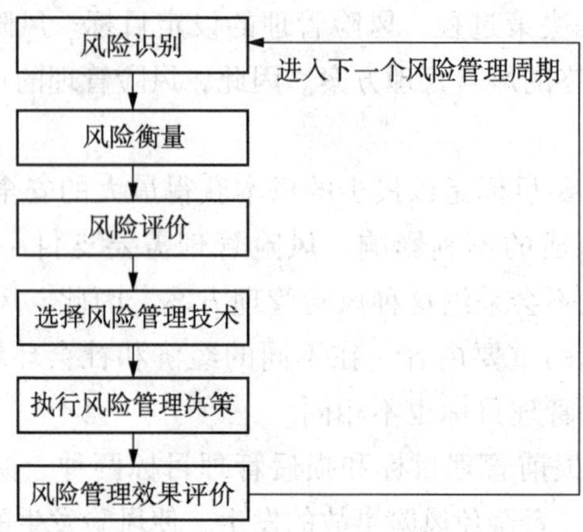

图 4-2　风险管理程序图

失和其他营业中断损失以及额外费用开支；c. 因损害他人利益引起的诉讼导致企业遭受损失的风险；d. 因欺诈、犯罪和雇员不忠诚行为给企业带来损失的风险；e. 因企业员工死亡和丧失工作能力给企业造成损失的风险。

② 风险衡量。风险衡量是指在风险识别的基础上通过对大量的、过去损失资料的定量和定性分析，估测出风险发生的概率和造成损失的程度。风险衡量主要以损失频率和损失程度为预测指标，并据此确定风险的高低或可能造成损失的大小。

③ 风险评价。风险评价是指在风险衡量的基础上，对引发风险事故的风险因素进行综合评价，以确定合适的风险管理技术。风险评价的目的是为选择恰当的处理风险的方法提供依据。风险评价也是有关管理部门对风险管理单位综合考察的结果。

④ 选择风险管理技术。在对风险进行衡量、评价以后，风险管理单位必须选择适当的处理风险的方案，即根据风险评价结果选择所付费用最小、获得收益最大的风险管理办法(表 4-1)。风险管理技术主要包括风险规避、损失控制、风险自留和风险转移四种方法。损失程度小的风险一般采取风险自留的方式，损失程度大的风险一般采取转移风险或者回避风险的方式。选择合适的风险管理技术可以减少风险事故的发生、降低损失。

表 4-1　选择风险管理技术的原则

风险类型	损失频率	损失程度	风险管理技术的选择
1	低	小	风险自留
2	高	小	风险自留或风险转移
3	低	大	风险转移
4	高	大	风险回避

⑤ 执行风险管理决策。风险管理决策付诸实施是风险管理的重要步骤，是风险管理理论与实践相结合的重要步骤。针对不同的风险可以采取不同处理方式。例如，发现存在消防隐患的地方可以及时提出整改措施。如果风险管理单位选择风险自留的办法，则需要确定是否设立基金或者制定防损计划；如果选择非保险转移风险的办法，需要拟定保护自

身权益的、合法有效的有关合同；如果选择对某一风险进行保险的方法，应该及时选择保险人，设定适当的保险责任限额和免赔额，就投保事项同保险人协商。

⑥ 风险管理效果评价。在风险管理的决策贯彻执行后，必须对其贯彻和执行情况进行检查和评价，主要是因为以下三个方面：一是风险管理过程是动态的。风险是不断变化的，新的风险产生，原有的风险可能消失或降低，从而导致原来制定的风险处理方案发生偏差，定期进行风险管理效果评价可以及时发现新的风险，调整风险管理的方向。二是风险管理决策的正误，需要通过检查和评价来确定。评价风险管理效果可以及时发现风险管理中的问题并加以纠正，从而确保风险管理效益。三是风险管理的评价标准可能会不适应风险管理实务的需要。风险管理评价标准是根据以往风险管理经验确定的，风险评价标准为风险管理提供重要的参考，但这些标准也有不适合新风险、新状况发展要求的情况，需要根据风险管理的实际不断修改风险评价标准。

4.1.3　企业风险管理

企业风险管理是企业识别风险、衡量风险、评价风险和采取风险管理措施的过程。企业风险管理作为风险管理的特例，是以风险管理理论为基础，并结合企业的相关特性。企业风险管理主要针对以下四种类型的损失：一是财产的物质性损失以及额外费用支出；二是因财产损失而引起的收入和其他营业中断损失及额外费用开支；三是因损害他人利益引起的诉讼导致企业的责任损失；四是因企业员工死亡或丧失工作能力对企业造成的损失。

(1) 企业财产损失风险管理

① 企业财产损失风险的识别。企业财产可分为两大类：有形财产和无形财产。有形财产可分为不动产和动产两大类。不动产主要是指土地及其附属建筑；除了不动产以外，所有的有形财产都是动产。无形财产主要包括信息和法定权益，如版权、专利权、营业执照、商誉等。

②企业财产损失原因。造成企业财产损失的原因是多方面的，既有自然原因，也有人为原因，只有发现企业财产损失的原因，才可以有针对性地提出防范风险的措施。企业财产损失的风险主要有：火灾风险、爆炸风险、自然灾害风险、盗窃风险等。企业应针对上述可能的财产损失风险，制定切实可行的技术措施和管理措施加以防范。

(2) 企业净收入损失风险管理

企业净收入损失风险是指企业在一定时期内为维持业务的经营而遭受损失的可能。企业净收入损失风险主要包括：①营业中断损失的风险；②产品利润损失的风险；③租赁收入减少的风险；④应收账款损失的风险；⑤意外事故引起的损失费用增加。企业净收入损失是企业财产损失带来的间接损失，往往比直接损失更大。

净收入损失风险的价值=预期收入+预期费用

净收入损失典型案例是企业正常的经济活动中断了一段时间，所有的净收入损失都在一定程度上降低了企业的获利能力。

(3) 企业责任损失风险管理

企业承担的法律责任也会使企业遭受沉重的经济损失，甚至破产。企业的法律责任可能因损害他人的利益被起诉而产生；也可能由于违约，需要赔偿他人遭受的损失而产生。企业责任损失风险是由于侵权行为引起的法律责任，包括刑事责任和民事责任。企业法律责任风险主要包括：①违反企业程序法的法律责任风险损失，主要指企业违反审批、登记等程序规定的法律责任，如未经审批或核准登记擅自开业，登记中弄虚作假、隐瞒实情等；②企业产品责任损失风险，产品责任又称制品责任或商品制造人责任等，是企业因生产、销售产品缺陷致使消费者遭受财产损失或人身伤害等，应该依法承担的经济赔偿责任；③企业领导人滥用职权等职业责任损失风险；④企业公众责任风险，指企业因自身疏忽或过失等侵权行为，致使他人的人身或财产受到损害而依法承担的经济赔偿责任，如企业运输工具的责任风险等；⑤企业违反经济合同的责任风险。

企业承担违约责任必须以经济合同的合法有效为前提，同时还要有违约的事实和违约事实的发生是由当事人的过错所致。如果违约是由于免责事故造成的，如不可抗力，则不承担违约责任。企业承担的责任损失由损害赔偿金、调查费用、辩护费用、违约金等组成。

(4) 企业人员损失风险管理

企业人员损失风险是企业风险管理的重要方面，企业人员损失往往比财产损失对企业造成的损害更大。企业人员损失风险主要包括死亡、身体伤残、年老退休和失业等。企业员工死亡或者丧失劳动能力带来的损失主要表现在：一是企业员工创造价值的损失；二是风险事故引起的额外费用的开支。除此之外，员工丧失劳动能力、死亡和退休金给付等都会使企业增加消费支出，即向遭受风险事故的员工及其家属提供福利、康复费用、抚恤费等。企业员工特别是重要工作岗位上的人员损失对企业的经济影响，可从如下几个方面加以评价：

① 生命价值。员工在遭受死亡或永久残疾的情况下，收入损失成为总损失的一个主要部分，因为这种损失是永久的，可以通过计算员工继续工作情况下能够获得的收入来估计员工的家属遭受损失的数额。员工生命价值是企业给付伤残员工或死亡员工家属抚恤金的依据。

②直接损失。企业遇到与人力资本直接相关的风险损失，如雇员、客户、所有者去世或残疾，都会给企业造成直接经济损失。如在单一所有权公司和合伙公司中，资产所有者去世，会造成单一所有权公司和合伙制公司经营中断。

③ 额外费用。如果风险事故造成了人员伤亡，就需要支付一些额外费用，如死者的丧葬费、伤残人员的医疗费、死者配偶的抚恤费和未成年子女的抚养费等，这些额外费用的增加也会导致企业的损失。

④ 信用损失。大多数企业的业务往来依赖于对客户的信任，如果企业面临责任损失的风险，就会影响企业的信用，造成企业信用的损失。如银行向客户提供贷款，并认为客户具有还贷能力，当客户去世或高位瘫痪或失能都会提高企业偿债的风险。

4.2　企业安全投资管理

企业安全管理是企业风险管理的重要内容之一，而安全投资是安全活动得以进行的必要条件。通过分析影响安全投资的因素和安全投资的发展规律，可以确立安全投资的最佳比例，建立安全投资的合理结构，最大限度地发挥安全投资的效益。

4.2.1　企业安全投资概述

(1) 安全投资及其来源

投资是经济领域使用的概念，通常是指为获取利润而投放资本于企业的行为。安全是以追求人的生命安全与健康、生活的保障与社会安定为目的，为此，人们需要付出成本，无所谓投资。但从安全生产的角度考察，安全的目的具有追求生产效果、经济利益的内涵，首先是保护了生产中最重要的生产力因素——生产人员，其次是维护和保障系统功能得以充分发挥。因此，安全活动对企业的生产和经济效益的取得具有确定的作用，能够给企业带来经济效益。所以，把安全的投入也称作一种投资。当然，安全投资的本质与一般经济活动投资的本质是有区别的，如安全投入效果不能单纯地考察经济效益，不能简单地用市场经济杠杆进行调控等。

安全活动必须投入一定的人力、物力、财力，投入安全活动的一切人力、物力和财力的总和称为安全投资，也称安全资源。因此，在安全活动实践中，安全专职人员的配备、安全与卫生技术措施的投入、安全设施维护保养及改造的投入、安全教育及培训的费用、个体劳动防护及保健费用、事故预防及应急援救费用、事故伤亡人员的救治费用等，都是安全投资。而由事故导致的财产损失、劳动力的工作日损失、事故赔偿等被动和无益的消耗则不属于安全投资的范畴。

研究安全投资可以揭示、掌握安全成本的规律，促进安全生产工作、劳动保护事业和安全科学技术的发展。安全投资太少，会影响安全事业的发展；投资太多，分配不合理，将造成社会资源的浪费。合理的安全投资可以提高安全资源利用率和安全经济效益，促进经济的发展，更好地实现企业的经营战略和目标。

企业安全投资的来源与国家的经济体制、管理体制、财政税收和分配体制等多种因素密切相关。我国企业安全投资的来源主要有：

① 在工程项目中预算安排。包括安全设备、设施等内容的预算费用。如“三同时”基建费。

② 国家相关部门根据各行业或部门的需要，给企业按项目管理的办法下拨安全技术专项措施费。

③ 企业按年度提取的安全措施经费。如煤矿按吨煤提取，按企业的产值提取，按固定资产总量比例提取，按更新改造费的比例提取等方式。

④ 作为企业生产性费用的投入，支付从事安全或劳动保护活动所需费用。如劳动防

护用品费用，必需的事故破坏维修、防火防汛等费用。

⑤ 企业从利润留成或福利费中提取的保健、职业工伤保险费用。

⑥ 对现有安全设备或设施，按固定资产每年用折旧的方式筹措当年安全技术措施费用。

⑦ 职工个人缴纳安全保证金。

⑧ 征收事故或危害隐患罚金。

目前，我国的安全投资模式尚未成熟，合理开辟和稳定安全投资来源，还需要通过进一步完善安全投资的管理体制，加强法制建设来实现，以使安全投资方式上科学合理，来源上稳定可靠。而"多元化"的投资结构则是安全投资的发展趋势，如图 4-3 所示。

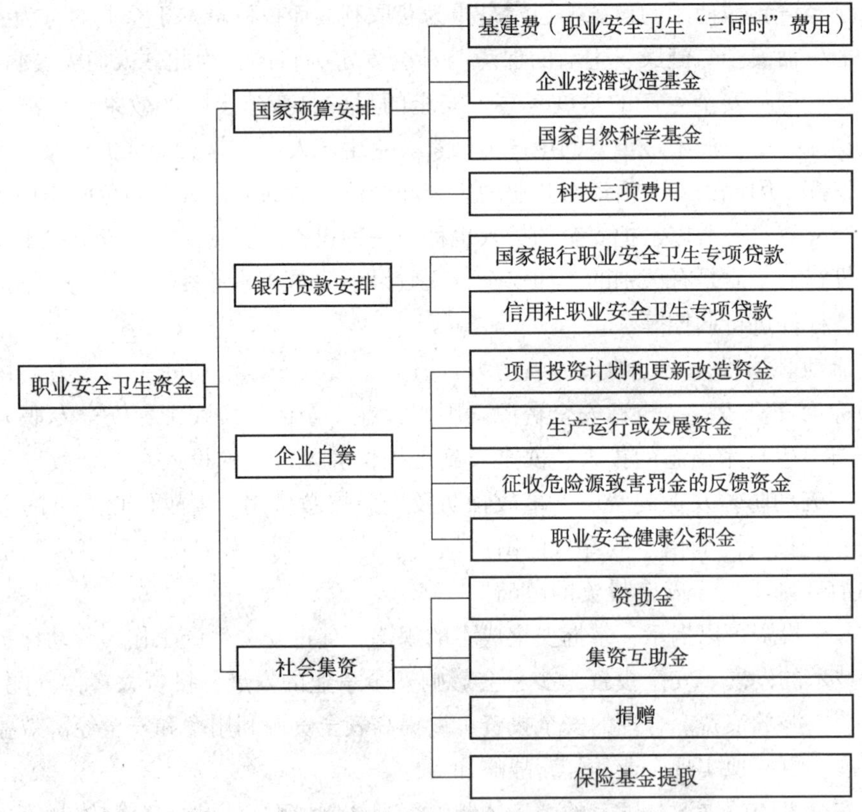

图 4-3　职业安全投资来源

(3) 影响企业安全投资的因素

企业安全资源投入的大小、投资比例的分配、增长速度的快慢、安全资源投入的方向是否合理，与国家政治体制、社会经济技术发展水平等因素密切相关。

① 社会政治经济因素。一个国家或地区的安全投资规模与其政治制度、经济制度以及政治形势等因素密切相关。中国的政治制度决定了国家机构的重要职能是在发展生产的基础上不断满足人民的物质和文化需要。提高人民生产和生活的安全与健康水平，关心和重视劳动保护事业是党和政府的工作宗旨之一。这就使得中国政府是能够在经济

能力许可的基础上，尽最大可能地保障安全的投入。经济发展水平是影响安全投资绝对量和相对量的主要因素。一个国家、行业或部门能将多少资源投入人们的安全保障，归根到底受到社会经济发展水平的制约。随着经济的发展，人们生活水平的逐步提高，安全投资也会随之增大。

② 科学技术因素。科学技术对安全投资的制约，一方面是由于科学技术的发展制约经济的发展，使安全的经济基础受到限制；另一方面，科学技术的水平决定了安全科学技术的水平。如果安全科学技术的发展客观上对经济的消耗有限，则安全投资应符合这一客观需求，否则，过大的投入，将会造成社会经济的浪费。科学技术决定企业的生产技术，生产的客观需要决定了安全的发展状况和水平。在不同生产技术条件下，对安全的要求也不一样，这就决定了安全投资必须符合生产技术的客观需要。正确的安全投资是要寻求安全经济资源的最有效利用，因此，应根据不同的生产技术要求，执行不同的安全投资政策。

③ 行业因素。不同的行业面临不同的经济形势，所处的发展环境、竞争环境也不相同。企业要根据自身所处行业实际情况，认清行业发展形势，制定安全投资策略。以建筑行业为例，由于建筑市场规范化程度不高，法规政策不配套，加上一些地方政府部门和管理人员管理不力，执法不严，导致安全投入流于形式，甚至可有可无。此外，建筑行业的性质决定了建筑企业资金易紧缺，企业一方面背负着庞大的债务，另一方面又要参与激烈的市场竞争，导致企业把有限的资金用于提高生产技术，创造经济效益。在资金紧张的情况下，建筑企业必然会加大对提高生产效率的投入，以增加收入为主要目标，忽视安全方面的投入。

④ 企业内部因素。企业决策者对安全投入的积极性有很大影响，企业制定安全投资策略，同时还要考虑企业自身规模、资金、生产周期等因素。企业按规模可划分为特大、大型企业，中型企业，小型企业三类。安全投入是一种风险较大的投资，投入能否收到预期效果很难精确预测。而企业抗风险能力的大小，主要与企业的经营规模相关。所以在进行投入决策时，应考虑企业规模和资金情况来确定企业投入的力度。另外，安全投资所反映的经济效益有其独有的特征，至今仍未能被企业决策者所认识。虽然安全投入是生产的必要成本，但因它带来的效益是隐性的，不能立即为企业带来看得见的的经济利益，往往会被一些企业忽视。

4.2.2 安全投资分析与决策

(1) 边际投资分析技术

在实践中，安全投资问题是复杂多样的，有国家或上级主管部门针对地区、行业或企业的年度投资问题，有企业自己针对措施项目或工作类别的投资分配问题。安全投资的决策不仅需要进行纵向对比分析，以指导不同时期的宏观投资政策，也需要横向的比较和优选，以做出微观的投资决策。边际投资分析技术是一种有助于企业小尺度投资决策的方法。

① 基本理论

边际投资(或边际成本)是指生产中安全度增加一个单位时的安全投资增量。进行边际投资分析，离不开边际效益的概念。边际效益指生产中安全度增加一个单位时的安全效果增量。如果无法对安全效果做出全面评价时，安全效果的增量可用事故损失的减少量来反映。

目前对于安全度不便用一个量表示，但考虑到安全投资 C 与安全度 S 呈正相关关系，即 $C \propto KS$；事故损失 L 与安全度呈负相关，即 $L \propto K/S$，则得到 $C \propto K/L$，即安全投资与事故损失呈负相关关系。所以，当安全度增加一个相同的量时，将安全投资的增加额与事故损失的减少额，近似地看作边际效益与边际损失，这样处理不影响进行最佳效益投资点的求解。

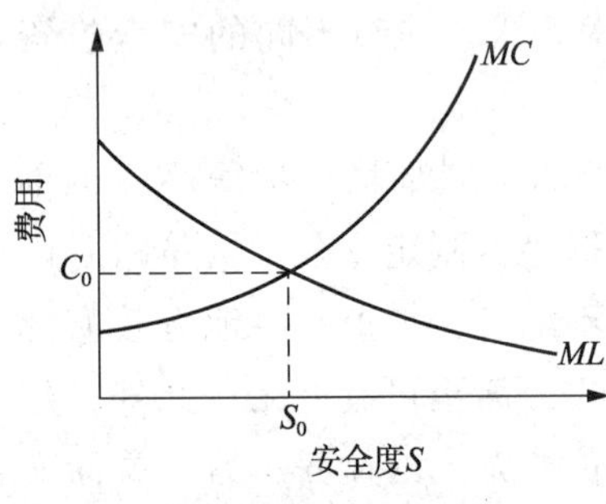

图 4-4　边际投资与边际损失的关系图

从投资与损失的增量函数关系中可以得出边际投资 MC 与边际损失 ML 的关系，如图 4-4 所示。

由图可知，安全度的边际投资随安全度的提高而上升；而安全度提高，带来的边际损失呈递减趋势。在低水平的安全度条件下，边际损失很高。当安全度较高时，如达到 99%，此时边际损失很低，但边际投资正好与之相反。当处于最佳安全度 S_0 这个水平上时，边际投资量等于边际损失量，即意味着安全投资的增加量等于事故损失的减少量，此时安全效益反映在间接的效益和潜在的效益上(一般都大于直接的效益数倍)；如果安全度很低，提高安全度所获得的边际损失大于边际投资，说明减损的增量大于安全成本的增量，此时改善劳动条件，提高安全度是必须而且值得的；如果安全度超过 S_0，那么提高安全度所花费的边际投资大于边际损失，如果所超过的数量在考虑了安全的间接效益和潜在效益后还不能补偿，即意味着安全投资没有效益(这种情况是极端和少见的)。通常是当安全度超过 S_0，安全的投资增量要大大超过损失的减少量，即安全的效益随超过的程度在下降，此时也可理解为对事故的控制过于严格了。

因此，从经济效益的角度，常常以最佳安全效益点作为安全投资的参考基点，用于指导安全投资决策。

② 应用举例

某企业 11 年来安全投资与事故损失情况如表 4-2 所示(按年安全投资由小到大排列)。

表 4-2　某企业安全投资与事故损失情况数据表

安全投资(万元/年)	事故损失(万元/年)	边际投资(万元/年)	边际损失(万元/年)	边际投资与边际损失之差(万元/年)	投资决策
5.0	113.9	—	—	—	增加
6.0	89.9	1.0	24.0	-23.0	增加

续表

安全投资（万元/年）	事故损失（万元/年）	边际投资（万元/年）	边际损失（万元/年）	边际投资与边际损失之差（万元/年）	投资决策
7.4	70.4	1.4	19.5	-18.1	增加
9.4	54.3	2.0	16.1	-14.1	增加
12.1	41.3	2.7	13.0	-10.3	增加
15.6	31.0	3.5	10.3	-6.8	增加
19.9	22.9	4.3	8.1	-3.7	增加
26.0	16.7	6.1	6.2	-0.1	增加
34.0	12.2	8.4	4.5	3.9	减少
44.7	9.2	10.6	3.0	7.6	减少
57.7	7.4	13.0	1.8	11.2	减少

由表4-2可知：当边际投资为6.1万元/年时，边际损失6.2万元/年，二者近似相等，可以把这时的安全投资看作最佳投资点，即这时的总损失最小。总损失26.0+16.7=42.7(万元/年)，经济效益最大。以11年来最大损失5.0+113.9=118.9(万元/年)为基准点，则正的效益为118.9-42.7=76.2(万元/年)。在对投资进行决策时，投资少于26.0万元时，应增加投资，投资大于26.0万元时，则应减少投资。

(2) 安全投资决策程序

一般可将安全投资项目决策程序分为安全投资项目立项、可行性研究、项目评估决策、项目监测反馈和项目后评价阶段等五个阶段。

① 安全投资项目立项阶段。这一阶段的实质就是确定安全投资目标。这是整个决策过程的出发点和归宿。决策者通过对企业安全环境的分析与预测，发现和确定需要解决的安全问题。针对问题的表现(其时间、空间和程度)、问题的性质(其迫切性、扩展性和严重性)、问题的原因，构想通过投资达到解决问题的目标。

② 可行性研究阶段。这一阶段可包括信息处理和拟订方案两个方面。信息处理就是要弄清楚各方面的实际情况，广泛搜集整理有关文献资料，并进行科学的预测分析。在此基础上针对已确定的目标，提出若干个实现预定目标的备选方案。为达到目标，在拟订每一备选方案时必须注意方案的可行性、多样性和层次性。第一阶段确定的目标，由于信息量有限，可能不全面、不合适，需要根据第二阶段的分析结果不断予以修正。

③ 项目评估决策。对第二阶段的投资方案进行综合性评定和估算。进行项目评估必须首先确定评价准则，然后对各个方案实现目标的可能性、费用和效益作出客观评价，最后提出方案的取舍意见，由决策者权衡、确定最终投资方案并付诸实施。

④ 项目监测和反馈阶段。在安全投资项目建设实施过程中需要对项目进行监测，若发现方案有问题，要及时进行信息反馈，对原有方案提出修正，使项目沿着预定的方向发展。

⑤ 安全投资项目后评价阶段。安全投资项目建成投产运营一段时间后，在项目各方面情况较为明朗的情况下，对项目进行全面的分析评价，不断总结经验，提高决策水平。

(3) 安全投资决策

安全投资决策包括安全投资方向决策和安全投资数量决策两个方面。

① 安全投资方向决策。安全投资主要涉及安全技术措施投资、工业卫生措施投资、安全教育投资、劳动保护用品投资和日常安全管理投资等五个方向。确定安全投资方向的方法主要有专家打分法和灰色系统关联分析法。

专家打分法主要是通过若干有代表性的专家对企业拟进行安全投资的方向分别打分，然后将各自分值累加起来，分值最高的，是优先考虑的安全投资方案，资金方面应优先保证。

关联度是指两个系统或系统中的两个因素之间随着时间而变化的关联性大小的量度。灰色关联度分析是对一个系统发展变化态势的定量比较与描述，通过弄清楚系统或因素间的关联关系，达到对系统有比较透彻的认识，分清哪些是主导因素，哪些是次要因素，为系统分析、预测和决策提供依据。

② 安全投资数量决策。从提高安全水平的角度讲，安全投资数量越多越好。但随着安全投资数量逐步增加，安全度逐步提高，而利润随着安全投入的加大而先增大至最高点，而后逐步减少，甚至为负数。安全投资效益包括经济效益和非经济效益(社会效益)。而经济效益则包括“隐性”经济效益与“显性”经济效益。“隐性”经济效益就是经济损失降低额。“显性”经济效益是指安全投资项目实施后，消除了不安全因素，改善了劳动环境和劳动条件，即提高了安全水平，则往往由此提高了劳动生产率，从而新增一定量的经济效益。实施安全投资项目所产生的社会效益，是指安全条件的实现，对国家和社会的发展、对企业或集体生产的稳定、家庭或个人的幸福所起的积极作用。作为一个负责任的企业，在考虑利润时，应充分考虑社会效益。只有这样，才会实现企业价值最大化。

常用的安全投资数量决策方法较多，有层次分析法、系统动力学法等方法。

层次分析法(Analytic Hierarchy Process，AHP)是美国 T. L. Saaty 教授于 20 世纪 70 年代提出的一种系统分析方法。该方法将一个复杂的多目标决策问题作为一个系统，将目标分解为多个分目标或准则，进而分解为多指标(或准则、约束)的若干层次，通过定性指标模糊量化方法算出层次单排序(权数)和总排序，以此作为多目标(多指标)、多方案优化决策的系统方法。

系统动力学法(Systemdynamics)也是一种定性与定量相结合的分析方法。系统动力学理论与方法系美国福雷斯教授于 1956 年创立的。该理论与方法以反馈控制理论为基础，建立系统动态模型，借助计算机进行仿真实验。其突出特点是长于处理非线性具有多重反馈结构的时变复杂系统。这正符合了安全经济系统的特征要求。运用该方法可实现如下功能：建立安全经济系统的简化模型；探讨经济发展与安全投入之间的关系；建立“政策实验室”，模拟政策实施，依据仿真结果为指定的安全投资方案提供决策支持；识别安全经济系统的潜在问题，提出对策。

4.2.3　安全投资决策方法

(1)“利益-成本”决策法

所谓“利益-成本”决策法就是通过“安全产出量”与“安全投入量”的比值，即“利益-成本”比来表示安全投资所带来的经济效益，以此作为安全投资方案优选的依据。

① 决策思路。在安全投资决策中利用“利益-成本”分析方法，最基本的工作是把安全措施方案的利益值计算出来，基本思路如下：

首先计算安全方案的效果

$$\text{安全方案的效果 } R = \text{事故损失期望 } U \times \text{事故概率 } P \tag{4-1}$$

其次计算安全方案的利益

$$\text{安全方案的利益 } B = R_0 - R_1 \tag{4-2}$$

式中　R_0——采取安全措施前的系统事故后果；

R_1——安全措施方案实施后的系统事故效果。

最后计算安全的效益

$$\text{安全效益 } E = B/C \tag{4-3}$$

C——安全方案的投资。

② 决策步骤。

a. 用ETA、FTA等系统安全分析方法，计算系统原始状态下的事故发生概率 P_0；

b. 用有关系统安全分析方法，分别计算出各种安全措施方案实施后的系统事故发生概率 $P_1(i)$，$i=1$，2，3，…；

c. 在事故损失期望 U 已知(通过调查统计、分析获得)的情况下，计算采取安全措施前的系统事故后果(状况)

$$R_0 = U \times P_0 \tag{4-4}$$

d. 计算出各种安全措施方案实施后的系统事故效果

$$R_1(i) = U \times P_1(i) \tag{4-5}$$

e. 计算系统各种安全措施实施后的安全利益

$$B(i) = R_0 - R_1(i) \tag{4-6}$$

f. 计算系统各种安全措施实施后的安全效益

$$E(i) = B(i)/C(i) \tag{4-7}$$

g. 根据 $E(i)$ 值进行方案优选

$$\text{最优方案} \rightarrow \text{Max}(E_i) \tag{4-8}$$

③ 应用举例。某企业拟采取安全综合措施改进其作业安全水平，初步设计了三种方案，试根据事故控制水平及其投资效益对方案进行优选。

解：

a. 根据原作业状况，计算出系统原始状态下的事故发生概率 $P_0=0.05$；

b. 用系统安全分析技术计算出三种安全措施方案实施后的系统事故发生概率分别为：

$P_1(1)=0.030$，所需投资 $C_1=1$ 万元；$P_1(2)=0.040$，所需投资 $C_2=0.4$ 万元；$P_1(3)=0.035$，所需投资 $C_3=1.1$ 万元。

c. 事故损失期望 U 按一般事故规律进行估算：

轻伤严重度 $U_1=1$；重伤严重度 $U_2=60$；死亡严重度 $U_3=7500$；

轻伤频率 $f(1)=100$；重伤频率 $f(2)=30$；死亡频率 $f(3)=1$。

则系统损失期望为：$U=\sum U_i \times f(i)=9400$

可得系统原始状态下(改进前)的事故后果：$R_0=U\times P_0=470$

d. 计算出三种安全措施方案实施后的系统事故后果：$R_1(1)=U\times P_1(1)=282$；$R_1(2)=U\times P_1(2)=376$；$R_1(3)=U\times P_1(3)=329$。

e. 计算系统各种安全措施实施后的安全利益：$B(1)=R_0-R_1(1)=148$；$B(2)=R_0-R_1(2)=94$；$B(3)=R_0-R_1(3)=141$。

f. 计算系统各种安全措施实施后的安全效益：$E(1)=B(1)/C_l=148$；$E(2)=B(2)/C_2=270$；$E(3)=B(3)/C_3=128$。

g. 根据 $E(i)$ 值进行方案优选：最优方案→$\mathrm{Max}(E_i)=E_2=270$，即方案 2 是最优方案。

(2) 企业安全投资的风险决策

① 风险决策的基本原理。风险决策也称概率决策，是在估计出安全措施利益的基础上，考虑到利益实现的可能性大小，进行利益期望值的预测，以此预测值作为决策的依据。具体步骤如下：

a. 计算出各方案的各种利益 B_{ij}(第 j 种方案的第 i 种利益)；

b. 计算出各利益实现的概率(可能性大小)P_i；

c. 计算各方案的利益(共有 m 种利益)期望 $E(B)_i$：

$$E(B)_i=\frac{1}{m}\sum_{i=1}^{m}P_i B_{ij} \tag{4-9}$$

d. 进行方案优选：

$$\text{最优方案}\rightarrow \mathrm{Max}[E(B)i] \tag{4-10}$$

② 应用举例。某煤矿设计出 4 种方案对瓦斯进行治理。需考虑 4 种瓦斯涌出状况，这 4 种方案、4 种利益条件下的利益值见表 4-3。

表 4-3 四种方案下不同条件时的可能利益

条件状况 S_i \ 预估利益 B_i \ 方案 A_i	扩建 A_1	新建 A_2	外包 A_3	挖潜 A_4
大 S_1	600	850	350	400
中 S_2	400	420	220	250
小 S_3	-100	-150	50	90
很小 S_4	-350	-400	-100	-50

根据上述方法可得如表 4-4 所示的计算结果，则最优方案为 A_2(新建)。

表 4-4　案例计算结果

求算方法	可能概率 S_i	方案			
		A_1	A_2	A_3	A_4
P_iB_{ij}	0.3	180	225	105	120
	0.4	160	168	88	100
	0.2	-20	-30	10	18
	0.1	-35	-40	-15	
$E(B)_i=(\sum P_iB_{ij})/m$		71.25	88.25	16.68	37.25
$\mathrm{Max}[E(B)_i]$		88.25			

(3) 安全投资的综合评分决策

① 基本理论和思想。这是美国格雷厄姆、金尼和弗恩合作，在作业环境危险性评价(LEC)方法基础上开发出的用于安全投资决策的一种方法。该方法基于加权评分的理论，根据影响评价和决策因素的重要性，以及反映其综合评价指标的模型，设计出对各参数的定分规则，然后依照给定的评价模型和程序，对实际问题进行评分，最后给出决策结论。具体评价模型为“投资合理性”计算公式：

$$投资合理度=\frac{事故后果严重性\ R\times 危险性作业程度\ E_x\times 事故发生可能性\ P}{经费指标\ C\times 事故纠正程度\ D} \tag{4-11}$$

式中，分子是危险性评价的三个因素，反映了系统的综合危险性；分母则综合反映了投资强度和效果，其实际内涵是体现了“效果-投资”比。

② 基本步骤。

a. 确定事故后果的严重性分值 R。事故造成的人员伤害和财产损失的范围变化很大，规定分值为 1~100。把需要治疗的轻微伤害或较小财产损失的分值定为 1，把造成多人死亡或重大财产损失的分值定为 100，其他情况的数值在 1~100 之间，如表 4-5 所示。

表 4-5　事故后果严重度分值表

后　果　严　重　程　度	分　值
特大事故；死亡人数很多；经济损失高于 100 万美元；有重大破坏	100
死亡数人；经济损失在 50 万~100 万美元之间	50
有人死亡；经济损失在 10 万~50 万美元之间	25
极严重的伤残(截肢，永久性残废)；经济损失在 0.1 万~10 万美元之间	15
有伤残；经济损失达 0.1 万美元	5
轻微割伤，轻微损失	1

b. 确定人员暴露于危险作业环境的频繁程度 E_x。人员暴露于危险环境中的时间越多，

受到伤害的可能性越大，相应的危险性也越大。规定人员连续出现在危险环境的情况定为10，而非常罕见地出现在危险环境中定为0.5，介于两者之间的各种情况规定若干个中间值，如表4-6所示。

表4-6 人员暴露于危险作业环境的频繁程度分值表

危险事件出现情况	分值	危险事件出现情况	分值
连续不断(或一天内连续出现)	10	有时出现(一月一次到一年一次)	2
经常性(大约一天一次)	6	偶然(偶然出现一次)	1
非经常性(一周一次到一月一次)	3	罕见	0.5

c. 确定事故发生的可能性 P。事故发生的可能性定性表示了事故发生概率。将发生事故可能性极小的分值定为0.1，而必然要发生的事故的分值定为10，以此为基础规定介于这两种情况之间的分数值，如表4-7所示。

表4-7 事故发生可能性分值表

意外事件产生后果的可能程度	分值	意外事件产生后果的可能程度	分值
最可能出现意外结果的危险作业	10	只有极为巧合才出现，可记起发生过	1
50 %可能性	6	偶然(偶然出现一次)，记不起发生过	0.5
只有意外或巧合才能发生	3	不可能	0.1

d. 投资强度分值C，如表4-8所示。

表4-8 投资强度分值表

费用	分值	费用	分值
50000美元以上	10	100~1000美元	2
25000~50000美元	6	25~100美元	1
10000~25000美元	4	25美元以下	0.5
1000~10000美元	3		

e. 纠正程度分值D，如表4-9所示。

表4-9 纠正程度分值表

纠正程度	额定值	纠正程度	额定值
险情全部消除(100%)	1	险情降低25%~50%	4
险情降低75%	2	险情稍有缓和(<25%)	6
险情降低50%~75%	3		

使用式(4-11)时，先查出对应情况分值，代入计算即得合理度的数值。合理度的临界值定为10。如果计算出的合理度分值高于10，则经费开支被认为是合理的；如果低于

10，则认为是不合理的。

③ 应用举例。一座建筑物的爆炸实验室里有许多用于爆炸物质实验的加热炉，每个加热炉内有高达 5 磅(2.27kg)的高爆炸性物质。这种类型的加热炉由于加热温度控制的失误可能会引起温度过高，从而使加热炉内的炸药发生爆炸。一旦发生事故，接近该建筑物的所有人员都有生命危险。因此要在建筑物的周围构筑一道屏蔽墙以使行人免遭伤害。预算经费 5000 美元，运用投资合理度计算公式查表取分值计算如下。

a. 事故后果取 25 分；

b. 危险作业取 1 分；

c. 事故可能性取 1 分；

d. 投资强度取 3 分；

e. 纠正程度取 2 分(屏蔽墙的有效性 75%以上)；

f. 将以上各分值代入公式，则得投资合理度为 4.2 分。

计算所得的投资合理度远低于 10 分，因此投入 5000 美元构筑屏蔽墙保护行人的措施是不合理的，应考虑采取其他措施。

(4) 安全投资的模糊决策法

① 模糊决策及其模型

最优安全系统的安全投资问题是一个极为复杂的问题，其影响因素如企业生产规模、生产技术、人员素质、管理水平等都是动态因素，而非严格的确定性因素。这就使得用确定性数理方法作出的决策在影响因素波动较大时会与实际情况产生较大偏差，此时用模糊数学方法进行决策更为准确和合理。如果投资与影响因素的关系是线性的，这种问题就成为模糊线性规划问题，这种情况在实际工作中较为普遍。

线性规划问题的数学模型是在式(4-12)约束条件下求目标函数 M 的最大值，即 M_{max}。

$$C:\begin{cases}\boldsymbol{A}x\leqslant b\\ x\geqslant 0\end{cases}\tag{4-12}$$

式中，$\boldsymbol{a}$、$\boldsymbol{b}$ 分别为 n 维和 m 维向量，$\boldsymbol{A}$ 为 $m\times n$ 矩阵。

如约束条件可以有某种伸缩，即所谓“模糊”约束，比如将“$\leqslant b$”，改为“大致$\leqslant b$”，便可得到线性规划问题的变形——模糊线性规划。这样，将“大致$\leqslant b$”记为“$<b$”，即得式(4-13)模糊约束条件下求目标函数 $\boldsymbol{M}$ 的最大值 $M_{max}=ax$。

$$C:\begin{cases}\boldsymbol{A}x<b\\ x>0\end{cases}\tag{4-13}$$

同理，可得求目标函数 M 最小值的数学模型：在式(4-14)模糊约束条件下求目标函数 M 的最小值 $M_{min}=ax$。

$$C:\begin{cases}\boldsymbol{A}x>b\\ x>0\end{cases}\tag{4-14}$$

同理，可得求目标函数 M 最小值的数学模型：在式(4-15)模糊约束条件下求目标函数 M 的最小值 $M_{min}=ax$。

$$C:\begin{cases}\mathbf{A}>xb\\ x>0\end{cases} \tag{4-15}$$

在一个企业的安全投资中，可以概括为两项投资，即非安全项目投资 x_1 和安全项目投资 x_2。设 x_1、x_2 为两种所求之值，在模糊约束条件

$$C:\begin{cases}a_1x_1+a_2x_2<b_1\\ a_3x_1+a_4x_2<b_2\\ a_5x_1+a_6x_2<b_3\\ x_1\geqslant 0 \quad x_2\geqslant 0\end{cases} \tag{4-16}$$

下，使目标函数

$$M=a_{\text{I}}x_1+a_{\text{II}}x_2 \tag{4-17}$$

为最大 M_{max}。

同理，在模糊约束条件

$$C:\begin{cases}a_1x_1+a_2x_2>b_1\\ a_3x_1+a_4x_2>b_2\\ a_5x_1+a_6x_2>b_3\\ x_1\geqslant 0 \quad x_2\geqslant 0\end{cases} \tag{4-18}$$

下，使目标函数

$$M=a_{\text{I}}x_1+a_{\text{II}}x_2 \tag{4-19}$$

为最小 M_{min}。

式(4-16)~式(4-19)中 a_i、a_{I}、a_{II}、b_i均为常数。

设 d_i为增量或减量，当 b_i增加到 b_i+d_i时，能增加的隶属度为 $M_i(d_i)$，$d_i\geqslant 0$。当 b_i减少到 b_i-d_i时，能减少的隶属度为 $M_i(d_i)$，$|d_i|\geqslant 0$。

为了定义模糊约束条件的隶属度，对式(4-16)~式(4-19)的右侧所容许增加或减少的量 d 都作同样考虑，即

$$M_1(d)=M_2(d)=\cdots=M_i(d) \tag{4-20}$$

且

$$M_i(d)=1-0.2d_i\geqslant 0 \tag{4-21}$$

最大、最小标准化的目标函数分别为

$$M(x_1, x_2)=(1/M_{max})(a_{\text{I}}x_{\text{I}}+a_{\text{II}}x_{\text{II}}) \tag{4-22}$$

$$M(x_1, x_2)=(1/M_{min})(a_{\text{I}}x_{\text{I}}+a_{\text{II}}x_{\text{II}}) \tag{4-23}$$

精度为

$$|\varepsilon k|=|ak-Mk(u)|\leqslant\varepsilon \tag{4-24}$$

② 应用举例

某企业设计了三种可供选择的安全投资方案，各方案的投资情况如表 4-10 所示。

表 4-10　企业投资方案表　　单位：万元/百吨

投资方案	安全性投资	非安全性投资	总投资
Ⅰ	16	20	36
Ⅱ	20	24	44
Ⅲ	20	21	41

设安全投资的变量为 x_1，非安全投资的变量为 x_2。参照同类企业每吨(批)成品各方案单位投资所占百分数见表 4-11。参照同类企业和有关资料确定最优投资的目标函数：

$$M_{max}=0.3x_1+0.85x_2 \tag{4-25}$$

表 4-11　每吨(批)成品单位投资百分比情况　　单位：万元/百吨

投资类别 \ 投资数据/% \ 投资方案	Ⅰ	Ⅱ	Ⅲ
x_1	34	16	53
x_2	19	50	31

由式(4-16)得约束条件：

$$0.34x_1+0.19x_2=36 \tag{4-26}$$

$$0.13x_1+0.50x_2=44 \tag{4-27}$$

$$0.53x_1+0.31x_2=41 \tag{4-28}$$

$$x_1 \geqslant 0,\ x_2 \geqslant 0$$

对上述各式右侧都考虑用同样的增量 d_i，得

$$0.34x_1+0.19x_2+d_i=36 \tag{4-29}$$

$$0.13x_1+0.50x_2+d_i=44 \tag{4-30}$$

$$0.53x_1+0.31x_2+d_i=41 \tag{4-31}$$

解方程组式(4-29)和式(4-30)得

$$0.31x_2-0.21x_1=8 \tag{4-32}$$

解方程组式(4-30)和式(4-31)得

$$0.19x_2-0.4x_1=3$$

$$x_1=(0.19x_2-3)/0.4 \tag{4-33}$$

把式(4-33)代入式(4-32)，得：$x_2=30.56$(百万元)

将 $x_2=30.56$ 代入式(4-33)得：$x_1=7.02$(百万元)

将 x_1、x_2 值代入式(4-25)得：$M_{max}=0.3x_1+0.85x_2=0.3\times7.02+0.85\times30.56=28.08$

由式(4-22)得标准化的目标函数：$M(x_1,\ x_2)=(1/28.08)(0.3x_1+0.85x_2)=0.0107x_1+0.0303x_2$

对于任意给出 $ak=0.9$，精度要求 $\varepsilon=0.001$，有

$$Mk(x_1, x_2)=0.0107\times7.02+0.0303\times30.56=1.0011$$

由式(4-24)验算精度 $|\varepsilon k|=|0.9-1.0011|=0.1011>\varepsilon=0.0011$

所以 $|\varepsilon k|=0.1011$ 不为所求，故选 $a=1.0011$

由式(4-21)得 $1-0.2d_i=0.0011$

解得 $d_i=-0.0055$

代入式(4-29)~式(4-31)得

$$0.34x_1+0.19x_2=36.055 \tag{4-34}$$

$$0.13x_1+0.50x_2=44.0055 \tag{4-35}$$

$$0.53x_1+0.31x_2=41.0055 \tag{4-36}$$

解联立方程组式(4-34)~式(4-36)得三组解：

$$\begin{cases}x_1=66.36\\x_2=70.76\end{cases}\quad\begin{cases}x_1=30.53\\x_2=80.07\end{cases}\quad\begin{cases}x_1=717.16\\x_2=-1093.84\end{cases}$$

第三组解为实际不存在值，不予考虑。重复上述的精度验算得

$$|\varepsilon k|=|1.0011-1.0011|=0<\varepsilon=0.001$$

故此 εk 为所求。

将第一组和第二组 x_1、x_2 代入式(4-25)得：

当 $x_1=66.36$，$x_2=70.76$ 时，盈利=80.054(万元/百吨)；

当 $x_1=30.53$，$x_2=80.07$ 时，盈利=77.219(万元/百吨)。

由此可知最优的投资方案是每百吨(批)成品中安全投资 66.36 万元，非安全投资 70.76 万元较为合理此时总盈利最大。

4.3 企业保险

4.3.1 保险的基本理论

(1) 保险及其本质

保险是保险人通过收取保险费的形式建立保险基金用于补偿因自然灾害和意外事故所造成的经济损失或在人身保险事故(包括因死亡、疾病、伤残、年老、失业等)发生时给付保险金的一种经济补偿制度。保险合同是投保人与保险人约定保险权利义务关系的协议。投保人是指与保险人订立保险合同，并按照合同约定负有支付保险费义务的人。保险人是指与投保人订立保险合同，并按照合同约定承担赔偿或者给付保险金责任的保险公司。

保险的本质体现在以下四个方面：

① 以合同的形式约定风险事故或风险事件，约定保险费、保障程度和保险责任等。所以，保险人与投保人之间的关系实际上是合同关系，根据保险合同规定，投保人承担支付保险费的义务。保险人对被保险人因意外事故或特定事件的出现所导致的损失负责经济补偿或给付。即借助于保险合同的关系，将投保人或被保险人的风险转移到保险人那里。

② 集合多数组织和个人，向他们收取保险费，建立保险基金。保险基金是保险人依据合同实行损失补偿的资金基础。

③ 向投保人收取保险费应有科学的数理基础，即要运用现代数理方法进行风险评估、测算制定公平合理的保险费率。

④ 保险制度运行的微观结果是风险的转移和少数被保险人的损失由多数被保险人共同分担，客观上起到了保障经济生活安定和社会稳定的宏观效果。

(2) 保险的功能

保险具有经济补偿、资金融通和社会管理三大功能。经济补偿是基本功能；资金融通是保险金融属性的体现；社会管理功能是保险业发展到一定程度，并深入到社会生活的诸多层面之后产生的一项功能。

保险功能又可分为基本功能和派生功能两类。基本功能是风险分散和损失补偿；派生功能是融通资金和防灾防损。

① 风险分散。保险向社会提供了这样一种机制：具有同类风险的组织和个人(被保险人)被聚集，同时向聚集他们的人(保险人)交纳一定的费用，被保险人约定的风险就转移给了保险人，或者说，后者承担了前者的风险。而后者能够承担前者的风险，是以向众多的投保人(或被保险人)收取一定的保险费为基础的。因此，实际上不是保险人承担了被保险人的风险，而是同类风险的所有被保险人通过保险这种机制共同承担了少数人的风险。

② 损失补偿。保险以合同的形式向众多的投保人收取保险费，然后根据合同在少数被保险人发生约定风险事故所致损失时进行经济补偿，这就是保险的损失补偿功能。这也是“一人为众，众为一人”的保险的最基本的互助共济精神的体现。

③ 融通资金。保险分散风险的功能决定了保险经营机构需要向投保人收取一定的保险费，形成用于损失补偿的保险基金。但是，集中起来的保险基金并不会立即全部用于赔偿或给付，总有一部分在一定时期内被闲置。现代社会，经营机构的资金总是要倾向于最有效的配置，通常可以投资于证券市场和某些实业部门。因此，保险经营机构一方面吸引资金，另一方面投放资金，这就是保险的融通资金的功能。现代保险机构特别是人寿保险公司，其融通资金的能力非常强大。高效益的投资有助于更好地发挥保险的基本功能。

④ 防灾防损。现代保险经营机构通常在承保前要仔细鉴别风险，防止逆向选择，承保后对被保险人提供防灾防损服务，以使具有同类风险的被保险人尽可能减轻保险费的负担，也使保险人减少可能的损失赔偿。防灾防损功能是损失补偿基本功能的派生。

(3) 保险的作用

保险的作用是保险功能发挥出来而在社会经济中产生的影响和效果。这里，仅讨论保险在微观经济中，即企业发展中的作用。

① 有利于受灾企业尽快摆脱困境，恢复生产经营。企业在运作过程中，难免会遇到各种自然灾害和意外事故，中断企业的正常营业，并使企业遭受损失。如果企业参与保险，将企业可能遇到的一些风险转移给了保险人，在发生约定事故直接导致的损失后，将可以获得保险人依据合同进行的损失补偿。受灾企业便可以在一定程度上得到经济补偿，

恢复生产经营。

② 有利于企业加强风险管理。保险机构(公司)在接受了众多的被保险标的之后，为了减少损失赔偿的机会，通常会利用多年积累的风险管理经验，对被保险企业进行风险调查，为其提供风险管理的方案，尽可能消除风险隐患，达到防灾防损的目的。保险公司还可以通过保险合同的约束和保险费率的杠杆作用，调动企业防灾防损的积极性，共同搞好企业的风险管理工作。在一些大的风险事故发生后，保险公司通常会尽可能帮助被保险企业抢救财产和伤员，尽可能减少损失。

③ 有利于保障企业职工利益。我国明确立法要求企业为职工缴纳工伤、失业、养老、生育、医疗等社会保险，保险费用由企业和职工按规定比例分担。此时企业的职工成为被保险人，当职工在工作期间发生保险规定事件后，保险人会依据合同给予补偿。尤其是发生工伤事故，职工的人身财产遭受重大损失，有可能失去生命，给职工家庭造成巨大创伤。此时职工的社会保险将发挥巨大作用，不仅能弥补一部分职工的损失，为企业承担部分赔偿，并为职工家庭提供保障。

4.3.2 工伤保险

工伤保险制度是国家和社会对劳动者职业伤害的医疗救治、收入补偿、职业康复和死亡者遗属抚恤的综合性政策制度，是社会保险和国家社会保障体系的组成部分。实行工伤保险制度对于促进企业安全生产、降低事故率及职业病发生率、保障职工权益有重要意义。

1951 年 2 月 26 日原劳动部颁布了《中华人民共和国劳动保险条例》，确立了我国的工伤保险制度。1996 年原劳动部根据劳动法的有关规定发布了《企业职工工伤保险试行办法》(劳部发〔1996〕266 号)，标志着我国工伤保险在经历了四十多年的企业保险后，进入社会保险阶段，工伤保险实行社会统筹，进行社会化管理。2003 年 4 月 27 日国务院颁布了《中华人民共和国工伤保险条例》，提高了工伤保险的立法层次。根据 2010 年 12 月 20 日《国务院关于修改〈工伤保险条例〉的决定》进行了修订。

(1) 工伤保险及其特点

工伤是指劳动者在从事职业活动或者与职业活动有关的活动时所遭受的不良因素的伤害和职业病伤害。职业病是指企业、事业单位和个体经济组织等用人单位的劳动者在职业活动中，因接触粉尘、放射性物质和其他有毒、有害物质等因素而引起的疾病。

工伤保险，又称职业伤害保险，是通过社会统筹的办法，集中用人单位缴纳的工伤保险费，建立工伤保险基金，对劳动者在生产经营活动中遭受意外伤害或职业病，并由此造成死亡、暂时或永久丧失劳动能力时，给予劳动者及其家属法定的医疗救治以及必要的经济补偿的一种社会保障制度。这种补偿既包括医疗、康复所需费用，也包括保障基本生活的费用，包括工伤发生后劳动者本人可获得的物质帮助和劳动者因工伤死亡其遗属可获得的物质帮助两个方面。

工伤保险具有如下特点：①强制性，由国家立法强制执行；②非营利性，是国家对劳动者履行的社会责任，也是劳动者应该享受的权利；③保障性，指劳动者在发生工伤事故后，对劳动者或其遗属发放的工伤待遇以保障其基本生活；④互助互济性，通过强制征收保险费建立工伤保险基金，由社保机构在人员之间、地区之间、行业之间对费用实行再分配，调剂适用基金。

（2）工伤保险的社会意义

导致工伤事故发生的原因十分广泛、复杂，尽管许多国家颁布了各种有关安全生产的法律和法规，科学技术的发展、进步，亦为工业生产提供了多种多样的防范事故的措施，但工伤事故依然是当代社会所难以完全避免的。工伤社会保险就是针对机器大生产过程中带来的危险因素相对增加而建立的。其意义正如1964年第48届国际劳动大会通过的《工伤事故津贴公约》中指出：实施工伤社会保险是为了受雇人员发生不测事故时提供医疗护理及现金津贴，进行职业康复，为残疾者安排适当职业，采取措施防止工伤事故和职业病。

① 工伤保险作为社会保险制度的一个组成部分，是国家通过立法强制实施的，是国家对职工履行的社会责任，也是职工应该享受的基本权利。工伤保险的实施是人类文明和社会发展的标志和成果。

② 实行工伤保险制度保障了工伤职工的医疗及其基本生活、伤残抚恤和遗属抚恤，在一定程度上解除了职工和家属的后顾之忧，工伤补偿体现出国家和社会对职工的尊重，有利于提高职工的工作积极性。

③ 实行工伤保险制度有利于促进安全生产，保护和发展社会生产力。工伤保险与生产单位改善劳动条件、防病防伤、安全教育、医疗康复、社会服务等工作紧密相联。对提高生产经营单位和职工的安全生产，防止或减少工伤、职业病，保护职工的身体健康，至关重要。

④ 工伤保险保障了受伤害职工的合法权益，有利于妥善处理事故和恢复生产，维护正常的生产、生活秩序，维护社会安定。

（3）工伤保险制度的类型

根据工伤保险责任主体划分，工伤保险制度基本上有两种类型：一种是建立集中使用的工伤保险基金的社会保险制度；另一种是根据法律规定私人企业安排的各种工伤保障方案。约有三分之二的国家工伤补偿方案是通过集中管理的公共基金实施的。这种公共基金可以是一般社会保险的组成部分，有的则可以与其他一般社会保险分立。在一些国家，凡受工伤保险法约束的雇主，都必须向公营保险机构交纳保险费，当工伤事故发生之后，由公营保险机构支付应发的抚恤金，因而这种方式可以称之为社会保险办法或公营保险机构强制保险办法。第二种属于雇主责任制，一般不要求雇主向公营保险机构缴纳工伤保险费，但责成有关雇主在工伤事故发生后，根据法规的规定有责任对工伤职工或其遗属支付伤残补偿金。有些受到这种法律约束的雇主在发生工伤事故时，可以从他们自己的基金中支付工伤补助金，另有一些雇主自愿购买私营或互助保险合同，以保障自身不致突然承担此类风险。雇主责任制主要分布在发展中国家，在美国及一些发达国家则是两种制度并存。国际劳工局主张由雇主责任制向社会保险过渡，其原因是工伤社会保险比雇主责任制具有更多的优越性。

工伤社会保险其基金实行社会统筹，保障性和补偿性强，工伤保险待遇由社会保险公司统一进行社会化管理，长期待遇和短期待遇相结合，以长期待遇为主；实行工伤补偿和事故预防、职业康复相结合等。这种统一筹资和共同分担风险的方式，既可以保证受工业伤害的人得到相应的待遇，又可以避免职业伤害保险成为企业主个人承担的风险。相比之下，雇主责任保险存在的问题较多，因为没有可靠的资金保障，其待遇只是一次性支付，很难保证受伤残的职工得到长期的保障，保障功能差，不能妥善解决工伤这种社会问题。

(4) 工伤保险制度的实施原则

① “无过失补偿”原则。亦称无责任补偿原则。工伤事故的责任与赔偿处理大体经历了三个阶段：第一阶段，强调受伤害工人个人负责，雇主无须赔偿；第二阶段，强调雇主有过失才赔偿；第三阶段，实行“补偿不究过失”的原则。“补偿不究过失”原则是指在劳动者受伤后，不管过失在谁，雇主都应负责，伤者均可获得补偿，以保障其基本生活。但雇主不直接承担赔偿责任，而是由社会性的工伤保险机构统一组织工伤赔偿。工伤保险的损失赔偿由企业负担，并非以企业有无过失为主要条件，而是以实际需要和国家的社会政策和劳动政策为基础。因伤致残或因伤残而致死亡，应以年金的形式代替一次性的抚恤。另外工伤保险是强制性保险，以确保被保险人所得的补偿有保障，不受企业破产或停业的影响。

② 个人不缴费原则。工伤保险费由企业或雇主缴纳，劳动者个人不缴费，这是工伤保险与养老、医疗等其他社会保险项目的区别之处。工伤的发生意味着劳动者在创造物质财富的同时，又付出了鲜血和生命的代价，所以理应由雇主(或企业)、社会保险机构负担补偿费用，这在各国已经形成共识。

③ 风险分担、互助互济原则。这是社会保险制度的基本原则。首先通过法律强制征收保险费，建立工伤保险基金，采取互助互济的方法，分担风险；其次在待遇分配上，国家责成社会保险机构对费用实行再分配，包括人员、地区、行业间的调剂，如此可以缓解部分企业、行业因工伤事故或职业病发生率较高而产生的过重负担，减少社会矛盾。

④ 集中管理原则。工伤保险是社会保险的一部分，无论从基金管理、事故调查，还是医疗鉴定、职业康复，都由专门、统一的非营利机构管理，这也是各国普遍遵循的原则。

⑤ 保障与赔偿相结合的原则。保障原则是社会保险制度的一项基本原则，即对受保人给予物质上的充分保证。当劳动者暂时或永久丧失劳动能力时，或虽有劳动能力而无工作的情况下，亦即丧失生活来源的情况下，通过立法，调动社会力量，在一定程度上使这类劳动者能够维持基本的生活水平，以保证劳动力扩大再生产的运行和社会的稳定。工伤保险除遵循这一原则外，还具有补偿(赔偿)的原则，这是工伤保险与其他社会保险的显著区别。因为劳动力是有价值的，在生产劳动过程中，劳动力受到损害，企业理应对这种损害给予赔偿。

⑥ 工伤补偿与工伤预防、工伤康复相结合的原则。工伤保险制度对于预防事故和职业病主要是发挥保险机制的作用，并采取宣传、教育、检查等措施，引导、激励和帮助企业搞好职业安全健康工作。工伤保险机制是指差别费率、浮动费率和安全奖励等经营机制。按不同产业工伤风险确定的行业差别费率5年调整一次，其收费机制可促进各行业的安全生产。浮动费率是对各个企业单位上年度安全评估后决定下个年度费率的升降，如上海市规定，第一年工伤保险待遇费用发生多的用人单位，在第二年需按提高的比例缴纳工伤保险费，工伤保险浮动费率分为五档，每档的幅度为缴费基数的0.5%，浮动后最高费率为3%。浮动费率成为企业重视安全生产的经济动力。安全奖励是对当年未发生事故或事故率低于本行业平均水平的企业，如广州市规定，对收支率在60%以下(含60%)的企业，按用人单位安全生产、工伤预防工作成效分五个档次予以奖励，奖励率最高为单位上年度缴纳工伤保险费的10%，最低为5%，这也是激发安全生产积极性的经济手段。

职业康复是帮助工伤残疾职工恢复或者补偿功能，使他们重返生产岗位或者从事力所能及的工作，尽可能地减少或避免人力资源的浪费。

⑦ 区别因工和非因工的原则。工伤保险制度中，对于界定“因工”与“非因工”所致伤害，有明确规定。职业伤害与工作环境、工作条件、工艺流程等有直接关系，因而医治、医疗康复、伤残补偿、死亡抚恤待遇等，均比其他社会保险的水平高。只要是“因工”受到伤害，待遇上就不受年龄、性别、缴费期限的限制。“因病”或“非因工”伤亡，与劳动者本人职业因素无关的事故补偿，实际的赔偿待遇水平要比工伤待遇低得多。

⑧ 一次性补偿与长期补偿相结合原则。对“因工”而部分或完全永久性丧失劳动能力的职工，或是“因工”死亡的职工，受伤害职工或遗属在得到补偿时，工伤保险机构应一次性支付补偿金，作为对受伤害者或遗属“精神”上的安慰。此外，对受伤害者所供养的遗属，根据人数，要支付长期抚恤金，直到其失去供养条件为止。这种补偿原则，已为世界上越来越多的国家所接受。

⑨ 确定伤残和职业病等级原则。工伤保险待遇是根据伤残和职业病等级而分类确定的。伤残和职业病等级的鉴定是一项政策性和技术性均很强的工作，因而，各国在制定工伤保险制度时，都制定了伤残和职业病等级，并通过专门的鉴定机构和人员，对受职业伤害职工的受伤害程度予以确定，区别不同伤残和职业病状况，以给予不同标准的待遇。

⑩ 区别受伤害者直接经济损失与间接经济损失的原则。直接经济损失是指劳动者发生工伤事故后，个人所受的经济损失。这种经济损失与他的直接经济收入即工资收入相关。直接经济收入直接影响到本人及其供养亲属的生活，也直接影响劳动力的再生产，因此，必须给予及时的、较优厚的补偿。间接经济损失是指受伤害者直接经济收入以外的其他经济收入的损失，包括兼职收入、业余劳动收入等。这部分收入并非人皆有之，是不固定的收入，因此，这部分收入不应列入工伤保险的经济补偿范畴。

(5) 工伤认定

① 应当认定为工伤的情形：

a. 在工作时间和工作场所内，因工作原因受到事故伤害的；

b. 工作时间前后在工作场所内，从事与工作有关的预备性或者收尾性工作受到事故伤害的；

c. 在工作时间和工作场所内，因履行工作职责受到暴力等意外伤害的；

d. 患职业病的；

e. 因工外出期间，由于工作原因受到伤害或者发生事故下落不明的；

f. 在上下班途中，受到非本人主要责任的交通事故或者城市轨道交通、客运轮渡、火车事故伤害的；

g. 法律、行政法规规定应当认定为工伤的其他情形。

② 视同工伤的情形：

a. 在工作时间和工作岗位，突发疾病死亡或者在48小时之内经抢救无效死亡的；

b. 在抢险救灾等维护国家利益、公共利益活动中受到伤害的；

c. 职工原在军队服役，因战、因公负伤致残，已取得革命伤残军人证，到用人单位后旧伤复发的。

③ 不得认定为工伤或者视同工伤的情形：

a. 故意犯罪的；

b. 醉酒或者吸毒的；

c. 自残或者自杀的。

④ 工伤认定的时效：

职工发生事故伤害或者按照职业病防治法规定被诊断、鉴定为职业病，所在单位应当自事故伤害发生之日或者被诊断、鉴定为职业病之日起30日内，向统筹地区社会保险行政部门提出工伤认定申请。遇有特殊情况，经报社会保险行政部门同意，申请时限可以适当延长。用人单位未按前款规定提出工伤认定申请的，工伤职工或者其近亲属、工会组织在事故伤害发生之日或者被诊断、鉴定为职业病之日起1年内，可以直接向用人单位所在地统筹地区社会保险行政部门提出工伤认定申请。应当由省级社会保险行政部门进行工伤认定的事项，根据属地原则由用人单位所在地的设区的市级社会保险行政部门办理。用人单位未在规定时限内提交工伤认定申请，在此期间发生符合本条例规定的工伤待遇等有关费用由该用人单位负担。

⑤ 提出工伤认定申请应当提交的材料：

工伤认定申请表；与用人单位存在劳动关系(包括事实劳动关系)的证明材料；医疗诊断证明或者职业病诊断证明书(或者职业病诊断鉴定书)。

工伤认定申请表应当包括事故发生的时间、地点、原因以及职工伤害程度等基本情况。

工伤认定申请人提供材料不完整的，社会保险行政部门应当一次性书面告知工伤认定申请人需要补正的全部材料。申请人按照书面告知要求补正材料后，社会保险行政部门应当受理。

职工或者其近亲属认为是工伤，用人单位不认为是工伤的，由用人单位承担举证责任。

（6）案例解析

① 案例一：违章作业导致伤亡，能否认定为工伤？

某工厂铆工皮某，为赶进度违章使用三角皮带超载起吊钢材，致使皮带断裂，钢材下落导致左大腿粉碎性骨折。皮某能否被认定为工伤？

分析：皮某应被认定为工伤。因为皮某是在工作时间、工作区域内，因工作原因受到事故伤害，符合工伤认定的第一个规定，故应认定为工伤。至于其违章作业，根据工伤保险实施的无责任赔偿原则，并不影响其享受工伤保险的待遇。

② 案例二：履行职责时遭暴力伤害，能否认定为工伤？

钱某为某厂机修车间修理工。一天，钱某接到另一车间全某送来的报修单，要求在第二天将其出了故障的设备修好。期间，车间主任安排钱某从事其他修理任务，因而没有将全某的设备修好。第三天，全某找到钱某，问为什么没有将他那台出了故障的设备修好，钱某如实回答。全某不满钱某的回答，开口就骂并动手打了全某，最终两人厮打在一起，全某把钱某打成重伤。全某因故意伤害罪被判处有期徒刑五年。

其后，钱某向当地劳动保障行政部门提出工伤认定申请。该劳动保障行政部门认为，钱某与全某在工作时间内打架，违反了工厂规定的劳动纪律，也违反了劳动法有关劳动者应该遵守劳动纪律的规定。因此，对钱某的申请做出了不认定为工伤的决定。请问是否正确？

分析：当地劳动保障行政部门的认定是错误的，钱某所受伤害应该认定为工伤。理由：

第一，钱某遭到全某殴打的原因是没有按照全某的要求为其修理设备，而是按照车间主任的要求修理其它设备，这是由于工作而发生的伤害。而且钱某遭受伤害也是在工作时间和工作场所之内。

第二，钱某与全某打架是违反了劳动纪律，但事端是由全某引起，钱某属于自我防卫。

③ 案例三：因工作外出途中发生意外事故，是否应当认定为工伤？

职工王某系某食品厂采购员。在执行采购任务的途中，忽遇强台风袭击，王某被一块大风吹落的广告牌砸伤，造成骨折。王某是否可以被认定为工伤？

分析：王某应当被认定为工伤。理由：

第一，根据《工伤保险条例》的规定，职工因公外出期间，由于工作原因，遭受意外事故负伤、致残、死亡的，应当认定为工伤。

第二，王某为本厂去采购物资，其受伤是因为工作原因所致，因此，应当认定为工伤。

④ 案例四：职工见义勇为受伤是否可以认定为工伤？

某运输公司的班车遇车祸，职工邓某下车协助现场交通民警抢救伤员时被另一解放牌卡车撞为脑挫裂伤，颅内血肿，脾破裂，进行了脾切除手术等治疗。邓某所在运输公司不同意按工伤给予待遇，邓某诉至仲裁委员会。仲裁委员会受理后，经过调查，裁决邓某胜诉。

分析：这起是否工伤引发的劳动争议的焦点在于伤害发生的地点不在工作岗位。邓某是在上班途中帮助处理事故时被撞成重伤的，虽不在工作岗位，但却是在为社会做好事的现场，按照《工伤保险条例》第十五条规定，在抢险救灾等维护国家利益、公共利益活动中受到伤害的应该认定为工伤。

⑤ 案例五：上班期间在上厕所的途中摔倒是否算工伤？

某企业职工小王在上班期间因内急上厕所，摔了一跤而受伤，当地劳动保障部门认为上班入厕属于私事，与工作无关，不属于工作原因，不认定为工伤，请问是否正确？

分析：当地社会保障部门的认定是错误的。理由：

该职工与用人单位已经建立了劳动关系；发生的伤害属于工作时间、工作场所；我国没有任何法律禁止上班时间上厕所，故上厕所并非私事。

⑥ 案例六：陪客户吃饭突发疾病死亡能否认定为工伤？

某天中午，宏达公司办公室主任张某按领导的安排陪同一重要客户用餐，其间突感不适，当即被直接送往医院，经抢救无效于当天下午5时死亡。

分析：张某出事是中午，在惯常理念中不在工作时间内。但张某是按照公司领导的安排陪客户用餐，明显属于延伸性的工作性时间，是出于工作需要，在用人单位临时指派工作的地点——餐馆，从事与单位利益有关的工作，且他又是办公室主任，以他的角色和身份出面陪客为工作所需。从立法目的看，工伤保险是对劳动者在工作或其他职业活动中因意外事故或职业病造成的伤害给予补偿的社会保障制度，因而，对于“工作时间”和“工作岗位”不应作过于机械的理解，否则对张某就显失公正。因此，法院对张某作出了“视同工伤”的判决。

(7) 工伤保险待遇

① 工伤医疗待遇。治疗工伤所需费用符合工伤保险诊疗项目目录、工伤保险药品目录、工伤保险住院服务标准的，从工伤保险基金支付。

② 工伤津贴待遇。职工因工作遭受事故伤害或者患职业病需要暂停工作接受工伤医疗的，在停工留薪期内，原工资福利待遇不变，由所在单位按月支付。停工留薪期一般不超过12个月。伤情严重或者情况特殊，经设区的市级劳动能力鉴定委员会确认，可以适当延长，但延长不得超过12个月。工伤职工评定伤残等级后，停发原待遇，按有关规定享受伤残待遇。

③ 辅助器具费。工伤职工因日常生活或者就业需要，经劳动能力鉴定委员会确认，可以安装假肢、矫形器、假眼、假牙和配置轮椅等辅助器具，所需费用按照国家规定的标准从工伤保险基金支付。

④ 生活护理费。按照生活完全不能自理、生活大部分不能自理或者生活部分不能自理3个不同等级，生活护理费分别为统筹地区上年度职工月平均工资的50%、40%、30%。

⑤ 一次性伤残补助金。从工伤保险基金按本人工资依伤残等级支付一次性伤残补助

金，一级 27 个月、二级 25 个月、三级 23 个月、四级 21 个月、五级 18 个月、六级 16 个月、七级 13 个月、八级 11 个月、九级 9 个月、十级 7 个月。

⑥ 伤残津贴。职工因工致残被鉴定为一级至四级伤残的，保留劳动关系，退出工作岗位，从工伤保险基金按月支付伤残津贴。工伤职工达到退休年龄并办理退休手续后，停发伤残津贴，按照国家有关规定享受基本养老保险待遇。基本养老保险待遇低于伤残津贴的，由工伤保险基金补足差额；职工因工致残被鉴定为五级、六级伤残，用人单位难以安排工作的，由用人单位按月发给伤残津贴，并由用人单位按照规定为其缴纳应缴纳的各项社会保险费。伤残津贴实际金额低于当地最低工资标准的，由用人单位补足差额。

⑦ 丧葬补助金。按 6 个月的统筹地区上年度职工月平均工资。

⑧ 供养亲属抚恤金。按照职工本人工资的一定比例从工伤保险基金发给由因工死亡职工生前提供主要生活来源、无劳动能力的亲属。配偶每月 40%，其他亲属每人每月 30%，孤寡老人或者孤儿每人每月在上述标准的基础上增加 10%。核定的各供养亲属的抚恤金之和不应高于因工死亡职工生前的工资。

⑨ 一次性工亡补助金。为上一年度全国城镇居民人均可支配收入的 20 倍。

⑩ 受害人下落不明的补偿金。职工因工外出期间发生事故或者在抢险救灾中下落不明的，从事故发生当月起 3 个月内照发工资，从第 4 个月起停发工资，由工伤保险基金向其供养亲属按月支付供养亲属抚恤金。生活有困难的，可以预支一次性工亡补助金的 50%。职工被人民法院宣告死亡的，按照职工因工死亡的规定处理。

4.3.3　其他企业保险

(1) 企业财产保险

① 企业财产保险及其范围

企业财产保险是我国财产保险的主要险种，它以企业固定资产和流动资产为保险标的，以企业存放在固定地点的财产为对象的保险业务，即保险财产的存放地点相对固定且处于相对静止的状态。企业财产保险具有一般财产保险的性质，许多适用于其他财产保险的原则同样适用于企业财产保险。

投保的企业应根据保险合同向保险人支付相应的保险费。保险人对于保险合同中约定的可能发生的事故因其发生，给被保险人所造成的损失，予以承担赔偿责任。

企业财产范围按是否可保的标准可以分为三类，即可保财产、特约可保财产和不保财产。

可保财产按企业财产项目类别包括房屋、建筑物及附属装修设备，机器及设备，工具、仪器及生产用具，交通运输工具及设备，管理用具及低值易耗品，原材料、半成品、在产品、产成品或库存商品、特种储备商品，建造中的房屋、建筑物和建筑材料，帐外或已摊销的财产，代保管财产等。

特约可保财产(简称特保财产)是指经保险双方特别约定后，在保险单中载明的保险财产。特保财产又分为不提高费率的特保财产和需要提高费率的特保财产。不提高费率的特保财产是指市场价格变化较大或无固定价格的财产，如金银、珠宝、玉器、首饰、古玩、古画、邮票、艺术品、稀有金属和其他珍贵财物；堤堰、水闸、铁路、涵洞、桥梁、码头等。需提高费率或需附贴保险特约条款的财产一般包括矿井、矿坑的地下建筑物、设备和矿下物资等。

不保财产包括土地、矿藏、矿井、矿坑、森林、水产资源以及未经收割或收割后尚未入库的农作物；货币、票证、有价证券、文件、账册、图表、技术资料以及无法鉴定价值的财产；违章建筑、危险建筑、非法占用的财产；在运输过程中的物资等。

② 利润损失保险及其范围

又称“营业中断保险”，是依附于财产保险一种扩大的险种。一般的财产保险只对各种财产的直接损失负责，不负责因财产损毁所造成的利润损失。利润损失保险则是对于工商企业特别提供的一种保险。它承保的是被保险人受灾后停业或停工的一段时期内可预期的利润损失，或是仍需开支的费用。例如，由于商店房屋被焚不能营业而引起的利润损失，或是企业在停工、停业期间仍需支付的各项经营开支，如工资、房租、水电费等。

利润损失保险的主要承保项目包括毛利润损失、工资损失、审计师费用和欠款帐册损失。被保险人在保险期限内位于本保单明细表指定的处所经营的业务由于下列原因而受到干扰或造成营业中断，本保险负责赔偿其损失，包括火灾、爆炸、雷电、飓风、台风、龙卷风、风暴、暴雨、洪水、冰雹、地崩、山崩、雪崩、火山爆发、地面下陷下沉、飞机坠毁、飞机部件或飞行物体坠落、水箱、水管爆裂等。

③ 机器损坏保险及其范围

机器损坏保险是在传统财产保险的基础上发展起来的，专门承保各种工厂、矿山等安装完毕并已转入运行的机器设备，在运行过程中因与其特性相关的人为的、意外的或物理原因造成突然发生的、不可预见的机器设备损失。根据国际习惯做法，对工厂、企业、机器设备所有者、提供贷款的银行、拥有机器设备的租赁公司或其他金融机构、以及其他对机器设备有权益者，提供保险保障。机器损坏险与财产险有所不同，二者在保险责任有着良好的互补性，二者是相互补充、相辅相成的，因此机器损坏险通常与财产保险同时投保，以求得完备的保险保障。

在保险期内，若保险单明细表中列明的被保险机器及附属设备因下列原因引起或构成突然的、不可预料的以外事故造成的物质损坏或灭失，按保险单的规定负责赔偿：一是设计、制造或安装错误、铸造和原材料缺陷；二是工人、技术人员操作错误、缺乏经验、技术不善、疏忽、过失、恶意行为；三是离心力引起的断裂；四是超负荷、超电压、碰线、电弧、漏电、短路、大气放电、感应电及其他电气原因。前述原因造成的保险事故发生时，为抢救保险标的或防止灾害蔓延，采取必要、合理的措施而造成保险标的损失；被保险人为防止或减少保险标的损失所支付必要、合理的费用；以不超保险金额为限。

(2) 企业职工社会保险

社会保险是一种为丧失劳动能力、暂时失去劳动岗位或因健康原因造成损失的人员提供收入或补偿的一种社会和经济制度。社会保险计划由政府制定，强制某一群体将其收入的一部分作为社会保险税(费)形成社会保险基金，在满足一定条件的情况下，被保险人可从基金获得固定的收入或损失的补偿，是一种再分配制度，其目标是保证物质及劳动力的再生产和社会的稳定。企业职工社会保险主要包括：工伤保险、社会养老保险、社会医疗保险、失业保险、生育保险等，即通常所说的五险。

① 养老保险

养老保险(或养老保险制度)是国家和社会根据一定的法律和法规，为解决劳动者在达到国家规定的解除劳动义务的劳动年龄界限，或因年老丧失劳动能力退出劳动岗位后的基本生活而建立的一种社会保险制度。养老保险是在法定范围内的老年人完全或基本退出社会劳动生活后才自动发生作用的目的是为保障老年人的基本生活需求，为其提供稳定可靠的生活来源，以社会保险为手段来达到保障的目的。

养老保险的特点如下：一是由国家立法，强制实行，企业单位和个人都必须参加，符合养老条件的人，可向社会保险部门领取养老金。二是养老保险费用来源，一般由国家、企业和个人三方或单位和个人双方共同负担，并实现广泛的社会互济。三是养老保险具有社会性，影响很大，享受人多且时间较长，费用支出庞大，因此，必须设置专门机构，实行现代化、专业化、社会化的统一规划和管理。

② 医疗保险

医疗保险是指以保险合同约定的医疗行为的发生为给付保险金条件，为被保险人接受诊疗期间的医疗费用支出提供保障的保险。医疗保险同其他类型的保险一样，也是以合同方式预先向受疾病威胁的人收取医疗保险费，建立医疗保险基金；当被保险人患病并去医疗机构就诊而产生医疗费用后，由保险机构给予一定的经济补偿。

医疗保险的范围很广，医疗费用则一般依照其医疗服务的特性来区分，主要包含门诊费、药费、住院费、护理费、医院杂费、手术费、各种检查费等。

③ 失业保险

失业保险是指国家通过立法强制实行的，劳动者由于非本人原因暂时失去工作，致使工资收入中断而失去维持生计来源，并在重新寻找新的就业机会时，从国家或社会获得物质帮助以保障其基本生活的一种社会保险制度。

享受失业保险的条件如下：一是按规定参加失业保险，所在单位和个人已按规定履行缴费义务满 1 年；二是非因本人意愿中断就业的；三是已办理失业登记，并有求职要求的。

④ 生育保险

生育保险是国家通过立法，对怀孕、分娩女职工在工作中断过程中给予生活保障和物质帮助的一项社会政策。其宗旨在于通过向职业妇女提供生育津贴、医疗服务和产假，帮助他们恢复劳动能力，重返工作岗位。我国生育保险待遇主要包括两项。一是生育津贴，用于保障女职工产假期间的基本生活需要；二是生育医疗待遇，用于保障女职工怀孕、分娩期间以及职工实施节育手术时的基本医疗保健需要。生育保险费由企业按月缴纳，个人不缴纳。

生育保险的申报条件如下：一是生育或施行计划生育手术时的所在单位按照规定参加并履行了缴费义务，且为其缴纳生育保险费累计满 3 个月的企业职工。二是生育或施行计划生育手术符合国家计划生育政策的职工。三是以上条件须同时具备。

复习思考题

(1) 简述风险的特征与构成要素。

(2) 简述企业风险管理与安全投资之间的联系。

(3) 简述保险的概念及要素。

(4) 简述工伤保险的实施范围

(5) 安全投资决策的方法有哪些?

(6) 试述保险补偿在事故控制中的作用及局限性。

第5章 安全生产事故管理

5.1 事故管理概述

事故管理是指对事故的抢救、调查分析、研究报告、处理统计、建档、制定预案和采取防范措施等一系列工作与管理的总称。事故管理是安全管理的一项非常重要的工作，要求有很高的技术性和严格的政策性。做好事故管理，对提高企业的安全管理水平，防止事故重复发生，具有非常重要的作用。事故管理的主要内容可简单概括如下几点。

第一，通过事故管理，可以使广大人民群众或员工受到深刻的安全教育，吸取事故教训，提高遵纪守法和按章操作的自觉性，使管理人员提高对安全生产重要性的认识，明确自己应负的责任，提高安全管理水平。可以为制定或修改有关安全生产法律、法规和标准以及安全操作规范提供了科学依据和真实数据。

第二，根据事故的调查研究、统计报告和数据分析，从中掌握事故的发生因素和情况、原因和规律，针对生产工作中的薄弱环节采取对策，防止类似事故重复发生，并为制定事故应急救援预案提供经验。

第三，通过事故的调查研究和统计分析，可以反映一个企业、一个系统或一个地区的安全生产的水平，找到与同类企业、系统或地区的差距。伤亡事故统计数字是检验其安全工作好坏的一个重要标志。

第四，通过事故的调查研究和统计分析，可以为国家和领导机构及时、准确、全面地掌握某地区或某系统安全生产状况，发现问题，并做出正确决策，有利于监察、监督和管理部门开展工作。

5.2 事故致因理论

事故致因理论是从大量的典型事故的根本原因的分析中所提炼出的事故机理和事故模型。这些机理和模型可以反映事故发生的规律性，能够为事故原因的定性、定量分析，为事故的预测预防和改进安全管理工作，从理论上提高科学的依据。

5.2.1 事故的本质

根据调查、统计、分析发现，事故具有以下基本性质：

(1) 因果性

工业事故的因果性是指事故由相互联系的多种因素共同作用的结果。引起事故的原因是多方面的，在事故调查分析过程中，应弄清事故发生的因果关系，找到事故发生的直接原因和间接原因，为今后制定事故预防措施奠定基础。

(2) 随机性与必然性

事故的随机性是指事故发生的时间、地点、后果的严重性是偶然的。因此事故的预防具有一定的难度。但是，这种随机性在一定范畴内也遵循统计规律。因而，对事故的统计分析，找出危险的分布情况，认识事故发生的规律，可将事故消除在萌芽状态，并对制定正确的预防措施有重大的意义。

(3) 潜在性与可预测性

从表面上看，事故是一种突发事件，但是事故发生之前有一段潜伏期。事故发生前的人-机-环境系统肯定存在着隐患，如果这时有触发因素出现，就会导致事故的发生。在工业生产之前，人们基于过去对事故的经验和知识，可以预测可能出现的危险及防治措施。

上述事故特性说明，现代工业生产系统是人造系统，这种客观实际给预防事故提供了基本的前提。人类应该通过各种合理的对策，从根本上消除事故发生的隐患，把工业事故的发生降低到最小限度。

5.2.2 安全与事故的关系

安全与事故的关系是对立统一、相互依存的。100%的安全是几乎不可能达到的，却是社会和人们努力追求的目标。安全与事故的关系具有如下特征。

(1) 安全的极向性

① 事故或危害具有如下特点：一是事故发生的可能性很小，但只要发生后果却十分严重，如煤矿瓦斯爆炸等；二是危害事件的作用强度虽然是很小的，但具有累积效应，主要表现为对人体健康的危害，例如水泥厂的粉尘等。

② 描述安全特征的两个参量安全性与危险性，具有互补关系，当安全性趋于极小值时，危害性趋于最大值。反之亦然。

③ 人们总是希望以最小的投入获得最大的安全。

(2) 避免事故的有限性

① 各种生产和生活活动过程中事故是可以避免的，但难以完全避免。

② 各种事故的不良作用、后果及影响可能避免，但难以完全避免。

因此，安全与事故的辩证关系可总结如下：安全与事故是一对矛盾体；系统在安全状态时并不能保证不发生事故，事故不发生也不能否认系统处于危险状态。安全与事故是密切相关的，有了事故，才需要安全，安全是为了不发生事故。

5.2.3 事故因果连锁理论

(1) 海因里希的事故因果连锁理论

美国的海因里希(Heinrich)首先提出了事故因果连锁论，又称为海因里希模型或多米诺骨牌理论。该理论认为，伤害事故的发生不是一个孤立的事件，尽管伤害的发生可能在某个瞬间，却是一系列互为因果的原因事件相继发生的结果。人们用多米诺骨牌来形象地描述这种事件因果连锁关系，在多米诺骨牌系列中，一块骨牌被碰到了，则将发生连锁反应，后续的几块骨牌相继被推倒。在事故因果连锁中，以事故为中心，事故的结果是伤害(伤亡事故的场合)，事故的原因包括3个层次：直接原因、间接原因和基本原因。由于对事故各层次原因的认识不同，形成了不同的事故致因理论。因此，后来的人们也经常用事故因果连锁的形式来表达某种事故致因理论。

海因里希在调查了美国的75000起工业伤害事故后，发现占总数98%的事故是可以预防的，只有2%的事故是不可预防的。在可预防的工业事故中，以人的不安全行为为主要原因的事故占88%，以物的不安全状态为主要原因的事故占10%。根据海因里希的研究，事故的主要原因或者是人的不安全行为，或者是物的不安全状态，没有一起事故是由于人的不安全行为及物的不安全状态共同引起的。他得出的结论是，几乎所有的工业伤害事故都是由于人的不安全行为造成。

海因里希的事故因果连锁过程包括如下五个因素：

① 遗传及社会环境。遗传因素及社会环境是造成人性格上缺点的原因。遗传因素可能造成鲁莽、固执等不良性格；社会环境可能妨碍教育、助长性格上的缺点发展。

② 人的缺点。人的缺点是使人产生不安全行为或造成机械、物质不安全状态的原因，它包括鲁莽、固执、过激神经质、轻率等性格上的先天缺点，以及缺乏安全生产知识和技术等后天的缺点。

③ 人的不安全行为或物的不安全状态。所谓人的不安全行为或物的不安全状态，是指那些曾经引起过事故，或可能引起事故的人的行为，或机械、物质的状态，它们是造成事故的直接原因。例如，在起重机的吊荷下停留，工作时间不专心，或拆除安全防护装置等，都属于人的不安全行为；没有防护的传动齿轮，裸露的带电体，或照明不良等，属于物的不安全状态。

④ 事故。事故是由于物体、物质、人或放射线的作用或反作用，使人员受到伤害或可能受到伤害的、出乎意料的、失去控制的事件。坠落、物体打击等能使人员受到伤害的事件是典型的事故。

⑤ 伤害。直接由事故产生的人身伤害。

根据海因里希的观点，大多数工业伤害事故都是由于工人的不安全行为引起的。一些工业伤害事故是由物的不安全状态引起的，而物的不安全状态的产生也是由于工人的缺点、错误造成的。因而，海因里希事故因果连锁理论把工业事故的责任归因于工人，表现出时代的局限性。但是各块骨牌之间的连锁不是绝对的，而是随机的。前面的牌倒下，后面的牌可能倒下，也可能不倒下。可见，这一理论对于全面地解释事故致因过于简单。

(2) 博德的事故因果连锁理论

博德(Frank Bird)在海因里希事故因果连锁理论的基础上，提出了与现代安全观点更加吻合的事故因果连锁。

① 控制不足——管理。事故因果连锁中一个最重要的因素是安全管理。安全管理者应懂得管理的基本理论和原则。安全管理中的控制包括对人的不安全行为、物的不安全状态控制，是安全管理工作的核心。

在大多数正在运行的企业中，由于各种原因，完全依靠工程技术上的改进来预防事故既不经济，也不现实。只有通过专门的安全管理工作，经过较长时间的努力，才能防止事故的发生。管理者必须认识到，只要生产没有实现高度安全化，就有发生事故及伤害的可能性，因而，他们的安全活动中必须包含有针对事故连锁中所有原因的控制对策。

在安全管理中，企业领导者的安全方针、政策及决策占有十分重要的位置。它包括生产及安全的目标，职员的配备，资料的利用，责任及职权范围的划分，职工的培训、指导及监督，信息传递，设备、器材及装备的采购、维修及设计，正常及异常时的操作规程，设备的维修和保养等。由于管理上的欠缺，而导致能够诱发事故的基本原因产生。

② 基本原因——起源论。为了从根本上预防事故，必须查明事故的基本原因，才能有针对性的采取对策。

基本原因包括个人原因及工作原因。个人原因包括缺乏知识或技能，动机不正确，身体上或精神上的问题。工作方面的原因包括操作规程不合理，设备、材料不合格、器材磨损，以及温度、压力、湿度、粉尘、有毒有害气体、蒸汽、通风、噪声、照明、周围的状况(容易滑倒的地面、障碍物、不可靠的支持物、有危险的物体)等环境因素。只有找出这些基本原因，才能有效地控制事故的发生。

所谓起源论，是在于找出问题基本的、背后的原因，而不仅是停留在表面的现象上。只有这样，才能实现有效地控制。

③ 直接原因——征兆。不安全行为或不安全状态是事故的直接原因，这一直是最重要、必须加以追究的原因。但是，直接原因不像基本原因那样是深层原因，而是一种表面的现象。在实际工作中，如果只抓住了作为表面现象的直接原因而不追究其背后隐藏的深层原因，就永远不能从根本上杜绝事故的发生。安全管理人员应该能够预测及发现这些作为管理欠缺的征兆的直接原因，采取恰当的改善措施；同时，为了在经济可能的范围内采取长期的控制对策，必须努力找出其基本原因。

④ 事故——接触。越来越多的安全专业人员从能量的观点把事故看做是人的身体或构筑物、设备与超过其阈值的能量的接触，或人体与妨碍正常生理活动的物质的接触。于是，防止事故就是防止接触。为了防止接触，可以通过改进装置、材料及设施防止能量释放，通过训练提高工人识别危险的能力、佩戴个人保护用品等来实现。

⑤ 伤害——损坏——损失。博德模型中的伤害，包括了工伤、职业病，以及对人员精神方面、神经方面或全身性的不利影响。人员伤害及财物损坏统称为损失。

在许多情况下，可以采取恰当的措施使事故造成的损失最大限度地减少。例如，对受伤人员的迅速抢救，对设备进行抢修以及平时对人员进行应急训练等。

(3) 亚当斯的事故因果连锁理论

亚当斯(Edward Adams)提出了与博德的事故因果连锁论类似的事故因果连锁模型。在该因果连锁理论中，第四、第五个因素基本上与博德理论相似。这里把事故的直接原因、人的不安全行为及物的不安全状态称作现场失误。本来，不安全行为和不安全状态是操作者在生产过程中的错误行为及生产条件方面的问题。采用现场失误这一术语，主要目的在于提醒人们注意不安全行为及不安全状态的性质。

亚当斯理论的中心在于对现场失误的背后原因进行了深入的研究。操作者的不安全行为及生产作业中的不安全状态等现场失误，是由于企业领导者及事故预防工作人员的管理失误造成的。管理人员在管理工作中的差错或疏忽，企业领导人决策错误或没有做出决策等失误，对企业经营管理及事故预防工作具有决定性的影响。管理失误反映企业管理系统中的问题。它涉及管理体制，即如何有组织地进行管理工作，确定怎样的管理目标，如何计划、实现确定的目标等方面的问题。管理体制反映作为决策中心的领导人的信念、目标及规范，它决定各级管理人员安排工作的轻重缓急、工作基准及指导方针等重大问题。

(4) 其他的事故因果连锁论

① 北川彻三的事故因果连锁论

前述的事故因果连锁模型把考察的范围局限在企业内部，用以指导企业的事故预防工作。实际上，工业伤害事故发生的原因是很复杂的。企业是社会的一部分，一个国家、一个地区的政治、经济、文化、科技发展水平等诸多社会因素，对企业内部伤害事故的发生和预防有着重要的影响。

日本广泛以北川彻三的事故因果模型作为指导事故预防工作的基本理论。北川彻三从以下4个方面探讨事故发生的间接原因：技术原因(机械、装置、建筑物等的设计、建造、维护等技术原因)；教育原因(缺乏安全知识及操作经验，不知道、轻视操作过程的危险性和安全操作方法，或操作不熟练、按习惯操作等)；身体原因(身体状态不佳，如头痛、昏迷、癫痫等疾病，或近视、耳聋等生理缺陷，或疲劳、睡眠不足等)；精神原因(消极、抵触、不满等不良态度，焦躁、紧张、恐慌、偏激等精神不安定，狭隘、顽固等不良性格，白痴等智力缺陷)。

在工业伤害事故的上述4个方面的原因中，前两种经常出现，而后两种原因出现得相对较少。

北川彻三认为，事故的基本原因包括下述3个方面的原因：管理原因(企业领导者不够重视安全，作业标准不明确，维修保养制度方面有缺陷，人员安排不当，职工积极性不高等)；学校教育原因(小学、中学、大学的教育不充分)；社会或历史原因(社会安全观念落后，工业发展的一定历史阶段，安全法规或安全管理、监督机构不完备等)。

在上述原因中，管理原因可以由企业内部解决，而后两种原因需要社会的努力才能解决。

② 事故统计分析用的事故因果连锁模型

在事故原因的统计中，当前世界各国普遍采用如图 5-1 所示的因果连锁模型。

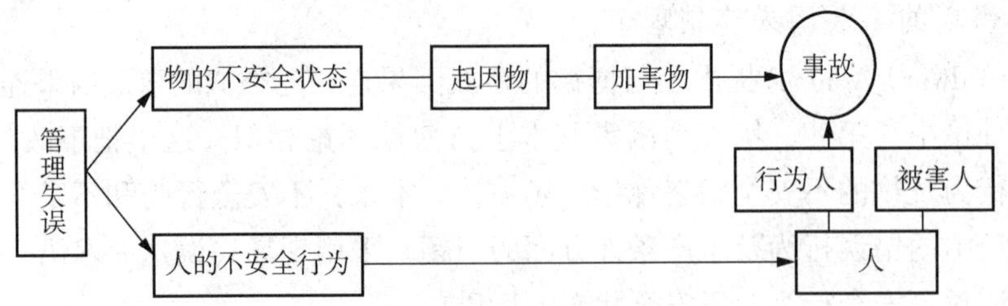

图 5-1　事故连锁模型

事故连锁模型着重于伤亡事故的直接原因——人的不安全行为和物的不安全状态，以及其背后的深层原因——管理失误。我国的国家标准《企业职工伤亡事故分类》(GB 6441—86)就是基于此模型制定的。此模型(又称为轨迹交叉论事故模型)中，把物的方面的问题进一步划分为起因物和加害物。前者是导致事故发生的机械或物质；后者是直接作用于人体的能量载体或危险物质。从防范的角度看，前者比后者更重要。在人的因素方面，该模型区分行为人与被害者，强调行为人(即肇事者)的不安全行为的控制问题。值得注意的是，人的不安全行为、物的不安全状态是事故的直接原因，而管理失误是导致这些直接原因出现的深层次原因，就是基本原因。因此我们说，管理失误和人的不安全行为、物的不安全状态不是一个层次的原因，在进行事故原因的统计分析时，它们不能并列起来。

5.2.4　能量意外释放论

吉布森(Gibson)(1961 年)、哈登(Haddon)(1966 年)等人提出了解释事故发生物理本质的能量意外释放论。他们认为，事故是一种不正常的或不希望的能量释放。

(1) 能量在事故致因中的地位

能量在人类的生产、生活中是不可缺少的，人类利用各种形式的能量做功以实现预定的目的。生产、生活中利用能量的例子随处可见，如机械设备在能量的驱动下运转，把原料加工成产品；热能把锅炉中的水煮沸等。人类在利用能量的时候必需采取措施控制能量，使能量按照人们的意图产生、转换和做功。从能量在系统中流动的角度，应该控制能量按照人们规定的能量流通渠逸出，使进行的活动终止而发生事故。如果事故时意外释放的能量作用于设备、建筑物、物体等，并且能量的作用超过它们的抵抗能力，则将造成设备、建筑物、物体的损坏。

生产、生活活动中经常遇到各种形式的能量，如机械能、热能、电能、化学能、电离及非电离辐射、声能、生物能等，它们的意外释放都可能造成伤害或损坏。

① 机械能。意外释放的机械能是导致事故时人员伤害或财物损坏的主要类型的能量。

机械能包括势能和动能。位于高处的人体、物体、岩石或结构的一部分相对于低处的基准面有较高的势能。人体具有的势能意外释放时，会发生坠落或跌落事故；物体具有的势能意外释放时，物体自高处落下可能发生物体打击事故；岩石或结构的一部分具有的势能意外释放时，会发生冒顶片帮、坍塌等事故。运动着的物体都具有动能，如各种运动中的车辆、设备或机械的运动部件、被抛掷的物料等。它们具有的动能意外释放并作用于人体，则可能发生车辆伤害、机械伤害、物体打击等事故。

② 电能。意外释放的电能会造成各种电气事故。意外释放的电能可能使电气设备的金属外壳等导体带电而发生所谓的漏电现象。当人体与带电体接触时会遭受电击；电火花会引燃易燃易爆物质而发生火灾、爆炸事故；强烈的电弧可能灼伤人体等。

③ 热能。现今的生产、生活中到处利用热能，人类利用热能的历史可以追溯到远古时代。失去控制的热能可能灼烫人体、损坏财物、引起火灾。火灾是热能意外释放造成的最典型的事故。应该注意，在利用机械能、电能、化学能等其他形式的能量时也可能产生热能。

④ 化学能。有毒有害的化学物质使人员中毒，是化学能引起的典型伤害事故。在众多的化学能物质中，相当多的物质具有的化学能会导致人员急性、慢性中毒，致病、致畸、致癌。火灾中化学能可转变为热能，爆炸中化学能也可转变为机械能和热能。

⑤ 电离及非电离辐射。电离辐射主要指 α 射线、β 射线和中子射线等，它们会造成人体急性、慢性损伤。非电离辐射主要为 X 射线、γ 射线、紫外线、红外线和宇宙射线等射线辐射。工业生产中常见的电焊、熔炉等高温热源放出的紫外线、红外线等有害辐射会伤害人的视觉器官。

麦克法兰特(Mc Fartand)在解释事故造成的人身伤害或财物损坏的机理时说，所有的伤害事故(或损坏事故)都是因为接触了超过机体组织(或结构)抵抗力的某种形式的过量的能量；有机体与周围环境的正常能量交换受到了干扰(如窒息、淹溺等)。

因而，各种形式的能量的意外释放构成了伤害的直接原因。

人体自身也是个能量系统。人的新陈代谢过程是一个吸收、转换、消耗能量，与外界进行能量交换的过程；人进行生产、生活活动时消耗能量。当人体与外界的能量交换受到干扰时，即人体不能进行正常的新陈代谢时，人员将受到伤害，甚至死亡。

事故发生时，在意外释放的能量作用下人体(或结构)能否受到伤害(或损坏)，以及伤害(或损坏)的严重程度如何，取决于作用于人体(或结构)的能量的大小，能量的集中程度，人体(或结构)接触能量的部位，能量作用的时间和频率等。显然，作用于人体的能量越大、越集中，造成的伤害越严重；人的头部或心脏受到过量的能量作用时会有生命危险；能量作用的时间越长，造成的伤害越严重。

该理论阐明了伤害事故发生的物理本质，指明了防止伤害事故就是防止能量意外释放，防止人体接触能量。根据这种理论，人们要经常注意生产过程中能量的流动、转换以及不同形式能量的相互作用，防止发生能量的意外释放或逸出。

(2) 能量观点的事故因果连锁

调查伤亡事故的原因发现，大多数伤亡事故都是因为过量的能量，或干扰人体与外界正常能量交换的危险物质的意外释放引起的，并且，几乎毫无例外地，这种过量能量或危险物质的释放都是由于人的不安全行为或物的不安全状态造成的。即人的不安全行为或物的不安全状态使得能量或危险物质失去了控制，是能量或危险物质释放的导火线。

美国矿业局的札别塔基斯(Micllael Zabetakis)依据能量意外释放理论，建立了新的事故因果连锁模型。

① 事故

事故是能量或危险物质的意外释放，是伤害的直接原因。为防止事故发生，可以通过技术改进来防止能量意外释放，通过教育训练提高职工识别危险的能力，佩戴个体防护用品来避免伤害。

② 不安全行为和不安全状态

人的不安全行为和物的不安全状态是导致能量意外释放的直接原因，它们是管理欠缺、控制不力、缺乏知识、对存在的危险估计错误，或其他个人因素等基本原因的具体反应。

③ 基本原因

事故发生的基本原因包括 3 个方面的问题：企业领导者的安全政策及决策、个人因素、环境因素。

5.2.5 系统观点的事故致因理论

系统理论把人、机和环境作为一个系统(整体)，研究人、机、环境之间的相互作用、反馈和调整，从中发现事故的原因，揭示出预防事故的途径。

系统理论着眼于下列问题的研究，即机械的运动情况和环境的状况如何，是否正常；人的特性(生理、心理、知识技能)如何，是否正常；人对系统中危险信号的感知、认识理解和行为响应如何；机械的特性与人的特性是否相适配；人的行为响应时间与系统允许的响应时间是否相等。在这些问题中，系统理论特别关注对人的特性的研究，这包括人对机械和环境状态变化信息的感觉和察觉怎样，对这些信息的认识怎样，对其理解怎样，采取适当响应行为的知识怎样，面临危险时的决策怎样，响应行动的速度和准确性怎样等。系统理论认为事故的发生是来自人的行为与机械特性间的适配或不协调，是多种因素互相作用的结果。

系统理论有多种事故致因理论模型，它们的形式虽然不同，然而涉及的内容大体是一致的，尤其是 20 世纪 70 年代以来，随着生产设备、工艺及产品越来越复杂，人们开始结合信息论、系统论和控制论的观点和方法进行事故致因分析，提出了一些有代表性的、且在现在仍发挥较大作用的事故致因理论。其中具有代表性的系统理论是瑟利(Surry)模型和安德森(Anderson)模型。

(1) 瑟利模型

瑟利模型把人、机和环境系统中事故发生的过程分为是否产生迫近的危险(危险构成——指形成潜在危险)和是否造成伤害或损坏(出现危险的紧急时期——指危险由潜在状态变为现实状态)，这两个阶段都各包括一组类似的心理——生理成分(感觉、认识、行为响应)问题。在第一阶段，如果都正确地回答了问题，危险就能消除或得到控制；反之，只要对任何一个问题做出了否定的回答，危险就会迫近转入下一阶段。在第二阶段，如果都正确回答了问题，虽然存在危险，但是由于感觉认识到了，并正确地做出了行为响应，就能避免危险的紧急出现，就不会发生伤害或损坏。反之，只要对任何一个问题做出了否定回答，危险就会紧急出现，从而导致伤害或损坏。

每组的第一个问题：对危险的构成(显现)有警告吗？问的是环境瞬时状态，即环境对危险的构成(显现)是否客观存在警告信号。这个问题可以再被问成：环境中是否存在两种运行状态(安全和危险)的可感觉到的差异？这个问题含蓄地表示出危险可以没有可感觉到的线索。这样，事故将是不可避免的。这个问题的启发是在系统运行期间应该密切观察环境的状况。

每组第二个问题：感觉到了警告吗？问的是如果环境有警告信号，能被操作者察觉到吗？这个问题有两个方面的含义：一方面是人的感觉能力(如视力、听力、动觉性)如何，如果人的感觉能力差，或者过度集中精力于工作，那么即使有客观警告信号，也可能未被察觉。另一方面是“干扰”(环境中影响人感知危险信号的各种因素，如噪声等)的影响如何。如果干扰严重，则可能妨碍对危险信号的发现。由此得到的启示是，如果存在上述情况，则应安装便于操作者发现危险信号的仪器(譬如能将危险信号加以放大的仪器)。

上述两个问题都是关于感觉成分的，而下面的3个问题是关于认识成分的。

问题1：认识到了警告了吗？问的是操作者是否知道危险线索都是什么，并且知道每个线索都意味着什么危险。即操作者是否能接受客观存在的危险信号(一声尖叫，一种运动，或者常见的物体不见了，对操作者而言都可能是一种已知的或未知的危险信号)，并经过大脑的分析后变成了主观的认识，意识到了危险。

问题2：知道如何避免危险吗？问的是操作者是否具备避免危险的行为响应的知识和技能。由此得到的启示是，为了具备这种知识，应使操作者受到训练。

这两个问题是紧密相连的。认识危险是避免危险的前提，如果操作者不认识、不理解危险线索，即使有了危险的知识和技能也是无济于事的。

问题3：决定要采取避免危险的行动吗？就第二个阶段的这个问题而言，如果不采取行动，就会造成伤害或损坏，因此必须做出肯定的回答，这是无疑的。然而，第一阶段的这个问题却是耐人寻味的，它表明操作者在察觉危险之后不一定必须立即采取行动。这是因为危险由潜在状态变为现实状态，不是绝对的，而是存在某种概率的关系。潜在危险下不一定将要导致事故，造成伤害或损坏，这里存在一个危险的可接受性的问题。在察觉潜在危险之后，立即采取行动，固然可以消除危险，然而却要付出代价。譬如要停产减产，影响效益。反之，如果不立即行动，尽管要冒显现危险的风险，然而却可以减少花费和利益损失。究竟是否立即行动，应该考虑两个方面的问题：一是正确估计危险由潜在变为显现的可能性；二是正确估计自己避免危险显现的技能。

每组的最后一个问题：能够避免吗？问的是操作者避免危险的技能如何，譬如能否迅速、敏捷、准确地做出反应。由于人的行动，以及危险出现的时间具有随机变异性(不稳定)，这将导致即使行为响应正确，有时也不能避免危险。就人而言，其反应速度和准确性不是稳定不变的。譬如人的反应时间平均为900ms，因此1s或更短的反应时间在多数情况下都允许人能够避免危险；然而人的反应时间有时也会超过临界时间，这时就无法避免危险了。而危险出现的时间也并非稳定不变的。正常情况下危险由潜在变为显现的时间可能足够容许人们采取行动来避免危险。然而有时危险显现可能提前，人们再按正常速度行动就无法避免危险了。上述随机变异性可以通过机械的改进、维护的改进、人避免危险技能的改进而减小事故发生的可能性。然而要完全加以消除是困难的。因此，由于这种随机变异性而导致事故的可能性是难以完全消除的。

由以上关于瑟利模型的说明可见，该模型从人、机、环境的结合上对危险从潜在到显现从而导致事故和伤害进行了深入细致的分析。这将给人以多方面的启示，譬如为了防止事故，关键在于发现和识别危险。这涉及到操作者的感觉能力、环境的干扰、操作者处理危险的知识和技能等。改善安全管理就应该致力于这些方面的问题，如人员的选拔、培训，作业环境的改善，监控报警装置的设置等。再如关于危险的可接受性问题，这对于正确处理安全与生产的辩证关系是很有启发的。安全是生产的前提条件，当安全与生产发生矛盾时，如果危险迫近，不立即采取行动，就会发生事故，造成伤害和损失。那么宁肯生产暂时受到影响，也要保证安全。反之，如果恰当估计危险显现的可能，只要采取适当措施，就能做到生产安全两不误，那就应该尽可能避免生产遭受损失，当因采取安全措施而可能严重影响生产时，尤其应采取慎重的态度。

(2) 安德森模型

瑟利模型实际上研究的关系是在客观已经存在潜在危险(存在于机械的运行和环境中)的情况下，人与危险之间的相互关系、反馈和调整控制的问题。然而，瑟利模型没有探究何以会产生潜在危险，没有涉及机械及其周围环境的运行过程。安德森等人曾在分析60件工业事故中应用瑟利模型，发现了上述问题，从而对它进行了扩展，形成了安德森模型。该模型是在瑟利模型之上增加了一组问题，所涉及的是，危险线索的来源及可察觉性，运行系统内的波动(机械运行过程及环境状况的不稳定性)，以及控制或减少这些波动使之与人(操作者)的行为的波动相一致。

企业生存于社会中，其经营目标和策略等都要受到市场、法律、国家政策等的制约，所有这些都会从宏观上对企业的安全状况产生影响。

5.2.6 其他理论

(1) 事故频发倾向论

事故频发倾向论(Accident Proneness)是指个别容易发生事故的、稳定的、个人的内在倾向。1919年，格林伍德(M. Greenwood)和伍兹(H. H. Woods)对许多工厂里伤害事故发生次数资料按如下3种统计分布进行了统计检验。

① 泊松分布(Poisson Distribution)

当人员发生事故的概率不存在个体差异时，即不存在事故频发倾向者时，一定时间内事故发生的次数服从泊松分布。在这种情况下，事故的发生是由于工厂里的条件、机械设备方面的问题，以及一些其他偶然因素引起的。

② 偏倚分布(Biased Distribution)

一些工人由于存在着精神或心理方面的毛病，如果在生产操作过程中发生过一次事故，则会造成胆怯或神经过敏，当再继续操作时，就有重复发生第二次、第三次事故的倾向。造成这种分布的是人员中存在少数有精神或心理缺陷的人。

③ 非均等分布(Distribution of Unequal Liability)

当工厂中存在着许多特别容易发生事故的人时，发生不同次数事故的人数服从非均等分布，即每个人发生事故的概率不相同。在这种情况下，事故的发生主要是由人的因素引起的。

研究结果发现，工人中的某些人较其他人更容易发生事故。

1926年，纽鲍尔德(E. M. Newbold)进行了检验。随后，马勃(Marbe)跟踪调查了一个有3000人的工厂，结果发现：第一年没有发生事故的工人在以后几年里平均发生0.3~0.6次事故，第一年发生一次事故的工人在以后几年里平均发生0.86~1.17次事故，第一年发生2次事故的工人在以后几年里平均发生1.04~1.42次事故。证明了存在事故频发倾向。

从这种现象出发，1939年法默(Farmer)和查姆勃(Chamber)明确提出了事故频发倾向的概念，也就是我们现在称为的事故频发倾向理论。

据国外文献介绍，事故频发倾向者往往具有如下性格特征：①感情冲动，容易兴奋；②脾气暴躁；③慌慌张张，不沉着；④动作生硬而工作效率低；⑤喜怒无常，感情多变；⑥理解能力低，判断和思考能力差；⑦极度喜悦和悲伤；⑧厌倦工作，没有耐心；⑨处理问题轻率、冒失；⑩缺乏自制力。

根据这种理论，工厂中少数人具有事故频发倾向，是事故频发倾向者，他们的存在是工业事故发生的主要原因，这是该理论的误区。尽管如此，从职业适合性的角度来看，也有一定的可取之处。

(2) 事故遭遇倾向论

事故遭遇倾向(Accident Liability)是指某些人员在某些生产作业条件下容易发生事故的倾向。许多研究结果表明，前后不同时期里事故发生次数的相关系数与作业条件有关。例如，罗奇(Roche)发现，工厂规模不同，生产作业条件也不同。大工厂的场合相关系数在0.6左右，小工厂则或高或底，表现出劳动条件的影响。

一些事故表明，事故的发生与工人的年龄有关，青年人和老年人容易发生事故。此外，与工人的工作经验和熟练程度有关。对于一些危险性高的职业，工人要有一个适应期间，在此期间内新工人容易发生事故。

5.3 事故的分类与原因分析

5.3.1 事故的分类

为了对事故进行科学的研究，探索事故的发生规律和预防措施，需要对事故进行分类，事故按不同的分类方法有不同的分类。

(1) 按事故中人的伤亡情况进行分类

以人为中心考查事故结果时，可以把事故分为伤亡事故和一般事故。伤亡事故是指造成人身伤害或急性中毒的事故。其中，在生产区域中发生的和生产有关的伤亡事故称为工伤事故。工伤事故包括工作意外事故和职业病所致的伤残及死亡。

事故发生后，根据事故给受伤害者带来的伤害程度及其劳动能力丧失的程度，可将事故分为轻伤、重伤和死亡三种类型。

① 轻伤事故

指损失工作日低于105天的失能伤害(受伤者暂时不能从事原岗位工作)的事故。

② 重伤事故

指造成职工肢体残缺或视觉、听觉等受到严重损伤，一般能导致人体功能障碍长期存在的，或损失工作日等于和超过105天(小于6000天)，劳动力有重大损失的失能伤害事故。

一般而言，凡有下列情形之一的，即为重伤事故：

经医生诊断已成为残废或可能成为残废的；

伤势严重，需要进行较大的手术才能抢救的；

身体的要害部位严重烧伤、烫伤，或虽非要害部位，但烧伤、烫伤面积占全身面积的三分之一以上的；

严重的骨折(胸骨、肋骨、脊椎骨、锁骨、肩胛骨、腕骨、腿骨和脚骨等部位因受伤引起的骨折)，严重脑震荡等；

眼部受伤较重有失明可能的；

大拇指轧断一节的；

食指、中指、无名指、小指任何一指轧断两节或任何两指各轧断一节的；

局部肌腱受伤甚剧，引起机能障碍，有不能自由伸曲的残废可能的；

脚趾轧断三趾以上的；

局部肌腱受伤甚剧，引起机能障碍，有不能行走自如的残废可能的；

内部伤害；

内脏损伤、内出血或伤及胸膜的。

凡不在上述范围以内的伤害，经医生诊断后，认为受伤较重，可根据实际情况参考上述各点，由企业提出初步意见，报当地劳动安全管理部门审查确定。

③ 死亡事故

指事故发生后当即死亡(含急性中毒死亡)或负伤后在30天内死亡的事故。死亡的损失工作日为6000天(这是根据我国职工的平均退休年龄和平均死亡年龄计算出来的)。

(2) 按事故造成的人员伤亡或直接经济损失分类

2007年3月28日国务院通过了《生产安全事故报告和调查处理条例》，2015年更名为《生产安全事故罚款处罚规定(试行)》。该条例根据生产安全事故造成的人员伤亡或者直接经济损失，一般分为以下等级：

① 特别重大事故

是指造成30人以上死亡，或者100人以上重伤(包括急性工业中毒，下同)，或者1亿元以上直接经济损失的事故。

② 重大事故

是指造成10人以上30人以下死亡，或者50人以上100人以下重伤，或者5000万元以上1亿元以下直接经济损失的事故。

③ 较大事故

是指造成3人以上10人以下死亡，或者10人以上50人以下重伤，或者1000万元以上5000万元以下直接经济损失的事故。

④ 一般事故

是指造成3人以下死亡，或者10人以下重伤，或者1000万元以下直接经济损失的事故。

(3) 按职业病危害事故分类

依照中华人民共和国卫生部2002年4月12日颁布的《职业病危害事故调查处理办法》，按一次职业病危害事故所造成的危害严重程度，职业病危害事故分为三类。

① 一般事故发生急性职业病10人以下的。

② 重大事故发生急性职业病10人以上50人以下或者死亡5人以下的，或者发生职业性炭疽5人以下的。

③ 特大事故发生急性职业病50人以上或者死亡5人以上，或者发生职业性炭疽5人以上的。

(4) 按事故类别分类

《企业职工伤亡事故分类》综合考虑起因物、引起事故发生的诱导性原因、致害物、伤害方式等将事故类别分为20类，如下：

物体打击(不包括爆炸引起的物体打击)：指失控物体的惯性力造成的人身伤害事故。

车辆伤害：指本企业机动车辆引起的机械伤害事故。

机械伤害：指机械设备或工具引起的绞、碾、碰、割、戳、切等伤害，但不包括车辆、起重设备引起的伤害。

起重伤害：指从事各种起重作业时发生的机械伤害事故，但不包括上下驾驶室时发生的坠落伤害和起重设备引起的触电以及检修时制动失灵引起的伤害。

触电：由于电流流经人体导致的生理伤害。

淹溺：由于水大量经口、鼻进入肺内，导致呼吸道阻塞，发生急性缺氧而窒息死亡的事故。多指船舶、排筏、设施在航行、停泊、作业时发生的落水事故。

灼烫：指强酸、强碱溅到身体上引起的灼伤，或因火焰引起的烧伤，高温物体引起的烫伤，放射线引起的皮肤损伤等事故；不包括电烧伤及火灾事故引起的烧伤。

火灾：指造成人身伤亡的企业火灾事故。不适用于非企业原因造成的、属消防部门统计的火灾事故。

高处坠落：指由于危险重力势能差引起的伤害事故。适用于脚手架、平台、陡壁施工等场合发生的坠落事故，也适用于由地面踏空失足坠入洞、沟、升降口、漏斗等引起的伤害事故。

坍塌：指建筑物、构筑物、堆置物等倒塌以及土石塌方引起的事故。不适用于矿山冒顶片帮事故及因爆炸、爆破引起的坍塌事故。

冒顶片帮：指矿井工作面、巷道侧壁由于支护不当、压力过大造成的坍塌(片帮)以及顶板垮落(冒顶)事故。适用于从事矿山、地下开采、掘进及其他坑道作业时发生的坍塌事故。

透水：指从事矿山、地下开采或其他坑道作业时，意外水源带来的伤亡事故。不适用于地面水害事故。

爆破：指由于爆破作业引起的伤亡事故。

瓦斯爆炸：指可燃性气体瓦斯、煤尘与空气混合形成的达到燃烧极限的混合物接触火源时引起的化学性爆炸事故。

火药爆炸：指火药与炸药在生产、运输、贮藏过程中发生的爆炸事故。

锅炉爆炸：指锅炉发生的物理性爆炸事故。适用于使用工作压力大于 0.07 MPa、以水为介质的蒸汽锅炉。

受压容器爆炸：指压力容器破裂引起的气体爆炸(物理性爆炸)以及容器内盛装的可燃性液化气在容器破裂后立即蒸发，与周围的空气混合形成爆炸性气体混合物遇到火源时产生的化学爆炸。

其他爆炸：可燃性气体煤气、乙炔等与空气混合形成的爆炸；可燃蒸气与空气混合形成的爆炸性气体混合物(如甲醇挥发)引起的爆炸；可燃性粉尘以及可燃性纤维与空气混合形成的爆炸性气体混合物引起的爆炸；间接形成的可燃气体与空气相混合，或者可燃蒸气与空气相混合遇火源而爆炸的事故等属“其他爆炸”。

中毒和窒息：指人接触有毒物质或呼吸有毒气体引起的人体急性中毒事故，或在通风不良的作业场所，由于缺氧而发生突然晕倒甚至窒息死亡的事故。

其他伤害：指上述范围之外的伤害事故，如扭伤、跌伤、冻伤等。

5.3.2 事故的原因分析

事故的原因分为事故的直接原因和间接原因。直接原因是直接导致事故发生的原因，又称一次原因；间接原因是指使事故的直接原因得以产生和存在的原因。

(1) 事故的直接原因

大多数学者认为，事故的直接原因只有两个，即物的不安全状态和人的不安全行为。为统计方便，《企业职工伤亡事故分类》(GB 6441—1986)对人的不安全行为和物的不安全状态作了详细分类。

在判定直接原因时，有时较难分清主次，要判断不安全状态和不安全行为与事故发生的关系，然后，通过比较，看哪种因素起了主要作用。当某次事故中只有物的原因或只有人的原因时，就无需比较判断，很容易确定事故的直接原因。

（2）事故的间接原因

事故的间接原因即管理原因或称系统原因。间接原因是造成直接原因的原因。我们应该从已经确定的直接原因去追踪导致这些原因的管理缺陷或疏忽，来确定间接原因。下面介绍几种间接原因的分类方法。

① 北川方法。日本学者北川彻三认为：最经常出现的间接原因有技术原因、教育原因及管理原因三种，而身体原因和精神原因在实际中是较少出现的。

② 后藤方法。日本后藤认为妨害生产的原因也就是造成事故的原因，如：不正确的作业方法；技术熟练者较少；机械故障多；缺勤者多；生产场所的环境脏乱；各工序间配合差；监督人指导方法不好，不会指导；作业工程本身就存在问题；物料放置不好、不合理；工作任务安排不合理。

③《企业职工伤亡事故调查分析规则》(GB 6442—1986)方法。GB 6442—1986 规定间接原因如下：技术和设计上存在缺陷——工业构件、建筑物、机械设备、仪器仪表、工艺过程、操作方法、维修检验等的设计，施工和材料使用存在问题；教育培训不够，未经培训，缺乏或不懂安全操作技术知识；劳动组织不合理；对现场工作缺乏检查或指导错误；没有安全操作规程或安全操作规程不健全；没有或不认真实施事故防范措施，对事故隐患整改不力；其他。

以上几种分类方法有相似之处，一般来说间接原因(管理原因)应当包括：

① 对物的管理，有时称技术原因。包括：技术、设计、结构上有缺陷，作业现场、作业环境的安排设置不合理等缺陷，缺少防护用品或防护用品有缺陷等。

② 对人的管理。包括：教育、培训、指示、对作业任务和作业人员的安排等方面的缺陷或不当。

③ 对作业程序、工艺过程、操作规程和方法等的管理。

④ 安全监察、检查和事故防范措施等方面的问题。

在分析某次事故的间接原因时，要根据事故的具体情况，把直接原因中物的不安全状态、人的不安全行为分别与产生这种不安全状态、不安全行为的管理方面的原因联系起来，并结合第③、第④点所列的问题，这样就能找出管理方面存在的全部问题。

5.4 事故调查、统计与处理技术

5.4.1 事故的调查

事故调查处理是各级人民政府及其有关部门安全生产监督管理的一项重要职责，是政府实施安全生产管理，制定法律、法规、规章、标准和政策的重要依据，是落实安全生产责任追究、总结经验教训、预防同类事故再次发生的重要手段，也是工伤认定、事故赔偿的重要依据。

事故调查的主要目的是找出事故发生的内、外部原因和直接、间接原因，总结事故发生的教训和规律，提出有针对性的措施，防止同类事故再次发生。同时，通过事故调查，分析认定事故发生单位及其有关人员的责任，为依法对责任人给予处理提供依据。

事故是客观存在的。事故一旦发生，必须按照“四不放过”的原则进行调查，在充分掌握事故过程中的大量材料和事实的基础上，通过科学、严密的分析论证，总结出导致事故的各种原因和关系，得出正确的结论，从而为事故处理和制定预防对策提供可靠依据。

(1) 事故调查处理程序

① 成立事故调查组。接到事故报告后，事故发生地县级以上人民政府、安全生产监管部门和负有安全生产监管职责的部门的负责人，应立即赶赴事故现场，组织抢险救援，通知事故发生单位保护好事故现场，同时组织事故调查组开展事故调查取证工作。

② 开展事故调查。事故调查应按下列程序进行：

现场勘察、拍照、摄像，搜集物证；

调查询问有关人员，查阅有关安全生产管理文件资料；

进行技术鉴定或模拟试验；

分析研究，确定事故经过，找出事故发生的直接原因和间接原因；

确定事故性质，分析认定事故责任；

形成事故调查报告，提出对事故责任单位和责任人的处理建议和防范整改措施，报请组织事故调查的县级以上人民政府作出事故处理决定。

③ 事故处理。按照负责事故调查处理的人民政府对事故调查报告的批复落实对事故责任单位、责任人处理、处罚。

(2) 事故调查组的组成和职责

根据事故的具体情况，事故调查组的组成应当遵循精简、效能的原则，由有关人民政府、安全生产监督管理部门、负有安全生产监督管理职责的部门、监察机关、公安机关以及工会派人组成，并邀请人民检察院派人参加。事故调查组可以聘请有关专家参与调查。事故调查组组长由负责事故调查的人民政府指定，组长主持事故调查组的工作。

① 一般事故发生后，由事故发生地县(市、区)人民政府组织成立或者授权、委托有关部门组织成立事故调查组。未造成人员伤亡的一般事故，县级人民政府也可以委托事故发生单位组织事故调查组进行调查。

② 较大事故发生后，由事故发生地设区的市级人民政府组织成立或者授权、委托有关部门组织成立事故调查组。

③ 重大事故发生后，由省级人民政府组织成立或者授权、委托有关部门组织成立事故调查组。

④ 特别重大事故由国务院组织成立或者国务院授权有关部门组织成立事故调查组。

上级人民政府认为有必要时，可以直接组织调查或者委托有关部门组织调查应由下级人民政府负责调查的生产安全事故。一般情况下，上级人民政府不应委托下级人民政府调查应由上级人民政府负责调查的事故。

自事故发生之日起30日内(火灾事故、道路交通事故7日内)，因事故伤亡人数变化导致事故等级发生变化的，上级人民政府可以另行组织事故调查组进行调查。

一般事故、较大事故、重大事故，事故发生地与事故发生单位不在同一个县级以上行政区域的，由事故发生地人民政府负责组织调查，事故发生单位所在地人民政府应当派人参加。

按照《生产安全事故报告和调查处理条例》的规定，特别重大事故以下等级事故的调查处理，有关法律、行政法规或者国务院另有规定的，依照其规定执行。地方各级人民政府在组织事故调查时，应当注意生产安全事故调查处理有关法律、行政法规和国务院有关规定之间的衔接。

事故调查组的职责：

① 查明事故经过、人员伤亡情况及经济损失情况；

② 查明事故原因，确定事故性质，分析认定事故责任；

③ 提出对事故责任者的处理建议；

④ 总结事故教训，提出防范和整改措施；

⑤ 形成并提交事故调查报告。

(3) 事故调查的原则

① 实事求是，尊重科学的原则。事故调查是行政执法行为，调查结论是事故处理的依据，事故调查结果将对后序工作产生直接影响。因此必须严肃认真对待，不得有丝毫疏漏。

② 公平、公正的原则。事故调查必须以事实为依据，以法律为准绳。事故发生原因、事故定性和责任分析务求准确、科学。事故调查组成员如与事故单位及有关人员有利害关系的应回避。事故调查处理结果要在一定范围内公布，以达到吸取教训、教育群众和尽最大可能挽回社会影响，并引起全社会对安全生产工作更加重视的目的。

③ “四不放过”的原则。即事故原因未查清不放过，事故责任者未受到处理不放过，整改措施未落实不放过，有关人员和群众未受到教育不放过。

④ 从严处理的原则。对事故责任人和责任单位的处理，要在实事求是的前提下，依照国家有关法律、法规和党纪、政纪的规定，给予严肃的党纪、政纪处分和处罚。对涉嫌犯罪的事故责任人，要及时移交司法机关依法追究刑事责任。

⑤ 分级管理的原则。各级人民政府及其有关部门要按照事故调查处理分级管理的原则，组织开展事故调查和作出处理决定。事故发生地有关地方人民政府应当支持、配合上级人民政府或者有关部门的事故调查工作，并提供必要的便利条件。

(4) 事故调查应注意的事项

① 依法成立事故调查组。各级人民政府应按照法律、行政法规和国务院有关规定，依照事故管理权限组织成立事故调查组，事故调查组由有关人民政府、安全生产监督管理、负有安全生产监管职责的有关部门、行政监察、公安和同级工会组织的人员参加，死

亡事故还必须邀请同级检察机关派员参加。同时，在调查工作需要时，要聘请相关专家参加调查。

② 事故调查要及时介入。接到事故报告后，县级以上人民政府应根据管理权限，立即组成事故调查组，尽快赶赴事故现场开展调查取证，确保掌握第一手资料，防止毁证。否则，就会有可能由于事故现场被有意或无意破坏，或者事故当事人逃匿、躲避而影响事故调查顺利进行，增加难度。

③ 调查询问笔录要规范。在对当事人进行调查询问时，至少有两人参加：一人询问，一人记询问笔录。询问人要紧紧围绕事故，对事故发生的经过、时间、地点、原因以及事故单位在安全生产管理等方面的情况，向事故发生现场人员和有关知情人员进行询问，记录人员要如实记录。记录人在询问结束后，要将笔录交给被询问人阅看或复读给被询问人听，被询问人认为无误后，在笔录上逐页签名画押。询问笔录上有改动的地方，也要由被询问人画押。询问人和记录人分别在笔录上签名。

④ 物证的搜集要细致、认真。事故调查组首先要在事故现场拍照、录像，搜集并妥善保存现场物证，必要时要将物证委托有相应资质的单位或组织专家进行检测、鉴定。在搜集事故现场物证的同时，调取事故发生单位的有关管理资料查阅并亲自复印。为争取时间，调查组可明确分工，对现场物证的搜集、管理资料的查阅以及对事故当事人、知情人、管理人员的询问分头同时进行。

⑤ 调查组各成员要认真负责，相互协作。各成员要在组长的带领下，统一认识，统一行动。要认真学习国家有关法律法规，针对事故的实际情况开展调查工作。对事故调查有不同意见时，要加强沟通、协商。在各成员充分发表意见的同时，还要认真听取所聘请专家的意见。通过认真讨论，以事实为依据，以法律为准绳，以公平、公正为原则，努力达成统一意见。

⑥ 要正确区分生产安全事故和非生产安全事故。按照《中华人民共和国安全生产法》和国务院《生产安全事故报告和调查处理条例》的规定，生产安全事故是指在中华人民共和国境内从事生产经营活动的单位，在生产经营活动中或者与生产经营活动有关的活动中发生的造成人身伤亡、财产损失的事故。值得注意的有两点：一是生产经营单位所发生的事故；二是在生产经营活动中或与生产经营活动有关的活动中发生的事故。符合这两种情况的事故，才是生产安全事故，才属于本文所称事故调查的范围。非生产安全事故，不能作为生产安全事故进行调查和责任认定。如事故确定为非生产安全事故，调查组应停止调查，向负责事故调查处理的人民政府报告并说明理由。这里所称生产经营单位，是指取得工商行政管理部门颁发的营业执照以及其他相关证照，从事生产经营活动的单位。

⑦ 事故调查报告要规范。事故调查报告是事故调查分析研究结果的文字归纳和总结，是调查组辛苦劳动的结晶，是调查组调查水平和能力的体现，同时又是政府对事故责任人和责任单位作出处理的依据，其结论对事故处理和事故预防都有非常重要的作用。因此，事故调查报告必须严格遵循实事求是、尊重科学的原则，做到结构合理、层次清楚、逻辑性强、语言平实、用词规范。

事故调查报告与一般文章相同，有标题、正文和附件三个部分：

第一部分：标题。一般为“关于……事故的调查报告”或“……事故的调查报告”这种较为通用的形式，属公文式标题。标题中表明调查对象和主题。

第二部分：正文。正文是调查报告的实体部分，分为前言、主体和结尾。应包括以下内容：主送单位(主送单位就是负责组织调查的人民政府或政府有关部门，如“×××人民政府”，或者“×××局”)；事故基本情况(包括事故单位的基本情况，事故发生的时间、地点、经过和事故抢救情况，事故所造成的人员伤亡情况、经济损失情况。如系危险化学品事故或其他爆炸事故，还应包括事故所波及的对周围群众、建筑和对环境所造成的影响情况。经济损失一般是指直接经济损失。)；事故发生的原因；事故的性质；事故责任分析和对事故责任单位、责任人的处理建议；事故教训和应当采取的防范整改措施；其他需要载明的事项。

第三部分：调查组成员签名和日期，即落款。在正文的右下方写明事故调查组名称，如×××事故调查组。调查组名称的下方写明调查组组长、副组长、成员名单，由各参加调查的人员签名，并注明每人的工作单位。在成员名单下方写明调查报告制发的年、月、日。

⑧ 事故调查报告逻辑性要强，注意各环节因果关系。事故原因是基础，它包括直接原因和间接原因。直接原因包括操作是否违章，指挥是否违章，操作人员是否违反劳动纪律，设备是否存在缺陷隐患，作业环境是否符合安全条件等方面。间接原因包括是否建立了安全生产责任制及其落实情况，安全检查和隐患整改是否到位，是否建立了完善的安全管理制度和安全操作规程，安全投入是否到位，是否按规定对职工和安全管理人员进行了安全教育和技术培训，企业负责人和安全管理人员是否认真履行管理职责，以及是否有隐瞒事故不报、迟报、漏报和谎报行为等方面。经调查事故为责任事故的，还应调查有关地方人民政府及其负有安全生产监管职责的有关部门，是否存在未认真履行监管职责或失职、渎职行为。只有查清事故的各方面原因，事故性质才可以准确认定。事故性质一般分为责任事故、意外事故、自然灾害和刑事案件几种。

事故责任分析是建立在事故原因和事故性质基础上的分析。原因查得清楚明白，分析得科学、客观、公正，事故定性准确，责任分析自然就容易进行，就能得出令人信服的结论。责任分为直接责任和间接责任，或者分为主要责任、重要责任、管理责任和领导责任等。责任分析为责任追究建议的提出奠定基础。

责任追究的建议是政策性最强的环节之一，必须慎之又慎。只要原因查清，责任明确，追究责任的建议就可以依照有关法律、法规和党纪、政纪的规定提出。需要特别注意的是，对责任人、责任单位提出责任追究的建议，必须严格遵循以事实为依据，以法律为准绳的原则，做到违法事实清楚，引用法律法规条文准确。要注重处罚与教育相结合的原则，经济处罚不能代替党纪政纪处分和刑事责任追究的原则，行政责任追究不能代替刑事责任追究的原则。在追究责任时，还要注意责任追究不是岗位追究，不能不管有无责任，只要在这个岗位就要追究责任。

事故原因、事故性质和责任分析是提出事故防范整改措施建议的基础。调查报告提出的防范整改措施，一定要针对所调查事故及事故发生单位存在的导致事故发生的原因，目的是汲取事故教训，预防同类事故再次发生。

负责事故调查处理的人民政府对事故调查报告批复后，进入事故处理的落实结案阶段。这一阶段的工作，应由安全生产监督管理部门或负有安全生产监管职责的有关部门，以及行政监察机构监督检查被处理单位对处理决定和防范整改措施的执行情况。事故处理情况由负责事故调查的人民政府或者其授权的有关部门、机构向社会公布，依法应当保密的除外。

事故处理决定执行后，事故处理即告结案。应将所有资料全部人档。入档材料应包括事故报告、事故调查报告和全部调查资料、事故检测鉴定资料、事故批复文件和事故处理结果等，并认真填写案卷首页、立案审批表、调查报告审批审核表和结案审批表等，资料整理齐全后，逐页编号，装订归档。

5.4.2 事故的统计及处理技术

事故统计分析是事故综合分析的主要内容。它是以大量的事故资料和数据为基础，运用科学的统计分析方法，从宏观上探索事故发生原因及规律的过程。通过事故的综合分析，可以了解一个企业、部门在某一时期的安全状况，掌握事故发生、发展的规律和趋势，探求事故发生的原因和有关影响因素，从而为有效采取预防事故措施提供依据，为宏观事故预测及安全决策提供依据。

(1) 事故统计方法

事故统计方法通常可以分为描述统计和推断统计两部分。

① 描述统计

描述统计主要是指在获得数据之后，通过分组、有关图表等对现象加以描述。事故统计表是企业、国家建立伤亡事故管理使用的原始记录，是进行事故统计分析的依据，包括生产安全事故情况、火灾事故情况、特种设备事故情况等十种报表。为了搞好伤亡事故的定期统计工作，原国家安全生产监督管理总局 2008 年 3 月下发了《生产安全事故统计制度》，要求以此对中华人民共和国领域内从事生产经营活动中发生的造成人员死亡、重伤(包括急性工业中毒)或者直接经济损失的生产安全事故进行统计上报。

常用的伤亡事故统计图主要有柱状图、趋势图、管理图、饼状图、扇形图、玫瑰图和分布图等。

柱状图以柱状图形来表示各统计指标的数值大小。由于它绘制容易、清晰醒目，所以应用十分广泛。在进行伤亡事故统计分析时，有时需要把各种因素的重要程度直观地表现出来。这时可以利用排列图(或称主次因素排列图)来实现。绘制排列图时，把统计指标(通常是事故频数、伤亡人数、伤亡事故频率等)数值最大的因素排列在柱状图的最左端，然后按统计指标数值的大小依次向右排列，并以折线表示累计值(或累计百分数)。

事故发生趋势图是一种折线图。它用不间断的折线表示各统计指标的数值大小和变化，最适合表现事故发生与时间的关系。事故发生趋势图用于图示事故发生趋势分析。事故发生趋势分析是按时间顺序对事故发生情况进行统计分析。它按照时间顺序对比不同时期的伤亡事故统计指标，展示伤亡事故发生趋势和评价某一时期内企业的安全状况。

伤亡事故管理图也称伤亡事故控制图。为了预防伤亡事故发生，降低伤亡事故发生频率，企业、部门广泛开展安全目标管理。伤亡事故管理图是实施安全目标管理中，为及时掌握事故发生情况而经常使用的一种统计图表。在实施安全目标管理时，把作为年度安全目标的伤亡事故指标逐月分解，确定月管理目标。

事故饼状图是一种表示事故构成的平面图，可以形象地反映事故发生的原因、种类、地点等在所发生的事故中所占的百分数。

除了上述方法以外，还有扇形图、玫瑰图和分布图等。

② 推断统计

推断统计是指通过抽样调查等非全面调查，在获得样本数据的基础上，以概率论和数理统计为依据，对总体情况进行科学推断。通过建立回归模型对现象的依存关系进行模拟、对未来情况进行预测。

预测是人们对客观事物发生变化的一种认识和估计。通过预测可以对事物在未来发生的可能性及发生趋势作出判断和估计，提前采取恰当措施，避免人员伤亡、减少事故损失，防止事故的发生。

事故发生可能性预测是根据以往的事故经验对某种特定的事故，如倒塌、火灾、爆炸等事故能否发生、发生的可能性如何进行预测；而事故发生趋势预测主要依据关于事故发生情况的统计资料，对未来事故发生的趋势进行预测。

在宏观安全管理中，往往利用伤亡事故发生趋势预测方法寻找安全管理目标的参考值。在伤亡事故发生趋势预测方法中，回归预测法简单易行，具有一定准确度，因而被广泛应用。此外，还有指数平滑法、灰色系统预测法等方法。

(2) 事故统计主要指标

为了便于统计、分析、评价企业、部门的伤亡事故发生情况，需要规定一些通用的、统一的统计指标。在1948年8月召开的国际劳工组织会议上，确定了以伤亡事故频率和伤害严重率为伤亡事故统计指标。

① 伤亡事故频率：生产过程中发生的伤亡事故次数与参加生产的职工人数、经历的时间及企业的安全状况等因素有关。在一定时间内，参加生产的职工人数不变的场合，伤亡事故发生次数主要取决于企业的安全状况。于是，可以用伤亡事故频率作为表征企业安全状况的指标。

$$a=\frac{A}{NT}$$

式中 a——伤亡事故频率；

A——伤亡事故发生次数(次)；

N——参加生产的职工人数(人)；

T——统计期间。

世界各国的伤亡事故统计指标的规定不尽相同。《企业伤亡事故分类》规定，按千人死亡率、千人重伤率和伤害频率计算伤亡事故频率。

千人死亡率：某时期内平均每千名职工中因工伤事故造成死亡的人数。

$$千人死亡率=\frac{死亡人数\times10^3}{平均职工数}$$

千人重伤率：某时期内平均每千名职工中因工伤事故造成重伤的人数。

$$千人重伤率=\frac{重伤人数\times10^3}{平均职工数}$$

伤害频率：某时期内平均每百万工时由于工伤事故造成的伤害人数。

$$伤害频率=\frac{伤害人数\times10^6}{时间总工时数伤害频率}$$

目前我国仍然沿用劳动部门规定的工伤事故频率作为统计指标。

$工伤事故频率=\frac{本时期内工伤事故人次\times10^3}{本时期内在册职工人数}$，习惯上把它叫做千人负伤率。

② 事故严重率：《企业职工伤亡事故分类》规定，按伤害严重率、伤害平均严重率和按产品产量计算死亡率等指标计算事故严重率。

伤害严重率：某时期内平均每百万工时由于事故造成的损失工作日数。

$$伤害严重率=\frac{总损失工作日数\times10^6}{实际总工时数}$$

国家标准中规定了工伤事故损失工作日算法，其中规定永久性全失能伤害或死亡的损失工作日为6000个工作日。

伤害平均严重率：受伤害的每人次平均损失工作日数。

$$伤害平均严重率=\frac{总损失工作日数}{伤害人数}$$

按产品产量计算的死亡率：这种统计指标适用于以吨、立方米为产量计算单位的企业、部门。例如：

$$百万吨钢(煤)死亡率=\frac{死亡人数\times10^6}{实际产量(t)}$$

$$万立方米木材死亡率=\frac{死亡人数\times10^4}{实际产量(m^3)}$$

(3) 其他统计指标

① 无事故时间。在实际安全管理工作中，往往用无伤亡事故时间作为统计指标，描述一个单位的安全状况。这是因为，伤亡事故发生频率较低时(如数年发生一起事故的场合)，采用伤亡事故发生频率来描述安全状况比较困难。从指导安全工作角度，计算伤亡事故发生频率是在发生了若干次事故以后。而计算无伤亡事故时间则使安全管理人员把注意力放在推迟每一起事故发生时间上，更能体现预防为主的原则。无伤害事故时间是指两

次事故之间的间隔时间。它最适合于用来描述伤亡事故发生频率低的单位的安全状况。

② 死亡事故频率。英国的克莱兹(T. A. Kletz)以每 10^8 工时发生事故死亡人数作为死亡事故频率(Fatal Accident Frequency Rate，简称 FAFR)。它相当于每人每年工作 300 天，每天工作 8 小时，每年 4000 人中有一人死亡。

(4) 应用事故统计指标应注意的问题

按伯努利大数定律，只有样本容量足够大时，随机事件发生的频率才趋于稳定。观测的数据量越少，统计出的伤亡事故频率和伤亡事故严重率的可靠性就越差。因此在实际工作中利用上述指标进行伤亡事故统计时，应该设法增加样本的容量，可以从两个方面采取措施：

① 延长统计的时间。在职工人数较少的单位，可以通过适当增加观测时间来增加样本的容量。一般认为，统计的基础数字如果低于 200000h，则每年统计的事故频率将有明显波动，往往很难据此作出正确判断。当总的工时数达到 100 万时，可以得到较稳定的结果。在这种情况下才能作出较为正确的结论。

② 扩大统计的范围。为了扩大样本容量，美国、日本等国的一些安全专家主张扩大伤亡事故的统计范围。以往的伤亡事故统计只包括造成歇工一个工作日以上的事故，他们建议，应该把歇工不到一个工作日的事故也包括进去。美国 BLS-OSHA 规定：损失工作日不只计算损失的日历日数，而且把因受伤调配到临时岗位的事故及受伤人员虽然能够在其本身的岗位上工作但是不能发挥全部效率，或不能全天工作的情况，也作为须记录的事故。莱阿梅尔提议把工厂医务所就诊的工伤事故也都统计到伤害事故频率里。

采用这样的措施后，由于统计的伤害事故数增加了，相应的伤亡事故频率也增加了，在同样统计基础数的情况下，统计结果的可靠性也就提高了。国外也有人主张把极其轻微的伤害事故和差一点受伤的事故包括在统计范围之内，一些研究人员开始把注意力转向统计调查最终会导致伤亡事故的原因——人的不安全行为和物的不安全状态，相应地提出了一些统计指标。目前，收集这些资料的方法还处于实验研究阶段，有待于进一步研究解决。

5.5 事故预防与控制技术

避免事故发生的根本方法是消除危险，而消除危险的两个重要方面是事故的预防与控制，即采用技术和管理手段，通过危险预防与控制措施，在现有的技术水平上，争取用最小的成本达到最高的安全水平。

5.5.1 事故预防与控制的基本原则

事故预防是通过采用工程技术、管理和教育等手段使事故发生的可能性降到最低；事故控制是通过采用工程技术、管理和教育等手段使事故发生后不造成严重后果或使损害尽可能减小。

从安全目标的实现出发，事故预防与控制体现在以下三个方面：消除事故原因，形成“本质安全”系统，即消除危险源、控制危险源、防护和隔离危险源、保留和转移危险源。降低事故发生频率。减少事故的严重程度和事故的经济损失。

从采用的手段出发，事故预防与控制以危险源为对象，运用系统工程的原理，对危险进行控制。其技术手段主要有工程技术措施和管理措施，按措施等级可以分为六种方法，即消除危险、预防危险、减弱危险、隔离危险、危险连锁和危险警告等。同时，还可以采用法制手段(政策、法令、规章)、经济手段(奖、罚)和教育手段(长期的、短期的、学校的、社会的)等。

从现代安全管理的观点出发，安全管理不仅要预防和控制事故，而且要为劳动者提供安全的工作环境。由此，事故预防与控制可以从安全技术(Engineering)、安全教育(Education)和安全管理(Enforcement)(简称“3E”对策)三方面入手。由于无论是安全教育还是安全管理，人是主要参与者，不可避免地存在着人的失误，因此，安全技术对策应是安全管理工作的首选。

5.5.2 安全技术对策

安全技术对策是采用工程技术手段解决安全问题，预防事故发生，减小事故造成的伤害和损失，是事故预防和控制的最佳安全措施。安全技术对策涉及系统设计各个阶段，通过设计来消除和控制各种危险，防止所设计的系统在研制、生产、使用、运输和储存等过程中发生可能导致人员伤亡和设备损坏的各种意外事故。安全技术分为预防事故发生的安全技术和防止或减少事故损失的安全技术。

(1) 预防事故的安全技术

根据系统寿命阶段的特点，为满足规定的安全要求，预防事故的安全技术可采用以下八种安全设计方法。

① 能量控制方法

任何事故影响的程度都是所需能量的直接函数，也就是说，事故发生后果的严重程度与事故中所涉及的能量大小紧密相关。没有能量就没有事故，没有能量就不会产生伤害。能量引起的伤害主要分为两类。

第一类：转移到人体的能量超过了局部或全身性损坏阈值而造成伤害，如安全电压在人体所承受的阈值之内，不会造成伤害或伤害极其轻微；而 220 V 电压大大超过了人体触电的安全阈值，与其接触会对人体造成伤害。

第二类：局部或全身性能量交换引起伤害，如因物理或化学因素引起的窒息、中毒等事件。

从能量控制的观点出发，事故的预防和控制实际上就是防止能量或危险物质的意外释放，防止人体与过量的能量或危险物质接触。

② 内在安全设计方法

避免事故发生的有效方法是消除危险或将危险限制在没有危害的程度内，使系统达到本质安全。内在安全技术是指不依靠外部附加的安全装置和设备，只依靠自身的安全设计，即使发生故障或错误操作，设备和系统仍能保证安全。在内在安全系统中，可以认为不存在导致事故发生的危险状况，任何差错，甚至一个人为差错也不会导致事故发生。

在“内在安全”设计中，达到绝对的安全是很难的，但可以通过设计使系统发生事故的风险降至最小，或将风险降低到可接受的水平。常用的方法有以下两种：

第一种，通过设计消除风险。这类方法通过选择恰当的设计方案、工艺过程和合适的原材料来实现。如可以通过排除粗糙的毛边、锐角、尖角，防止皮肤割破、擦伤或刺破。

第二种，降低危险的严重性。完全消除危险有时受实际条件的限制难以实现。在这种情况下，可以限制潜在危险的等级，使其不至于导致伤害或损伤，或将伤害和损伤降至可接受的范围内。例如，对电钻引起的致命电击，可以采用低电压蓄电池作为动力，消除电击的危险。

③ 隔离方法

隔离是物理分离的方法，用隔挡板和栅栏等将已确定的危险同人员和设备隔离，以防止危险发生或将危险降到最低水平，同时控制危险的影响。隔离技术常用在以下几个方面。

第一，隔离不相容材料。如氧化物和还原物分开放置可以避免发生氧化还原反应而引发事故；将装在容器中的某些易燃液体的上面“覆盖”氮气或其他惰性气体，以避免这些液体与空气中的氧气接触而发生危险。

第二，限制失控能量释放的影响。例如，在炸药的爆炸试验中，为了防止爆炸产生的冲击波对人或周围物体造成伤害和影响，当药量较大时，一般是在坚固的爆炸塔中进行爆炸试验；当药量较小时，则可放置在具有一定强度的密封的爆炸罐内进行试验。

第三，防止有毒、有害物质或放射源、噪声等对人体的危害。例如，铸造车间清毛坯时，为了防止铁屑伤人而穿的全密封防护服；隔离高噪声和振动的机械装置所采用的振动固定机构、屏蔽、消音器等。

第四，隔离危险的工业设备，如将护板和外壳安装在旋转部件、热表面和电气装置上面，以防止人员接触发生危险。

第五，时间上的隔离。例如，限定有害工种的工作时间，防止工作人员受到超量有毒、有害物质的危害，保障人员的安全。

④ 闭锁、锁定和连锁

闭锁、锁定和连锁的功能是防止不相容事件的发生，防止事件在错误的时间发生或以错误的顺序发生。

闭锁是防止某事件发生或防止人、物、力或因素进入危险的区域；锁定是保持某事件或状况，或避免人、物、力或因素离开安全、限定的区域。如弹药的保险和解除保险装置，螺母和螺栓上的保险丝和其他锁定装置，防止车辆移动的挡块，电源开关的锁定装置等。

连锁保证在特定的情况下某事件不发生。连锁既可用于直接防止错误操作或错误动作，又可通过输出信号，间接地防止错误操作或错误动作。例如，限制电门、信号编码、运动连锁、位置连锁、顺序控制等。

⑤ 故障-安全设计

当系统、设备的一部分发生故障或失效时，在一定时间内能够保证整个系统或设备安全的技术性设计称为故障-安全设计。故障-安全设计确保一个故障不会影响整个系统或使整个系统处于可能导致伤害或损伤的工作模式。其设计的基本原则是：首先保护人员安全；其次保护环境，避免污染；再次防止设备损伤；最后防止设备降低等级使用或功能丧失。

⑥ 故障最小化设计

采用故障-安全设计使故障不会导致事故，但这样的设计在有些情况下并不总是最佳选择。故障-安全设计可能会频繁地中断系统的运行，当系统需要连续运行时，这种设计对系统的运行是相当不利的。因此，在故障-安全设计不可行的情况下，故障最小化可作为设计的主要方法。故障最小化设计有三种方法。

第一，降低故障率。这种方法是可靠性工程中用于延长元件和整个系统的期望寿命或故障间隔时间的一种技术。利用高可靠性的元件和设计降低使用中的故障概率，使整个系统的期望使用寿命大于所提出的使用期限，降低可能导致事故的故障发生率，从而减少事故发生的可能性，起到预防和控制事故的作用。这种方法的核心是通过提高可靠性来提高系统的安全性。

第二，监控。监控是利用监控系统对某些参数进行检测，保证这些参数无法达到导致意外事件的危险水平。监控系统分为检知、判断和响应三部分。检知部分由传感元件构成，用以感知特定物理量的变化。判断部分把检知部分感知的参数值与预先规定的参数值进行比较，判断被检测对象的状态是否正常。响应部分在判明存在异常时，采取适当的措施，如停止设备运行、停止装置运转、启动安全装置、向有关人员发出警告等。

第三，报废和修复。这种技术是针对意外事故设计的。在一个故障、错误或其他不利的状况已发展成危险状态，但还未导致伤害或损伤时，应采取纠正措施，以限制状态的恶化。

⑦ 告警装置

告警用于向危险范围内人员通告危险、设备问题和其他值得注意的状态，使有关人员采取纠正措施，避免事故的发生。告警可按人的感觉方式分为视觉告警、听觉告警、嗅觉告警、触觉告警和味觉告警等。

视觉告警是一种通过视觉传递危险信息的告警方式。《安全色》(GB 2893—2008)及《安全色使用导则》中规定了安全色、对比色的意义及其使用方法。安全色分为红、黄、蓝、绿四种颜色。红色的含义是禁止、停止、消防和危险，黄色提醒人们注意，蓝色是要求人们必须遵守的规定，绿色表示提供允许、安全的信息。对比色是使安全色更加醒目的反衬色。黑色是黄色的对比色，白色是红、绿、蓝安全色的对比色。另外视觉告警也常用标志和标记。

常用的听觉告警有报警器、蜂鸣器、铃、定时声响装置等，有时也用扬声器来传递录下的声音信息，或一个人直接用喊声告警另一个人。当所传递的信息是简短的、简单的、瞬时的，并要求马上作出响应；视觉告警方式受到限制；信号十分重要，需要多种告警信号相结合时；需要告警、提醒或提示操作人员注意后续的附加信息或作后续的附加响应；习惯或惯例采用听觉信号的场合；进行必要的声音通信时，使用听觉告警的效果更好。

振动感知是触觉告警的主要方法，设备过度振动给人们发出了设备运行不正常并正在发展成故障的告警。

温度感知是另一种通过触觉或感知进行告警的方法。维修人员可以通过手、身体的其他部位或设备的感觉确定设备是否工作正常。

(2) 减少和遏制事故损伤的安全技术

采用了预防事故的安全技术措施，并不等于就完全控制住了事故。在实际工作中，只要有危险存在，尽管其可能性很小，就存在导致事故发生的可能，而且没有任何方法来准确确定事故将何时发生。事故发生后如果没有相应的措施迅速控制局面，则事故的规模和损失可能会进一步扩大，甚至引起连锁反应，造成更大、更严重的后果。因此，必须研究尽量减少可能的伤害和损伤的方法，采取相应的应急措施，减少或遏制事故损失。

① 实物隔离

隔离除了作为一种广泛应用的事故预防方法之外，还常用作减少事故中能量猛烈释放而造成损伤的一种方法，可限制始发的不希望事件的后果对邻近人员的伤害和对设备、设施的损伤。常用的方法有以下三种：距离、偏向装置、遏制。

涉及爆炸性物质的物理隔离方法，将可能发生事故、释放出大量能量或危险物质的工艺、设备或设施布置在远离人员、建筑物和其他被保护物的地方。如将炸药隔离，即使炸药意外爆炸不会导致邻近储存区和加工制造区炸药的循爆。

采用偏向装置作为危险物与被保护物之间的隔离墙，其作用是把大部分剧烈释放的能量导引到损失最小的方向。如在爆炸物质生产和装配工房，设置坚实的防护墙并用轻质材料构筑顶部，当爆炸发生时，防护墙承受一部分能量，而其余能量则偏转向上，减小了对周围环境的损伤。

遏制技术是控制损伤常用的隔离方法，主要功能是遏制事故造成更多的危险；遏制事故的影响；为人员提供防护；对材料、物资和设备予以保护。

② 人员防护装备

人员防护装备由人们身上的外套或戴在身上的器械组成，以防止事故或不利的环境对人的伤害。其应用范围和使用方式很广，可以从一副简单的防噪声耳塞到一套完整带有生命保障设备的宇航员太空服。

人员防护装备的应用方式主要有以下三种。

用于计划的危险性操作。某些操作所涉及的环境中，危险因素不能根除，但又必须进行相关作业，采用人员防护装备可以防止特定的危险对人员伤害。如在危险的区域进行检查、计划和预防性维修等工作。必须指出的是，在条件可行的情况下，不应以人员防护装备代替根除或控制危险因素的设计或安全规程。如在含有毒气体的封闭空间中工作的人员，在采取了通风措施，排除有毒、有害气体或降低其浓度于危险水平以下的条件下，操作人员就没有必要使用防毒面具。

用于调查和纠正。为调查研究、探明危险源、采取纠正措施或因其他原因进入极有可能存在危险的区域或环境时，应佩戴相应的人员防护装备。例如，有毒的、腐蚀性的或易燃液体泄漏或溢出的中和或净化过程。

用于应急情况。应急情况对防护装备的要求最严格。由于意外事故或事件即将发生或已经发生，开始的几分钟可能是事故被控制或导致灾难发生的关键时刻，排除或控制危险和尽量减少危险伤害和损伤的反应时间是极为重要的。因此，为了快速有效地实施应急计划，人员的防护装置起着至关重要的作用。

③ 能量缓冲装置

能量缓冲装置在事故发生后能够吸收部分能量，保护有关人员和设备的安全。例如，座椅安全带、缓冲器和车内衬垫、安全气囊等可缓解人员在事故发生时所受到的冲击，事故中降低车内人员的伤害。

④ 薄弱环节

薄弱环节是指系统中人为设置的容易出故障的部分。其作用是使系统中积蓄的部分能量通过薄弱环节得到释放，以小的代价避免严重事故的发生，达到保护人员和设备安全的目的。主要有电薄弱环节，如电路中的保险丝；热薄弱环节，如压力锅上的易熔塞；机械薄弱环节，如压力灭火器中的安全隔膜；结构薄弱环节，如主动联轴节上的剪切销。

⑤ 逃逸和营救

当事故发生到不可控制的程度时，应采取措施逃离事故影响区域，采取自我保护措施并为救援创造一个可行的条件。

逃逸和求生是指人们使用本身携带的资源进行自身救护所做的努力。营救是指其他人员在紧急情况下救护受到危险人员所做的努力。

逃逸、求生和营救设备对于保障人的生命安全极为重要，但只能作为最后依靠的手段来考虑和应用。当采用安全装置、建立安全规程等方法都不能完全消除某种危险或系统存在发生重大事故的可能性时，应考虑应用逃逸、求生和营救等设备。

5.5.3 安全教育对策

安全教育是通过各种形式的学习和培养，努力提高人的安全意识和素质，学会从安全的角度观察和理解所从事的活动和面临的形势，用安全的观点解释和处理自己遇到的新问题。

从事故致因理论中的瑟利模型中可以看到，要达到控制事故的目的，首先，通过技术手段，用某种信息交流方式告知人们危险的存在或发生；其次，要求人们感知到有关信息后，能够正确理解信息的意义，例如，能否正确判断何种危险发生或存在？该危险对人、设备或环境会产生何种伤害？是否有必要采取措施？应采取何种应对措施等。而这些有关人对信息的理解认识和反应的部分均需要通过安全教育的手段来实现。

安全教育可以分为安全教育和安全培训两大部分。安全教育是一种意识的培养，是长时期的甚至贯穿于人的一生，并在人的所有行为中体现出来，与人们所从事的职业没有直接关系；安全培训虽然也包含有关教育的内容，但其内容相对于安全教育要具体得多，范围要小得多，主要是一种技能的培训。安全培训的主要目的是使人掌握在某种特定的作业或环境下准确并安全地完成其应完成的任务，故也称生产领域的安全培训为安全生产教育。在这个层面上，安全培训主要是指企业为提高职工的安全技术水平和防范事故能力而进行的教育培训工作，也是企业安全管理的主要内容，在消除和控制事故措施中有重要的作用。

(1) 安全教育的内容

安全教育包括以下四个方面的内容。

① 安全思想教育

安全思想教育是从人们的思想意识方面进行培养和学习，包括安全意识教育、安全生产方针教育和法纪教育。

安全意识是人们在长期生产、生活等各项活动中逐渐形成的对安全问题的认识程度，安全意识的高低直接影响着安全效果。因此，在生产和社会活动中，要通过实践活动加强对安全问题的认识并使其逐步深化，形成科学的安全观，这也是安全意识教育的根本目的。

安全生产方针教育是对企业的各级领导和广大职工进行有关安全生产的方针、政策和制度的宣传教育。我国的安全生产方针是“安全第一，预防为主”。只有充分认识和理解其深刻含义，才能在实践中处理好安全与生产的关系。特别是当安全与生产发生矛盾时，应首先解决好安全问题，切实把安全工作提高到关系全局及稳定的高度来认识，把安全视做企业的头等大事，从而提高安全生产的责任感与自觉性。

法纪教育是安全法规、规章制度、劳动纪律等方面的教育。安全生产法律、法规是方针、政策的具体化和法律化。通过法纪教育，使人们懂得安全法规和安全规章制度是实践经验的总结，它们反映出安全生产的客观规律。自觉地遵守法律法规，安全生产就有了基本保证。同时，通过法纪教育还要使人们懂得，法律带有强制的性质，如果违章违法，造成了严重的事故后果，就要受到法律的制裁。

② 安全技术知识教育

安全技术知识教育包括一般生产技术知识教育、一般安全技术知识教育和专业安全技术知识教育。

一般生产技术知识教育主要包括：企业的基本生产概况、生产技术过程、作业方式或工艺流程，与生产技术过程和作业方法相适应的各种机器设备的性能和有关知识，工人在生产中积累的生产操作技能和经验及产品的构造、性能、质量和规格等。

一般安全技术知识是企业所有职工都必须具备的安全技术知识。它主要包括：企业内的危险设备的区域及其安全防护的基本知识和注意事项，有关电器设备(动力及照明)的基本安全知识，生产中使用的有毒有害原材料或可能散发的有毒有害物质的安全防护基本知识，企业中一般消防制度和规划，个人防护装备的正确使用，事故应急方法以及伤亡事故报告等。

专业安全技术知识是指某一作业的职工必须具备的专业安全技术知识。它主要包括：安全技术知识，工业卫生技术知识和根据这些技术知识和经验制定的各种安全操作技术规程等的教育。

③ 典型经验和事故教训教育

先进的典型经验具有现实的指导意义，通过学习使职工受到启发，对照先进找出差距；将有关的事故作为案例和反面教材，通过分析事故的性质，认清事故责任，得出事故的教训和整改措施，从而对职工开展教育培训，促进安全生产工作的进一步发展。

④ 现代安全管理知识教育

安全系统工程、安全人机工程、安全心理学及劳动生理学等知识随着安全管理的深入开展而被广泛应用。这些理论为辨识危险、预防事故发生、提出有效的对策措施提供了系统的理论和方法，并能够设计系统使其达到最优。

(2) 安全培训的实质

安全培训的实质是安全技能的教育。在现代化企业生产中，仅有安全技术知识，并不等于能够安全地从事生产操作，还必须把安全技术知识变成进行安全操作的本领，才能取得预期的安全效果。要实现从“知道”到“会做”的过程，就要借助于安全技能培训。

安全技能培训包括正常作业的安全技能培训和异常情况的处理技能培训。安全技能培训应按照标准化作业要求来进行，有计划、有步骤地进行培训。安全技能的形成分为三个阶段，即掌握局部动作的阶段、初步掌握完整动作阶段、动作的协调和完善阶段。这三个阶段的变化表现在行为结构的改变、行为速度和品质的提高以及行为调节能力的增强等三个方面。

(3) 安全教育的类型

按照教育对象的不同，安全教育的类型不同，可以分为管理人员安全教育和生产岗位的职工安全教育两种类型。具体内容详见第八章。

5.5.4 安全强制管理对策

从表面上看，工业生产中事故的发生是由于生产空间、设备、设施和人为差错等不安全条件所造成的。但是如果从事故原因和深层分析中进行研究，其根源还是管理上的缺陷，只不过表现的形式不同。

安全强制管理对策是用各项规章制度、奖惩条例约束人的行为和自由，达到控制人的不安全行为，较少事故的目的。

(1) 安全检查

安全检查是我国最早建立的基本安全生产制度之一，建国初期国家就根据我国的安全生产状况提出了开展安全检查的要求和规定。1963 年，国务院发布的《关于加强企业生产中安全工作的几项规定》，将安全检查列入企业的主要任务，并对安全检查的内容加以规定。

安全检查是根据企业生产特点，对生产过程中的危险因素进行经常性的、突击性的或者专业性的检查。安全检查的类型分为以下几种形式。

① 经常性安全检查。经常性安全检查是企业内部进行的自我安全检查，是一种经常性的、普遍性的检查，其目的是对安全管理、安全技术和工业卫生情况作一般性的了解。经常性安全检查主要包括企业安全管理人员进行的日常检查、生产领导人员进行的巡视检查、操作人员对本岗位设备和设施以及工具的检查。检查人员是本企业的管理人员或生产操作工人，对生产过程和设备情况熟悉，了解情况全面、深入细致，能及时发现问题、解决问题。经常性安全检查，企业每年进行2~4次，车间、科室每月进行一次，班组每周进行一次，每班次每日均应进行。

② 安全生产大检查。安全生产大检查是由上级主管部门或安全生产监督管理部门对企业的各种安全生产进行的检查。检查人员主要来自有经验的上级领导或本行业或相关行业高级技术人员和管理人员。他们具有丰富的经验，使检查具有调查性、针对性、综合性和权威性。这种检查一般集中在一段时间，有目的、有计划、有组织地进行，规模较大，揭露问题深刻、判断准确，能发现一般管理人员和技术人员不易发现的问题，有利于推动企业安全生产工作，促进安全生产中老大难问题的解决。

③ 专业性检查。专业性检查是针对特种作业、特种设备、特殊作业场所开展的安全检查，调查了解某个专业性安全问题的技术状况。专业性检查除了由企业有关部门进行外，上级有关部门也指定专业安全技术人员进行定期检查，国家对这类检查也有专门的规定。不经有关部门检查许可，设备不得使用。

④ 季节性检查。季节性检查是根据季节变化的特点，为保障安全生产的特殊要求所进行的检查。自然环境的季节性变化，对某些建筑、设备、材料或生产过程及运输、储存等环节会产生某些影响。因此，为了消除因季节变化而产生的事故隐患，必须进行季节性检查。如春季风大，应着重防火、防爆；夏季高温、多雨、多雷电，应抓好防暑、降温、防汛、检查防雷电设备；冬季注意防寒、防冻、防滑等。

⑤ 特种检查。这是一种对采用的新设备、新工艺、新建或改建的工程项目以及出现的新危险因素进行的安全检查。这种检查包括工业卫生调查、防止物体坠落的检查、事故调查和其他特种检查等。

⑥ 定期检查。定期检查是指列入计划，每隔一定时间进行的检查。这种检查可以是全厂性的，也可以是针对某种操作、某类设备的检查。检查间隔时间可以是一个月、半年、一年或者任何适当的间隔期。

⑦ 不定期检查。这是一种无一定间隔时间的检查。它是针对某个特殊部门、特殊设备或某一工作区域进行的，而且事先未曾宣布的一种检查。这种检查比较灵活，其检查对象和时间的选择往往通过事故统计分析方法确定。

无论采取什么方式的安全检查，其目的都是通过安全检查及时了解和掌握安全工作情况，发现问题并采取措施加以整顿和改进，同时又可总结经验，吸取教训，进行宣传和推广。

(2) 安全审查

对工程项目的安全审查是依据安全法规和标准，对工程项目的初步设计、施工方案以及竣工投产进行综合的安全审查、评价和检验。其目的是查明系统在安全方面存在的缺陷，按照系统安全的要求，优先采取消除或控制危险的有效措施，切实保障系统的安全。安全审查包括以下三个方面的内容。

① 可行性研究审查。可行性研究审查是对可行性研究报告中的劳动安全卫生部分的内容，运用科学的评价方法，分析、预测建设项目存在的危险、有害因素的种类和危险危害程度，提出科学、合理、可行的劳动安全卫生技术措施和管理对策，作为该建设项目初步设计《安全专篇》的主要依据，供国家安全卫生管理部门进行监察时参考。

审查的内容包括生产过程中可能产生的主要职业危害，预计的危害程度，造成危害的因素及其所在部位或区域，可能接触职业危害的职工人数，使用和生产的主要有毒、有害物质，易燃、易爆物质的名称、数量，职业危害治理的方案及其可行性论证，职业安全卫生措施专项投资估算，实现治理措施的预期效果，技术投资方面存在的问题和解决方案等。

② 初步设计审查。初步设计审查是在可行性研究报告的基础上，按照国家安全生产监督管理总局关于生产性建设工程项目的《安全专篇》的内容和要求，根据有关标准、规范对其进行全面深入地分析，提出建设项目中职业安全卫生方面的结论性意见。初步设计审查涉及九个方面的内容，即设计依据；工程概述；建筑及场地布置；生产过程中职业危害因素的分析；职业安全卫生设计中采用的主要防范措施；预期效果评价；安全卫生机构设置及人员配备；专用投资概算；存在的问题和建议等。

③ 竣工验收审查。竣工验收审查是按照《安全专篇》规定的内容和要求对职业安全卫生工程质量及其方案的实施进行全面系统的分析和审查，并对建设项目作出职业安全卫生措施的效果评价。竣工验收审查是强制性的。

(3) 安全评价

安全评价是对系统存在的不安全因素进行定性和定量分析，通过与评价标准的比较，得出系统的危险程度，提出改进措施，达到系统安全的目的。安全评价从明确的目标值开始，对工程、产品、工艺的功能特性和效果进行科学测定。根据测定结果用一定的方法综合、分析、判断，并作为决策的参考。安全评价是对系统危险程度的客观评价。它通过对系统中存在的危险源和控制措施的评价，客观描述系统的危险程度，指导人们预先采取措施降低系统的危险性。包括确认危险性(辨别危险源，定量来自危险源的危险性)和评价危险性(控制危险源，评价采取措施后危险源存在的危险性是否能被接受)两部分。

安全评价方法的分类很多，根据工程、系统生命周期和评价的目的进行安全评价，常用的主要有以下几种方法。

① 安全预评价。安全预评价是根据建设项目可行性研究报告的内容，分析和预测该

建设项目可能存在的危险有害因素的种类和程度，提出合理可行的安全对策措施及建议。其核心是对系统存在的危险有害因素进行定性、定量分析，针对特定的系统范围，对发生事故、危害的可能性及其危险、危害的严重程度进行评价。最终的目的是确定采取哪些安全技术、管理措施，使各子系统及建设项目整体达到可接受风险的要求。最终成果是安全预评价报告。

② 安全验收评价。安全验收评价是在建设项目竣工验收前、试生产运行正常之后，通过对建设项目的设施、设备、装置实际运行状况及管理状况的安全评价，查找该建设项目投产后存在的危险有害因素以及导致事故发生的可能性和严重程度，提出确保建设项目正式运行后安全生产的安全对策措施。

③ 安全现状评价。安全现状评价是针对一个生产经营单位总体或局部的生产经营活动的安全现状进行的安全评价，识别和分析其生产经营过程中存在的危险有害因素，评价危险有害因素导致事故的可能性和严重程度，提出合理可行的安全对策措施。这种安全评价不仅包括生产过程的安全设施，而且包括生产经营单位整体的安全管理模式、制度和方法等安全管理体系的内容。

④ 专项安全评价。专项安全评价是根据政府有关管理部门、生产经营单位、建设单位或设施单位的某项(个)专门要求进行的安全评价。专项安全评价需要解决专门的安全问题，评价时往往需要专门的仪器和设备。专项安全评价针对的可以是一项活动或一个场所，也可以是一个生产工艺、一件产品、一种生产方式或一套生产装置等。

如果按照安全评价结果的量化程度，安全评价方法可以分为定性安全评价法和定量安全评价法。

定性安全评价法是根据经验和直观判断能力对生产系统的工艺、设备、设施、环境、人员和管理等方面的状况进行定性分析，安全评价的结果是一些定性的指标。例如，是否达到了某项安全指标，事故类别和导致事故发生的因素等。

定量安全评价是运用基于大量的实验结果和广泛的事故资料统计分析获得的指标或规律(数学模型)，对生产系统的工艺、设备、设施、环境、人员和管理等方面的状况进行定量的分析，安全评价的结果是一些定量的指标。例如，事故发生的概率、事故的伤害(或破坏)范围、定量的危险性、事故致因因素的事故关联度或重要度。

5.6 事故预测技术

目前常用的事故模拟与验证分析方法主要包括计算机模拟分析方法及实验测试方法。计算机模拟分析方法主要是从流动、传热传质的基本定律出发，建立相关的数学方程，通过计算机求解一些重要参数在事故过程中的变化，对事故进行模拟预测与重构。

5.6.1 事故模拟模型

对生产过程中的所发生的事故进行模拟，即在事故数学物理模型的基础上，利用数值计算方法和计算机技术，对事故的灾害过程进行模拟，具有非常重要的现实意义，它可以预测事故的发生过程及事故后果的影响范围，从而能更加形象直观地认识所评价单元或系统的危险及危害性。同时，为人员紧急疏散及补救措施提供科学依据，准确地确定危险区域和选择最佳疏散路径既可避免和减少人员伤亡，又可以防止盲目的采取应急措施而劳民伤财。所以，开发事故模拟软件对事故做深入的研究很有必要，对于科学预防灾害的发生、指导紧急救灾具有重要理论价值和实践意义，为企业、政府职能部门高层决策者在事故情况下的应急决策提供客观依据。

进行事故模拟，需要选择合适的事故模型，而事故模型是通过对国内外大量事故案例的统计分析和归纳总结形成事故模型、并在此基础上建立模拟分析的数学模型。

(1) 半经验事故模型

化工过程事故的主要形态是泄漏、火灾和爆炸三大类。半经验模型计算简便、省时、便于理解，利用经验或实验公式描述泄漏火灾爆炸后果参数的影响等，不用于对火灾等事故本身的详细描述，常用于一般事故的估算、后果预估和灾害评价，属于一维计算。半经验事故模型能对事故形态、发展趋势和可能后果进行描述。事故形态决定了导致事故发生可能的原因和可能导致的事故后果。其中泄漏事故的基本形态考虑了气体泄漏、液体泄漏和气液两相泄漏，火灾事故包括喷射火灾和池火灾等。池火灾模型包含点源辐射(Point source models)和表面辐射模型(Surface emitter models)等。爆炸事故主要有可燃蒸气云爆炸(VCE)、沸腾液体扩展蒸气爆炸(BLEVE)、凝聚相爆炸和压力容器爆炸等爆炸事故模式。TNO、CCPS等机构对这些模型进行了梳理总结与吸纳，形成了池火、喷射火后果的推荐计算方法，并推荐其在定量风险评价(QRA)、事故估算等过程中进行应用。

(2) 数学模型

化学事故模拟分析数学模型是根据事故模型和事故假设建立起来的积分模型，结合初始化条件进行推导形成的事故后果参数的积分描述。这些模型包括池火灾模型、喷射火灾模型、蒸气云爆炸模型、沸腾液体扩展蒸气爆炸模型、凝聚相爆炸模型、泄漏速度模型和重气扩散模型。对数学模型方程进行积分求解所得到的参数比半经验事故模型得到的结果准确率高、数据多，但是该模型需要一定的数学求解及简单编程经验，不便于快速应用。国内外相继开发了大量的该类模型并进行工程应用，数学模型及半经验事故模型多被开发为工程化软件进行工程应用，如PHAST、ALOHA等软件。

(3) 精细事故模拟

精细事故模拟是利用先进的计算流体力学方法(CFD，Computional Fluid Dynamics)构建描述事故过程的基础三维数学模型(质量、动量、能量方程的偏微分形式)，并根据事故现场的情况(包括气象条件、装置设备的尺寸大小、储存条件等)和有关危险物质的物性参数，利用计算机模拟并输出模拟结果的过程。这种模型得到的数据较为准确，可实现对泄漏、燃烧、爆炸事故过程本身的精细化三维描述。国内外相继开发了大量的该类模型的软件，如FDS、FIRE、PHOENICS、FLACS、FLUIDYN、FLUENT等软件。这些软件对描述流体状态的连续性方程、动量方程、热量方程、扩散方程以及燃烧和爆炸过程进行求解，可以对泄漏、火灾、爆炸事故过程进行三维动态数值模拟，并能给定详细的流场、温度、辐射率等灾害特征参数。这为精确研究事故状态下危险介质的状态(泄漏扩散速率、浓度随时间在空间的分布、液池液体蒸发速率、扩散影响区域等)、热辐射通量空间分布、爆炸超压空间分布等提供了重要的分析方法及工具。但是该类模型构建复杂、运行时间较长，需要较强的流体力学及安全工程学背景，适用于科学研究、复杂事故原因的认定，不便于企业现场人员的使用。

对化学事故进行模拟分析的软件系统主要功能包括：①危险介质泄漏扩散、火灾、爆炸灾害过程的动态模拟；②根据灾害类型和危险介质的特性分析模拟计算结果，划定灾害事故影响区域；③根据灾害模拟分析模型精确计算各种参数，如危险介质泄漏扩散后随时间在空间的浓度分布、热辐射通量及爆炸冲击破在空间的分布等；④模拟分析结果能给事故应急救援和救灾决策提供依据。

5.6.2 工程化模拟软件

(1) DNV PHAST 软件

挪威船级社(DET NORSKE VERITAS，DNV)在多年积累的安全管理与技术评价领域工程经验的基础上，开发了应用于石化行业量化风险分析的 $\text{SAFETI}_{\text{TM}}$ 系列软件，在全球同类软件中具有领先地位，尤其是 PHAST RISK(原 SAFETI，现在更名为 PHAST RISK)量化风险分析软件，是今日全球同类软件中最全面，用最广泛的。该软件被我国安全管理部门所认可，并且被写进《安全预评价导则》作为推荐的评价方法。PHAST RISK 软件主要由事故后果定量计算模块和风险计算模块组成，其中事故后果计算子模块名称为 PHAST。

PHAST 是对事故后果计算的专业软件，可以通过计算得到各种可能的燃烧性、爆炸和毒性的后果。目前，PHAST 已经广泛应用于以下几个领域：厂区选址、厂区设计和平面布置；模拟计算事故后果的严重程度；为有针对性地采取相应的安全措施提供参考；制定应急救援计划；提高安全意识；开始进行定量风险分析。

PHAST 的计算包括泄漏模块、扩散模块和后果影响模块(包括燃烧性和毒性)，下面是其各个功能模块的简单介绍：

泄漏模块　用来计算物料泄漏到大气环境中的流速和状态。PHAST 的世漏计算考虑了多种可能的情况，包括有：液相、气相或者气液两相泄漏；纯物质或者混合物的世漏；稳定的泄漏或随时间变化的泄漏；室内泄漏；长输管道泄漏。

扩散模块　通过对泄漏模块得到的结果以及天气情况进行计算来得到云团的传播扩散情况。在扩散模块中，PHAST 也考虑了多种可能的情况，包括：云团中液滴的形成；云团中的液滴下落到(地)表面；下落后在表面形成液池；液地形成后可能会再次蒸发；与空气的混合、云团的传播；云团的降落；云团的抬升；密云的扩散模型；浮云的扩散模型；被动(高斯)扩散模型。

燃烧性模块　在 PHAST 中可以计算得到以下可能的可燃性后果：沸腾液体扩展蒸气爆炸(BLEVE)和火球、喷射火、池火、闪火、蒸气云爆炸。燃烧性模块计算得到的结果有以下几种表征形式：辐射水平；闪火区域；超压水平。当计算晚期爆炸(云团扩散一段距离后发生的爆炸)产生的影响时，可燃物的质量是通过云团扩散模块提供的数据进行计算的。

毒性模块　计算主要给出以下结果：浓度随下风向距离变化的曲线；某个位置浓度随时间的变化曲线；室内浓度的变化；毒性概率值或云团中毒性载荷值；毒性致死率。

(2) ALOHA 软件

ALOHA(Areal Locations of Hazardous Atmospheres)是由美国环保署(EPA)化学制品突发事件和预备办公室(CEPPO)和美国国家海洋和大气管理(NOAA)响应和恢复办公室共同开发的应用程序。ALOHA 经过多年的发展，功能逐渐强大，可以用来计算危险化学品泄漏后的毒气扩散、火灾、爆炸等产生的毒性、热辐射和冲击波等。目前 ALOHA 已经成为危险化学品事故应急救援、规划、培训及学术研究的重要工具。

ALOHA 软件的主要功能：

① 可以模拟危险化学品火灾、爆炸和中毒等事故后果。ALOHA 中采用的是成熟的数学模型，主要有高斯模型、DEGADIS 重气扩散模型、蒸气云爆炸、闪火等成熟的大气扩散、火灾、爆炸等模型。

② 能够预测事故影响范围。对于特定的事故情景，即在给定的危险化学品、泄漏源的特征、事故发生的天气和环境特征等条件下，能够确定火灾、爆炸或中毒事故的影响区域和严重程度。

③ 能够预测敏感点处事故的进展。对于特定的敏感点，例如医院、养老院、学校等一些脆弱性的目标，能够根据建筑物类型，预测室内、外毒气浓度的变化。

④ 应急培训和训练。ALOHA 给出两种工作模式。一种是应急模式、另一种是培训模式。在培训模式下，用户可以根据不同的事故情景，改变输入参数，就可以观察事故影响范围的变化和敏感点处的浓度变化情况，从而得到培训和训练的目的。

5.6.3　基于 CFD 技术的模拟软件

近年来随着计算流体力学(Computational Fluid Dynamics, CFD)分析技术的日益成熟，CFD 模拟工具在化学事故中的应用已越来越得到工业界和学术界的广泛重视。下面对几种比较知名的 CFD 软件作简要介绍。

(1) FDS 软件

火灾动力模拟(FDS)是由美国国家标准局建筑火灾研究实验室开发的基于场模拟的火灾模拟工具，在火灾安全工程领域中应用十分广泛。FDS 是一个由计算流体力学(CFD)分析程序开发出来的专门用于研究火灾烟气传播的模型，可以模拟三维空间内空气的温度、速度和烟气的流动情况等。

FDS 是一种基于大涡模拟的火灾模型。它采用数值方法，求解一组描述热力驱动的低速流动的 N-S 方程，重点计算火灾中的烟气流动和热传递过程，同时可以专门模拟喷淋装置和其他一些灭火装置的工作过程。该模型用于防排烟系统和喷淋/火灾探测器启动的设计，另外还适用于各种住宅火灾和工业火灾。通过这几年的发展，FDS 解决了大量消防工程中的火灾问题，同时还为研究基本的火灾动力学和燃烧提供了一个工具。

FDS 火灾动力模拟软件由两部分组成，分别是 FDS 和 SmokeView 部分。其中，FDS 分主要是用来完成对火灾场的创建和计算。而 SmokeView 部分则是对 FDS 计算结果的可视化，它以三维动态的形式显示火灾发生的全过程。

(2) ANSYS 软件

ANSYS 软件是融结构、流体、电场、磁场、声场分析于一体的大型通用有限元分析软件。由世界上最大的有限元分析软件公司之一的美国 ANSYS 开发，它能与多数 CAD 软件接口，实现数据的共享和交换，如 Pro/Engineer、NASTRAN、Alogor、I-DEAS、Auto CAD 等，是现代产品设计中的高级 CAE 工具之一。

软件主要包括三个部分：前处理模块、分析计算模块和后处理模块。前处理模块提供了一个强大的实体建模及网格划分工具，用户可以方便地构造有限元模型；分析计算模块，包括结构分析(可进行线性分析、非线性分析和高度非线性分析)、流体动力学分析、电磁场分析、声场分析、压电分析以及多物理场的耦合分析，可模拟多种物理介质的相互作用，具有灵敏度分析及优化分析能力；后处理模块可将计算结果以彩色等值线显示、梯度显示、矢量显示、粒子流迹显示、立体切片显示、透明及半透明显示(可看到结构内部)等图形方式显示出来，也可将计算结果以图表、曲线形式显示或输出。

软件提供了 100 种以上的单元类型，用来模拟工程中的各种结构和材料。该软件有多种不同版本，可以运行在从个人机到大型机的多种计算机设备上，如 PC、SGI、HP、SUN、DEC、IBM、CRAY 等。

(3) FLACS 软件

FLACS 是 GexCon(CMR/CMI)公司自 1980 年基于 CFD 技术开发的软件包，可用于模拟复杂建筑和生产区域的通风、有毒气体扩散、蒸气云团爆炸和冲击波，量化和管理建筑及生产区域的爆炸风险。FLACS 具有气体扩散、爆炸、火灾及通风等多个子模块和针对储罐区气体泄漏的气体扩散模块，其功能异常强大。

FLACS 是一个用有限体积法在三维笛卡尔网格下求解可压 N-S 方程的 CFD 软件。FLACS 使用标准的 k-ε 湍流模型，并采用了一些重要的修正。FLACS 采用一个描述火焰发展的模型实现对燃烧和爆炸的建模，研究局部反应随浓度、温度、压力、湍流等参数的变化。对复杂几何形状的准确描述以及将几何形状和流动、湍流和火焰相结合是建模的关键因素之一，也是 FLACS 的一个重要优势。

采用分布式多孔结构的思想表现几何形状是 FLACS 相比其他 CFD 工具的重要优势之一。将小于网格尺度的火焰用亚格子模型来表现，这对于研究火焰和小于网格尺寸的物体之间的相互作用是很重要的。

此外，FLACS 程序能够研究复杂结构的通风情况，定义泄漏源的种类，气体泄漏到复杂结构的扩散过程，和点燃这样一个真实云团，在更真实场景下研究爆炸过程。因此，这个特点使得 FLACS 可以研究风向、风速、泄漏尺寸、泄漏方向、点火位置和点火时间等因素对爆炸特性的影响。

FLACS技术开发的最主要目的是对复杂装置内气体爆炸进行模拟。通过求解一组描述流体特性的质量、动量、能量以及组分守恒方程，湍流和化学反应的影响包含在相关的方程中，采用有限体积法技术，利用SIMPLE算法，配合边界条件来求解计算区域中的超压、燃烧产物、火焰速度以及燃料消耗量等变量的值。对于爆炸冲击波采用特别的火焰加速求解器进行求解，它能够考虑到火焰与装置、管线、设备等的相互作用及影响，可以直接对气体爆炸冲击波进行计算，同时可以对增加爆炸抑制剂水喷淋等措施情况下的爆炸冲击波等参数进行计算，并做了大量的实验来确保其模型的准确性。

5.7 事故应急与救援

事故应急救援是指由于各种原因造成或可能造成众多人员伤亡及其他较大社会危害时，为及时控制危害源，抢救受害人员，指导群众防护和组织撤离，清除危害后果而组织的救援活动。随着现代工业的发展，生产规模日益扩大，一旦发生事故，其危害波及范围将越来越大，危害程度将越来越深，事故初期，如不及时控制，小事故将会演变成大灾难，会给生命和财产造成巨大损失。本小节主要介绍化工企业的事故应急与救援。

5.7.1 事故应急救援的基本任务

事故应急救援是一项社会性减灾救灾工作。其基本任务如下。

(1) 控制危险源

及时控制造成事故的危险源是应急救援工作的首要任务，只有及时控制住危险源，防止事故的继续扩大，才能及时、有效地进行救援。

(2) 抢救受害人员

抢救受害人员是应急救援的重要任务。在应急救援行动中，及时、有序、有效地实施现场急救与安全转送伤员是降低伤亡率、减少事故损失的关键。

(3) 指导群众防护，组织群众撤离

应及时指导和组织群众采取各种措施进行自身防护，并向上风向迅速撤离出危险区或可能受到危害的区域。在撤离过程中应积极组织群众开展自救和互救工作。

(4) 做好现场清消，消除危害后果

对事故外逸的有毒有害物质和可能对人和环境继续造成危害的物质，应及时组织人员予以清除，消除危害后果，防止对人的继续危害和对环境的污染。对发生的火灾，要及时组织力量进行洗消。

5.7.2 事故应急救援的基本形式

按事故波及范围及其危害程度，可采取单位自救和社会救援两种形式。

(1) 事故单位自救

事故单位自救是事故应急救援最基本、最重要的救援形式，这是因为事故单位最了解事故的现场情况，即使事故危害已经扩大到事故单位以外区域，事故单位仍需全力组织自救，特别是尽快控制危险源。

化工企业单位应成立应急救援专业队伍，负责事故时的应急救援。同时，生产单位对本企业产品必须提供应急服务，一旦产品在国内外任何地方发生事故，通过提供的应急电话能及时与生产厂取得联系，获取紧急处理信息或得到其应急救化工生产安全技术援人员的帮助。

(2) 社会救援

国家安全生产监督管理总局开通了化学事故应急咨询热线，负责化学事故应急救援工作。化学事故应急救援按救援内容不同分四级。

0级：8h内提供化学事故应急救援信息咨询；

Ⅰ级：24h内提供化学事故应急救援信息咨询；

Ⅱ级：提供24h化学事故应急信息救援咨询的同时，派专家赴现场指导救援；

Ⅲ级：在Ⅱ级基础上，出动应急救援队伍和装备参与现场救援。

目前，我国已建立8大应急救援抢救中心，主要分布于我国化工发达地区，随着危险化学品登记注册的开展，各地区相继成立危险化学品地方登记办公室，将担负起各地区的应急救援工作，使应急网络更加完善，响应时间更短，事故危害将会得到更有效的控制。

5.7.3 事故应急救援的组织与实施

事故应急救援一般包括报警与接警、应急救援队伍的出动、实施应急处理即紧急疏散、现场急救、溢出或泄漏处理和火灾控制几个方面。

(1) 事故报警与接警

事故报警的及时与准确是能否及时控制事故的关键环节。当发生事故时，现场人员必须根据各自企业制定的事故预案采取抑制措施，尽量减少事故的蔓延，同时向有关部门报告。事故主管领导人应根据事故地点、事态的发展决定应急救援形式：是单位自救还是采取社会救援。对于那些重大的或灾难性的化学事故，以及依靠本单位力量不能控制或不能及时消除事故后果的事故，应尽早争取社会支援，以便尽快控制事故的发展。为了做好事故的报警工作，各企业应做好以下几个方面的工作：建立合适的报警反应系统；各种通讯工具应加强日常维护，使其处于良好状态；制定标准的报警方法和程序；联络图和联络号码要置于明显位置，以便值班人员熟练掌握；对工人进行紧急事态时的报警培训，包括报警程序与报警内容。

(2) 出动应急救援队伍

各主管单位在接到事故报警后，应迅速组织应急救援专业队，赶赴现场，在做好自身防护的基础上，快速实施救援，控制事故发展，并将伤员救出危险区域和组织群众撤离、疏散，做好清除工作。只有平时充分作好应急救援的各项准备工作，才能保证事故发生时遇灾不慌，临阵不乱，正确判断，正确处理。应急救援的准备工作主要是抓好组织机构、人员、装备三落实，并制定切实可行的工作制度，使应急救援的各项工作达到规范化管理。因此，各企业应事先成立事故应急救援“指挥领导小组”和“应急救援专业队伍”。平时作好应急救援专家队伍和救援专业队伍的组织、训练与演练；对群众进行自救和互救知识的宣传和教育；会同有关部门做好应急救援的装备、器材物品的管理和使用。

(3) 紧急疏散

① 建立警戒区域事故发生后，应根据扩散情况或火焰辐射热所涉及到的范围建立警戒区，并在通往事故现场的主要干道上实行交通管制。建立警戒区域时应注意以下几项：警戒区域的边界应设警示标志，并有专人警戒。除消防、应急处理人员以及必须坚守岗位人员外，其他人员禁止进入警戒区。

② 紧急疏散迅速将警戒区及污染区内与事故应急处理无关的人员撤离，以减少不必要的人员伤亡。紧急疏散时应注意：如事故物质有毒时，需要佩戴个体防护用品或采用简易有效的防护措施，并有相应的监护措施。应向上风方向转移；明确专人引导和护送疏散人员到安全区，并在疏散或撤离的路线上设立哨位，指明方向。不要在低洼处滞留。要查清是否有人留在污染区与着火区。为使疏散工作顺利进行，每个车间应至少有两个畅通无阻的紧急出口，并有明显标志。

(4) 现场急救

在事故现场，危险化学品对人体可能造成的伤害为：中毒、窒息、冻伤、化学灼伤、烧伤等，进行急救时，不论患者还是救援人员都需要进行适当的防护。现场急救注意事项：选择有利地形设置急救点；做好自身及伤病员的个体防护；防止发生继发性损害；应至少 2~3 人为一组集体行动，以便相互照应；所用的救援器材需具备防爆功能。当现场有人受到危险化学品伤害时，应立即进行以下处理：迅速将患者脱离现场至空气新鲜处；呼吸困难时给氧；呼吸停止时立即进行人工呼吸；心脏骤停，立即进行心脏按压；皮肤污染时，脱去污染的衣服，用流动清水冲洗，冲洗要及时、彻底、反复多次；头面部灼伤时，要注意眼、耳、鼻、口腔的清洗。若有人员发生冻伤时，应迅速复温。复温的方法是采用 40~42℃恒温热水浸泡，使其温度提高至接近正常；在对冻伤的部位进行轻柔按摩时，应注意不要将伤处的皮肤擦破，以防感染。若有人员发生烧伤时，应迅速将患者衣服脱去，用流动清水冲洗降温，用清洁布覆盖创伤面，避免伤面污染；不要任意把水疱弄破。患者口渴时，可适量饮水或含盐饮料。经口者，可根据物料性质，对症处理。经现场处理后，应迅速护送至医院救治。注意：急救之前，救援人员应确信受伤者所在环境是安全的。另外，口对口的人工呼吸及冲洗污染的皮肤或眼睛时，要避免进一步受伤。

(5) 泄漏处理

危险化学品泄漏后，不仅污染环境，对人体造成伤害，对可燃物质，还有引发火灾爆炸的可能。因此，对泄漏事故应及时、正确处理，防止事故扩大。

化工生产安全技术泄漏处理注意事项如下：进入现场人员必须配备必要的个人防护器具；如果泄漏物是易燃易爆的，应严禁火种；应急处理时严禁单独行动，要有监护人，必要时用水枪、水炮来掩护。

如果有可能的话，可通过控制泄漏源来消除危险化学品的溢出或泄漏。可通过以下方法：在厂调度室的指令下进行，通过关闭有关阀门、停止作业或通过采取改变工艺流程、物料走副线、局部停车、打循环、减负荷运行等方法；容器发生泄漏后，应采取措施修补和堵塞裂口，制止危险化学品的进一步泄漏，对整个应急处理是非常关键的。能否成功地进行堵漏取决于几个因素：接近泄漏点的危险程度、泄漏孔的尺寸、泄漏点处实际的或潜在的压力、泄漏物质的特性。

现场泄漏物要及时进行覆盖、收容、稀释、处理，使泄漏物得到安全可靠的处置，防止二次事故的发生。

（6）火灾扑救

扑救火灾决不可盲目行动，应选择正确的灭火剂和灭火方法。必要时采取堵漏或隔离措施，预防次生灾害扩大。当火消灭以后，仍然要派人监护，清理现场，消灭余火。

① 扑救液化气体类火灾，切忌盲目扑灭火势，在没有采取堵漏措施的情况下，必须保持稳定燃烧。否则，大量可燃气体泄漏出来与空气混合，遇着火源就会发生爆炸，后果将不堪设想。

② 对于爆炸物品火灾，切忌用沙土盖压，以免增强爆炸物品爆炸时的威力；另外，扑救爆炸物品堆垛火灾时，水流应采用吊射，避免强力水流直接冲击堆垛，以免堆垛倒塌引起再次爆炸。

③ 对于遇湿易燃物品火灾，绝对禁止用水、泡沫、酸碱等湿性灭火剂扑救。

④ 氧化剂和有机过氧化物的灭火比较复杂，应针对具体物质具体分析。

⑤ 扑救毒害品和腐蚀品的火灾时，应尽量使用低压水流或雾状水，避免腐蚀品、毒害品溅出；遇酸类或碱类腐蚀品最好调制相应的中和剂稀释中和。

⑥ 易燃固体、自燃物品一般都可用水和泡沫扑救，只要控制住燃烧范围，逐步扑灭即可。但有少数易燃固体、自燃物品的扑救方法比较特殊。在扑救过程中应不时向燃烧区域上空及周围喷射雾状水，并消除周围一切火源。

各企业应制定和完善事故应急计划，让每一个职工都知道应急方案，定期进行培训教育，提高广大职工对付突发性灾害的应变能力，做到遇灾不慌，正确处理，增强人员自我保护意识，减少伤亡。

5.7.4 应急预案的编制

各企业按照《生产经营单位安全生产事故应急预案编制导则》(AQ/T 9002—2006)的要求，编制本单位的应急预案，综合应急预案的主要内容如下。

（1）总则

① 编制目的：简述应急预案编制的目的、作用等。

② 编制依据：简述应急预案编制所依据的法律法规、规章，以及有关行业管理规定、技术规范和标准等。

③ 适用范围：说明应急预案适用的区域范围，以及事故的类型、级别。

④ 应急预案体系：说明本单位应急预案体系的构成情况。

⑤ 应急工作原则：说明本单位应急工作的原则，内容应简明扼要、明确具体。

(2) 生产经营单位的危险性分析

① 生产经营单位概况：主要包括单位地址、从业人数、隶属关系、主要原材料、主要产品、产量等内容，以及周边重大危险源、重要设施、目标、场所和周边布局情况。必要时，可附平面图说明。

② 危险源与风险分析：主要阐述本单位存在的危险源及风险分析结果。

(3) 组织机构及职责

① 应急组织体系：明确应急组织形式、构成单位或人员，并尽可能以结构图的形式表示出来。

② 指挥机构及职责：明确应急救援指挥机构总指挥、副总指挥、各成员单位及其相应职责。应急救援指挥机构根据事故类型和应急工作需要，可以设置相应的应急救援工作小组，并明确各小组的工作任务及职责。

(4) 预防与预警

① 危险源监控：明确本单位对危险源监测监控的方式、方法，以及采取的预防措施。

② 预警行动：明确事故预警的条件、方式、方法和信息的发布程序。

③ 信息报告与处置：按照有关规定，明确事故及未遂伤亡事故信息报告与处置办法。明确 24 小时应急值守电话、事故信息接收和通报程序。明确事故发生后向上级主管部门和地方人民政府报告事故信息的流程、内容和时限。明确事故发生后向有关部门或单位通报事故信息的方法和程序。

(5) 应急响应

① 响应分级：针对事故危害程度、影响范围和单位控制事态的能力，将事故分为不同的等级。按照分级负责的原则，明确应急响应级别。

② 响应程序：根据事故的大小和发展态势，明确应急指挥、应急行动、资源调配、应急避险、扩大应急等响应程序。

③ 应急结束：明确应急终止的条件。事故现场得以控制，环境符合有关标准，导致次生、衍生事故隐患消除后，经事故现场应急指挥机构批准后，现场应急结束。应急结束后，应明确：事故情况上报事项；需向事故调查处理小组移交的相关事项；事故应急救援工作总结报告。

(6) 信息发布

明确事故信息发布的部门，发布原则。事故信息应由事故现场指挥部及时准确向新闻媒体通报事故信息。

(7) 后期处置

主要包括污染物处理、事故后果影响消除、生产秩序恢复、善后赔偿、抢险过程和应急救援能力评估及应急预案的修订等内容。

(8) 保障措施

① 通信与信息保障明确与应急工作相关联的单位或人员通信联系方式和方法，并提供备用方案。建立信息通信系统及维护方案，确保应急期间信息通畅。

② 应急队伍保障明确各类应急响应的人力资源，包括专业应急队伍、兼职应急队伍的组织与保障方案。

③ 应急物资装备保障明确应急救援需要使用的应急物资和装备的类型、数量、性能、存放位置、管理责任人及其联系方式等内容。

④ 经费保障明确应急专项经费来源、使用范围、数量和监督管理措施，保障应急状态时生产经营单位应急经费的及时到位。

⑤ 其他保障根据本单位应急工作需求而确定的其他相关保障措施，如：交通运输保障、治安保障、技术保障、医疗保障、后勤保障等。

(9) 培训与演练

① 培训

确定对本单位人员开展的应急培训计划、方式和要求。如果预案涉及到社区和居民，要做好宣传教育和告知等工作。

② 演练

明确应急演练的规模、方式、频次、范围、内容、组织、评估、总结等内容。

(10) 奖惩

明确事故应急救援工作中奖励和处罚的条件和内容。

复习思考题

(1) 简述能量意外释放理论。

(2) 事故分类的方法有哪几种?

(3) 试述事故统计方法及主要指标。

(4) 事故现场调查前的主要准备工作有哪些?

(5) 常用的事故预测模型有哪些? 事故模拟在安全管理中有哪些作用?

(6) 事故应急救援的基本任务是什么?

(7) 制定事故应急预案时应如何考虑企业的具体情况?

第6章 安全管理标准化

6.1 安全管理标准化概述

安全管理标准化，就是将标准化工作引入和延伸到安全管理工作中，它是企业全部标准化工作中最重要的组成部分。其内涵就是企业在生产经营和安全管理过程中，要自觉贯彻执行国家和地区、部门的安全生产法律、法规、规程、规程和标准，并将这些内容细化，制定本企业安全生产方面的规章、制度、规程、标准、办法，并在企业安全生产经营管理工作中全过程、全方位、全员中全天候贯彻实施，是企业的安全生产工作得到不断加强并持续改进。

最早用于质量管理的是戴明管理理论和运行模型，又称戴明循环(PDCA)或戴明管理模式。

(1) 戴明管理模式四个阶段八个步骤

四个阶段，即策划(Planning)、实施(Do)、检查(Cheek)、处置或改进(Action)。第一阶段是策划阶段，即P阶段。通过调查、设计和试验制定技术经济指标、质量目标、管理目标以及达到这些目标的具体措施和方法。第二阶段是实施阶段，即D阶段。要按照所制定的计划和措施去付诸实施。第三阶段是检查阶段，即C阶段。要对照计划，检查执行情况和效果，及时发现计划实施过程中的经验和问题。第四阶段是处置或改进阶段，即A阶段。要根据检查的结果采取措施，把成功的经验加以肯定，形成标准；对于失败的教训，也要认真地总结，以防日后再出现。对于一次循环中解决不好或者还没有解决的问题，要转到下一个PDCA循环中去继续解决。PDCA循环，像一个车轮，不停地向前转动，同时不断地解决产品质量中存在的各种问题，从而使产品质量不断得到提高(图6-1)。

八个步骤是四个阶段中主要内容的具体化。第一步，调查现状；第二步，分析原因；第三步，找出主要原因；第四步，制定计划和活动措施；以上四个步骤是策划(P)阶段的具体化，第五步，即实施(D)阶段，按预定的计划认真执行；第六步，即检查(C)阶段，调查了解采取对策后的实际效果；第七步，根据检查的结果进行总结；第八步，是把本次循环没有解决的遗留问题，转入下一次PDCA循环中去。以上第七、第八两步是处理(A)阶段的具体化。

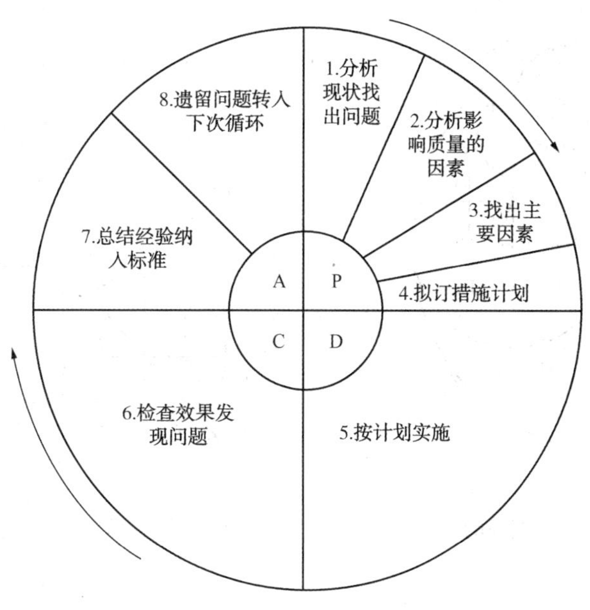

图 6-1　PDCA 循环的四个阶段八项活动示意图

PDCA 循环的四个阶段，体现着科学认识论的一种具有管理手段和一套科学的工作程序。它不仅在质量管理工作中可以运用，两样也适合于安全、环境、健康等其他各项管理工作。目前在国内外企业有将质量(Quanlity)、健康(Health)、安全(Safety)、环境(Environment)管理整合的趋势，设立 HSE(或 QHSE)管理部门，遵照 ISO-9000 质量标准、ISO 14000 环境标准以及 OSHAS 18000 安全管理标准构建标准化管理体系，其核心就是根据戴明管理模式构建管理体系，贯彻和实施全面的、持续改进的科学化管理。

(2) PDCA 循环的特点

① 科学性。PCDA 循环符合管理过程的运转规律，是在准确可靠的数据资料基础上，采用数理统计方法，通过分析和处理工作过程中的问题而运转的。

② 系统性。在 PCDA 循环过程中，大环套小环，环环紧扣，把前后各项工作紧密结合起来，形成一个系统。在质量保证体系以及 OHSMS 中，整个企业的管理构成一个大环，而各部门都有自己的控制循环，直至落实到生产班组及个人。上一级循环是下一级循环的根据，下一级循环量是上一级循环的组成和保证。于是在管理体系中就出现大环套小环、小环保大环、一环扣一环，都朝着管理的目标方向转动，形成相互促进、共同提高的良性循环，见图 6-2。

③ 彻底性。PCDA 循环每转动一次，必须解决一定的问题，提高一步；遗留问题和新出现问题在下一次循环中加以解决，再转动一次，再提高止步。循环不止，不断提高，如图 6-3 所示。

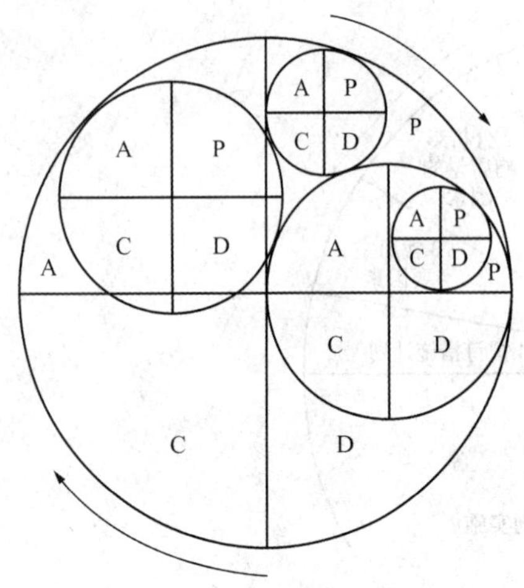

图 6-2　戴明管理模式不断循环的过程

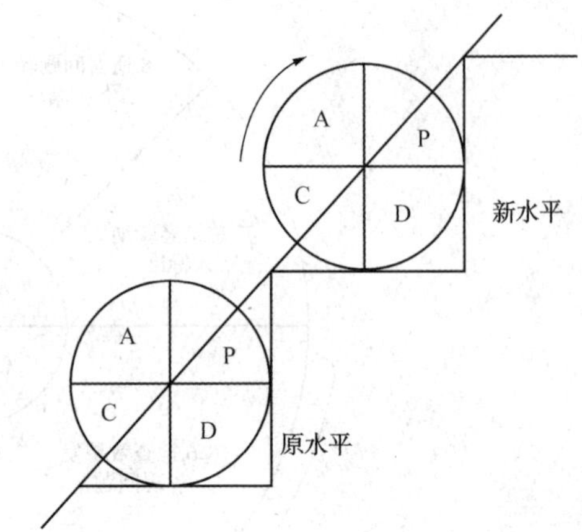

图 6-3　戴明管理模式持续改进和不断提高的过程

6.2　职业健康安全管理体系

6.2.1　职业健康安全管理体系简介

(1) 职业健康安全管理体系的产生与发展

随着生产的发展，职业健康安全问题的不断突出，人们在寻求有效的职业健康安全管理方法，期待有一个系统的、结构化的管理模式；另一面，在世界经济贸易活动中，企业的活动、产品或服务中所涉及的职业健康安全问题受到普遍关注，需要统一的国际标准规范相关的职业健康安全行为，特别是 ISO 9000、ISO 14000 系列标准在世界范围内的成功实施，促进了国际职业健康安全管理体系标准化的发展。

1995 年，ISO 正式开展职业健康安全管理体系标准化工作，成立了由中、美、英、法、德、日、澳、加、瑞士、瑞典以及 ILO(国际劳工组织)和 WHO(世界健康组织)代表组成的特别工作组，并于 1995 年 6 月 15 日召开了第一次特别工作组会议，但由于各方观点不一未形成决议。1996 年 9 月 5 日 ISO 再次召开职业健康安全管理体系标准化研讨会，来自 44 个国家及 IEC、ILO、WHO 等 6 个国际组织的共计 331 名代表与会，讨论是否将职业健康安全管理体系纳入 ISO 的发展标准中，结果各方分歧较大。

尽管如此，世界各国早就认识到职业健康安全管理体系标准化是一种必然的发展趋势，并着手本国或本地区的职业健康安全管理体系标准化工作。一些发达国家率先开展了实施职业健康安全管理体系的活动。1996 年英国颁布了国家标准 BS8800《职业健康安全管理体系指南》；美国工业健康协会制定了关于《职业健康安全管理体系》的指导性文件；1997 年澳大利亚/新西兰提出了《职业健康安全管理体系原则、体系和技术通用指南》草案；日本工业安全健康协会(JISHA)提出了《职业健康安全管理体系导则》；挪威船级社(DNV)等13个组织提出了职业健康安全评价系列(OSHAS)标准，即OHSAS 18001：《职业健康安全管理体系——规范》、OHSAS 18002：《职业健康安全管理体系——OHSAS 18001实施指南》。国际劳工组织(ILO)也在开展职业健康安全管理体系标准化工作，在1999年4月第15届世界职业健康安全大会上，ILO负责人指出，ILO将像贯彻ISO 9000和ISO 14000一样，研究进行企业职业健康安全管理的评价，并于2001年发布了《职业健康安全管理体系导则》。

职业健康安全管理体系标准化也迅速被企业所采纳。例如，美国的很多企业现正在引进职业健康安全管理体系。企业感到引进职业健康安全管理体系以后能够极大地提高企业自身的功能。另外，职业健康安全管理体系组织严密、切实可行的文件形式与美国目前各企业现存的检审系统(该系统定期评价企业的实施程序是否遵守国家和地方州政府的法令、标准)相匹配，从而使得采用职业健康安全管理体系的企业在市场竞争中处于有利地位。

我国作为ISO的正式成员国，一直十分重视职业健康安全管理体系标准化问题，分别派员参加了1995年和1996年ISO组织召开的两次特别工作组会议。1996年，我国政府成立了由有关部门组成的“职业健康安全管理体系标准化协调小组”，并召开了三次规模不同的国内研讨会。并对职业健康安全管理体系标准化的国际发展趋势、基本原理及内容进行了研究。

1997年原中国石油天然气总公司制订了《石油天然气工业健康、安全与环境管理体系》《石油地质队健康、安全与环境管理规范》《石油钻井健康、安全与环境管理体系指南》三个行业标准。1998年中国劳动保护科学技术学会提出了《职业健康安全管理体系规范及使用指南》(CSSTLP1001：1998)。1999年10月原国家经贸委颁布了《职业健康安全管理体系试行标准》。2001年11月12日，国家标准化管理委员会和国家认证认可监督管理委员会宣布将《职业健康安全管理体系 规范》作为国家标准GB/T 28001—2001于2002年1月正式实施。2001年12月20日原国家经贸委颁布了《职业健康安全管理体系指导意见》和《职业健康安全管理体系审核规范》。GB/T 28001—2001与《职业健康安全管理体系审核规范》内容相近。

目前，我国职业健康安全管理体系认证/注册的标准是GB/T 28001—2001，该标准等同采用OHSAS 18001：1999标准。为适应ISO 14001：2004标准的变化，职业健康安全管理体系已推出OHSAS 18001：2007标准。

(2) 职业健康安全管理体系标准的特点

职业健康安全管理体系的结构和运行模式见图6-4。该体系具有如下特点：

① 系统性

职业健康安全管理体系是全面管理体系的组成部分，其内容由方针、策划、实施与运行、检查与纠正措施和管理评审五大功能组成。每一功能模块又由若干要素构成，这些要素之间不是孤立的，而是相互联系的，要素间的相互依存、相互作用使所建立的体系完成

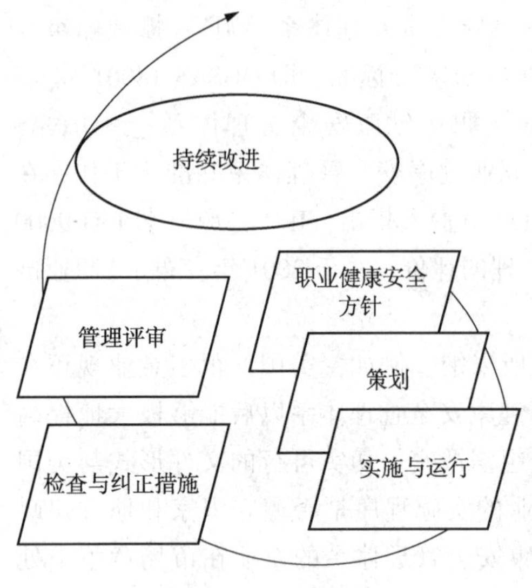

图 6-4　职业健康安全管理体系(OHSMS)模式

特定功能。职业健康安全管理体系与环境管理体系以及质量管理体系的运行模式基本相同，某些要素要求相似，组织在建立和实施管理体系时，可结合实际情况，对不同管理体系进行必要的修正和调整，以便于互相兼容。职业健康安全管理体系标准强调结构化、程序化、文件化的管理手段充分体现了其系统性。

② 先进性

按标准建立的职业健康安全管理体系，是改善组织职业健康安全状况的一种先进、有效的管理手段。该体系把组织的职业健康安全工作当作一个系统来研究确定影响健康安全所包含的要素，将管理过程和控制措施建立在科学的危险有害因素辩识与评价基础上。为了保障对风险的控制，对每个要素规定了具体要求，并建立和保持一套以文件支持的程序。对于一个已建有管理体系的组织，必须严格按程序文件的规定执行，坚持"文件写到的要做到"的原则，才有可能确保体系的有效性。

③ 灵活性

职业健康安全管理体系标准的实施坚持自愿原则。组织是否实施职业健康安全管理体系标准，完全取决于组织自身的意愿，实施职业健康安全管理体系标准不会增加或改变组织的法律责任，政府机关和上级管理部门无权强制实施。职业健康安全管理体系标准只要求组织建立职业健康安全管理体系，遵守法律法规，持续改进管理体系以及职业健康安全绩效，并没有对组织的职业健康安全绩效提出绝对要求。不同组织可根据自身实际情况，量力而行，灵活把握，提出具体可行的职业健康安全绩效指标要求，充分调动组织的积极性，逐渐改善组织及其相关方的职业健康安全行为和绩效。

此外，职业健康安全管理体系标准应用领域十分广泛，适用于任何类型与规模以及各种地理、文化和社会条件下的组织。任何组织都可以根据标准要求建立并实施职业健康安全管理体系。

④ 预防性

事故预防是职业健康安全管理体系的精髓所在。实施有效的危险有害因素辩识、评价与控制，可实现事故预防及生产作业的全过程控制。对各种作业和生产过程实行评价，并在此基础上进行职业健康安全管理体系策划，形成职业健康安全管理体系作业文件，对各种预知的危险有害因素做到事前控制，实现预防为主的目的，并对各种潜在事故制定应急程序，力图使影响和损失最小化。

组织要通过职业健康安全管理体系标准的认证，就必需遵守法律、法规和其他要求。这样便可以把"三同时"和"职业健康安全预评价制度"作为组织建立和实施职业健康安全管理体系的前提。因而通过实施职业健康安全管理体系标准，将促进组织从过去被动地执行法律、法规的要求，转变为主动地遵守法律法规，并不断发现和评估自身存在的职业健康安全问题，制定目标并不断改进。完全改变过去那种被动的管理模式，通过建立职业健康安全管理体系，使组织的职业健康安全工作真正有效地走上预防为主的轨道。

⑤ 持续改进

职业健康安全管理体系标准明确要求组织的最高管理者在组织所制定的职业健康安全方针中应包含对持续改进的承诺、对遵守有关法律、法规和其他要求的承诺，并制定切实可行的目标和管理方案，配备相应的各种资源。这些内容是实施职业健康安全管理体系的依据，也是基本保证。同时，在职业健康安全管理体系的管理评审要素中又规定，组织的最高管理者应定期对职业健康安全管理体系进行评审，以确保体系的持续适用性、充分性和有效性，通过评审使体系日臻完善、改进，使组织的职业健康安全管理进入一个新水平。

按 PDCA 运行模式所建立的职业健康安全管理体系，就是在职业健康安全方针的指导下，周而复始地进行体系所要求的“策划、实施与运行、检查与纠正措施和管理评审”活动。体系在运行过程中，也会随着科学技术水平的提高，职业健康安全法律、法规及各项技术标准的完善，组织管理者及全体员工安全意识的提高，而不断自觉地加大职业健康安全工作的力度，强化体系的功能，达到持续改进的目的。

⑥ 全员参与、全过程控制

职业健康安全管理体系标准要求实施全过程控制。职业健康安全管理体系的建立，引进了系统和过程的概念，即把职业健康安全管理作为一项系统工程，以系统分析的理论和方法来解决职业健康安全问题。从分析可能造成事故的危险有害因素入手，根据不同情况采取相应的解决方案。为有效控制整个生产活动过程中的危险有害因素，必须对生产的全过程进行控制，采用先进的技术、工艺、设备及全员参与，才能确保组织的职业健康安全状况得到改善。

(3) 实施职业健康安全管理体系标准的作用

① 推动职业健康安全法规和制度的贯彻执行

职业健康安全管理体系标准要求组织必须对遵守法律、法规做出承诺，并定期进行评审以判断其遵守的情况。另外，标准还要求组织有相应的制度来跟踪国家法律、法规的变化，以保证其能持续有效地遵守各项法律、法规要求。因此，标准的实施能够促使组织主动地遵守各项最新的法律、法规和制度。

② 使组织的职业健康安全管理由被动行为变为主动行为，促进职业健康安全管理水平的提高

职业健康安全管理体系标准是市场经济体制下的产物，它将职业健康安全与组织的管理融为一体，运用市场机制，突破了职业健康安全管理的单一管理模式，将安全管理单纯靠强制性管理的政府行为，变为组织自愿参与的市场行为，使职业健康安全工作在组织的地位，由被动消极的服从转变为积极主动的参与。建立职业健康安全管理体系的组织通过

自我检查、自我纠正、自我完善的机制来促进职业健康安全管理水平的提高。许多组织自愿建立体系并通过认证，然后又要求其相关方进行体系的建立与认证，这样就形成了链式效应，依靠市场推动，使职业健康安全管理体标准全面推广。

③ 促进我国职业健康安全管理体系标准与国际接轨，有利于消除贸易壁垒

目前，职业健康安全问题逐渐成为国际社会日益敏感的话题。很多国家和国际组织把职业健康安全和贸易联系起来，并以此为借口设置障碍，形成非关税贸易壁垒。职业健康安全管理体标准采用统一要求，它的普遍实施在一定程度上消除了非关税贸易壁垒，成为国际市场竞争的必备条件之一。

职业健康安全管理体系标准中重要的一条是组织应做出遵守法律、法规及其它要求的承诺。组织的生产活动全部达到国家法律、法规的要求，仅是满足了职业健康安全管理体系标准的基本要求，随着国际市场的一体化，我国职业健康安全管理体系标准也以国际劳工组织制订的导则为基础，从而实现与国际接轨。无论从市场竞争的角度，还是针对非关税贸易壁垒的客观存在，实施职业健康安全管理体系都将成为组织的必然选择。

因此，实施职业健康安全管理体系标准不仅能很好地改善我国职业健康安全状况，同时也为我国在国际贸易中树立良好的国际形象起到重要作用。

④ 有利于提高全民的安全意识

建立与实施职业健康安全管理体系标准，要求对本组织的员工进行系统的安全培训，使每个员工都参与组织的职业健康安全管理工作。同时，标准还要求被认证组织要对相关方施加影响，提高安全意识。所以，一个组织建立与实施职业健康安全管理体系标准就会以点带面影响一片，随着职业健康安全管理体系标准的推广，将使全民的安全意识得到提高。

此外，实施职业健康安全管理体系标准还会为企业带来直接和间接的经济效益，强化企业以人为本的管理理念，提升企业的品质和形象，并对国家的经济、社会发展产生积极长远的影响。

6.2.2 职业健康安全管理体系标准要素

为适应将来 GB/T 28001 版本的变化，并尽可能与 ISO 14001：2004(GB/T 24001—2004)标准相一致，在此以 OHSAS 18001：2007 为基础了解其要素要求。

(1) 职业健康安全管理体系总要求及职业健康安全方针制定

① 总要求

本要素要求组织应根据职业健康安全管理体系标准的要求，在界定的范围内，建立、实施、保持和持续改进职业健康安全管理体系，确定如何实现这些要求，并形成文件。

"建立"是从"无"到"有"的过程，包括决策、策划、体系文件编写、组织机构配置和人力资源配置及试运行改进等。"实施"是指按职业健康安全管理体系文件要求运行。"保持"一方面要求组织应始终如一地按职业健康安全管理体系的规定运行，另一方面要求组织应持续地改进职业健康安全管理体系，以保持其适宜性、充分性和有效性。例如当组织

内部的活动、产品、工艺、组织机构等发生变化，或组织应遵守的外部适用的法律法规及其它要求发生变化时，组织应修改其职业健康安全管理体系，以保持其职业健康安全管理体系适应当前的要求，确保职业健康安全管理体系能够有效地控制组织内的危险有害因素。“持续改进”一方面是“保持”的需要，即保持职业健康安全管理体系有效性和适宜性需要不断改进；另一方面也是提高组织职业健康安全绩效的需要，即组织应不断改进其控制危险有害因素的技术和管理方法，以提高其自身的职业健康安全绩效，减少事故和职业病，为保护员工的安全与健康做出贡献。

职业健康安全管理体系覆盖的范围是组织自行决定的。在职业健康安全管理体系覆盖范围内的任何活动、过程和服务都应执行职业健康安全管理体系的要求。当某组织是一个更大组织在给定场所的一部分，明确界定职业健康安全管理体系的范围尤为必要。界定范围时应考虑组织的人、财、物等管理权限；组织的主要产品和服务类型；组织实施活动的区域或场所；组织的危险有害因素及其影响范围。

② 职业健康安全方针

职业健康安全方针是组织在职业健康安全方面的宗旨和方向，是组织总体方针的组成部分，体现了管理者对职业健康安全问题的指导思想和承诺。标准要求组织的最高管理者应制定、批准、签发职业健康安全方针。

职业健康安全方针应体现组织活动、产品和服务的特点，适合组织职业健康安全风险的性质和规模。内容应包括对持续改进的承诺和对遵守有关法律法规及其他要求的承诺。方针的内容应能对全体员工的行动起到指南作用，可以包括最高管理者的价值观和期望，体现组织的目标、承诺和义务、安全意识、安全文化和信念、顾客的期望和需求。

方针要形成文件，传达到全体员工，并可为相关方所获取。方针由最高管理者制定，通过组织各级管理者、专业技术人员和各层次的操作人员来具体实施完成。方针是纲领性的文件，文字上要简洁明了，易于理解。

组织的职业健康安全方针应定期评审，确保其持续适宜性和有效性。如果进行修改、更新应尽可能与相关方进行交流。

(2) 职业健康安全管理体系策划要求

策划阶段包括危害辨识、风险评价和风险控制的策划，法律、法规和其他要求，目标和方案等方面内容，是建立体系的启动阶段。策划内容陈述对组织的各项要求：a. 了解其与职业健康安全相互作用的方式，以及其活动、产品和服务对健康与安全产生的影响；b. 了解法律、法规和其他义务；c. 通过目标的建立，在了解其职业健康安全方针的基础上，用发展的战略来完善职业健康安全行为；d. 制定和完善各项程序以实现目标。组织通过策划，了解其自身的危险有害因素及其风险，以及适用的法律法规及其他要求，从而为其持续改进建立基础。

① 危害辨识、风险评价和风险控制的策划

该要素要求组织应建立、实施及维持一个或多个程序用于辩识和评价危险有害因素，并采取必要的控制方法。

危险有害因素的辨识范围应涵盖所有人员(包括承包商及访客)、所有活动(例行性及非例行性活动)、所有设施(由组织或其它单位所提供的基础设施、设备、原料)。

根据《生产过程危险和有害因素分类与代码》(GB/T 13816—2009)的规定，按导致事故、职业危害的直接原因将危险有害因素分为人的因素、物的因素、环境因素、管理因素四大类。参照《企业伤亡事故分类》(GB 6441—1986)，综合考虑起因物、引起事故的先发的诱导性原因、致害物、伤害方式等，将危险因素分为物体打击、车辆伤害、机械伤害、起重伤害、触电、淹溺、灼烫、火灾、高处坠落、坍塌、冒顶片帮、透水、放炮、火药爆炸、瓦斯爆炸、锅炉爆炸、容器爆炸、其他爆炸、中毒和窒息、其他伤害等20类；参照《职业病范围和职业病患者处理办法的规定》将有害因素分为生产性粉尘、毒物、噪声与振动、高温、低温、辐射(电离辐射、非电离辐射)、其他有害因素等7类。

危险有害因素的辨识与评价应考虑三种状态和三种时态。三种状态是正常、异常和紧急状态。组织的日常生产过程是正常状态。生产车间在试车、停机、检修等情况下，危险有害因素与正常状态有较大不同，属异常状态。紧急状态则是发生火灾、爆炸、洪水等情况。对可预见的紧急状态，应有相应的策划、措施，以保证其影响最小化。三种时态是过去、现在和将来。组织在对现场现有的危险有害因素进行充分辨识时，也应考虑以往遗留的危险以及策划中的活动可能带来的危险性。组织要尽可能全面地考虑生产活动的各个方面，拓开思路，尽可能使危险有害因素得到全面控制。

危险有害因素的辩识、评价本身是一个不断发展的过程，该过程也包括明确潜在的法律、法规的要求和组织自身业务发展、工艺更新、原材料替代及其相关方要求等方面的影响。组织应及时更新这些方面的信息。

组织对危险有害因素的辩识与评价不改变或增加组织的法律责任。

② 法律法规和其他要求

组织需要认识和了解其活动受到哪些法律、法规和其他要求的影响，并将这方面的信息传达给全体员工和其他相关方。对职业健康安全法律、法规及相关制度的遵守是组织职业健康安全方针中必须予以承诺的，也是组织职业健康安全管理的重点。法律、法规和其他要求是组织评价重要危险有害因素的主要依据之一。所以组织要有法律、法规意识，要有相应的程序和途径主动了解法律、法规及其他要求，并及时更新。这里强调的是组织应有获得这些要求的程序，而不是法律、法规本身。

其他要求指各级政府部门关于职业健康安全的规定、决定、地方标准及有关文件要求；本组织的上级主管部门的要求；本组织的条例、规章制度等方面。组织不仅应获取国家有关法律和法规的要求，也要与地方职业健康安全主管部门保持联系，得到最新版本的地方标准。另外，组织也必须与行业保持联系，遵守行业规范。当这些要求存在矛盾时，则应与当地职业健康安全管理及行业主管部门商定，形成一致意见。

组织应建立并保持一个程序，从而能够确定并及时获取所有已经批准发布的且适用于组织活动的法律、法规和其他要求，适应法律、法规的变化情况。

③ 目标和方案

组织的职业健康安全目标是职业健康安全方针的具体体现，应针对组织内部相关职能和层次制定具体的目标与指标。制定目标应考虑组织的危险有害因素及其特点，以及法律法规、相关方要求、技术、经济、运行等方面因素；应兼顾短期和长期的需要，如目前组织正在扩建，应制定扩建时需要控制的安全健康风险；考虑到便于测量，能量化的尽可能量化，当然也可以定性描述目标；职业健康安全目标的类型包括：风险级别的降低，工伤事故和职业病事件的减少等。目标还要体现对遵守法律法规和其他要求及持续改进的承诺。

职业健康安全管理方案是实现目标的方法和时间表，制定与实施管理方案的要求包括：a. 管理方案应明确职责并经相关授权人批准，通常是最高管理者；b. 管理方案中应包括目标和指标；c. 方案的主要内容是阐明实现目标和指标的方法；d. 考虑到组织经济、运行状况等因素，所制定的方案可能一次性难以完成，所以在制定方案时，组织应根据实际情况，安排方案的具体实施时间和完成时间；e. 每一类重要危险有害因素的控制至少应有一个管理方案；f. 如果生产方式、工艺、原材料等有变动，管理方案也应随之变动；g. 应重视方案形成过程的评审和方案执行中的控制；h. 项目文件的记录方法。具体编制时可按风险级别序号或优化的目标序号，说明现状、目标、指标、措施、责任单位、责任人、支持条件(人、财、物)、启动日期、完成时间等。

(3) 职业健康安全管理体系实施与运行控制要求

实施与运行阶段包括的因素：资源、作用、职责和权限，能力、培训和意识，协商与交流，文件，文件控制，运行控制，应急准备和响应。

① 资源、作用、职责和权限

最高管理者应为职业健康安全管理提供必备的人力、物力(基础设施)、技术和财力资源。人力资源包括管理人员和具有职业健康安全方面专项技能的人员，可通过培训实现人力资源的提供；基础设施指消防设施、安全管理所需的建构筑物、通讯网络设施、应急救援设施等；技术是指危险有害因素控制技术，小企业可通过与外部协作的方式来获得技术和经验；财力指为保障危险有害因素得到有效控制所需的资金。但这并不意味着最高管理者一定要为职业健康安全管理体系另外配备资源，可以利用组织现有的资源，不足时再适当增加。

应规定职业健康安全管理体系中各部门的职责和权限。职业健康安全管理体系能否成功实施与运行，仅依靠职业健康安全管理职能部门是不行的，组织内所有人员和部门都应承担起相应的责任。所以，应以文件的形式明确部门、岗位和/或人员在职业健康安全管理体系中的职责和权限，如生产部门应控制生产过程中的各危险有害因素，设计部门负责原材料替代、工艺改进等方面危险有害因素的消除与控制，采购部门负责供方的职业健康安全绩效，动力部门负责设备的危险有害因素消除与控制等。各部门职责和权限应尽可能具体并细化，可细化到个人或岗位。应将职责和权限传达到个人或岗位，让他们了解其职责和权限，以便在职业健康安全管理体系中发挥各自的作用。这里的“权限”指在职责范围内能(或不能)做的事或决定。

最高管理者应任命职业健康安全管理者代表。管理者代表可以是专职的也可以是兼职的，对于大型和复杂的组织，可有若干名管理者代表，如质量管理者代表、环境管理者代表、职业健康安全管理者代表。对于中、小型组织，可由一人承担整个管理体系的管理者代表。管理者代表负责组织职业健康安全管理体系的建立、实施与维护，向最高管理者汇报职业健康安全管理体系的绩效，作为体系改进的依据，还可与相关方就职业健康安全管理体系有关问题进行交涉。

② 能力、培训和意识

该要素要求组织应根据自身的性质、规模、人员素质确定培训的需求范围，制定和保持培训程序。

“能力”指具有职业健康安全方面的专业技能，通常从受过专业教育、参加过专业培训或曾经从事职业健康安全方面工作这三方面来获取职业健康安全专业能力。“意识”指员工的职业健康安全意识。全体人员都应经过相应的培训，从而胜任他们所担负的工作。培训是手段，而提高职业健康安全意识，达到完成任务所必备的能力才是真正目的。

培训内容包括两个方面，一方面是增强员工职业健康安全意识的培训；另一方面是对从事可能涉及重要危险有害因素的工作人员，提高其控制危险有害因素技能方面的培训。提高全体员工的职业健康安全意识是很重要的，因为我国的工伤事故70%以上是由于人的因素和管理问题引起的，管理不力的症结又在于安全意识不强，即管理者不能意识到其管理上的疏漏对安全的严重影响，操作者也不了解由于操作失误可能带来的影响。最高管理者通过阐明组织的职业健康安全价值观、宣传职业健康安全方针来树立员工的职业健康安全意识，使他们认识到实现与其有关的职业健康安全目标及指标的重要性，并鼓励他们了解各自在实现目标和指标方面负有的主要职责。

组织的各管理层应从以下四方面对员工进行意识培训：a. 严格执行职业健康安全管理体系要求的重要性，偏离职业健康安全管理体系要求所带来的不良后果；b. 说明职业健康安全管理体系是依靠广大员工运行的，明确他们在职业健康安全管理体系中的作用和职责；c. 明确各工作岗位所涉及的危险有害因素及其风险，如何处理紧急情况；d. 改进职业健康安全绩效的益处，鼓励他们就改进职业健康安全绩效提出建议。

能力培训方面，从事涉及重要危险有害因素的工作人员(包括内审员)应具备相应工作能力，若员工不具备相应工作能力，应采取一定措施使其有能力胜任此项工作，培训是重要措施之一。应针对不同层次的管理、技术、操作人员所要求的知识、技能确定相应的培训需求。例如，某公司将危险化学品意外泄漏作为重要危险因素，那么与危险化学品有关的岗位就包括：采购、仓库管理、运输、使用、废弃化学品管理等，这些人员都应得到相关培训；对管理体系的内审人员应进行有关审核知识的培训，以确保审核过程客观公正，能发现体系的不足并提出改进办法。

培训工作的程序依次为：a. 明确涉及重要危险有害因素岗位的任职能力；b. 根据目前员工的实际能力状况与岗位任职要求的差距确定培训需求；c. 依据培训需求制订培训计

划；d. 按培训需求或培训计划实施培训；e. 培训结束后，依据培训需求评价培训效果；评价的方式有笔试、实际操作考核、工作效果考核、或者它们的结合；f. 保存员工档案和有关培训、考核等记录。

③ 协商与交流

协商与交流包括两方面的含义：一是内部各部门、各层次间的协商与交流；二是与外部的协商与交流。内部协商与交流体现在各层次、部门之间的协作上，如技术部门与生产部门的合作，保证危险有害因素不仅得到良好控制，而且技术经济指标也在不断地改进。又如管理者代表并不对各部门直接负责，但对组织的职业健康安全事务进行全面的管理，这就要求各部门向管理者代表及时上报有关事宜。内部信息的迅速交流是明确职业健康安全责任的另一重要内容，任何信息的停滞和不畅都会造成体系运行的失败。

外部交流是标准特别强调的，即组织要重视相关方的要求。相关方是指那些与组织有着各种关系的人或组织，包括组织的消费者、投资者、官方管理机构、股东、社区居民、供应商、合同方及任何对组织的职业健康安全状况有兴趣的人和组织。随着职业健康安全意识的提高，职业健康安全问题已引起人们越来越多的关注，有关职业健康安全事件的投诉增多，组织的职业健康安全形象已成为市场竞争的必要条件。组织如何对待这些问题，反映出组织对职业健康安全的总体态度。外部信息的交流包含了对所有事故、事件、职业健康安全意见的处理及反馈。另外，组织的外部交流也是确定危险和评价其重要性的手段之一，对相关方重视的职业健康安全问题应予以优先考虑。

信息交流是双向的，无论是内部还是外部交流都应有相应的程序，并有相应的记录反应出交流的效果与成绩。交流的方式包括报纸、广告、宣传单、会议、意见箱等多种方式。

管理体系的监测、审核和管理评审的结果，应传达给组织内部全体员工。对组织成员和其它相关方提供信息，可有效激发员工的热情，并使公众更进一步理解和认可组织为改进其职业健康安全状况而付出的努力。

协商的内容包括员工参与职业健康安全方针、目标、计划、制度的制定、评审，参与危害辨识、评价与控制措施和事故调查处理等事务，从而体现员工在职业健康安全方面的权利和义务。

④ 文件

职业健康安全管理体系文件是指用文件来阐述如何实现标准中各个条款的要求，体系文件的内容应足够详尽，能充分描述职业健康安全管理体系的核心要素以及他们之间相互作用情况，并提供相关文件的查询途径。

制订和建立文件时应对职业健康安全管理体系的文件需求进行评审，应考虑：a. 员工的安全知识和技能；b. 文件的价值；c. 审核的需要；d. 若某一过程或活动会因没有文件而导致事故或不符合发生则必须制定文件。

组织在编写职业健康安全管理体系文件时，应与组织原有的管理体系文件相兼容。在具体实施中，为便于运作并具有可操作性，建议把职业健康安全管理体系文件也分成三个层次，即管理手册、程序文件和作业文件。但职业健康安全管理体系并不严格地要求组织拥有管理手册，也不支持采用复杂的文件系统。因为职业健康安全管理体系可以和其它体系合并为总的管理体系，组织可以编写总的管理手册。

职业健康安全管理体系文件可以传统的书面文件形式也可以电子媒体形式建立和保持，也可两者并存。

⑤ 文件控制

职业健康安全管理体系运行和职业健康安全活动的所有重要文件和资料均应予以控制。

对职业健康安全管理体系文件的管理，如文件的标识、分类、归档、保存、更新、处置等，是文件控制的主要内容。文件的保存要有一定场所，有专人保管，并有一套机制保证文件的时效性。过期作废的文件要及时收回处置，新的文件要及时到达使用者手中。为了实施对文件和资料的控制，除管理手册和程序文件外，还应有适当的支持文件。组织可结合自己的特点和需要制订受控文件登记表、文件修改登记表、收发文件登记表等。文件控制在 ISO 9000 系列中已有较严格的要求，可参照执行。

职业健康安全管理体系侧重对体系的运行和危险有害因素的有效控制，而不是建立过于繁琐的文件控制系统，在建立体系和运行体系中要注重实施。

⑥ 运行控制

该要素要求组织确定与风险有关且需要采取控制措施的作业和活动，对其建立相应的文件化的程序，并予以有效控制，确保其运行不偏离职业健康安全、目标和指标。

组织首先需要确定与重要危险有害因素有关的运行过程，这些过程可能包括采购、设计、开发、生产以及产品和服务的交付等。其次是应建立控制重要危险有害因素的程序文件，并规定各运行过程的运行准则，准则包括操作方法、操作人员的能力、所需设施、原材料的要求、遵守法律法规和其它要求。操作指导性文件可以用文字描述，也可以用录像、照片、图解的形式表示。

组织不仅要对自身的危险有害因素予以考虑，也要对相关方的危险有害因素给予关注。这就要求对承包方、供方提出要求，制定程序，使承包方按照组织职业健康安全方针和程序规定从事作业活动。在承包方出现错误行为时，组织应以合同的约定对其实行纠正、处罚、撤销合同等管理措施。

运行控制既是职业健康安全管理体系实际的操作过程，也是逐步实现目标、指标的过程，运行控制包括控制、检查、不符合与纠正措施三个要素。运行控制的内容包括：a. 作业场所危险有害因素的辨识与评价；b. 产品和工艺设计安全；c. 作业许可制度(有限空间、动火、挖掘等)；d. 设备维护保养；e. 安全设施与个体防护用品；f. 安全标志；g. 物料搬运与贮存；h. 运输安全；i. 采购控制；j. 供应商与承包商评估与控制等。

⑦ 应急准备和响应

该要素要求组织应制定并保持处理意外事故和紧急情况的程序。程序的制定应考虑在异常、事故发生和紧急情况下的事件，尤其是火灾、爆炸、毒物泄漏等重大事故，规定如何预防事故的发生，并在事故发生时做出响应，控制事故规模，降低事故损失，减少事故影响。这类程序应定期检验、评审和修订。组织对可能的重大事故必须按有关规定制定场内应急计划，并协助制定场外应急计划。

要求组织明确潜在的紧急情况，采取预防措施，制定出现紧急情况下的反应程序：a. 知道会有什么样的紧急状态——事先预防；b. 知道发生紧急情况后如何处理——反应预案；c. 对采取的纠正措施和程序要评审、更改、记录——不断改进；d. 对程序要求进行演练和检验——提高反应能力。

组织对每一个重大危险设施都应有一个现场应急计划。应急计划的内容通常包括：a. 可能的事故性质和后果；b. 与外部机构的联系(消防、医院等)；c. 报警、联络步骤、联络方式；d. 应急指挥者、参与者的责任、义务；e. 应急指挥中心地点、组织机构、指挥信号、标识；f. 应急措施等。

应检查应急响应程序的可行性和有效性，对执行预案的人员进行培训。由于潜在事故或紧急情况发生的次数很少，可能从来没有出现过，应急响应程序的制定只能参照相关资料和经验，建立的应急响应程序是否可行和有效，应通过实践进行检验。实践检验的方式有：事故或紧急情况发生时执行应急响应程序的情况；可行时，定期进行试验或演练。所以，在事故或紧急情况发生后，应评审应急响应程序是否可行和有效，预案是否需要修改；定期试验和演练一方面是检查应急可行和有效情况，另一方面也是对执行预案人员的实践培训。

确定潜在事故或紧急情况时，应考虑过去发生过的，将来由于某些因素未有效控制而可能发生的事故或紧急情况；应了解同行业其它组织是否发生过类似事故或紧急情况；还应考虑周边环境可能发生的事故或紧急情况，如沿海工厂应考虑台风袭击，坡地企业应考虑滑坡地质灾害。

(4) 自我检查与自我完善机制

自我检查与自我完善机制包括检查和管理评审两个模块，检查模块包括：绩效测量和监测，合规性评价，事件调查、不符合、纠正措施和预防措施，记录控制和内部审核五个要素。

① 绩效测量和监测

监测和测量的目的一方面是控制与危险有害因素有关的运行，确保重要危险有害因素始终处于受控状态，另一方面通过监测和测量收集信息和数据，以此评价职业健康安全绩效，为持续改进提供依据。监测和测量可以是定性的，也可以是定量的。测量前应确定测量的关键特性，组织应确定过程中那些可供测量并能提供最有用信息的关键特性。

绩效测量和监测方法包括：a. 作业场所安全检查与巡视；b. 设备、设施安全检查、监控；c. 作业环境监测；d. 安全行为、管理水平的监测、评估；e. 事故、事件、职业病统计分析；f. 产品安全检查；g. 记录检查等。

测量分为主动测量和被动测量。主动测量是指超前的、积极的预防性监测，包括监测监测各项具体计划、绩效标准和目标的实施效果，监测作业环境状况以及作业组织状况，定期对员工实施健康监护等；被动测量是指反应性的、必须的测量，包括对工伤、疾病与事件，其他损失(如财产损失)，不良的职业健康安全绩效，职业健康安全管理体系的失效，员工康复及恢复计划等事项的确认、报告和调查等。

应保证测量设备的准确性。因为测量是为了获得可靠的数据和信息，这要求测量设备在使用时应是完好且准确的，为了确保测量设备的准确性，应按规定的时间间隔或在使用之前对测量设备进行校准或验证。

② 合规性评价

合规性评价是对组织遵守法律法规和其他要求情况进行评价。合规性评价是组织能及时发现违反法律法规和其他要求的一种自我完善机制。通过定期进行合规性评价，能及时发现违规行为并采取纠正措施。

由于组织规模、类型和复杂程度不同，合规性评价的方法和频次也不一样。评价频次可参照以往的合规情况来确定。评价的方式包括：内部审核、对文件和记录的评审、对设施的检查、面谈、常规取样分析或试验结果、直接观察等。可以将合规性评价纳入管理体系审核、安全检查、质量保证检查等评价活动中。

③ 事件调查、不符合、纠正措施和预防措施

该要素要求组织应建立、实施并维持程序以记录、调查及分析事件，对发生的事故要严格按国家法律、法规和标准及时进行调查、处理，做到“四不放过”。

不符合有两种，即潜在的不符合和已出现的不符合。组织应建立、实施并保持程序，用来处理实际或潜在的不符合。对潜在的不符合应采取预防措施，防止产生不符合；对已出现的不符合应针对原因采取纠正措施，防止以后再次产生类似的不符合。

不符合情况分为体系绩效不符合以及职业健康安全绩效不符合。体系绩效不符合包括：a. 未建立职业健康安全目标、指标，或已建立的职业健康安全目标、指标与组织的实际情况不符；b. 管理体系所要求的职责不明确，导致职业健康安全管理运行区域性(或标准条款)失效；c. 合规性评价失效。职业健康安全绩效不符合包括：a. 未能实现目标和指标；b. 未按要求维护好控制危险有害因素的设施和测量设备；c. 未按规定的准则和方法控制危险有害因素。

对发现的不符合是否采取措施和采取措施的程度应考虑不符合的严重性、安全健康风险的高低、不符合出现的频次。如果是偶然出现的不符合，影响轻微，且运行中可以避免，也可不采取纠正措施。对发现的不符合所采取的纠正措施应与问题和安全健康风险的严重程度相符，如某危险化学品贮槽，因长时间没维护，底部已有裂纹，且有少量液体渗漏，采取通常的修补措施则与此问题的严重程度不符，若要确保危险化学品不对环境和员工生命健康产生严重影响，更换新贮槽是彻底解决该问题的方法之一。

当所采取的措施导致职业健康安全管理体系发生变化时，应在实施措施的过程中，确保所有相关文件、培训和记录均应得到更新和批准，并使所有相关的人员知道这些变化。

④ 记录控制

记录是职业健康安全管理体系中不可缺少的部分。保存相关记录可以为组织职业健康

安全管理体系按要求连续运行和运行结果提供证据；为以后因某种需要而查找原因提供可追溯性；为持续改进提供信息。

策划职业健康安全管理体系记录时，应考虑记录应具有可追溯性。在某些情况下只有通过记录中的数据和信息来了解以前某过程的运行情况，所以应系统考虑职业健康安全管理体系需要记录哪些信息，以确保过程的可追溯性。

记录是对体系运行情况的记载，具有永久特性，保存记录是为了以后的查阅，所以记录填写应注意字迹应清楚，易辨认；数据和信息真实可靠；应保存原始数据的记录；如果记录的信息有错误，可以在原记录内容上划线，在其附近写出正确内容，应保证能看清楚原来记录的内容，修改人员应在修改附近签字，不能涂改。

记录应妥善保管，便于查阅。记录保管：a. 收集分散在各岗位(人员)的记录；b. 将收集的记录分类、装订、编目、标识、分类保存；c. 应有良好的环境储存记录，确保记录完好；d. 应对记录进行定期整理、维护，定期撤出过期记录。

⑤ 内部审核

内部审核是组织职业健康安全管理体系自我完善机制的重要环节，是发现问题、解决问题和改进体系的重要手段。因为内部审核是一个系统的检查过程，通过内部审核可以发现哪些区域或过程偏离体系标准条款和组织的职业健康安全管理体系的运行要求，现有职业健康安全管理体系能否与组织的现状相适应，通过系统的内部审核可以识别组织职业健康安全管理体系改进的机会。

组织应按照一定的时间间隔进行全部门、全要素的内部审核，通常时间段是 1 年。一般体系建立和运行初期审核次数应多些，当体系结构有重大变化或发生严重事故时，要及时审核。内部审核的目的是判定建立和运行的职业健康安全管理体系是否符合体系标准的要求，只有通过全方位的审核才能作出正确的判定。

应确保审核过程的客观性和公正性。审核就是查找客观证据，将客观证据与审核准则相比较，从而判定符合性的过程。如果查找证据不客观，判定不公正，得出的结论一定是错误的，这样就失去了审核的意义，组织也就失去了自我完善的机制。要确保审核过程客观公正，要求审核人员应具备一定的审核素质，同时审核人员不应审核自己职能范围内的工作。内部审核一般都采用抽样的方法，抽样既要确保一定的数量，又要具有一定的代表性。

审核程序和审核方案的区别。审核程序是组织对内部审核过程提出总体要求，指导内部审核按什么途径去完成。审核方案是针对某一时间段内的审核作出具体安排，审核方案也称年度审核计划，即年度内审工作具体安排，审核方案应依据程序文件的要求制定。

⑥ 管理评审

管理评审是对职业健康安全管理体系的综合性评价，通常以会议形式由最高管理者主持进行。职业健康安全管理体系管理评审可以和组织其他管理体系的管理评审一同进行。

管理评审的目的是在总结职业健康安全管理体系绩效的基础上，寻找改进的机会，以确保职业健康安全管理体系的适宜性、充分性和有效性。因为组织的职业健康安全管理体系通常存在不足，内、外部与安全健康风险有关的各种因素也在不断地变化，这些“不足”和“变化”可能影响组织职业健康安全管理体系的适宜性、充分性和有效性。最高管理者定期进行管理评审，可以充分了解这些“不足”和“变化”，以确定需要改进的方面、落实改进措施。

适宜性、充分性和有效性的含义：适宜性是指组织建立的职业健康安全管理体系与组织的活动、产品和服务、规模、过程的复杂程度相适宜；充分性是指组织的职业健康安全管理体系是否全部覆盖了与重要危险有害因素有关的运行，即职业健康安全管理体系是否被充分展开；有效性是指组织按建立的职业健康安全管理体系要求运行，是否能有效控制重要危险有害因素，实现职业健康安全方针中的承诺。

内、外部与安全健康风险有关的各种因素的变化包括：组织产品和服务过程中活动的变化，新开发项目的危险有害因素评价的结果、适用法律法规和其他要求的变化，相关方要求的变化，科学技术的进步，从事故处理中获得的经验和教训等。

管理评审输入的信息是评审的依据。因为最高管理者从管理评审的输入信息中可以了解到职业健康安全绩效与方针的差距、与外部要求的差距，了解到需要改进的方面，然后结合组织的实际情况(经济、技术、可运行性)，确定目前需要改进的方面。

管理评审输出的重点内容是改进及其措施。因为评审出职业健康安全管理体系运行好的方面，在以后的运行中能继续保持，但改进需要一定的时间、技术和资源，如何获得这些“需求”，必需在管理评审时加以落实。因此，改进和改进工作的落实是管理评审输出的重点内容。

(5) 职业健康安全管理体系要素间的相互关系及作用

① 要素间的相互关系

职业健康安全管理体系标准包含着实现不同管理功能的要素。从表面上看，各要素是各自独立的要求，实际上，标准所提供的是一个系统化、结构化的管理体系，标准中各要素既不是孤立存在的，也不是简单地组合，它们之间存在着紧密的内在联系。所以应将各个管理要素要求综合起来考虑，协调一致，系统地构成一个有机整体。因此，正确理解职业健康安全管理体系的要素，搞清各要素间的相互关系和作用，是建立适宜、有效的职业健康安全管理体系的关键，也是做一个合格内部审核员的关键。标准各要素间主要存在两种关系：

传递关系：危险有害因素以及法律法规是制定职业健康安全方针的依据；职业健康安全方针为制定目标提供框架；目标内容来源于危险有害因素、法律法规和其他要求，管理方案依据目标制定。制定管理方案后，应实施方案，而实施方案首先需要确定职业健康安全管理体系的组织机构，分配管理职责，依据方案制定重要危险有害因素的运行控制文件，按文件要求来控制与重要危险有害因素有关的运行。依据监测和测量来了解重要危险有害因素的控制效果，依据监测和测量结果来改进职业健康安全管理体系。这种循环传递的关系，促使职业健康安全管理体系持续改进，不断提高。

支持关系：职业健康安全方针、目标的实现依靠对重要危险有害因素运行的有效控制来支持；重要危险有害因素的有效控制依靠适宜的人员、设施、监测和测量及合规性评价来支持；人员的能力依靠培训支持；保持职业健康安全管理体系的有效性依靠信息交流支持；有效的管理评审依靠监测和测量、内部审核、协商与交流支持。

因此，职业健康安全管理体系标准中的危害辨识、风险评价和风险控制的策划、目标和方案、运行控制、绩效监测和测量，这些要素构成了职业健康安全管理体系的一条主线，其它要素都是围绕这条主线展开，起到支撑、指导、控制这条主线的作用。职业健康安全管理体系各要素间的关系如图 6-5 所示。

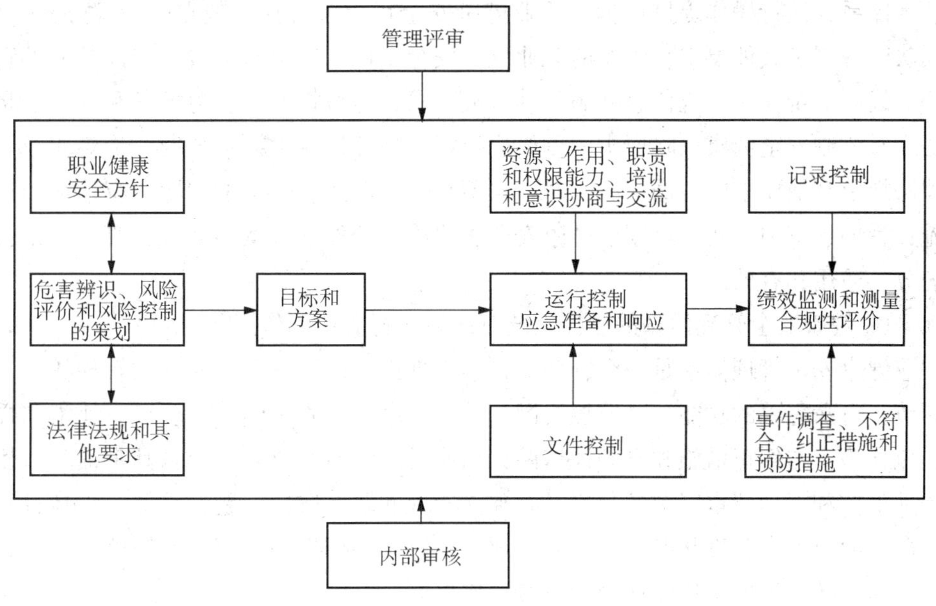

图 6-5 职业健康安全管理体系标准要素间的联系

② 危险有害因素的辨识、评价与控制是职业健康安全管理体系的核心

职业健康安全管理体系实施的目的在于控制危险有害因素，改善组织的职业健康安全绩效。因而全面准确地识别、评价危险有害因素成为职业健康安全管理体系建立与保持的基础。所以，对评价出的这些重要危险有害因素的控制与管理成为职业健康安全管理体系的管理核心。

围绕危险有害因素的辨识、评价和控制的策划，确定目标和管理方案，实施运行控制，检查落实完成和遵守情况，职业健康安全管理体系要素依次展开。职业健康安全管理体系每个要素要求的设立，都是为了控制危险有害因素所带来的安全健康风险。职业健康安全管理体系的不断持续改进，其根本目的就是对风险控制程度的不断提高。

组织建立职业健康安全管理体系，要根据其所存在的危险有害因素这个管理核心，按照职业健康安全管理体系标准要求，设立和展开其管理要素。

③ 职业健康安全管理体系具有实现遵守法律法规要求的承诺

职业健康安全管理体系与质量管理体系不同，应服务于众多的相关方和社会对人权、劳动保护不断发展的需要，这种需要不是通过一种简单的合同、投诉形式向组织传达的，而是以政府法规要求、社会意愿等隐含形式表达出来。因此，作为社会要求体现的法律、法规在职业健康安全管理体系中具有特殊的基础地位。有效的职业健康安全管理体系的运行，是以法律法规为最低要求，不断地持续改进。

在职业健康安全管理体系标准中，健康安全法律、法规要求贯穿其始末。组织的职业健康安全方针中要体现对遵守职业健康安全法律法规和其他要求的承诺；危险有害因素的辨识、评价和控制的一个重要依据就是职业健康安全法律法规的要求；标准中法律与其他要求的要素则要求组织能充分掌握所适用的法律法规和其他要求，有相应畅通的法律获取渠道，为体系的运行操作提供依据；职业健康安全目标和旨在实现它的管理方案的建立，要考虑法律法规和其他要求；组织的职业健康安全培训、协商与交流、文件与文件管理要包含职业健康安全法律法规信息并满足其有关要求；运行控制、应急准备和响应，是实现法律法规对控制安全健康风险要求的重要途径；合规性评价中要求定期评价对职业健康安全法律法规及其他要求的遵循情况，对存在不符合法律法规要求的问题，应采取纠正和预防措施；管理评审中，要考察职业健康安全法律法规的发展，从而调整、改善体系，使其达到充分、适用和有效。

④ 职业健康安全管理体系的监控系统对体系运行的保障作用

职业健康安全管理体系是一个管理上科学、理论上严谨、系统性强的管理体系，具有自我调节、自我完善的功能。其监控机制，具有实施、检查、纠错、验证、评审和提高的能力，包含检查与纠正措施和管理评审两大功能模块的所有要素内容，其中绩效监测和测量，内部审核和管理评审三个条款均具有独立发现问题、解决问题的功能，包括日常监督管理，职业健康安全管理状况和体系要素评价，以及根据组织内部因素和外部环境状况进行总体判断，从而形成了比较严密的三级监控机制。

首先，监测和测量构成第一级监控措施。它包括对生产操作和基层管理的监督、检查，也包括对组织职业健康安全绩效和目标以及法规遵循情况的例行监控。对于监控中发现的问题，解决的方法是按程序要求及时解决。

第二级监控措施是内部审核。由组织的职业健康安全管理者代表组织内部审核员进行，内审员得到了充分的授权，可对组织的职业健康安全管理体系的运行状况做出评价。职业健康安全管理体系审核是集中发现问题、并集中解决问题的一种有效手段。内审中发现的问题，有些可立即解决，有些需汇报给最高管理者，由其决策后解决。内审完成后应对组织的职业健康安全管理体系是否按计划有效实施，是否符合职业健康安全管理体系标准的要求做出结论。

第三级监控措施是管理评审。管理评审由最高管理者组织进行，可将一些管理层解决不了的问题、关系企业大政方针的问题集中在一起，由决策层加以解决。其内容包括内审的结果、目标的实现程度及持续改进的要求等。管理评审应针对组织内部变化的因素和外部变化的环境，对体系的持续适用性、有效性和充分性做出判断，并做出相应的调整。

这三级监控措施并不是各自独立的，在监控的内容上有所交叉，互为补充，构成完整的监控机制，以保证职业健康安全管理体系的持续适用、充分和有效。

6.2.3 职业健康安全管理体系的建立与保持

职业健康安全管理体系建立的基本过程主要包括以下几个步骤：领导的决策和准备、体系建立前的培训和宣贯、制订总体计划、进行初始状态评审、体系策划和设计、体系文件编写、体系的试运行、内部审核及管理评审。

（1）职业健康安全管理体系的试运行

体系文件编制完成以后，职业健康安全管理体系进入试运行阶段。试运行的目的是要在实践中检验体系的充分性、适用性和有效性。在此阶段，组织应加强运作力度，通过实施其手册、程序和作业文件，充分发挥体系本身的各项功能，及时发现问题，找出问题的根源，采取改进和纠正措施，并对体系加以修改，以达到进一步完善职业健康安全管理体系的目的。

在职业健康安全管理体系试运行过程中，要重点注意以下事项：

① 有针对性地宣贯职业健康安全管理体系文件

教育、培训是职业健康安全管理体系开始运行的第一步。职业健康安全管理体系的运行，需要组织的全体人员积极参与，组织各个岗位的人员只有理解了系统化职业健康安全管理的重要性及个人在其中的作用，才能主动、有效地参与其管理活动。

组织应按照培训程序的要求对全体员工实施培训。作为高层管理人员，应着重掌握职业健康安全管理体系的原理、原则、功能以及控制的方法；中层管理人员应主要掌握本部门体系要素的工作内容；普通员工应着重掌握手册的支持性文件中涉及各自岗位的操作标准、规定、程序等内容。培训计划、培训需求、培训内容、考核等记录应保持一致，并保证培训效果。

② 体系文件分发到位

职业健康安全管理体系文件是组织进行职业健康安全管理的具体准则，它是按职业健康安全管理体系标准要求编制的具有可操作性的、具体的法规性文件，对组织内部各个岗位开展职业健康安全工作具有指导作用。职业健康安全管理体系文件具有针对性和层次性，组织内各个岗位都应有其主导性文件和相关性文件。要使组织的职业健康安全管理体系有效地运行起来，必须使必要的体系文件分发到位。

文件、手册有受控文件与非受控文件之分，给咨询机构、认证机构的文件可以是非受控文件，文件领取要有登记，特别是领导层和安全健康管理部门、职业健康安全管理体系推进部门的文件更要严格手续。作废文件需保留的要有作废标记，收回的要登记。

③ 职业健康安全管理方案的实施

职业健康安全管理方案的有效实施是降低组织职业健康安全风险、实现持续改进的关键。在职业健康安全管理体系的策划阶段，组织根据危险有害因素及其风险评价结果以及技术、经济等方面因素，制定了职业健康安全目标和管理方案，要使管理方案中降低危害风险的措施真正落到实处，必须保证相应的资金、人员等到位，各部门及人员必须严格履行方案中规定的职责，将管理方案在规定的时间内予以完成。如不能按期完成，或者时间进度、投资等定得不合理，应提交管理评审修改，同时，对文件中相应的地方也要更新修改。

④ 协调、改进体系试运行中暴露出的诸如体系设计不周、项目不全等问题。职业健康安全管理体系涉及组织所有部门，在运行过程中，各项活动往往不可避免地发生偏离标准的现象，因此，组织应按照严密、协调、高效、精简、统一的原则，利用信息反馈系统对异常信息进行处理，对体系运行进行动态监控。运用体系的运行机制，在管理者代表主持下对各部门进行组织协调工作，对出现的问题及时加以改进，完善并保证体系的持续正常运行。

⑤ 加强信息管理

信息管理不仅是职业健康安全管理体系试运行本身的需要，也是保证试运行成功的关键。所有与职业健康安全管理体系活动有关的人员都应按体系文件要求，做好职业健康安全信息的收集、分析、传递、反馈、处理和归档等工作。记录要完整，规范。当内审发现问题时，应在内审整改时进行修改，而不是重新整理记录。

(2) 职业健康安全管理体系的实施与保持

职业健康安全管理体系标准要求组织不但要建立职业健康安全管理体系，而且要予以实施与保持。“实施”的含义是执行文件的规定，“保持”的含义是在文件没有修改的情况下，员工应一直按文件的要求去做。实施与保持职业健康安全管理体系要体现持续改进的核心思想，着重做好以下工作：

① 严格监测体系的运行情况

为保持职业健康安全管理体系正确、有效运行，必须严格监测体系的运行情况，避免出现与职业健康安全管理体系标准不符合的现象。体系运行情况的监测要全面、细致，涉及到管理活动、生产操作、工艺运行等各个方面。

② 对不符合要及时采取有效的纠正和预防措施

在职业健康安全管理体系的运行过程中，不符合的出现是不可避免的，包括事故、事件也难免要发生，关键是相应的纠正与预防措施是否及时和有效，以保证今后不出现或少出现类似的不符合、事故、事件，保证职业健康安全管理体系的充分、有效运行。

③ 定期开展内部审核和管理评审

职业健康安全管理体系经过一段时期的运行后，在整体上是否正确运行，需要通过完整的内部审核来判定。为保证内部审核的质量，正确反应体系存在的问题，在审核人员、方法、程序等方面应严格按内审程序的规定进行。

由于组织外部各种因素不断变化，新技术和新工艺的不断涌现，促使组织内部不断进行产品、材料、工艺上的改进和调整，或者组织因需要进行组织机构或其它方面的调整，其管理体系是否适应新的情况和环境，需要通过最高管理者组织的管理评审来判定。通过管理评审，可判定组织的职业健康安全管理体系面对变化的内部情况和外部环境，是否充分、适用、有效，由此决定是否对方针、目标、机构、程序等做出调整。

④ 完成 PDCA 循环管理，不断持续改进

持续改进是保持职业健康安全管理体系适宜性和有效性的先决条件。保持职业健康安全管理体系，不仅要使体系正确、有效地运行，还要达到持续改进。组织在不断完成职业健康安全管理体系要素要求的同时，通过 PDCA 循环管理完成新的职业健康安全目标，从而使组织的职业健康安全状况得到进一步改进，实现持续改进的要求。持续改进的契机是组织建立的自我完善机制，内部审核和管理评审是组织自我完善的途径之一。

(3) 内部审核

① 审核术语和定义

a. 审核(audit)

审核是指为获得审核证据并对其进行客观的评价，以确定满足审核准则的程度所进行的系统的、独立的并形成文件的过程。

审核的类型有：第一方审核，即通常所说的内部审核；第二方审核，即相关方审核；第三方审核，即认证/注册审核。三种类型审核的方法基本相同，目的各不相同。对于职业健康安全管理体系来说，第一方审核(内部审核)的目的是通过审核找出可予改进的方面，不断完善组织的职业健康安全管理水平，提高组织的职业健康安全绩效；第二方审核(相关方审核)的目的是通过审核了解组织的职业健康安全绩效，以证实组织对职业健康安全承诺，确定是否与之建立合作关系；第三方审核(认证审核)的目的是检查组织的职业健康安全管理体系是否符合 OHSAS18001 标准要求、职业健康安全管理体系运行是否有效、职业健康安全行为是否符合相关法律法规的要求，以确定组织能否认证/注册。

审核是一个系统的、独立的过程，所以在过程实施时应形成系统文件，如审核方案(计划)、审核过程的时间和人员安排、审核报告等。

为了保证审核的独立性和公正性，内部审核人员应审核与自己无责任关系的部门或要素。

b. 审核准则(audit criteria)

审核准则是用作依据的一组方针、程序或要求。

确定审核获取的客观证据是否符合要求应有一定的判定依据，这种判定依据就是审核准则。审核准则应与组织的运行准则相一致。如组织的职业健康安全管理体系运行准则包括：OHSAS18001 标准；组织的职业健康安全管理体系文件；适用于组织的法律、法规；其他要求(行业标准、合同、相关方要求等)。

c. 审核证据(audit evidence)

审核证据是与审核准则有关的并且能够证实的记录、事实陈述或其他信息。

在职业健康安全管理体系审核时获取的客观证据应是与管理体系有关的、能被再次证实的事实。证据包括记录、事实陈述、观察到的事实等。审核证据获取的方式有：与相关人员交谈、查看记录或文件、现场观察实际运行情况等。

d. 审核发现(audit findings)

审核发现是将收集到的审核证据对照审核准则进行评价的结果。

将所获得的每个客观证据与审核准则进行比较，评价其符合程度，这种评价结果则形成审核发现。审核发现是一种局部评价，通常应由分工的审核员对其进行评价，若是实习审核员，应由审核组长协助评价。

e. 审核结论(audit conclusion)

审核结论是内审组考虑了审核目标和所有的审核发现后得出的最终审核结果。

审核结论是对职业健康安全管理体系总体运行情况做出的综合性评价。审核结论的依据是审核目的。如内部审核的结论应包含改进的建议；第三方审核的结论应是能否进行认证/注册。

② 内部审核及其步骤

内部审核是实施与保持职业健康安全管理体系的一个重要环节，也是一个比较重要且复杂的过程。为了加强审核过程的一致性和可靠性，应建立一套系统化的审核程序来控制审核过程。组织一旦运行职业健康安全管理体系，就应按内部审核程序的要求定期进行内部审核，因此，内部审核在职业健康安全管理体系中是一个持久的过程。

内部审核一般对体系的全部要素进行全面审核，应由与被审核对象无直接责任的人员来实施，对不符合项的纠正措施必须跟踪审查，并确定其有效性。内审由管理者代表组织实施，由组织的内审员参与，必要时也可请外单位有审核资格的人员参加。

内审可分常规内审和追加内审两类。

例行的常规内审一般每年进行一次，当出现下列情况时可追加内审：a. 适应组织的法律、法规、标准、国际公约发生重大改变；b. 组织发生重大事故或相关方有严重抱怨；c. 组织有新、扩、改建项目；d. 组织机构有重大变动；e. 即将进行第二、三方审核时，也可追加内审为其作准备。

内部审核步骤如图 6-6 所示。

③ 审核准备

a. 制定内审方案

职业健康安全管理体系内部审核的形式有多种，如集中式审核、滚动式审核、局部区域或条款审核。在一定的时间段内(通常以 1 年为 1 个时间段)可能要开展多次内部审核，每次审核涉及的部门或区域、条款、方法可有所不同。某一时间段内的审核既要全面覆盖，又要突出重点。另外，内部审核不能影响组织内部正常的活动。鉴于上述诸多因素均与内审有关，所以在开展年度审核前，应对一个年度的内审进行策划，策划的目的是保证内部审核有计划地进行，使内部审核便于管理、监督和控制。策划的内容包括审核的区域和条款、审核方式、审核目的、审核时间、内审人员等。策划结果应形成书面文件，即年度内部审核方案。

制定内部审核方案时应考虑以下几个方面的问题：i. 与重要危险有害因素有关的过程运行应作为重点审核的对象；ii. 1 年内的审核应覆盖所有涉及危险有害因素的部门和过

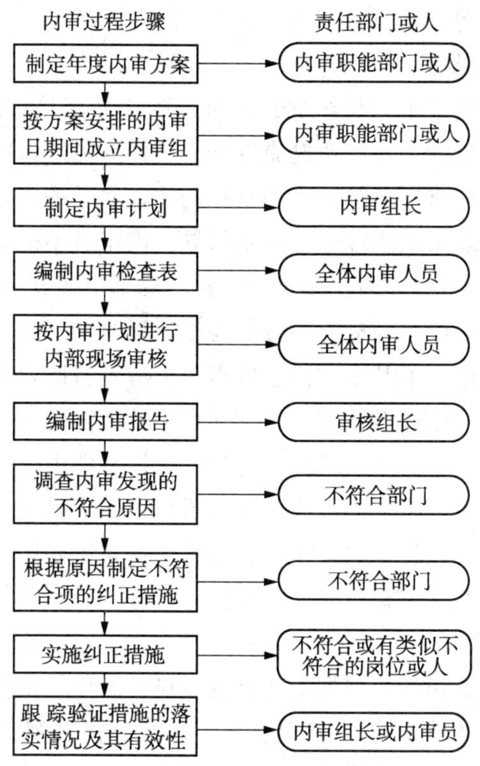

图 6-6 内部审核过程步骤及责任部门或人

程，标准中的条款应全部审核到；iii. 对可能具有潜在事故、职业危害风险的的关键部门和过程可增加审核频次；iv. 没能完成职业健康安全目标、指标的部门或岗位可增加审核频次；v. 在审核形式和审核时间的安排上应不影响组织的正常活动；vi. 安排的内审人员应包含具有职业健康安全专业技能的内审员；vii. 时间安排应考虑审核范围、内审组人员及目前组织的生产状况，通常在 1~4 天。

b. 组建审核组

进行内审前，管理者代表应任命审核组长及审核员组成审核组。

i. 内审员的能力要求

首先应具备安全健康专业知识和技能，主要包括：安全科学、安全管理、安全技术、职业危害管理与技术；产品和(或)服务设施、安全设施、职业危害防治设施运行中的技术因素与危险有害因素的关系；职业健康安全法律法规和其他要求中的相关技术。

其次应具备审核能力，主要包括：熟悉并理解 OHSAS 18001：2007 标准条款的要求；熟知组织的职业健康安全管理体系的规定；掌握审核程序、过程与审核技巧。

此外还应具备一定的个人素质与能力，主要包括：较好的口头与书面表达能力；较强的人际交往能力，如沟通能力、应变能力、倾听能力等；保持充分独立性与客观性的能力；具有一定的组织能力；具有依据客观证据做出正确判断的能力。

组织应保存内部审核员相关能力的客观证据，如毕业证书、人员工作档案、培训合格证书、培训考核合格记录等。

ii. 组建内部审核组的要求

内审组可以由组织的内部审核员组成，也可以聘请外部具有内审员资格的人员组成。组织在组建内审组时，应选择具有职业健康安全管理体系内部审核员资格的人员为审核组成员；选择1名以上对组织重要危险有害因素控制比较熟悉的内审员为审核组成员，或聘请技术专家对内审组的专业条款审核进行技术指导；内审员不能审核本人的职能工作；内审组人数与组织的规模、审核的形式(指全面审核、局部审核)、取样本量的多少、拟定的审核时间有关，总的原则是内审组应有充分的现场取证时间。

确定内审组长时应考虑以下几个方面：内审组长应具备职业健康安全管理体系内审员资格；具备有效管理与领导职业健康安全管理体系审核所需的个人素质与能力；具备对职业健康安全管理体系审核技能有透彻理解并能加以应用的能力。

选择内审组成员时应考虑以下事项：内审组成员至少应具备内审员资格；为了保证内部审核的公正性和有效性，在组建内审组时，尽量安排各主要职能部门均有内审员参加审核；国家注册的审核员和实习审核员可以参加内审工作。

iii. 内审组成员的主要职责

内审组成员的主要职责包括：根据审核计划安排编制审核检查表；在规定的时间和范围内实施审核活动；充分收集并记录客观证据；认真分析客观证据与审核准则的符合程度，得出审核发现；在内审组内部沟通与交流会上，客观地陈述审核发现，协助组长做出正确、合理、公正的审核结论；协助组长编写审核报告；需要时，跟踪验证审核发现不符合项的纠正情况。

c. 制定审核计划

审核计划一般由审核组长负责制定，审核计划主要内容包括：审核目的、审核范围、审核依据、审核组成员、审核时间、审核方法、取证日期、审核日程安排等。

d. 编写审核检查表

审核检查表是审核员对受审核部门或体系要素进行审核和策划所必要的工作文件，也是现场审核的主要工作文件。检查表是内审员进行审核时的一种自用工具，主要对以下内容起备忘作用：i. 明确与审核目标有关的作用。审核采用的主要方法是抽样检查，抽什么样本、每种样本应抽取多少数量、如何抽样等等问题都要通过编写检查表解决，而且，这一切都要为达到审核目标服务。ii. 使审核程序规范化，减少审核工作的随意性和盲目性。iii. 按检查表的要求进行调查研究可使审核目标始终保持明确。在现场审核中，种种现实情况和问题很容易转移审核员的注意力，有时甚至迷失大方向而在枝节问题浪费大量的时间，检查表可以提醒审核员始终坚持主要审核目标，针对事先精心考虑的主要问题进行调查研究。iv. 保持审核进度。有了检查表，可以按调查的问题及样本的数量分配时间，使审核按计划进度进行。v. 作为审核记录存档。检查表与审核计划一样也应与审核报告等一起存入该审核项目的档案中备查。

检查表的格式应灵活多样，不宜作硬性规定。检查表的布局和格式通常有两种形式，一种是“问-答”形式，答案是“是”或“否”；另一种是“问题-结论”形式。

根据审核计划的安排，检查表可分为按部门编写及按要素编写两种方法。无论是按部门编写还是按要素编写都应考虑：职业健康安全管理体系标准及体系文件的要求；体系文件对所审核的各部门的要求，并对重要岗位进行重点检查；针对重要危险有害因素控制的有效性；组织的职业健康安全方针、目标和指标的完成情况，各部门应完成的要求等。

尽管审核检查表为审核提供了基本框架，但审核现场通常比想象的要复杂，审核过程中不可避免地会出现出乎预料的情况，因此，审核员应针对现场实际情况，采取灵活务实的态度，对审核获取的信息进行必要的追踪和补充，不能被审核检查表的内容和形式所束缚。

④ 现场审核

a. 审核工作方法

审核员的基本任务是发现事实，这可通过提问或交谈、查阅文件和记录、现场观察等工作方法来获得。

i. 善于提问，注意倾听。提问应自然、合理，切忌生搬硬套。提问时应尽量提开放式的问题，可以遵循“5W+1H”的原则，也可以用“出示、解释、记录、多少、程度、达标率”等关键词为引导，采用易于被理解的语言，充分利用事先准备的各种检查表，与对方进行公开式的讨论，启发对方的思考和兴趣。审核员要注意认真听取被访者的回答，并作出适当的反应，记录要点。

ii. 仔细观察，善于追踪验证。审核员要仔细观察现场活动、作业环境、设备和标记，查看有关记录。对现场发现要进行深入检查以确定客观证据。

iii. 做好记录。审核员应确保审核证据的可追溯性，采用笔录、录音、照像等方式进行记录，记录应包括时间、地点、人物、事实描述、凭证材料、涉及的文件、各种标识。这些信息均应字迹清楚、准确具体，便于复查。

iv. 注意安全。现场审核过程可能涉及审核员人身安全，应高度重视，受审核方有关人员应向审核员（特别是外聘的审核人员）讲明其审核过程中可能遇到的风险。

b. 审核方式

在现场审核中要注意根据组织的具体情况选择审核方式。在实际审核中经常用的审核方式有三种：

i. 自下而上和自上而下的方式

所谓自上而下的方式是指先到信息比较集中的部门了解总的情况，然后在此部门选择一批样本到使用这些样本的各部门去调查。采用这种审核方式的典型例子是对不符合情况进行调查，审核员先到安全处查询以往的不符合报告记录，然后抽样到各部门检查不符合纠正措施的落实情况和是否有预防措施。

所谓自下而上的方式是指先在许多部门调查研究，选择一批样本到某一集中管理的部门去审核。这类方式的典型例子是对培训的审核，审核员先到各部门查询员工接受培训的情况，然后到人事处或工会查询所选取的样本是否有培训记录。

ii. 以危险有害因素为主线的审核方式

这种审核方法以某些重要危险有害因素作为审核线索，贯穿全部体系要素，通过审核职业健康安全管理方案、控制程序及其运行状况以及监控状况及结果，将职业健康安全管理体系的各要素有机地连接起来，最终综合审核发现做出对管理体系的总体评价。

使用这种审核方式通常又可按正向审核和逆向审核两种思路进行。正向审核是指依据职业健康安全管理体系运作的顺序进行审核，如从文件内容查到实施情况，从活动、产品和服务的始点到终端，从重要危险有害因素辨识与评价到运行控制，这种方法可以系统地了解体系运行的整个过程，查证其接口和协调情况，但耗时较长。逆向审核是依据职业健康安全管理体系运作的反向顺序进行审核。它与正向审核的思路正好相反，其优点是从体系运行所形成的结果查起，有强烈的针对性，切实具体，但在情况复杂或审核时间有限时，不易达到预期目的。

iii. 按部门审核和按要素审核的方式

按部门审核是以部门为中心。一个部门往往承担若干个要素的职能，因此审核时应以其主要职能为主线进行审核，不可能也没有必要把这个部门有关的所有要素都查到。按部门审核时，审核组对涉及到的各个要素一次审核清楚，不必反复去部门走访，效率高，比较实用和受到被审核方的欢迎，但最后还要按要素把各部门的审核结果集中整理，得出总的结论。一般情况下采用按部门审核的方式较为普遍。

按要素审核是以要素为中心，一个要素往往要牵涉到多个部门，因而需要到不同部门去审核同一要素才能达到审核目的，每个部门要重复接受多次审核才算完成受审任务。这种方法的优点是目标集中，更易体现与职业健康安全管理体系标准或体系文件的符合性，其缺点是审核效率较低。

以上几种方式最常用的是按部门审核。但这种方式操作起来有一定的困难，因为一个部门往往涉及到多个职能和多个要素，在审核过程中需要抽取一个部门多方面职业健康安全活动的样本，故这种方式宜供有经验的审核人员使用。比较稳妥的做法是事先编制检查表，并从多方面收集信息，做好记录。实际审核中往往将以上几种方式结合使用。

c. 审核活动的控制

为使审核顺利完成，审核组长必须对现场审核的全过程进行有效控制。

审核计划的控制　现场审核原则上要严格按照审核计划中有关日程和时间的安排进行。无特殊情况不应轻易改变审核计划，随便增减审核人员、部门和时间。

审核活动的控制　首先要合理选取样本。做到随机抽样，样本尽量分布均匀，以保证审核的系统性和完整性；其次要注意发现体系中存在的主要问题和相关结果。每位审核员不仅要分析各自观察结果对职业健康安全管理体系的影响，还应根据各要素、部门和活动的相互关系，分析观察结果的相互影响、因果关系、共性问题等，以便对其职业健康安全管理体系作出正确评价；第三要注意控制审核气氛。以使审核在和谐融洽的气氛中进行，避免发生争执，审核员应以实事求是和诚恳的态度，确保审核结果的客观公正性；第四要注意控制审核结果。判定不符合必须以客观事实为基础，以审核准则为依据，与受审核方共同确认事实，疑难问题在审核组内部相互沟通，统一意见。

d. 实施现场审核

i. 首次会议

首次会议由内审组长主持。参加人员主要有最高管理者、管理者代表、受审核部门(岗位)负责人、内审组全体成员。首次会议是内审组与受审核方进行审核过程安排方面的信息交流。首次会议交流的主要信息包括：询问内审计划中的时间安排是否与各部门或岗位的某些工作安排发生冲突，若有冲突，组长与受审核的部门或岗位商量调整时间；简要介绍审核的方法和程序，若采取抽样审核，应说明抽样的不确定性；确定即将进行下一部门或岗位审核前的联络方式，以便受审核部门或岗位做好准备；询问末次会议的时间安排是否与领导层安排发生冲突(最高管理者和管理者代表至少应有1人参加末次会议)，若有冲突，首次会议应商量确定末次会议的时间。

ii. 实施内部审核

＊启动审核

首次会议完毕后，内审组全面启动审核工作，内审组全体成员按首次会议调整后的计划安排，分组进行审核。审核员按检查表拟定的内容，通过面谈、现场观察、检查记录、查阅文件等方式收集客观证据，做好记录，并将收集到的审核证据与审核准则进行比较，客观评价所收集的证据与审核准则的符合程度，记录判定结果。

＊不符合性质确定

通常评价不符合项的程度有：轻微不符合；一般不符合；严重不符合。具有下列情况之一者即是严重不符合：

- 出现的不符合影响面大，导致某重要危险有害因素失控；
- 所审核的标准条款在职业健康安全管理体系中没有运行；
- 职业健康安全管理体系覆盖的部门或区域没有运行其管理体系；
- 发生安全生产事故、职业病，没有采取有效的纠正措施；
- 违反法律法规和其它要求，且没有发现违规行为。

＊内审组内部交流

现场审核取证工作完成后，内审组长应主持召开交流会。审核员汇报自己审核的部门和条款的取证情况，主要交流审核发现好的方面，存在不符合的方面，审核过程中出现影响审核正常进行的异常情况，以及处理的方法及结果。对于会上讨论没有达成一致意见的事项，由组长做决定，内审组应遵从组长的意见。交流会上通常讨论如下事项：

- 审核中发现的哪些不符合项应开不符合报告；
- 审核过程中出现的异常情况处理方式和结果是否正确，是否应采取补救措施；
- 本次内部审核最终综合性评价的结论；
- 根据审核员收集的信息，从本次审核发现的问题出发，建议管理体系(包括对安全健康有利的新工艺和新技术)应做哪些改进；
- 确定审核报告的编写人；

•若在审核报告中阐述某些特殊情况，可以讨论描述的方式。

＊不符合报告要求

开列不符合报告的目的是要求产生不符合项的部门或岗位能分析产生不符合的原因，针对原因制定措施，另外，还应“举一反三”，查找是否还有类似的不符合存在，以杜绝以后再有类似的不符合出现。不是内部审核过程中发现的所有不符合均要开列不符合报告，应视情况而定，对于那些轻微不符合、不需要采取纠正措施即可纠正的不符合、偶然出现的不符合，通常口头与相关部门负责人和(或)当事人交流，让其自行采取措施改进。不符合报告内容主要包括：

•出现不符合项的部门；

•客观描述所发现的不符合事实，描述的事实应具有可再现性，描述不符合事实的语言应精炼、内容应清晰易懂；

•描述客观证据与审核准则中的哪个条款比较后，发现了不符合；

•判定不符合项的严重程度；

•不符合项的部门或岗位负责人签字；

•对不符合改进的要求，即是否要求对不符合实施纠正；

•开出的不符合报告通常经组长和相关人员签字。

＊内部审核报告

内部审核报告是在内审组长指导下或由内审组长亲自编写，内审组长对内部审核报告的准确性和完备性负责。审核报告中涉及的项目应是审核计划中所确定的。内部审核报告是对内审情况的综述，报告中应包含审核发现和其概要，并辅以支持证据。审核报告应由组长注明签发日期并署名。内部审核报告的主要内容包括：

•审核的目的、范围和审核方案要求；

•审核准则，包括审核中引用文件的清单；

•审核持续的时间和进行审核的日期；

•受审核部门或代表名单；

•重要危险有害因素控制运行方面重点审核了哪些项目；

•发现好的方面，不符合的方面，开出的不符合报告及其分布；

•出现异常情况的解决方式，以及对内审结论的影响程度；

•审核结论，如：运行的职业健康安全管理体系与职业健康安全管理体系审核准则的符合情况；职业健康安全管理体系是否得到了正确的实施和保持；内部管理评审过程是否能确保职业健康安全管理体系的持续适用性与有效性。

•职业健康安全管理体系改进的建议；

•审核报告内容保密范围及保密性质。

iii. 末次会议

内审组内部交流会议结束后，由组长主持召开末次会议，主要参加人员有最高管理者、管理者代表、受审核部门(岗位)的负责人、内审组全体成员。召开末次会议的主要目的是向组织汇报审核发现的情况，重点汇报审核发现不符合的事实证据，使受审核部门能清楚地认识到自身存在的不足。如果受审核部门对审核发现的不符合事实持有异议，应在末次会议上提出来，组长在会议上确定解决的方法(再次验证、更改判定等)。

⑤ 不符合项的关闭

末次会议结束时，内审组长将不符合报告交给相关部门负责人。各部门在收到不符合报告后，应负责调查并分析产生不符合的原因，若涉及技术上的问题，可请其它部门技术人员共同进行调查分析。在查清产生不符合的原因后，应针对原因制定纠正措施，这种措施是预防以后再产生类似的不符合。如果不符合报告中要求对已存在的不符合实施纠正，部门负责人还应要求相关人员对其进行纠正。内审组应对纠正措施实施情况进行跟踪，纠正措施完成后，内审员应对纠正措施完成情况及其效果进行验证。

(4) 管理评审

管理评审是由组织的最高管理者对职业健康安全现状进行系统的评价，以确定职业健康安全方针、职业健康安全管理体系和程序是否仍适合于职业健康安全目标、职业健康安全法规和变化了的内外部条件。因此，它也是内部职业健康安全管理体系审核的一种形式，是一种高层次的对职业健康安全管理体系的全面审查，是一种重要的内部管理工具。内部审核与管理评审的关系见表6-1。

表6-1　内部审核与管理评审的关系

比较项目	内部审核	管理评审
人员	审核员	最高管理者
内容	审核体系文件的符合程度，验证体系运行的有效性	对内部管理体系审核结论评定，能否达到目标，体系是否需要调整改变
类型	内部或请外部	内部
方式	现场	会议或现场
结果	提出不合格的纠正措施	提出体系改进措施

① 管理评审内容

管理评审通过年度计划安排，一般每年进行一次，也可随着内、外部条件的变化而及时进行管理评审。管理评审的内容包括：

a. 职业健康安全方针的持续有效性；

b. 职业健康安全目标、指标的持续适宜性；

c. 职业健康安全目标、指标和安全健康绩效的实现程度；

d. 职业健康安全管理体系内部审核结果，内审报告提出的所有建议及纠正措施实施情况；

e. 危险有害因素风险控制措施的适宜性，各类事故、事件中吸取的教训；

f. 相关方关注的问题，内、外部反馈的信息；

g. 是否需要针对下述情况对职业健康安全方针、计划、管理手册及有关文件进行修订：i. 在某些方面日益增长的安全健康要求；ii. 对安全健康工作的日益重视；iii. 法律、法规方面新的要求；iv. 相关方的要求；v. 市场及分包方的要求；vi. 组织经营的变化；vii. 安全健康观念的变化。

② 管理评审步骤

a. 制定评审计划。根据最高管理者提出的要求，由管理者代表或指派职业健康安全主管部门编制管理评审计划，报最高管理者批准后由主管部门于评审两周前分发、通知参加评审的人员。

b. 准备评审资料。由管理者代表组织主管部门及有关部门汇集、准备评审资料。评审资料一般包括：i. 本部门执行职业健康安全管理体系的有关文件；ii. 对有关文件的执行计划、措施及执行记录或报告；iii. 相关方要求的信息反馈单、职业健康安全记录；iv. 内部审核提出的不符合项及改进措施的执行、验证记录或报告；v. 本部门对执行职业健康安全计划、目标、指标情况的自我评价，包括成绩、问题、改进措施、目标；vi. 本部门实现改进职业健康安全绩效的关键环节、风险和范围，资源方面有何困难、所需帮助等。

评审资料应尽可能充分、全面，由管理者代表向最高管理者提交职业健康安全管理体系运行情况报告。

c. 召开评审会议。最高管理者主持召开评审会议，由主管部门记录评审会议结果并编制评审报告。

d. 批发评审报告。评审报告报管理者代表审核，最高管理者批准，分发参加评审的人员和相关部门。

e. 报告留存。管理评审记录及报告由主管部门保存并归档，保存期至少 3 年。

f. 评审后的要求。包括：i. 通过管理评审发现的问题，由管理者代表签发“纠正/预防措施通知单”，由主管部门发至责任部门；ii. 责任部门组织调查分析产生不符合的原因，制定改进和纠正措施并组织实施，填写过程和结果记录；iii. 主管部门组织职业健康安全改进和纠正措施结果验证，填写验证报告；iv. 由原编制、审批部门办理改进和纠正措施所涉及的文件更改。

管理评审的方法可以灵活，不必在一次评审中涉及所有的要素，可以在一段时期内采取滚动评审的办法，陆续完成所需评审的范围。管理评审的形式可以采取现场调查、分析研究形成评审报告讨论稿，由最高管理者或委托管理者代表主持会议，讨论评审报告讨论稿，并形成结论。由最高管理者审批后形成文件，下达、存档。

③ 如何从输入的信息中寻找改进的机会

从内审和合规性评价中寻找改进机会。管理评审的输入信息之一是“内部审核和合规性评价的结果”。内审是以事实为依据，以审核准则为判定标准，从多方面来检查职业健康安全管理体系的运行情况。内审时发现的不符合项就是体系运行与准则之间的差距，需要改进。另外，内审员通过实地考察，最能了解目前的职业健康安全管理体系与危险有害因素控制新技术和新工艺的差距，所以内审报告中应提出改进的建议。合规性评价是从监测和测量结果的信息中找出与法律法规和其它要求的差距，应对这种差距实施改进。

从来自外部的信息中寻找改进机会。管理评审另一方面的输入信息是来自外部相关方交流的信息，外部交流的信息主要有：a. 法律法规和标准的修订；b. 危险有害因素控制新技术和新工艺发展；c. 其他组织事故处理的经验；d. 顾客、居民的抱怨等。前两种信息为组织提供了因变化而产生的差距，第三种信息为组织提供了改进的“经验”，第四种信息表明组织未取得良好的职业健康安全绩效，需要改进。

从组织取得的职业健康安全绩效中寻找改进机会。组织的监测和测量信息以及目标、指标的实现程度能反映组织取得的职业健康安全绩效。如果绩效不好，表明组织的重要危险有害因素控制得不好，那么与控制有关的人员、设施、材料、方法、环境有待改进。

从改进措施的实施状况寻找改进机会。跟踪已存在或潜在不符合的改进和以前管理评审决定的改进，了解这两种改进的实施情况和实施后的效果，如果以前改进没有得到很好的实施或实施后的效果不好，则需调查并分析其原因，针对原因确定继续改进的措施。

6.3 企业安全生产标准化

6.3.1 企业安全生产标准概述

(1) 安全生产标准化涵义

《企业安全生产标准化基本规范》(AQ/T 9006—2010)对“安全生产标准化”的定义是：“通过建立安全生产责任制，制定安全管理制度和操作规程，排查隐患治理和监控重达危险源，建立预防机制，规范生产行为，使各生产环节符合有关安全生产法律法规和标准规范的要求，人、机、物、环处于良好的生产状态，并持续改进，不断加强企业安全生产规范化建设。”

安全生产标准化是企业各个生产岗位、生产环节的安全工作，必须符合法律、法规、规章、规程和标准等规定，达到和保持一定的标准，使企业始终处于良好的安全运行状态，以适应企业发展需要，满足职工安全健康、文明生产的愿望。其内涵主要体现在如下方面：

① 企业安全生产监管机构是安全工作的职能部门，其工作质量和绩效关系到企业全体的安危兴衰，“正人先正己”，必须首先使其工作规范化和标准化，并做出表率。

② 生产班组是企业的生产经营的基层细胞，保持班组安全、有序、文明、健康的活动，整个车间才能生机勃勃，因而班组必须要有安全工作标准。

③ 从事生产经营活动的作业场所，每一个环节、每一个岗位，其作业现场和操作程序等，均可采用预先设定的安全生产标准来加以控制。

④ 通过开展安全监管部门、生产班组、作业现场三个方面的安全达标活动，逐步实现企业全过程、全员的安全生产标准化。

⑤ 以上各项工作的安全标准必须符合国家有关法律、法规、规章、规程，达到国家或行业技术标准和管理标准。

⑥ 通过安全达标活动，保障生产经营单位的生命安全、职业健康及其合法权益，保护企业财产不因事故遭受损失。

⑦ 通过达标活动，创建安全文明单位，推动社区安全文明建设，实现国泰民安、安全发展，促进全社会经济建设健康、协调、可持续发展。

(2) 我国安全生产标准化发展历程

20 世纪 80 年代初期，煤炭行业事故持续上升，为此原煤炭部于 1986 年在全国煤矿开展“质量标准化、安全创水平”活动，目的是通过质量标准化促进安全生产，认为安全与质量之间存在着相辅相成、密不可分的内在联系，讲安全必须讲质量。有色、建材、电力、黄金等多个行业也相继开展了质量标准化创建活动，提高了企业安全生产水平。

2003 年 10 月，国家安全监管局和中国煤炭工业协会在黑龙江省七台河市召开了全国煤矿安全质量标准化现场会，提出了新形势下煤矿安全质量标准化的内容，会后出台的《关于在全国煤矿深入开展安全质量标准化活动的指导意见》，提出了安全质量标准化的概念。

2004 年 1 月 9 日，《国务院关于进一步加强安全生产工作的决定》(国发〔2004〕2 号)提出了在全国所有的工矿、商贸、交通、建筑施工等企业普遍开展安全生产标准化活动的要求。国家安全监管局印发了《关于开展安全质量标准化活动的指导意见》，煤矿、非煤矿山、危险化学品、烟花爆竹、冶金、机械等行业、领域均开展了安全质量标准化创建工作。随后，除煤炭行业强调了煤矿安全生产状况与质量管理相结合外，其他多数行业逐步弱化了质量的内容，提出了安全生产标准化的概念。

2004 年 5 月 20 日，国家标准化管理委员会批准，由国家安全生产监督管理局负责制定颁布有关安全生产的行业标准，其标准代号为“AQ”。行业标准的范围包括除矿用电气设备以外的矿山安全、劳动防护用品、危险化学品安全管理、烟花爆竹安全管理和工矿商贸安全生产规程等。这是我国安全标准化发展进程中一个具有重要标志性意义的大事，自此以后，我国安全生产的行业标准才有了专属自己的标准代号。

2005 年 1 月 24 日，国家安监局颁布《机械制造企业安全质量标准化考核评级办法》和《机械制造企业安全质量标准化考核评级标准》(安监管管二字〔2005〕11 号)。随后，国家安监局发布第 1 号公告、第 2 号公告、第 3 号公告等，颁布多项安全生产行业标准。12 月 16 日，国家安监总局印发《危险化学品从业单位安全标准化规范(试行)》和《危险化学品从业单位安全标准化考核机构管理办法(试行)》。

2006 年 1 月 1 日，强制性国家标准《国家纺织产品基本安全技术规范》(GB 18401—2003)开始实施，所有服装用和装饰用纺织产品的基本安全技术要求应符合该标准。2 月 2 日，国家标准委向国务院呈报的《国家标准化发展纲要》提出要重点加强标准化工作的 8 个社会急需的领域中包括“安全”领域。6月27日，全国安全生产标准化技术委员会在北京成立。这标志着我国安全生产领域有了第一个全国性的安全生产标准化技术委员会，原国家安监总局局长李毅中在成立大会上指出，全国安全生产标准技术委员会的成立标志着我国安全生产标准化专家队伍初步建立，安全标准工作开始步入正常发展的轨道。全国安全生产标准化技术委员会的成立在我国安全生产标准化发展史上具有里程碑意义。

2007年，国家安监总局发布2007年第1号公告、第5号公告、第6号公告、第20号公告、第21号公告，共颁布103项安全生产行业标准。

2008年9月3日，国家标准化管理委员会、国家安全生产监督管理总局、工业和信息化部和国家质量监督检验检疫总局联合发布《2008—2010年全国安全生产(部分工业领域)标准化发展规划》(国标委工一联〔2008〕148号)，该《规划》在分析我国安全生产工作形势和安全生产标准化工作现状和需求的基础上，重点围绕煤矿、金属非金属矿山、冶金、有色、化学品(化工、石油化工、危险化学品)、石油天然气、烟花爆竹和机械等部分工业领域，构建了安全生产标准体系框架。

2009年4月15日，国家安监总局发文(安监总管一〔2009〕80号)，提出“关于加强金属非金属矿山安全标准化建设的指导意见”。12月11日，国家安监总局发布2009年第21号公告、第22号公告，颁布10项安全生产行业标准和43项煤炭行业安全生产标准。2009年，获“中国标准创新贡献奖”的安全类标准共有18项。

《企业安全生产标准化基本规范》(AQ/T 9006—2010)，明确定义了安全生产标准化的基本概念，总结归纳了煤矿、危险化学品、金属非金属矿山、烟花爆竹、冶金、机械等已经颁布的行业安全生产标准化标准中的共性内容，提出了安全生产管理的共性基本要求，成为各行业企业制定安全生产标准化标准的依据，同时对达标分级等考评办法进行了统一规定。这一规范的出台，使得我国安全生产标准化建设工作进入了全新的发展时期。

2010年7月19日，国务院发布《国务院关于进一步加强企业安全生产工作的通知》(国发〔2010〕23号)，第7项提出“全面开展安全达标。要深入开展以岗位达标、专业达标和企业达标为内容的安全生产标准化建设，凡在规定时间内未实现达标的企业要依法暂扣生产许可证和安全生产许可证，责令停产整顿；对整改逾期未达标的，地方政府要予以关闭”。并要求“安全生产监管监察部门、负有安全生产监管职责的有关部门和行业管理部门要按职责分工，对当地企业包括中央和省属企业实行严格的安全生产监督检查和管理，组织对企业安全生产状况进行安全标准化分级考评评价”。

2011年3月2日，国务院办公厅发布《国务院关于继续深化“安全生产年”活动的通知》(国办发〔2011〕11号)中，提出“有序推进企业安全标准化达标升级。在工矿商贸和交通运输企业广泛开展以‘企业达标升级’为主要内容的安全生产标准化创建活动，着力推进岗位达标、专业达标和企业达标。组织对企业安全生产状况进行安全标准化分级考核评价，评价结果向社会公开，并向银行业、证券业、保险业、担保业等主管部门通报，作为企业信用评级的重要参考依据。各有关部门要加快制定完善有关标准，分类指导，分步实施，促进企业安全基础不断强化。”

2011 年 5 月 3 日，针对安全生产标准化建设工作，国务院安全生产委员会下发了《国务院安委会关于深入开展企业安全生产标准化建设的指导意见》(安委〔2011〕4 号)，要求“在工矿商贸和交通运输行业(领域)深入开展安全生产标准化建设，重点突出煤矿、非煤矿山、交通运输、建筑施工、危险化学品、烟花爆竹、民用爆炸物品、冶金等行业(领域)”。并提出达标时限，其中“冶金、机械等工贸行业(领域)规模以上企业要在 2013 年底前，规模以下企业要在 2015 年前实现达标”。

2011 年 5 月 13 日，国务院安全生产委员会办公室在《国务院安委会办公室关于深入开展全国冶金等工贸企业安全生产标准化建设的实施意见》(安委办〔2011〕18 号)中，提出了工贸行业企业安全生产标准化建设的指导思想、工作原则和工作目标，明确了安全生产标准化建设的主要途径，落实了安全生产标准化建设的保障措施。

2011 年 11 月 26 日，国务院在《关于坚持科学发展安全发展促进安全生产形势持续稳定好转的意见》(国发〔2011〕40 号)中要求“推进安全生产标准化建设。在工矿商贸和交通运输行业领域普遍开展岗位达标、专业达标和企业达标建设，对在规定期限内未实现达标的企业，要依据有关规定暂扣其生产许可证、安全生产许可证，责令停产整顿；对整改逾期仍未达标的，要依法予以关闭。加强安全标准化分级考核评价，将评价结果向银行、证券、保险、担保等主管部门通报，作为企业信用评级的重要参考依据”。

2012 年 2 月 14 日，国务院办公厅在《关于继续深入扎实开展“安全生产年”活动的通知》(国办发〔2012〕14 号)中，要求“着力推进企业安全生产达标创建。加快制定和完善重点行业领域、重点企业安全生产的标准规范，以工矿商贸和交通运输行业领域为主攻方向，全面推进安全生产标准化达标工程建设。对一级企业要重点抓巩固、二级企业着力抓提升、三级企业督促抓改进，对不达标的企业要限期抓整顿，经整改仍不达标的要责令关闭退出，促进企业安全条件明显改善、管理水平明显提高”。

2013 年 1 月 29 日，国家安全监管总局等部门下发《关于全面推进全国工贸行业企业安全生产标准化建设的意见》(安监总管四〔2013〕8 号)。提出要进一步建立健全工贸行业企业安全生产标准化建设政策法规体系，加强企业安全生产规范化管理，推进全员、全方位、全过程安全管理。力求通过努力，实现企业安全管理标准化、作业现场标准化和操作过程标准化，2015 年底前所有工贸行业企业实现安全生产标准化达标，企业安全生产基础得到明显强化。

2014 年 6 月 3 日，国家安全监管总局印发《企业安全生产标准化评审工作管理办法(试行)》(安监总办〔2014〕49 号)，本办法自印发之日起施行。国家安全监管总局印发的《非煤矿山安全生产标准化评审工作管理办法》(安监总管一〔2011〕190 号)、《危险化学品从业单位安全生产标准化评审工作管理办法》(安监总管三〔2011〕145 号)、《国家安全监管总局关于全面开展烟花爆竹企业安全生产标准化工作的通知》(安监总管三〔2011〕151 号)和《全国冶金等工贸企业安全生产标准化考评办法》(安监总管四〔2011〕84 号)同时废止。

2014 年 7 月 31 日，住房城乡建设部印发《建筑施工安全生产标准化考评暂行办法》

(建质〔2014〕111号)。进一步加强建筑施工安全生产管理，落实企业安全生产主体责任，规范建筑施工安全生产标准化考评工作。

2017年4月1，国家安监总局发布的新版《企业安全生产标准化基本规范》(GB/T 33000—2016)正式实施。规定了企业安全生产标准化管理体系建立、保持与评定的原则和一般要求，以及目标职责、制度化管理、教育培训、现场管理、安全风险管控及隐患排查治理、应急管理、事故管理和持续改进8个体系的核心技术要求。适用于工矿商贸企业开展安全生产标准化建设工作，有关行业制修订安全生产标准化标准、评定标准，以及对标准化工作的咨询、服务、评审、科研、管理和规划等。其他企业和生产经营单位等可参照执行。

这一系列重要文件的出台，标志着以岗位达标、专业达标和企业达标为内容的安全生产标准化建设成为了有效防范事故的重要手段，推动企业落实安全生产主体责任的重要抓手，成为创新社会管理、创新安全生产监管体制机制、促进企业转型升级和加快转变经济发展方式的重要内容。

(3) 我国安全生产标准化工作现状及存在问题

安全生产标准化工作虽然取得了一定成绩，积累了经验，但在推动和创建中仍存在一系列的问题。

① 安全生产标准化的工作现状

a. 国务院总体部署，总局指导推动

《国务院关于进一步加强安全生产工作的决定》对安全生产标准工作作出了总体部署，要求“制定和颁布重点行业、领域安全生产技术规范和安全生产质量工作标准。企业生产流程各环节、各岗位要建立严格的安全生产质量责任制。生产经营活动和行为，必须符合安全生产有关法律法规和安全生产技术规范的要求，做到规范化和标准化。”国家安全监管局下发了加强安全生产标准化工作的指导意见，组织召开了各省级安全监管部门和中央企业安全管理部门参加的安全生产标准化宣贯会议，并多次在创建、运行安全生产标准化成效显著的企业召开安全生产标准化工作现场会，介绍地方安全监管部门推动及企业创建安全生产标准化的经验，用事实、成果和经验推动安全生产标准化工作，如2004年在中铝河南分公司召开了非煤矿山和相关行业安全生产标准化现场会、2009年在武汉钢铁(集团)公司召开了冶金、机械等行业安全生产标准化现场会。

b. 针对行业特点，加强制度建设

针对行业特点、生产工艺特征，国家安全监管总局组织力量，制订了煤矿、金属非金属矿山、冶金、机械等行业的考核标准和考评办法，初步形成了覆盖主要行业的安全生产标准化考核标准和评分办法。煤矿考核评级办法分为采煤、掘进、机电、运输、通风、地测防治水等六个专业，同时要求满足矿井百万吨死亡率、采掘关系、资源利用、风量及制定并执行安全质量标准化检查评比及奖惩制度等方面的规定；金属非金属矿山通过国际合作，借鉴南非的经验，围绕建设安全生产标准化的14个核心要素制定了金属非金属地下矿山、露天矿山、尾矿库、小型露天采石场安全生产标准化评分办法；危险化学品采用了计划(P)、实施(D)、检查(C)、改进(A)动态循环、持续改进的管理模式，烟花爆竹分为生产企业和经营企业两部分，制订了考核标准和评分办法；冶金行业制订了炼铁、炼钢单元的考评标准；机械制造企业分为基础管理考评、设备设施安全考评、作业环境与职业健康考评。各地对相关考核标准作了分解细化，提出了实施细则，增强了标准的针对性和可操作性。有色、水泥等行业的考评标准也已出台。

c. 出台配套措施，积极推动工作

各地高度重视，突出重点，稳步推进，摸索出了一些行之有效的经验和办法。部分省(市、区)专门成立了安全生产标准化领导小组，加强组织领导，明确各方面的职责；浙江省一些地市把安全生产标准化创建活动作为对各地政府安全生产目标考核、责任制考核的重要内容，并作为参评全省安全生产红旗单位、先进单位的基本条件之一；安排专项经费用于安全生产标准化工作。部分地区出台了有利于推动安全生产标准化发展的奖惩规定，如取得安全生产标准化证书的企业在安全生产许可证有效期届满时，可以不再进行安全评价，直接办理延期手续；在实施安全生产风险抵押金制度中，其存储金额可按下限缴纳；在安全生产评优、奖励、政策扶持等方面优先考虑，如宁波市鄞州区近三年奖励达标企业约1000万元。对达不到安全生产标准化建设要求的企业，取消其参加安全评优和奖励资格等。这些措施提高了企业开展安全生产标准化工作的积极性，有力推动了安全生产标准化创建工作。

d. 积极开展工作，取得初步成果

在相关行业安全生产标准化文件下发后，各地企业尤其是中央企业积极参加宣贯培训，组织文件学习，按照相关规定，对照标准严格自评，全面、系统地排查事故隐患，对发现的安全隐患，及时、认真地进行整改，并依托外部技术力量进行考评，达到了安全生产标准化的要求。目前，通过国家安全监管总局公告的安全生产标准化一级企业有：金属非金属矿山35家；冶金企业12个家；机械制造企业142家，另有41家企业待审批。各地还有一大批企业通过了二级、三级标准化企业评审，如浙江省上虞市危化企业安全生产标准化参与率达100%，75家取得安全生产许可证的危险化学品企业中有39家达标，其他36家未达标企业中有29家已申报评审。

② 安全生产标准化存在的问题

安全生产标准化工作主要存在以下几个方面的问题：

a. 思想认识不够统一，重视程度不平衡

一些地方安全监管部门人手少、力量不足，将大部分精力放到应付集中整治、大检查等轰轰烈烈的工作和事故救援、调查处理等应急工作上，忽视了安全生产标准化等基础性、长期性工作的重要性。一些企业认为创建安全生产标准化耗时、耗力、耗财，投入多而不能在短期内取得直接经济效益，又不是政府强制性的工作，采取消极应付的态度。

b. 工作缺乏连续性，推进力度不大

安全生产标准工作的特性决定了需要一个不断宣传、发动，逐步推广、提高的过程，不可能在短时间内就全面铺开。一些地方和企业感觉安全生产标准化工作像一阵风，缺乏持续不断、大力推进的态度。随着总局阶段性工作重点的变化，安全生产标准化工作的部署时断时续、时紧时松、时冷时热，每年的要求不一样，于是一些地方和企业处于观望等待状态，影响了工作的深入开展。

c. 达标方式多样，规范程度不足

目前各行业推行的安全生产标准化存在着核心思想不一致、考评办法不统一、分级核准不统一、发牌发证单位不统一等问题。

一是核心思想不统一。金属非金属矿山、危险化学品等行业，运用了PDCA的闭环管理思想，重在建立一个动态循环的安全管理模式，持续改进企业的安全管理绩效；而煤矿、冶金、机械多采用安全检查表的方法，通过与考核标准对照，实时查找隐患并整改来达到标准要求。

二是考评办法不统一。金属非金属矿山在自评完成后，自行选择符合规定条件的考评机构进行外部考评。考评机构依据规范、相应评分办法要求组织专家进行考评，向企业提交标准化考评报告。企业根据考评结果，向具有相应的安全监管部门提出申请；冶金企业在自评完成后，由相应安全监管部门签署意见，向有关考评单位提出申请。考评单位组织专家组对企业进行评审，形成书面评审意见，由考评单位报相应安全监管部门；危险化学品、机械制造企业在自评完成后，向复评机构提出复评申请，复评机构按照评级标准的要求进行复评，向企业和安全监管部门提交复评报告；烟花爆竹企业在自评完成后，向当地安全监管部门提交书面考评申请，安全监管部门直接组织考评或委托具有烟花爆竹安全评价资质的中介机构进行考评，形成考评报告，报组织考评的安全监管部门公告。

三是分级核准不统一。煤矿分为三级：三级煤矿由公司(局)、重点产煤县或县(市)以上煤炭管理部门核准；二级由省(区、市)政府指定的部门或省级煤矿安全监察机构核准；一级由省(区、市)政府指定的部门或省级煤矿安全监察机构初评，报国家煤矿安全监察局核准。金属非金属矿山分为五级：四、五级标准评定工作，可视具体情况由各省局授权市、县级安全监管部门负责；各省级安全监管部门负责组织对达到三级及以下标准的矿山企业进行评定；国家安全监管总局负责组织对达到一、二级标准的矿山企业进行评定。危险化学品、冶金、机械等行业分为三级：三级企业由市级安全监管部门核准；二级由省级安全监管部门核准；一级由国家安全监管总局核准。烟花爆竹分为一、二级及安全生产标准化达标企业：一级企业由省级安全监管部门核准，二级企业和安全生产标准化达标企业的考评申请，由市级安全监管部门核准。

四是发牌发证单位不统一。目前，煤矿、金属非金属矿山、烟花爆竹企业分别由相应的煤矿监察、安全监管部门发牌发证；而危险化学品、冶金、机械等行业由相应的安全监管部门公告，考评单位发牌发证。

上述问题造成了工作混乱，难以管理，同时企业对发牌发证单位的权威性和安全监管部门工作的统一性提出质疑。

d. 激励约束不到位，自愿程度不高

目前，安全生产标准化在法律法规层面缺乏有效支撑，难以依法强制推动，同时全国缺乏对企业开展安全生产标准化工作的激励和约束手段。在有行政许可的行业，总局提出了达标企业在安全生产许可证到期换证时可直接延期或免予现场审查，但无具体措施；在无行政许可的行业，未出台任何激励措施，导致多数企业主动创建安全生产标准化积极性不高。

e. 持续改进不落实，水平提升不明显

部分达到安全生产标准化的企业，在达标后就放松了安全生产管理，未能真正形成持续改进、不断提高的安全管理长效机制；部分企业在考评验收时，制度、台帐等表面文章做得较好，现场检查时集中突击完成整改，但安全生产责任制及相关制度仅停留在纸面上，没有真正落实，造成在一些地方、企业安全生产标准化建设一阵风，搞与不搞一个样，不能完全体现其效果。

(4) 安全生产标准化建设的意义

目前，我国进入以重工业快速发展为特征的工业化中期，工业高速增长，加剧了煤、电、油、运等紧张的状况，加大了事故风险，处于事故易发期，安全生产工作的压力很大。如何采取适合我国经济发展现状和企业实际的安全监管方法和手段，使企业安全生产状况得以有效控制并稳定好转，是当前安全生产工作的重要命题之一。安全生产标准化体现了“安全第一、预防为主、综合治理”的方针和“以人为本”的科学发展观，强调企业安全生产工作的规范化、科学化、系统化和法制化，强化风险管理和过程控制，注重绩效管理和持续改进，符合安全管理的基本规律，代表了现代安全管理的发展方向，是先进安全管理思想与我国传统安全管理方法、企业具体实际的有机结合，将全面提高企业安全生产水平，从而推动我国安全生产状况的根本好转。安全生产标准化建设的主要意义体现在以下方面：

① 安全生产标准化是全面贯彻我国安全生产法律法规、落实企业主体责任的基本手段

各行业安全生产标准化考评标准，无论从管理要素到设备设施要求、现场条件等，均体现了法律法规、标准规程的具体要求，以管理标准化、操作标准化、现场标准化为核心，制定符合自身特点的各岗位、工种的安全生产规章制度和操作规程，形成安全管理有章可循、有据可依、照章办事的良好局面，规范和提高从业人员的安全操作技能。通过建立健全企业主要负责人、管理人员、从业人员的安全生产责任制，将安全生产责任从企业法人落实到每个从业人员、操作岗位，强调了全员参与的重要意义，进行全员、全过程、全方位的梳理工作，全面细致地查找各种事故隐患和问题，以及与考评标准规定不符合的地方，制定切实可行的整改计划，落实各项整改措施，从而将安全生产的主体责任落实到位，促使企业安全生产状况持续好转。

② 安全生产标准化是体现先进安全管理思想、提升企业安全管理水平的重要方法

安全生产标准化是在传统的质量标准化基础上，根据我国有关法律法规的要求、企业

生产工艺特点和中国人文社会特性，借鉴国外现代先进安全管理思想，强化风险管理，注重过程控制，做到持续改进，比传统的质量标准化具有更先进的理念和方法，比国外引进的职业安全健康管理体系有更具体的实际内容，形成了一套系统的、规范的、科学的安全管理体系，是现代安全管理思想和科学方法的中国化，有利于形成和促进企业安全文化建设，促进安全管理水平的不断提升。

③ 安全生产标准化是改善设备设施状况、提高企业本质安全水平的有效途径

开展安全生产标准化活动重在基础、重在基层、重在落实、重在治本。各行业的考核标准在危害分析、风险评估的基础上，对现场设备设施提出了具体的条件，促使企业淘汰落后生产技术、设备，特别是危及安全的落后技术、工艺和装备，从根本上解决了企业安全生产的根本问题，提高企业的安全技术水平和生产力的整体发展水平，提高本质安全水平和保障能力，如浙江省在采石场考核标准中，将中深孔爆破等作为基本条件，极大改善了采石场的安全条件，伤亡事故持续大幅度下降。

④ 安全生产标准化是预防控制风险、降低事故发生的有效办法

通过创建安全生产标准化，对危险有害因素进行系统的识别、评估，制订相应的防范措施，使隐患排查工作制度化、规范化和常态化，切实改变运动式的工作方法，对危险源做到可防可控，提高了企业的安全管理水平，提升了设备设施的本质安全程度，尤其是通过作业标准化，杜绝违章指挥和违章作业现象，控制了事故多发的关键因素，全面降低事故风险，将事故消灭在萌芽状态，减少一般事故，进而扭转重特大事故频繁发生的被动局面。

⑤ 安全生产标准化是建立约束机制、树立企业良好形象的重要措施

安全生产标准化强调过程控制和系统管理，将贯彻国家有关法律法规、标准规程的行为过程及结果定量化或定性化，使安全生产工作处于可控状态，并通过绩效考核、内部评审等方式、方法和手段的结合，形成了有效的安全生产激励约束机制。通过安全生产标准化，企业管理上升到一个新的水平，减少伤亡事故，提高企业竞争力，促进了企业发展，加上相关的配套政策措施及宣传手段，以及全社会关于安全发展的共识和社会各界对安全生产标准化的认同，将为达标企业树立良好的社会形象，赢得声誉，赢得社会尊重。

⑥ 安全生产标准化是建立长效机制、提高安全监管水平的有力抓手

安全生产标准化要求企业各个工作部门、生产岗位、作业环节的安全管理、规章制度和各种设备设施、作业环境，必须符合法律法规、标准规程等要求，是一项系统、全面、基础和长期的工作，克服了工作的随意性、临时性和阶段性，做到用法规抓安全，用制度保安全，实现企业安全生产工作规范化、科学化。开展安全生产标准化工作，对于实行安全许可的矿山、危险化学品等行业，可以全面满足安全许可制度的要求，保证安全许可制度的有效实施，最终能够达到强化源头管理的目的；对于冶金、有色、机械等无行政许可的行业，完善了监管手段，在一定程度上解决了监管缺乏手段的问题，提高了监管力度和监管水平。

(5) 安全标准化的特征

① 预防性

安全标准是保护生命安全和健康的规则。安全生产标准化就是要求企业在生产经营和管理活动中突出了“预防为主”的安全生产理念。要求企业按照安全标准的规定，尊重科学，实行“安全优先”、“以人为本”的原则，从基层和基础工作抓起，对每台设备(设施)从安装到投入生产使用，都要求有明确的安全技术规定；对每个生产环节和每台设备(设施)、每个工种、每个岗位、每步操作，都要求制定安全操作规程，采取有效的安全防护设施、安全技术措施，千方百计地控制危险源，预防事故的发生。企业还必须执行安全或卫生标准的规定，改善作业条件，保护劳动者免受各种危害，保障劳动者人身安全和健康。企业还应制定安全检查标准，定期检查，持续改进和自我改善。

② 强制性

标准是法律的延伸，相对于法律法规，标准更细致，更周密。市场经济是法制经济，政府对市场的管理是依法进行的。如果说法律法规管的是人(法人、自然人，市场行为的主体)，那么技术标准管的就是商品(市场行为的客体)，因此法律法规和技术标准是管理市场经济有序运行的两种必备的手段。两者之间在一定范围和一定领域中是相互依存、相互渗透、相互交叉和相互支持的。

我国称“技术法规”为“强制性标准”或“标准(技术规范)的强制性要求”或“推荐性标准中的强制性条款”。根据《标准化法》第 7 条和《标准化法实施条例》第 18 条的规定，凡“产品及产品生产、储运和使用中的安全、卫生标准，劳动安全、卫生标准，运输安全标准”，“工程建设的质量、安全、卫生标准”(习惯上统称为“安全标准”)，均为强制性标准或推荐性标准中的强制性条款。安全标准就是关于安全生产的技术法规，是国家安全生产法律体系的重要组成部分，具有法的权威性和法律效力，不仅企业应严格遵守，政府部门也应以此作为安全生产监督管理的法定技术依据。安全标准的含义是为规范企业生产安全所制定并实施的相关准则和依据。要求企业在生产经营和管理活动的全过程、全方位、全体员工中、全天候地贯彻实施有关安全生产法律、法规、规程、规章和标准，改善生产工作场所或领域的劳动条件，使每个从业人员、每个操作岗位、每个生产环节全部规范化和标准化，保护劳动者免受各种伤害，保障劳动者人身安全和健康，实现安全生产。

③ 科学性

安全生产标准化要求企业全部生产经营活动中，全面贯彻执行国家、地区、行业颁发的各项安全标准(规程、规章)，按标准科学地组织各种生产经营活动、从事各项管理工作、进行生产作业，强调安全生产的科学性。首先，它要求企业建章立制。因为建章立制是企业管理的基础性工作，是开展安全标准化和搞好安全生产的前提。建章立制包括建立企业的规章、制度、规程、标准等，它涵盖培训、教育、操作、管理、生产、基建、营销等各个环节。其次，它要求企业认真贯彻安全标准、执行安全标准、落实安全标准和其他各项规章制度，把企业的安全生产工作全部纳入安全标准化的轨道，让企业的每个员工从事的各项工作都符合安全标准的规定，从而促进企业工作规范化、管理规范化、操作规范化、行为规范法、技术规范化，加强企业内部安全管理的科学性。第三，它要求并鼓励企业广泛采用新技术、新设备、新材料、新工艺，提高装备的安全性能，及时淘汰危及安全的落后技术、工艺和装备，不断改善安全生产条件，提高本质安全程度和水平，进而达到科学化管理的目的。

④ 统一性

质量是安全的前提，是安全的基础，是安全的保障；从某种意义上讲，没有质量就没有安全。例如压力容器，如其本身(材质、制造工艺、安全附件等)不具备安全性，那就谈不上安全。因此，安全与质量是一体的，应相互结合，统一起来。

作业环境是指劳动者作业场所各种构成要素的总和，主要包括生产工艺流程布置，设备及其排列，器具、零部件、原材料、燃料的存放位置，操作工位、空间、体位、程序和劳动组织形式的设计，作业场所的温度、湿度、空气质量等气象条件和照明、色彩、辐射、噪声等物理因素，易燃易爆、腐蚀性物质、有毒有害气体、粉尘等的管理和有效控制，个人防护用品的配备和使用等。众所周知，上述构成作业环境的各个要素都对安全有着直接影响，有不少事故就是由于作业环境不良而引发的。不良的作业环境，还影响作业人员的健康。如长期在强噪声作业场所作业会导致职业性耳聋等。因此，安全与环境具有统一性。

由此可见，安全与质量、环境存在着内在的联系，具有不可分割的统一性，企业完全可以把安全与质量、环境统一起来，作为一项系统工程来抓。

⑤ 公平性

国家、行业、地区颁发的各项安全标准(规程、规章)对企业的安全生产条件的要求，只要生产类型、生产工艺、生产作业程序相同，则是一致的，一视同仁，严格执行同一标准。例如，不论是大型国有煤矿，还是地方煤矿或私营煤矿，国家都是依据《煤矿安全规程》对其安全生产状况实施监督管理的。

⑥ 可持续发展性

安全标准化要求在全面贯彻落实现行的国家、行业、地区安全生产法律法规和标准(规程、规章)的同时，根据实施过程中发现的问题和社会经济发展、科技进步，借鉴国际安全标准，及时修订、完善原有的相关标准，或废弃某些旧标准，制定新标准，或直接采用国际标准和国外先进标准。同时，要积极采用安全科学技术研究成果，不断提高安全标准的技术含量和前瞻性，使安全标准成为推动安全科技进步、创新的动力，促使安全科技成果转化的桥梁。

6.3.2　安全生产标准化体系

(1) 安全生产标准化体系概述

安全生产标准化体系是指为维持生产经营活动，保障安全生产而制定颁布的一切有关的安全生产方面的技术、管理、方法、产品等标准的有机组合，既包括现行的安全生产标准，也包括正在制定修订和计划规定修订的安全生产标准。

建立安全生产标准化体系的目的：一是为企业安全生产和安全生产整体水平的提高提供保障。二是建立结构合理、重点突出、符合国情的安全生产标准体系，为安全生产提供技术支持。三是为政府部分依法行政、安全生产监管监察以及标准的科学管理提供技术支持。通过对安全生产标准化体系分析，确定重点领域和重点项目，为政府部门制定标准年度制定和修订计划提供依据。四是适应加入 WTO 后新形势的需要，加快与国际安全生产标准化工作接轨。

建立安全生产标准化体系的原则：一是应遵循系统性原则，系统性是指安全生产标准化体系各要素相互作用、相互联系，构成一个有机整体。二是应遵循层次性原则，层次性是指安全标准化体系在构成上按照外延和隶属关系分成不同层次。三是应遵循协调性原则，协调性是指在建立安全生产标准化体系时要全面考虑各领域的平衡，同时突出当前标准化工作的重点和急需。四是应遵循先进性原则，先进性是指积极采用和推广科研新成果，配合国家相关政策和法规的实施，提高市场准入门槛，淘汰落后的生产工艺、设备、技术和产品。

按照安全标准的属性特征，依据不同的分类方法，可将安全生产标准体系分为安全生产标准内容体系和安全生产标准层次体系。

(2) 安全生产标准化内容体系

事故致因理论认为，事故的发生是因为系统的人、物、环境、管理四要素不和谐引发的。预防事故就应从系统的人、物、环境、管理四方面着手进行。安全标准是用来预防事故(职业病)发生的，因此它必须针对人的不安全行为、物的不安全状态、环境不利因素、管理欠缺因素四方面制定一系列强制性的统一的规范化的安全要求，对危险源实行控制与保护。根据这个理论，按照标准的内容属性的类型，安全生产标准分为基础标准、方法标准、技术标准、产品标准、管理标准。

安全生产标准内容体系是按标准的内容属性划分类型的，可分为基础标准、管理标准、技术标准、产品标准、方法标准(图 6-7)。

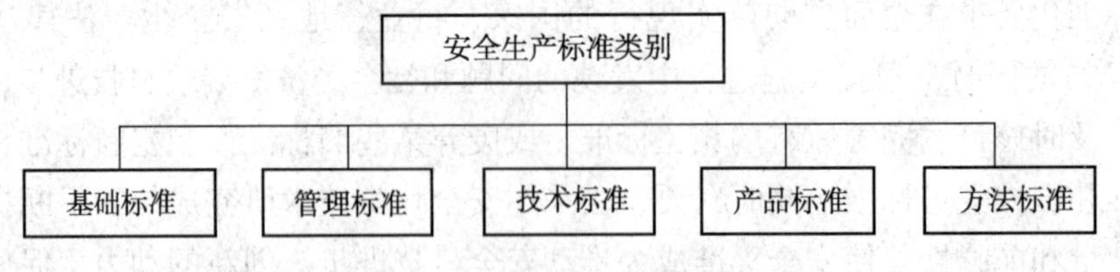

图 6-7　安全生产标准类别

① 基础标准

基础标准是指在安全生产领域的不同范围内，对普遍的、广泛通用的共性认识所做的统一的规定，它在一定范围内作为制定其他安全标准的依据和共同遵守的准则，是安全生产领域最基本、最具有共性、最具有广泛指导意义、通用性很强的安全标准。其内容包括两类：

安全标准制定(修订)时所必须遵循的基本原则、要求、术语、符号；制定各种应用类安全标准、综合类安全标准的技术规定；物质的危险性和有害性的基本规定；材料安全性能的基本特性及基本检测方法等；生产过程危险和有害因素分类代码；企业安全生产标准体系表编制原则、要求及编制指南；等等。

通用性强的安全标准，如安全标志、安全标志使用导则、安全色、安全色使用导则、报警信号通则、紧急撤离信号、工业管路的基本识别色和识别符号等。

② 管理标准

管理标准是指在安全生产领域的不同范围内，通过计划、组织、控制、监督、检查、评价与考核等管理活动的内容、程序、方法，使生产过程中人、物、环境和管理方面的各个因素处于安全受控状态，直接服务于生产、经营、管理的准则或规定。安全生产方面的管理标准主要包括安全教育、培训和考核等标准，如特种作业人员考核标准、重大事故隐患评价方法及分级标准、事故统计分析标准、职业病统计分析标准等。

③ 技术标准

技术标准是指在安全生产领域的不同范围内，对于生产过程中的设计、施工、操作、安装等具体技术要求及实施程序中设立的、必须符合一定安全要求并能达到此要求的实施技术和规范的总称。如压力容器与管道安全标准、机械安全标准、金属非金属矿山安全规程、石油化工企业设计规范、烟花爆竹工厂设计安全规范、烟花爆竹劳动安全技术规程、民用爆破器材工厂设计安全规范、建筑设计防火规范等。

④ 产品标准

产品标准是指对某一具体的产品的安全功能或某一具体的安全设备、设施、装置、器具、防护用品等的型式、尺寸、主要性能参数、质量指标、试验方法、检测检验规则、标志、包装、运输、储存、使用、维修等方面所作出的统一的规定。产品标准的主要内容包括：

a. 产品的适用范围；

b. 产品的品种、规则和结构形式；

c. 产品的主要性能；

d. 产品的试验、检验方法和验收规则；

e. 产品的包装、储存和运输等方面的要求。

产品标准是在一定时期和一定范围内具有约束力的技术准则，是产品生产、检验、验收、使用、维护和洽谈贸易的重要技术依据。如煤矿安全监控系统、煤矿用隔离式自救器等。

⑤ 方法标准

方法标准是指在安全生产领域的不同范围内，对各项生产过程中安全技术活动的方法所作出规定。其内容包括以下两类：

以试验、检查、分析、抽样、统计、计算、测定、作业等方法为对象制定的标准。如试验方法、检查方法、分析方法、测定方法、抽样方法、设计规范、计算方法、工艺规程、作业指导书、生产方法、操作方法等。

为保证产品的安全功能可靠性，在生产、作业、试验、业务处理等各个环节的工作方法所制定的统一规定。如安全帽测试方法、安全评价通则、安全预评价导则、安全验收评价导则、安全现状评价导则、作业场所有害因素分类分级标准、作业环境评价及分类标准、噪声与振动控制标准、电磁辐射防护标准、防护服装机械性能材料抗刺穿性及动态撕裂性的试验方法等。

(3) 安全生产标准化层次体系

安全生产标准层次体系是按标准的层次属性的类型划分的，可分为通用安全标准(如名词术语、安全标志等)和专业(工业领域)安全标准(煤矿、化工等)，如图 6-8 所示。

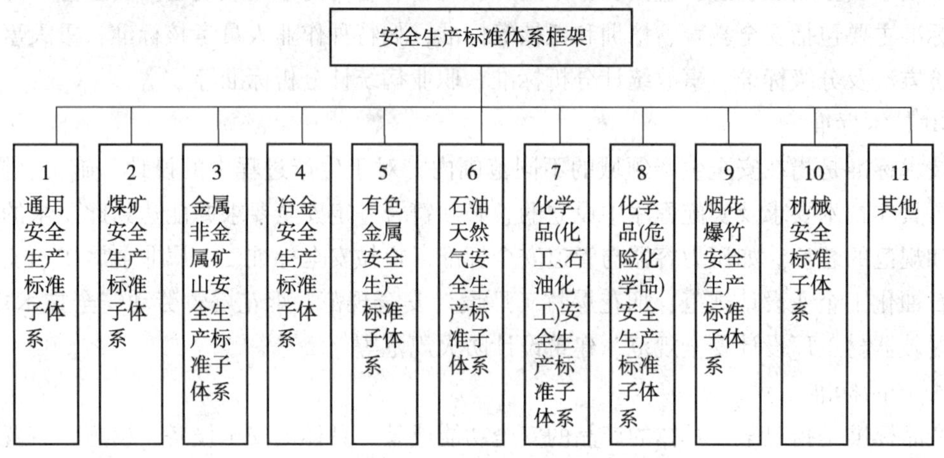

图 6-8　安全生产标准体系框架

安全生产通用标准子体系主要是指在安全生产领域的不同范围均适用的基础类安全标准、方法类安全标准、技术类安全标准与管理类安全标准。主要包括名词与术语、基本规定、风险评价、安全培训、安全信息(安全色、安全标志、报警信号灯)、厂内交通与运输、安全检查与监察、应急管理、事故评价、中介结构评价、生产工艺和设备设施安全与检测、安全防护装置、材料与燃料安全与检测、个体防护设备以及防尘防毒和涂装作业等安全标准，如表 6-2 所示。

2008 年 9 月 3 日，国家标准化管理委员会、国家安全生产监督管理总局、工业和信息化部和国家质量监督检验检疫总局联合发布《2008-2010 年全国安全生(部分工业领域)标准化发展规划》(国标委工一联〔2008〕148 号)，该《规划》在分析我国安全生产工作形势和安全生产标准化工作现状和需求的基础上，重点围绕煤矿、金属非金属矿山、冶金、有色、化学品(化工、石油化工、危险化学品)、石油天然气、烟花爆竹和机械等部分工业领域，构建了安全生产标准体系框架，提出了 2008 年至 2010 年安全生产标准制修订重点项目 552 项，其中国家标准 143 项，行业标准 409 项。专业(工业领域)安全生产标准子体系如表 6-2~表 6-10 所示。

表 6-2 煤矿安全生产标准子体系框架

一级	二级	三级	四级
煤矿安全生产标准子体系	基础标准	安全术语	
		安全标识	
	管理标准	瓦斯抽放管理	
		安全综合管理	重大危险源安全监管
			煤矿安全规程
			安全生产规范
			安全培训
			事故管理
		救护管理	矿山救护器材管理
		瓦斯防治	
	技术标准	水害防治	矿山抢险排水技术
			井下高压含水层探水钻探技术
			矿井承压水开采安全技术
		粉尘防治	锚喷工作面粉尘防治技术
		火灾防治	矿井火区启封和注销技术
			矿井防火墙安全
		通风	煤矿通风能力核定
		害防治	煤矿降温装置技术

表 6-3 金属非金属矿山安全生产标准子体系框架

一级	二级	三级	四级
金属非金属矿山安全生产标准子体系	基础标准	术语定义	
		分类与标识	
	管理标准	安全生产规范	
		安全评价	
		安全培训	
		事故应急与事故管理	
	技术标准	生产作业标准	开采
			选矿
		检测检验标准	检测检验设备
			检测检验方法
			检测检验内容

表 6-4　冶金安全生产标准子体系框架

<table>
<tr><th>一级</th><th>二级</th><th>三级</th><th>四级</th></tr>
<tr><td rowspan="12">冶金安全生产标准子体系</td><td rowspan="2">基础标准</td><td>安全术语</td><td></td></tr>
<tr><td>安全标识</td><td></td></tr>
<tr><td rowspan="3">管理标准</td><td>安全检查与风险评价</td><td></td></tr>
<tr><td>厂内运输安全</td><td></td></tr>
<tr><td>应急响应和事故管理</td><td></td></tr>
<tr><td rowspan="7">技术标准</td><td>焦化安全生产技术</td><td></td></tr>
<tr><td>铁合金安全生产技术</td><td></td></tr>
<tr><td>炼铁安全生产技术</td><td></td></tr>
<tr><td>炼钢安全生产技术</td><td></td></tr>
<tr><td>轧制 \ 挤压 \ 锻压安全生产技术</td><td></td></tr>
<tr><td>耐火材料安全生产技术</td><td></td></tr>
<tr><td>涂镀安全生产技术</td><td></td></tr>
</table>

表 6-5　有色安全生产标准子体系框架

<table>
<tr><th>一级</th><th>二级</th><th>三级</th><th>四级</th></tr>
<tr><td rowspan="15">有色安全生产标准子体系</td><td rowspan="2">基础标准</td><td>安全术语</td><td></td></tr>
<tr><td>安全标识</td><td></td></tr>
<tr><td rowspan="3">管理标准</td><td>安全管理</td><td></td></tr>
<tr><td>企业交通与运输</td><td></td></tr>
<tr><td>应急响应和事故管理</td><td></td></tr>
<tr><td rowspan="10">技术标准</td><td rowspan="3">矿产品</td><td>氧化铝安全</td></tr>
<tr><td>重金属精矿安全</td></tr>
<tr><td>稀有金属精矿安全</td></tr>
<tr><td rowspan="3">冶炼产品</td><td>轻金属(铝镁钛等)安全</td></tr>
<tr><td>重金属(铜铅锌镍锡锑)安全</td></tr>
<tr><td>稀有金属以及其他(钨钼等)安全</td></tr>
<tr><td rowspan="4">加工产品</td><td>铸轧产品安全</td></tr>
<tr><td>挤压产品安全</td></tr>
<tr><td>轧制产品安全</td></tr>
<tr><td>铸造产品安全</td></tr>
</table>

表 6-6　石油天然气安全生产标准子体系框架

一级	二级	三级	四级
石油天然气安全生产标准子体系	基础标准	安全术语	
		安全标识	
	管理标准	HSE 管理体系	
		安全生产综合管理	重大危险源安全监督
			应急救援预案
		劳动保护与职业卫生	劳动防护用品器材
			职业卫生监督与防护
	技术标准	油气防火防爆	
		勘探开发	地质物探安全
			钻井安全
			采油采气安全
			油气集输安全
		油气储运与油气建设安全	油气管道工程安全
			油气储存库安全
			油气建设施工安全
		海上油气	海洋石油天然气安全
			滩海石油天然气安全

表 6-7　化学品(化工、石油化工)安全生产标准子体系框架

一级	二级	三级	四级
化学品(化工、石油化工)安全生产标准子体系	基础标准	安全术语	
		安全标识	
	管理标准	综合管理	
		风险评估	
		安全培训	
		作业安全	
		安全生产规范	
		职业危害防护	
		应急响应和事故管理	
		检查与检测检验	
	技术标准	通用技术	
		施工安全	
		生产安全	

续表

一级	二级	三级	四级
化学品(化工、石油化工)安全生产标准子体系	技术标准	设备安全	
		工艺安全	
		储运安全	
		储存和包装安全	
		作业及检修安全	
		使用安全	
		公用工程	
		电气安全	
		仪表自动化	
		电信安全	
		总平面布置	
		土建安全	

表 6-8　化学品(危险化学品)安全生产标准子体系框架

一级	二级	三级	四级
化学品(危险化学品)安全生产标准子体系	基础标准	术语定义	
		分类与标识	
	管理标准	安全生产规范	
		应急救援	重大危险源安全监管
			应急救援预案
		职业危害防护	企业防护器材管理
	技术标准	设计和建设	
		生产安全	危险化学品企业安全距离
			危险化学品生产防火、防爆
			危险化学品安全生产
		运输安全	道路运输监控技术
		储存和包装安全	危险化学品储存安全
			危险化学品包装安全
		作业及检修	装置大修、检修和作业
		使用安全	危险化学品使用安全
	产品标准	堵漏器材安全技术规范	
		照明器材安全技术规范	
		呼吸防护器材安全技术规范	
		检测仪器安全技术规范	
		呼救器材安全技术规范	
		防爆通讯器材安全技术规范	

表 6-9　烟花爆竹安全生产标准子体系框架

一级	二级	三级	四级
烟花爆竹安全生产标准子体系	基础标准	安全术语	
		安全标识	
	管理标准	管理方法和规范	
		工程竣工安全验收	
		安全评价	
	技术标准	原辅材料测试和使用	
		生产作业场所	
		生产技术工艺	
		生产设备设施	
		工程设计安全	

表 6-10　机械安全生产标准子体系框架

一级	二级	三级	四级
机械安全标准子体系	基础标准	安全术语	
		安全标识	
	管理标准	风险评价	
		指导性规范	
	技术标准	安全特征、参数部分	安全距离
			接近速度
			温度限值
			卫生要求
			人类工效学
			排放
			辐射
			防火
			防爆
			集成制造
		安全装置部分	控制系统
			急停
			意外启动
			双手控制
			联锁装置
			压敏
			防护装置
			梯子
			进入设施

6.3.3 工贸行业企业安全标准化建设

2011年5月，国务院安全生产委员会办公室发布《国务院安委会办公室关于深入开展全国冶金等工贸企业安全生产标准化建设的实施意见》(安委办〔2011〕18号)，提出了工贸行业企业安全生产标准化建设的指导思想、工作原则和工作目标，明确了安全生产标准化建设的主要途径，落实了安全生产标准化建设的保障措施。

2012年4月，中国安全生产协会主编了《工贸行业企业安全生产标准化建设实施指南》，对工贸行业企业安全标准化建设原则、系统构成、建设流程、评审管理等进行了详细阐述。

2016年5月，国家安全生产监督管理总局办公厅颁布了《工贸行业企业安全生产标准化样板地区建设指导意见》，要求样板地区通过1~1年半的时间，实现辖区内所有规模以上企业完成标准化建设并开展自评工作，规模以下企业全面开展标准化建设工作。对于已完成标准化建设的企业，应开展标准化建设“回头看”，重点检查企业主要负责人抓标准化建设、全员参与创建、全员岗位达标、较大危险因素的辨识管控、失分项整改、标准化安全管理体系运行及持续改进等情况，不断提升企业标准化建设质量；对于未完成标准化建设的企业，要通过建立适合的安全生产责任制、规章制度和岗位安全操作规程并有效落实，做到现场安全管理有序、到位，从而建立一套适合于本企业的安全生产管理体系。

(1) 工贸行业企业安全标准化建设原则

安全生产标准化是安全生产理论创新的重要内容，是科学发展、安全发展战略的基础工作，是创新安全监管体制的重要手段。在全面推进安全生产标准化建设工作中，要坚持“政府推动、企业为主，总体规划、分步实施，立足创新、分类指导，持续改进、巩固提升”的建设原则。

① 政府推动、企业为主

安全生产标准化是将企业安全生产管理基本的要求进行系统化、规范化，使得企业安全生产工作满足国家安全法律法规、标准规范的要求，是企业安全管理的自身需求，是企业落实主体责任的重要途径，因此创建的责任主体是企业。在现阶段，许多企业自身能力和素质还达不到主动创建、自主建设的要求，需要政府的帮助和服务。政府部门在企业安全生产标准化建设的职责就是通过出台法律、法规、文件以及约束奖励机制政策，加大舆论宣传，加强对企业主要负责人安全生产标准化内涵和意义的培训工作，推动企业积极开展安全生产标准化建设工作，建立完善的安全管理体系，提升本质安全水平。

② 总体规划、分步实施

安全生产标准化工作是落实企业主体责任、建立安全生产长效机制的有效手段，各级安全监管部门、负有安全监管职责的有关部门必须摸清辖区内企业的规模、种类、数量等基本信息，根据企业大小不等、素质不整、能力不同、时限不一等实际情况，进行总体规划，做到全面推进、分步实施，使所有企业都行动起来，在扎实推进的基础上，逐步进行分批达标。防止出现“创建搞运动，评审走过场”的现象。

③ 立足创新、分类指导

在企业安全生产标准化创建过程中，重在企业创建和自评阶段，要建立健全各项安全生产制度、规程、标准等，并在实际中贯彻执行。各地在推进安全生产标准化建设过程中，要从各地的实际情况出发，创新评审模式，高质量地推进安全生产标准化建设工作。

对无法按照国家安全生产监督管理总局已发布的行业安全生产标准化评定标准进行三级达标的小微企业，各地可创造性地制定地方安全生产标准化小微企业达标标准，把握小微企业安全生产特点，从建立企业基本安全规章制度、提高企业员工基本安全技能、关注企业重点生产设备安全状况及现场条件等角度，制定达标条款，从而全面指导小微企业开展建设达标工作。

④ 持续改进、巩固提升

安全生产标准化的重要步骤是创建、运行和持续改进，是一项长期工作。外部评审定级仅仅是检验建设效果的手段之一，不是标准化建设的最终目的。对于安全生产标准化建设工作存在认识不统一、思路不清晰的问题，一些企业甚至部分地方安全监管部门认为，安全生产标准化是一种短期行为，取得等级证书之后安全生产标准化工作就结束了，这种观点是错误的。企业在达标后，每年需要进行自评工作，通过不断运行来检验其建设效果。一方面，对安全生产标准一级达标企业要重点抓巩固，在运行过程中不断提高发现问题和解决问题的能力；二级企业着力抓提升，在运行一段时间后鼓励向一级企业提升；三级企业督促抓改进，对于建设、自评和评审过程中存在的问题、隐患要及时进行整改，不断改善企业安全生产绩效，提升安全管理水平，做到持续改进。另一方面，各专业评定标准也会按照我国企业安全生产状况，结合国际上先进的安全管理思想不断进行修订、完善和提升。

(2) 工贸行业企业安全标准化建设作用

开展企业安全生产标准化建设工作，是进一步落实企业安全生产主体责任，强化企业安全生产基础工作，改善安全生产条件，提高管理水平，预防事故，对保障生命财产安全有着重要的作用：

① 安全生产标准化是落实企业安全生产主体责任的必要途径

国家有关安全生产法律法规和规定明确要求，要严格企业安全管理，全面开展安全达标。企业是安全生产的责任主体，也是安全生产标准化建设的主体，要通过加强企业每个岗位和环节的安全生产标准化建设，不断提高安全管理水平，促进企业安全生产主体责任落实到位。

② 安全生产标准化是强化企业安全生产基础工作的长效制度

安全生产标准化建设涵盖了增强人员安全素质、提高装备设施水平、改善作业环境、强化岗位责任落实等各个方面，是一项长期的、基础性的系统工程，有利于全面促进企业提高安全生产保障水平。

③ 安全生产标准化是政府实施安全生产分类指导、分级监管的重要依据

实施安全生产标准化建设考评，将企业划分为不同等级，能够客观真实地反映出各地区企业安全生产状况和不同安全生产水平的企业数量，为加强安全监管提供有效的基础数据。

④ 安全生产标准化是有效防范事故发生的重要手段

深入开展安全生产标准化建设，能够进一步规范从业人员的安全行为，提高机械化和信息化水平，促进现场各类隐患的排查治理，推进安全生产长效机制建设，有效防范和坚决遏制事故发生，促进全国安全生产状况持续稳定好转。

(3) 工贸行业企业安全生产标准化系统构成

工贸行业企业安全生产标准化系统由《企业安全生产标准化基本规范》、各专业评定标准、考评办法、评审管理办法等共同构成。

①《企业安全生产标准化基本规范》

《企业安全生产标准化基本规范》(AQ/T 9006—2010，以下简称《基本规范》)是目前各行业的安全生产标准化评定标准、考评办法制定的基本依据，指导企业建立和保持安全生产标准化系统；规定安全生产标准化系统建设的原则、过程和方式；明确安全生产标准化系统的核心内容和要求。

《基本规范》共分为范围、规范性引用文件、术语和定义、一般要求、核心要求等五章。其核心要求共分为13项一级要素、42项二级要素、87条具体条款要求，对企业安全生产工作的目标，组织机构和职责，安全生产投入，法律法规与安全管理制度，教育培训，生产设备设施，作业安全，隐患排查和治理，重大危险源监控，职业健康，应急救援，事故报告、调查和处理，绩效评定和持续改进等13个方面的内容做了具体规定。具体见表7-10。

表7-10 《基本规范》核心要求

序号	一级要素	二级要素	具体条款
1	目标		企业根据自身安全生产实际，制定总体和年度安全生产目标
			按照所属基层单位和部门在生产经营中的职能，制定安全生产指标和考核办法
2	组织机构和职责	组织机构	企业应按规定设置安全生产管理机构，配备安全生产管理人员
		职责	企业主要负责人应按照安全生产法律法规赋予的职责，全面负责安全生产工作，并履行安全生产义务
			企业应建立安全生产责任制，明确各级单位、部门和人员的安全生产职责
3	安全生产投入		企业应建立安全生产投入保障制度，完善和改进安全生产条件，按规定提取安全费用，专项用于安全生产，并建立安全费用台账

续表

序号	一级要素	二级要素	具体条款
4	法律法规与安全管理制度	法律法规、标准规范	企业应建立识别和获取适用的安全生产法律法规、标准规范的制度，明确主管部门，确定获取的渠道、方式，及时识别和获取适用的安全生产法律法规、标准规范
			企业各职能部门应及时识别和获取本部门适用的安全生产法律法规、标准规范，并跟踪、掌握有关法律法规、标准规范的修订情况，及时提供给企业内负责识别和获取适用的安全生产法律法规的主管部门汇总
			企业应将适用的安全生产法律法规、标准规范及其他要求及时传达给从业人员
			企业应遵守安全生产法律法规、标准规范，并将相关要求及时转化为本单位的规章制度，贯彻到各项工作中
		规章制度	企业应建立健全安全生产规章制度，并发放到相关工作岗位，规范从业人员的生产作业行为
			安全生产规章制度至少应包含下列内容：安全生产职责、安全生产投入、文件和档案管理、隐患排查与治理、安全教育培训、特种作业人员管理、设备设施安全管理、建设项目安全设施“三同时”管理、生产设备设施验收管理、生产设备设施报废管理、施工和检维修安全管理、危险物品及重大危险源管理、作业安全管理、相关方及外用工管理，职业健康管理、防护用品管理，应急管理，事故管理等
		操作规程	企业应根据生产特点，编制岗位安全操作规程，并发放到相关岗位
		评估	企业应每年至少一次对安全生产法律法规、标准规范、规章制度、操作规程的执行情况进行检查评估
		修订	企业应根据评估情况、安全检查反馈的问题、生产安全事故案例、绩效评定结果等，对安全生产管理规章制度和操作规程进行修订，确保其有效和适用，保证每个岗位所使用的为最新有效版本
		文件和档案管理	企业应严格执行文件和档案管理制度，确保安全规章制度和操作规程编制、使用、评审、修订的效力
			企业应建立主要安全生产过程、事件、活动、检查的安全记录档案，并加强对安全记录的有效管理

续表

序号	一级要素	二级要素	具体条款
5	教育培训	教育培训管理	企业应确定安全教育培训主管部门，按规定及岗位需要，定期识别安全教育培训需求，制定、实施安全教育培训计划，提供相应的资源保证
			应做好安全教育培训记录，建立安全教育培训档案，实施分级管理，并对培训效果进行评估和改进
		安全生产管理人员教育培训	企业的主要负责人和安全生产管理人员，必须具备与本单位所从事的生产经营活动相适应的安全生产知识和管理能力。法律法规要求必须对其安全生产知识和管理能力进行考核的，须经考核合格后方可任职
		操作岗位人员教育培训	企业应对操作岗位人员进行安全教育和生产技能培训，使其熟悉有关的安全生产规章制度和安全操作规程，并确认其能力符合岗位要求。未经安全教育培训，或培训考核不合格的从业人员，不得上岗作业
			新入厂(矿)人员在上岗前必须经过厂(矿)、车间(工段、区、队)、班组三级安全教育培训
			在新工艺、新技术、新材料、新设备设施投入使用前，应对有关操作岗位人员进行专门的安全教育和培训
			操作岗位人员转岗、离岗一年以上重新上岗者，应进行车间(工段)、班组安全教育培训，经考核合格后，方可上岗工作
			从事特种作业的人员应取得特种作业操作资格证书，方可上岗作业
		其他人员教育培训	企业应对相关方的作业人员进行安全教育培训。作业人员进入作业现场前，应由作业现场所在单位对其进行进入现场前的安全教育培训
			企业应对外来参观、学习等人员进行有关安全规定、可能接触到的危害及应急知识的教育和告知
		安全文化建设	企业应通过安全文化建设，促进安全生产工作
			企业应采取多种形式的安全文化活动，引导全体从业人员的安全态度和安全行为，逐步形成为全体员工所认同、共同遵守、带有本单位特点的安全价值观，实现法律和政府监管要求之上的安全自我约束，保障企业安全生产水平持续提高
6	生产设备设施	生产设备设施建设	企业建设项目的所有设备设施应符合有关法律法规、标准规范要求；安全设备设施应与建设项目主体工程同时设计、同时施工、同时投入生产和使用
			企业应按规定对项目建议书、可行性研究、初步设计、总体开工方案、开工前安全条件确认和竣工验收等阶段进行规范管理
			生产设备设施变更应执行变更管理制度，履行变更程序，并对变更的全过程进行隐患控制

续表

序号	一级要素	二级要素	具体条款
6	生产设备设施	设备设施运行管理	企业应对生产设备设施进行规范化管理，保证其安全运行
			企业应有专人负责管理各种安全设备设施，建立台账，定期检维修。对安全设备设施应制定检维修计划
		新设备设施验收及旧设备拆除、报废	设备的设计、制造、安装、使用、检测、维修、改造、拆除和报废，应符合有关法律法规、标准规范的要求
			企业应执行生产设备设施到货验收和报废管理制度，应使用质量合格、设计符合要求的生产设备设施
			拆除的生产设备设施应按规定进行处置。拆除的生产设备设施涉及到危险物品的，须制定危险物品处置方案和应急措施，并严格按规定组织实施
7	作业安全	生产现场管理和生产过程控制	企业应加强生产现场安全管理和生产过程的控制。对生产过程及物料、设备设施、器材、通道、作业环境等存在的隐患，应进行分析和控制。对动火作业、受限空间内作业、临时用电作业、高处作业等危险性较高的作业活动实施作业许可管理，严格履行审批手续。作业许可证应包含危害因素分析和安全措施等内容
			企业进行爆破、吊装等危险作业时，应当安排专人进行现场安全管理，确保安全规程的遵守和安全措施的落实
		作业行为管理	企业应加强生产作业行为的安全管理。对作业行为隐患、设备设施使用隐患、工艺技术隐患等进行分析，采取控制措施
		警示标志	企业应根据作业场所的实际情况，按照GB2894及企业内部规定，在有较大危险因素的作业场所和设备设施上，设置明显的安全警示标志，进行危险提示、警示，告知危险的种类、后果及应急措施等
			企业应在设备设施检维修、施工、吊装等作业现场设置警戒区域和警示标志，在检维修现场的坑、井、洼、沟、陡坡等场所设置围栏和警示标志
		相关方管理	企业应执行承包商、供应商等相关方管理制度，对其资格预审、选择、服务前准备、作业过程、提供的产品、技术服务、表现评估、续用等进行管理
			企业应建立合格相关方的名录和档案，根据服务作业行为定期识别服务行为风险，并采取行之有效的控制措施
			企业应对进入同一作业区的相关方进行统一安全管理
			不得将项目委托给不具备相应资质或条件的相关方。企业和相关方的项目协议应明确规定双方的安全生产责任和义务
		变更	企业应执行变更管理制度，对机构、人员、工艺、技术、设备设施、作业过程及环境等永久性或暂时性的变化进行有计划的控制。变更的实施应履行审批及验收程序，并对变更过程及变更所产生的隐患进行分析和控制

续表

序号	一级要素	二级要素	具体条款
8	隐患排查和治理	隐患排查	企业应组织事故隐患排查工作，对隐患进行分析评估，确定隐患等级，登记建档，及时采取有效的治理措施
			法律法规、标准规范发生变更或有新的公布，以及企业操作条件或工艺改变，新建、改建、扩建项目建设，相关方进入、撤出或改变，对事故、事件或其他信息有新的认识，组织机构发生大的调整的，应及时组织隐患排查
			隐患排查前应制定排查方案，明确排查的目的、范围，选择合适的排查方法
			排查方案应依据：——有关安全生产法律、法规要求； ——设计规范、管理标准、技术标准； ——企业的安全生产目标等
		排查范围与方法	企业隐患排查的范围应包括所有与生产经营相关的场所、环境、人员、设备设施和活动
			企业应根据安全生产的需要和特点，采用综合检查、专业检查、季节性检查、节假日检查、日常检查等方式进行隐患排查
		隐患治理	企业应根据隐患排查的结果，制定隐患治理方案，对隐患及时进行治理
			隐患治理方案应包括目标和任务、方法和措施、经费和物资、机构和人员、时限和要求。重大事故隐患在治理前应采取临时控制措施并制定应急预案
			隐患治理措施包括：工程技术措施、管理措施、教育措施、防护措施和应急措施
			治理完成后，应对治理情况进行验证和效果评估
		预测预警	企业应根据生产经营状况及隐患排查治理情况，运用定量的安全生产预测预警技术，建立体现企业安全生产状况及发展趋势的预警指数系统
9	重大危险源监控	辨识与评估	企业应依据有关标准对本单位的危险设施或场所进行重大危险源辨识与安全评估
		登记建档与备案	企业应当对确认的重大危险源及时登记建档，并按规定备案
		监控与管理	企业应建立健全重大危险源安全管理制度，制定重大危险源安全管理技术措施

续表

序号	一级要素	二级要素	具体条款
10	职业健康	职业健康管理	企业应按照法律法规、标准规范的要求，为从业人员提供符合职业健康要求的工作环境和条件，配备与职业健康保护相适应的设施、工具
			企业应定期对作业场所职业危害进行检测，在检测点设置标识牌予以告知，并将检测结果存入职业健康档案
			对可能发生急性职业危害的有毒、有害工作场所，应设置报警装置，制定应急预案，配置现场急救用品、设备，设置应急撤离通道和必要的泄险区
			各种防护器具应定点存放在安全、便于取用的地方，并有专人负责保管，定期校验和维护
			企业应对现场急救用品、设备和防护用品进行经常性的检维修，定期检测其性能，确保其处于正常状态
		职业危害告知和警示	企业与从业人员订立劳动合同时，应将工作过程中可能产生的职业危害及其后果和防护措施如实告知从业人员，并在劳动合同中写明
			企业应采用有效的方式对从业人员及相关方进行宣传，使其了解生产过程中的职业危害、预防和应急处理措施，降低或消除危害后果
			对存在严重职业危害的作业岗位，应按照 GBZ 158 要求设置警示标识和警示说明。警示说明应载明职业危害的种类、后果、预防和应急救治措施
		职业危害申报	企业应按规定，及时、如实向当地主管部门申报生产过程存在的职业危害因素，并依法接受其监督
11	应急救援	应急机构和队伍	企业应按规定建立安全生产应急管理机构或指定专人负责安全生产应急管理工作
			企业应建立与本单位安全生产特点相适应的专兼职应急救援队伍，或指定专兼职应急救援人员，并组织训练；无需建立应急救援队伍的，可与附近具备专业资质的应急救援队伍签订服务协议
		应急预案	企业应按规定制定生产安全事故应急预案，并针对重点作业岗位制定应急处置方案或措施，形成安全生产应急预案体系
			应急预案应根据有关规定报当地主管部门备案，并通报有关应急协作单位
			应急预案应定期评审，并根据评审结果或实际情况的变化进行修订和完善
		应急设施、装备、物资	企业应按规定建立应急设施，配备应急装备，储备应急物资，并进行经常性的检查、维护、保养，确保其完好、可靠
		应急演练	企业应组织生产安全事故应急演练，并对演练效果进行评估。根据评估结果，修订、完善应急预案，改进应急管理工作
		事故救援	企业发生事故后，应立即启动相关应急预案，积极开展事故救援

续表

序号	一级要素	二级要素	具体条款
12	事故报告、调查和处理	事故报告	企业发生事故后，应按规定及时向上级单位、政府有关部门报告，并妥善保护事故现场及有关证据。必要时向相关单位和人员通报
		事故调查和处理	企业发生事故后，应按规定成立事故调查组，明确其职责与权限，进行事故调查或配合上级部门的事故调查
			事故调查应查明事故发生的时间、经过、原因、人员伤亡情况及直接经济损失等
			事故调查组应根据有关证据、资料，分析事故的直接、间接原因和事故责任，提出整改措施和处理建议，编制事故调查报告
13	绩效评定和持续改进	绩效评定	企业应每年至少一次对本单位安全生产标准化的实施情况进行评定，验证各项安全生产制度措施的适宜性、充分性和有效性，检查安全生产工作目标、指标的完成情况
			企业主要负责人应对绩效评定工作全面负责。评定工作应形成正式文件，并将结果向所有部门、所属单位和从业人员通报，作为年度考评的重要依据
			企业发生死亡事故后应重新进行评定
		持续改进	企业应根据安全生产标准化的评定结果和安全生产预警指数系统所反映的趋势，对安全生产目标、指标、规章制度、操作规程等进行修改完善，持续改进，不断提高安全绩效

② 专业评定标准

工贸行业企业安全生产标准化各专业评定标准是各行业企业开展安全生产标准化建设、自评、申请评审、外部考评以及安全监管部门监督管理的依据，明确了各评定指标和达标分数。各专业评定标准均设置了13项一级要素，与《基本规范》核心要求中的一级要素相同；按照各行业特点，在《基本规范》基础上，根据行业特点，对二级要素和具体条款内容进行了扩充。

各专业评定标准由说明和标准两部分组成。说明部分明确了适用范围、条款数量、标准使用方法、分值计算方法、分级标准等内容；标准部分由考评类目(对应《基本规范》一级要素)、考评项目(对应《基本规范》二级要素)、考评内容(对应《基本规范》具体条款)、标准分值、评分标准、自评/评审描述、实际得分等构成。

目前，工贸行业企业共印发了24个专业的安全生产标准化评定标准，其中：冶金行业印发了烧结球团、焦化、炼铁、炼钢、轧钢、煤气、铁合金等7个安全生产标准化评定标准；有色行业印发了氧化铝、电解铝(含熔铸、碳素)，有色重金属冶炼、有色重金属压力加工等4个安全生产标准化评定标准；建材行业印发了水泥、平板玻璃和建筑卫生陶瓷3个安全生产标准化评定标准；机械行业目前执行2005年发布的考核评级标准，今后将以

AQ 安全生产行业标准的形式出台安全生产标准化标准；轻工行业印发了白酒生产、啤酒生产、乳制品生产、造纸、食品生产 5 个安全生产标准化评定标准；纺织行业印发了纺织安全生产标准化评定标准，烟草行业由国家烟草专卖局印发了《烟草企业安全生产标准化规范》(YC/T 384)；商贸行业印发了商场、仓储物流 2 个安全生产标准化评定标准。以后还将制定和印发家具、人造板、饮料、酒类、调味品、服装、酒店 7 个安全生产标准化评定标准。

针对工贸行业企业量大面广、参差不齐的现状，不可能针对所有行业进行制定评定标准，因此优先选择工贸行业企业中危险性大的行业和重点领域制定专业评定标准，确保这些行业企业开展安全生产标准化建设工作有章可循，有据可依。针对其他工贸行业企业达标工作，印发了《冶金等工贸企业安全生产标准化基本规范评分细则》(以下简称《评分细则》)，对危险性较小、企业数量不多的行业企业开展安全生产标准化建设工作进行统一要求。由于《评分细则》对于各行业针对性不强，使用其建设达标的企业，原则上不参评安全生产标准化一级企业。

在使用评定标准还应注意以下问题：

首先，要正确处理好国家安全生产监督管理总局出台的行业专业安全生产标准化标准和地方出台的安全生产标准化标准之间的关系。各地在进行安全生产标准化推进过程中，部分地区针对部分行业编制了二、三级企业评定标准，造成了企业在建设中对采用国家还是地方标准感到困惑。严格来讲，国家安全生产监督管理总局已发布的各专业评定标准是规模以上企业在建设达标依据的唯一标准，应严格依据国家安全生产监督管理总局已发布的行业专业评定标准进行建设、评审；尚未发布专业评定标准的，各地可依据《基本规范》及《评分细则》的有关要求，进行地方专业评定标准的编制工作，重点解决小微企业达标标准的问题。

其次要明确工贸行业企业各专业安全生产标准化评定标准和《评分细则》的适用范围。工贸行业企业各专业评定标准或《评分细则》，仅适用于工贸行业企业及未明确行业主管部门的企业进行安全生产标准化自评、咨询及评审工作；有行业主管部门的企业及进行安全生产许可的有关企业，在安全生产标准化建设过程中要使用各行业主管部门及国家安全生产监督管理总局负有安全许可职能的有关司局制定发布的评定标准，进行达标建设。

③ 考评办法和评审管理办法

为了进一步规范和推进工贸行业企业安全生产标准化建设工作，国家安全生产监督管理总局制定了《全国冶金等工贸企业安全生产标准化考评办法》(安监总管四(2011)84 号，以下简称《考评办法》)和《冶金等工贸企业安全生产标准化建设评审工作管理办法》(安监总管四(2011)87 号，以下简称《评审管理办法》)与各安全生产标准化评定标准共同形成了一套较为完善的安全生产标准化体系。

《考评办法》中规定了工贸行业企业申请安全生产标准化评审的条件、分级标准、考评程序等内容；《评审管理办法》对安全生产标准化评审工作进行了规范，针对安全生产标准化一级企业的评审组织单位、评审单位和评审人员的管理进行了规定，指导各省级安全监管部门针对二、三级评审组织单位、评审单位及人员制定切合实际的评审实施办法。

④ 工贸行业企业安全生产标准化建设流程

企业安全生产标准化建设流程包括策划准备及制定目标、教育培训、现状梳理、管理文件修订、实施运行及完善整改、企业自评和问题整改、评审申请、外部评审等八个阶段。

a. 第一阶段：策划准备及制定目标

策划准备阶段首先要成立领导小组，由企业主要负责人担任领导小组组长，所有相关的职能部门的主要负责人作为成员，确保安全生产标准化建设所需的资源充分；成立执行小组，由各部门负责人、工作人员共同组成，负责安全生产标准化建设过程中的具体问题。

制定安全生产标准化建设目标，并根据目标来制定推进方案，分解落实达标建设责任，明确在安全生产标准化建设过程中确保各部门按照任务分工，顺利完成阶段性工作目标。大型企业集团要全面推进安全生产标准化企业建设工作，发动成员企业建设的积极性，要根据成员企业基本情况，合理制定安全生产标准化建设目标和推进计划。要充分利用产业链传导优势，通过上游企业在安全生产标准化建设的积极影响，促进中下游企业、供应商和合作伙伴安全管理水平的整体提升。

b. 第二阶段：教育培训

安全生产标准化建设需要全员参与。教育培训首先要解决企业领导层对安全生产建设工作重要性的认识，加强其对安全生产标准化工作的理解，从而使企业领导层重视该项工作，加大推动力度，监督检查执行进度；其次要解决执行部门、人员操作的问题，培训评定标准的具体条款要求是什么，本部门、本岗位、相关人员应该做哪些工作，如何将安全生产标准化建设和企业以往安全管理工作相结合，尤其是与已建立的职业安全健康管理体系相结合的问题，避免出现“两张皮”的现象。

加大安全生产标准化工作的宣传力度，充分利用企业内部资源广泛宣传安全生产标准化的相关文件和知识，加强全员参与度，解决安全生产标准化建设的思想认识和关键问题。

c. 第三阶段：现状摸底

对照相应专业评定标准(或评分细则)，对企业各职能部门及下属各单位安全管理情况、现场设备设施状况进行现状摸底，摸清各单位存在的问题和缺陷；对于发现的问题，定责任部门、定措施、定时间、定资金，及时进行整改并验证整改效果。现状摸底的结果作为企业安全生产标准化建设各阶段进度任务的针对性依据。

企业要根据自身经营规模、行业地位、工艺特点及现状摸底结果等因素及时调整达标目标，不可盲目一味追求达到高等级的结果，而忽视达标过程。

d. 第四阶段：管理文件制修订

对照评定标准，对各单位主要安全、健康管理文件进行梳理，结合现状摸底所发现的问题，准确判断管理文件亟待加强和改进的薄弱环节，提出有关文件的制修订计划；以各部门为主，自行对相关文件进行修订，由标准化执行小组对管理文件进行把关。

值得提醒和注意的是，安全生产标准化对安全管理制度、操作规程的要求，核心在其内容的符合性和有效性，而不是其名称和格式。

e. 第五阶段：实施运行及完善

根据制修订后的安全管理文件，企业要在日常工作中进行实际运行。根据运行情况，对照评定标准的条款，将发现的问题及时进行整改及完善。

f. 第六阶段：企业自评及问题整改

企业在安全生产标准化系统运行一段时间后(通常为3~6个月)，依据评定标准，由标准化执行部门组织相关人员，对申请企业开展自主评定工作。

企业对自主评定中发现的问题进行整改，整改完毕后，着手准备安全生产标准化评审申请材料。

g. 第七阶段：评审申请

企业在自评材料中，应尽可能将每项考评内容的得分及扣分原因进行详细描述，应能通过申请材料反映企业工艺及安全管理情况；根据自评结果确定拟申请的等级，按相关规定到属地或上级安监部门办理外部评审推荐手续后，正式向相应评审组织单位递交评审申请。企业要通过《冶金等工贸企业安全生产标准化达标信息管理系统》完成申请评审工作。

h. 第八阶段：外部评审

接受外部评审单位的正式评审，在现场评审过程中，积极主动配合。并对外部评审发现的问题，形成整改计划，及时进行整改，并配合上报有关材料。

6.3.4　工贸行业企业安全标准化评审

(1) 二、三级企业评审指导

《国务院安委会关于深入开展企业安全生产标准化建设的指导意见》(安委〔2011〕4号)中明确“二级、三级企业的评审、公告、授牌等具体办法，由省级有关部门制定”。存在二级、三级申请企业基数大、任务重的工作局面。各地要统筹兼顾，在全面推动建设工作的前提下，合理安排达标进度。适度将评审权限下发到基层安全监管部门，充分发挥县级安全监管部门的工作效能。

由于企业数量众多，各地要规范二三级评审单位的评审行为。重点做好对安全生产标准化二级达标企业评审过程及结果的抽查和考核工作，保证企业建设和外部评审的工作质量；安全生产标准化三级企业的评审，要充分发挥和调动市级安全监管部门工作的主动性和创新性，可以采取企业自查自评，安全监管部门组织有关人员抽查的方式进行，提高评审效率，解决达标企业数量多、评审时间长、评审费用多等问题。

各级安全监管部门要针对小微企业无法达到三级企业标准的状况，在制定小微企业达标标准的前提下，将达标推进任务下放到县级安全监管部门，创新方式方法，以企业自查自评为主，安全监管部门抽查为辅，全面推进安全生产标准化达标建设工作。

(2) 评审相关单位和人员管理

评审组织单位、评审单位和评审人员是企业安全生产标准化建设过程的重要组成部分，其工作内容、质量事关建设工作的成效。因此评审组织单位、评审单位、评审人员要按照“服务企业、公正自律、确保质量、力求实效”的原则开展工作，为提高企业安全管理水平，推动企业安全生产标准化建设作出贡献。

① 评审组织单位管理

评审组织单位的职责是统一负责工贸行业企业安全生产标准化建设评审组织工作，由各级安全监管部门考核确定。因此各地要严格甄选评审组织单位，可选择行业协会、所属事业单位等，或由安全监管部门直接承担评审组织职能。评审组织单位在承担安全生产标准化相关组织工作中不得收取任何费用。

评审组织单位应制定与安全监管部门、评审单位衔接的评审组织工作程序。工作程序中应明确初审企业申请材料、报送安全监管部门核准申请、通知评审单位评审、审核评审报告、报送安全监管部门核准报告、颁发证书和牌匾等环节的工作程序，并形成文件，实现评审组织工作程序规范化；建立评审档案管理制度并做好档案管理工作；做好评审人员培训、考核与管理工作，建立相关行业安全生产标准化评审人员信息库，做好评审人员档案管理工作。

评审组织单位应对评审单位的评审收费行为进行统一管理。按照“保本微利”、不增加企业负担的原则，通过“行业自律”的方式，指导评审单位在评审可参照职业安全健康管理体系评审、安全评价等收费标准，引导评审单位进行评审收费。同时对评审单位收费行为进行监督，一旦发现违法违规乱收费等行为，报请安全监管部门取消其评审单位的资格。

评审组织单位要着力培养工作人员全局意识和敬业精神。从全局出发，认识自身所承担工作的重要意义，结合安全生产工作的中心工作和主要任务，不断提升专业业务水平，更好地为申请企业和评审单位提供指导和服务。

② 评审单位管理

安全监管部门对于评审单位的认定，可优先考虑行业协会、科研院所、大专院校及中介机构等。在满足评审工作需求的前提下，控制评审单位数量，避免出现过多过滥等现象。评审单位不得因评审收费等问题造成恶性竞争。

评审单位要通过外部、内部培训等方式，加强评审员业务培训，不断提高整体素质和业务水平，使其真正理解和掌握安全生产标准化的内涵。积极服务于企业安全生产工作，从减轻企业负担出发，帮助企业开展隐患排查和治理，消除事故隐患，为推动和规范企业安全生产标准化建设积极献计献策。

③ 评审人员管理

各地要做好各级评审人员的管理工作。充分发挥本地区注册安全工程师、相关行业技术专家的作用，加大安全生产标准化培训力度，使其成为合格的安全生产标准化评审人员，避免由于评审人员对安全生产标准化运行理解不准确，造成对企业的误导。建立各行业安全生产标准化评审专家库，调动评审专家的积极性，充分发挥其现场工作经验。

(3) 现场评审程序

现场评审工作是评审工作的重要组成部分，评审单位可采取召开首次会议、现场评审、内部会议及沟通、末次会议等程序进行。现场评审前，按照申请企业所涉及评定标准中的管理、技术、工艺等要求，配足相应的评审人员，组成评审组。

① 首次会议

在企业开展现场评审前，需召开首次会议。首次会议应包括介绍现场评审的目的、依据、介绍评审组成员、听取企业基本情况及安全生产标准化建设情况的介绍、确定现场评审的方法与具体安排等内容。首次会议要求评审组全体成员和企业主要负责人及相关人员参加，并签到。同时可以邀请所在地安全监管部门负责人参加首次会议。

评审单位要做好首次会议的相关记录。

② 现场评审

评审组至少由 5 名(一般不超过 7 名)评审人员组成，其中至少包括 2 名由评审组织单位备案的评审专家；指定 1 名评审员担任评审组长，负责现场评审工作；按照企业规模、生产工艺情况及评审人员专业情况，进行评审分组，至少分为资料组和现场组，现场组应配有至少 2 名评审专家。在分组确定后，要求评审人员和陪同人员在评审分组表上进行签字。

现场评审采用资料核对、人员询问、现场考核和查证的方法进行。现场评审时各评审小组应由企业相关人员进行陪同。

现场评审前，应由申请单位相关人员对评审组人员进行进入现场前的相关安全培训或安全告知，并提供相应的安全防护装置。

③ 内部会议及沟通

现场分组评审结束后，评审组需要独立召开内部会议。各小组分别召开碰头会，完成小组评审意见；各小组将意见汇总后，对照适用的评定标准及有关规定，对得分点、扣分点、不符合项等进行汇总，形成一致的、公正客观的评审组意见，并给出现场评审结论和等级推荐意见。企业须为评审组提供独立的会议场所。

在评审组内部会议形成了现场评审结论后、末次会议前，根据需要，评审组可就现场评审结论与企业主要负责人进行沟通；若在现场评审中发现存在较大原则性问题而导致无法通过现场评审时，由评审组组长与接受评审企业主要领导充分沟通后，达成一致意见。

④ 末次会议

末次会议主要是由各小组组长宣布小组评审意见及评审组组长宣读现场评审结论以及对下一步工作安排。参加首次会议的人员应全部参加。

宣读现场评审结论后，评审组全体成员须在现场评审结论上签字，并要求企业在规定时间内制定整改计划报评审单位备案。

评审组应对整改计划的有关内容是否满足整改效果进行材料验证。

(4) 评审报告编写

现场评审全部结束后，由评审单位主要负责人审核后，评审单位应向评审组织单位提交评审报告、评审工作总结、评审结论原件、评审得分表、评审人员信息及企业整改计划等相关材料。

其中，评审报告应按照考评办法的有关要求如实填写；评审工作总结应能表现企业安全生产标准化建设工作的内容，将各一级要素进行有针对性的、概括描述，包括评审概况、资料评审综述、现场评审综述、存在的问题、其他需说明的问题等内容；评审结论应能体现是否通过申请等级的现场评审，企业不满足评定标准要求的扣分项及建议项；评审得分表为企业实得分数和扣除分数的汇总表；评审人员信息为实际参加现场评审人员及分工情况；企业整改计划为企业针对安全生产标准化现场评审末次会议提出的扣分项及建议项的整改计划。

复习思考题

(1) 什么是安全管理标准化？

(2) 职业安全健康管理体系包括哪几方面的要素？各要素之间有何联系？

(3) 试分析职业安全健康管理体系的运行原理及作用。

(4) 简述企业安全标准化建设的意义。

(5) 什么是安全生产责任制？简述安全生产责任制的实质、核心和原则。

(6) 简述工贸企业安全标准化的系统构成。

(7) 简述工贸企业安全标准化建设的原则。

第7章 安全文化

7.1 安全文化与安全管理

7.1.1 安全文化的概念与本质

安全文化伴随人类的存在而产生、发展，是人类文化的一个组成部分，其内涵深刻、外延广泛，目前还没有一个统一定义，但并不影响我们研究、发展安全文化，将其应用于实践。谈到安全文化，首先应该考察“文化”。

(1) 文化的概念

“文化”一词有多种理解，广义的文化是人类在社会历史进程中所创造的物质财富和精神财富的总和。这一定义将文化扩展到除自然以外的人类社会的全部，但没给出对文化的明确定义。因为它把人类社会所创造的任何事物(包括精神和物质)都纳入了文化的范畴，而文化的涵义应多属于精神的范畴。由人类创造或改造的物质与文化密切相关，可把这些物质看作文化的“载体”，即任何一件由人所创造或制作的物品，无不承载着制造(作)者的价值观、审美观、艺术或技艺修养等文化的涵义。人们在日常生活和工作中使用“文化”时，一般并不是指广义的文化，而是特指人类精神方面的事物，如文学、艺术、教育等，常说的“从事文化工作”的文化即为这种含义。这种“文化”是一种狭义的文化，比这种狭义“文化”更狭义的“文化”，仅指知识水平或运用语言文字的能力，如“提高文化水平”“学习文化”等。

(2) 安全文化的概念

由于对“文化”有多种理解，因此对“安全文化”也有多种表述。相对于广义的文化，我国有人将“安全文化”定义为：“人类在生产生活实践过程中，为保障身心健康安全而创造的一切安全物质财富和安全精神财富的总和”。安全文化的首创者-国际核安全咨询组(INSAG)给出了相对狭义的定义：“安全文化是存在于单位和个人中的种种素质和态度的总和。”英国健康安全委员会核设施安全咨询委员会(HSCASNI)对INSAG的定义进行修正，认为：“一个单位的安全文化是个人和集体的价值观、态度、能力和行为方式的综合产物，它决定于健康安全管理上的承诺、工作作风和精通程度。”这两种定义把安全文化限定在精神和素质修养等方面。在许多有关安全文化的论文和材料中，常常看见诸如“提高全民安全文化素质”“倡导安全文化”“普及安全文化”“学习安全文化”等字样，这些实际上将安全文化看作一种人们对安全健康的意识、观念、态度、知识和能力等的综合体，与狭义安全文化的观点不谋而合。从理论上研究和探讨广义的安全文化是应该的，但对于促进实际安全工作而言，则不宜使用广义安全文化的概念，而应使用狭义安全文化的概念。要说明这个问题，就要分析安全文化的本质。

(3) 安全文化的本质

“安全文化(Safety Cultrue)”的概念产生于20世纪80年代的美国，而“Cultrue”一般译为“文化”，但还含有“教养、陶冶、修养、培养”等意思。从INSAG和HSCASNI对安全文化的定义来看，将“Safety Cultrue”译成“安全修养”或“安全素养”似乎更确切。实际上，研究安全文化、促进安全文化发展的目的是为人类创造更加安全健康的工作、生活环境和条件，而其目的的实现离不开人们对安全健康的珍惜与重视，并使自己行为符合安全健康的要求。这种对安全健康价值的认识以及使自己行为符合安全行为规范的表现，就是所谓的“安全修养(素养)”。安全文化只有与社会实践，包括生产实践紧密结合，通过文化的教养和熏陶，不断提高人们的安全修养，才能在预防事故发生、保障生活质量方面真正发挥作用。这就是安全文化的本质，或者说是大力倡导推行安全文化的根本目的。狭义安全文化的概念反映了这个本质。广义安全文化包含人类所创造的安全物质财富和安全精神财富的总和，如果将广义安全文化的概念应用于企业的安全生产或社会生活实践中，必然推论出安全文化无所不包、无所不能的结论，并由此产生安全科学技术、安全法规制度、安全设施设备、安全宣传教育、安全管理体系、安全理论知识等都属于安全文化范畴的观点。在使用这一概念从而推动安全工作时会带来一些负面影响，因为容易造成人们思想上的混乱、感情上的抵触或工作上的茫然。因此，在安全生产工作中应该使用狭义的安全文化概念。

安全文化是一个大的概念，它包含的对象、领域、范围是广泛的。也就是说，安全文化的建设是全社会的，具有“大安全”的意思。但是企业主要关心的是企业安全文化的建设。企业安全文化是安全文化最为重要的组成部分。企业安全文化与社会的公共安全文化既有相互联系，更有相互作用，因此，我们要从更大范围来认识安全文化。

7.1.2 安全文化的范畴

安全文化的范畴可从安全文化的形态体系、安全文化的对象体系和安全文化的领域体系三个角度进行划分和描述。

(1) 安全文化的形态体系

从文化的形态来说，安全文化的范畴包含安全观念文化、安全行为文化和安全管理文化和安全物态文化。安全观念文化是安全文化的精神层，安全行为文化和安全管理文化是安全文化的制度层，安全物态文化是安全文化的物质层。

① 安全观念文化

安全观念文化也称安全精神文化，主要是指决策者和大众共同接受的安全意识、安全理念、安全价值标准。安全观念文化是安全文化的核心和灵魂，是形成和提高安全行为文化、制度文化和物态文化的基础和原因。当前，我们需要建立的安全观念文化是：预防为主的观点；安全也是生产力的观点；安全第一的观点；安全就是效益的观点；安全性是生活质量的观点；风险最小化的观点；最适安全性的观点；安全超前的观点；安全管理科学化的观点等，同时还有自我保护的意识；保险防范的意识；防患未然的意识等。

② 安全行为文化

安全行为文化是指在安全观念文化指导下，人们在生活和生产过程中的安全行为准则、思维方式、行为模式的表现。行为文化既是观念文化的反映，同时又作用和改变观念文化。现代工业化社会，需要发展的安全行为文化是：进行科学的安全思维；强化高质量的安全学习；执行严格的安全规范；进行科学的安全领导和指挥；掌握必需的应急自救技能；进行合理的安全操作等。

③ 安全管理(制度)文化

安全管理文化是企业行为文化中的重要部分，因此放在专门的地位来探讨。管理文化指对社会组织或企业组织人员的行为产生规范性、约束性影响和作用，它集中体现观念文化和物质文化对领导和员工的要求。安全管理文化的建设包括从建立法制观念、强化法制意识、端正法制态度，到科学地制订法规、标准和规章，严格的执法程序和自觉的执法行为等。同时，安全管理文化建设还包括行政手段的改善和合理化；经济手段的建立与强化等。

④ 安全物态文化

安全物态文化是安全文化的表层部分，它是形成观念文化和行为文化的条件。从安全物态文化中往往能体现出组织或企业领导的安全认识和态度，反映出企业安全管理的理念和哲学，折射出安全行为文化的成效。所以说物质是文化的体现，又是文化发展的基础。企业生产过程中的安全物态文化体现在：一是人类技术和生活方式与生产工艺的本质安全性；二是生产和生活中所使用的技术和工具等人造物及与自然相适应有关的安全装置、仪器、工具等物态本身的安全条件和安全可靠性。

(2) 安全文化的对象体系

文化是针对具体的人来说的，是对某一特定的对象来衡量的。除了对社会一般的大众、公民、学生、官员等都具有安全文化素质的问题外，对于企业安全文化的建设，一般说有五种安全文化的对象：法人代表或企业决策者，企业生产各级领导(职能处室领导、车间主任、班组长等)，企业安全专职人员，企业职工，职工家属。显然，对于不同的对象，所要求的安全文化内涵、层次、水平是不同的。例如，企业法人的安全文化素质强调的是安全观念、态度、安全法规与管理知识，对其不强调安全的技能和安全的操作知识；一个企业决策者应该建立安全观念文化有：安全第一的哲学观；尊重人的生命与健康的情感观；安全就是效益的经济观；预防为主的科学观等。不同的对象要求不同的安全文化内涵，其具体的知识体系需要通过安全教育和培训来建立。

(3) 安全文化的领域体系

从安全文化建设的空间来讲，就有安全文化的领域体系问题，即行业、地区、企业由于生产方式、作业特点、人员素质、区域环境等因素，造成的安全文化内涵和特点的差异性及典型性。从企业安全文化建设的需要出发，涉及的领域体系分为企业外部社会领域的安全文化，如家庭、社区、生活娱乐场所等方面的安全文化；企业内部领域的安全文化，即厂区、车间、岗位等领域的安全文化。例如，交通安全文化的建设就有针对行业内部(民航、铁路内部等)的安全文化建设问题，也有公共领域(候机楼、道路等)的安全文化建设问题。从整体上认识清楚安全文化的范畴，对建设安全文化能起到重要的指导作用。

7.1.3 安全文化的特点

安全文化具有如下三个特点：

(1)"以人为本"是安全文化的本质特征

安全文化基本特征是"以人为本，以保护自己和他人的安全与健康为宗旨"。这就是弘扬和倡导安全文化，首先要强调"安全第一"，提出关心人、爱护人，注重通过多种宣传教育方式来提高员工的安全意识，做到尊重人的生命、保护人身安全与健康的根本所在。对于高风险行业，倡导安全文化意义尤为重大。例如核电厂、火炸药企业、石油天然气企业、化工企业等，如果一个人疏忽大意或违章操作，就有可能引发恶性事故，轻则危及企业内部，重则危及周边环境。2003 年 12 月 23 日，重庆开县天然气井喷导致 243 人因硫化氢中毒身亡，就是一起典型的发生在高风险行业的因一般生产事故失控而酿成的特大公害。当然，这次事故还存在复杂的深层次社会问题，但这些问题都无一例外地在提醒我们，安全是一切行为不能省略的前提，不能或缺的基础。因而，建立互相尊重、互相信任、互助互爱、自保互保的人际关系和企业与周边的安全联保网络，使全体员工在"安全第一"的思想旗帜下从文化心理、意识、道德、行为规范及精神追求上形成一个整体，从而达到班组、车间乃至全厂的协调一致，这必然促进企业内聚力的增强和外部公共关系的改善，有益于企业的长远发展。

(2)安全文化具有广泛的社会性

众所周知，自然界存在飓风、暴雨、雷电、地震、洪水、泥石流等灾害，预防灾害是人类的共同课题。社会生活中(即非生产领域)无处没有安全问题，许多人为的非故意伤害(与社会治安相对)成了当前十分突出的公共安全问题。例如，2004 年 2 月 5 日，北京密云元宵观灯因桥上拥挤踩死 37 人；2004 年 2 月 15 日，浙江海宁农村一土庙草棚因失火垮塌，致 39 人死亡。在我国，公共安全问题除火警和交通肇事外，其余还处于管理的空白地带，也就是说，我国尚未设立一个专门管理非社会治安性质的公共安全事件的管理部门。

目前，一旦发生公共安全问题，政府只好动用管理生产安全的部门去处理，而生产安全管理部门本来在处理生产安全方面的问题都应接不暇，还要去处理非生产安全问题，其处理效果可想而知。这说明了安全问题无处不在，从而也说明了安全文化的广泛性。如交通安全、防火、防触电、防瘟疫(如 SARS、禽流感等)、防一切意外伤害事故等，都需要有相应的技术和规范来解决。联合国开发计划署曾在向联合国大会提交的一份“人类发展报告”中阐明：只有当人们在日常生活中有了安全感，世界才能享有和平。这份报告首次提出了“人类安全”的新概念，即“人类安全”应视为一切国家发展战略、国际合作和全球管理的基础。这个新概念不仅包括人身安全，而且还包括政治安全、社会安全、经济安全、环境安全等方面保障人们日常生活的安全感。安全问题渗透在人类社会的各个层面，分布在人类活动的所有空间，体现在生存环境的各个领域。因而，以解决安全问题为己任、以创造和谐文明的生活环境和工作环境为目的的安全文化具有最广泛的社会性。

(3) 安全文化具有一定的超前性

安全文化注重预防预测，未雨绸缪，居安思危，防患未然。古人云：“凡事预则立，不预则废。”两千多年前的《周易》就是一本预防预测学大全。现代安全防灾理论之“风险论”——承认风险的客观现实性和主观预防性；“控制论”——强调现代控制技术对预防事故的作用；“系统论”——研究系统安全工作和综合对策，提倡“本质安全化”；“安全相对论”——重视安全标准和安全技术措施的时效性等，均以预防预测为重点。国家要求对新、改、扩建工程实行“三同时”评审，对产品、设备实行安全性评价，对企业进行安全评价，对重大危险源进行评估以及保险业的工伤保险、防损风险评估，均要从本质上消除事故隐患，为使用者提供安全优质的产品和工程。

7.1.4 安全文化的功能与作用

(1) 安全文化的功能

安全文化主要具有导向、凝聚、规范、辐射、激励、调节等功能。

① 导向功能

企业要在市场经济中求得生存和发展，就必须摆脱市场经济浪潮的冲击以及潜伏危机的困扰。而对安全的投入、管理和安全文化的建设又起着十分重要的作用。一个企业没有完备的安全生产规章制度和严格的约束机制，经营者、员工群体没有统一的安全生产理念、认识及规范的行为，事故隐患随处可见，必然导致事故不断，企业整天应付事故处理，员工群众议论纷纷，人心涣散，社会负面影响大；严重的事故会导致企业全面停产瘫痪、一蹶不振甚至破产倒闭，最终被市场经济的浪潮所吞没，此类事件屡见报端。毋庸置疑，事故和事故隐患以及企业经营者、员工群众不良的理念、认识和行为是企业生产经营的天敌，制约着企业的生存和发展。因此，摆脱事故困扰势必成为企业生产经营管理中一项首要任务。

优秀的企业安全文化对企业生产经营管理有着不可忽视的重要作用。实质上通过安全文化的建设，有利于明确企业生产经营发展的目标和方针，建立完善的安全生产规章制度和约束机制，使安全生产管理规范化、科学化。同时，培育企业经营者和员工群众安全的理念、认识及共同的价值取向，以此统一、规范企业经营者、员工群体的思想行为，最终实现安全生产目标，引导企业生产经营健康、正常地向前发展。因此，企业安全文化具有不可忽视的导向功能。

② 凝聚功能

企业在市场经济的浪潮中赖以生存、发展的基础是物质文化。企业员工生活在企业，其生存同样靠的是企业丰厚的物质文化，以满足员工群体日益增长的物质需求。企业、员工之间形成了“企业靠员工发展，员工靠企业生存”的利益共同体，决定了共同追求丰厚的物质文化是双方的动力源泉。安全生产无疑是维护和确保实现共同目标的必要条件。

优秀的企业安全文化，能使企业和员工双方充分认识到，安全对实现共同的物质文化目标有着至关重要的作用。安全文化实质上是通过多方面、多渠道的方式培育企业、员工群体对安全生产的理念认识，同时传递、沟通心理情感，促进情感相互交融，把共同的利益目标同安全文化建设的结果等同起来，充分激励、调动双方的安全生产热情，使双方形成巨大的合力向共同目标奋进，以追求更高的物质文化水平。由此可见，企业安全文化能把企业、员工群体的价值观念、心理情感融合一体，为追求共同的利益目标形成合力，这就是凝聚功能。

③ 规范功能

企业安全文化包括有形的和无形的安全制度文化。有形的安全文化是国家的法律条文、企业的规章制度、约束机制、管理办法和环境设施状况。一方面，企业在生产经营活动中不得不制定出规章制度、约束机制，对企业、员工群体的思想、行为以及环境设施进行安全规范和约束；另一方面，对违反制度的员工进行教育、惩处。这种“硬约束”在企业、员工群体中形成自觉的行为约束力量。无形的安全文化是企业、员工群体的理念、认识和职业道德，它能使有形的安全文化被各方所认同、遵循，同样形成一种自觉的约束力量。这种有效的“软约束”可削弱员工群体对“硬约束”的心理反感，减弱其心理抵抗力，从而规范企业环境设施状况和员工群体的思想、行为，使企业生产关系达到统一和谐，取得默契，维护和确保企业、员工群体的共同利益。安全文化在此意义上具有有形和无形的规范约束功能。

④ 辐射功能

企业安全文化是一扇窗户，透过它可以展示一个企业生产经营规范化、科学化的水平，以及企业、员工群体优秀的整体素质。它从一个侧面显示企业高尚的精神风范以及良好的企业形象，能够激发员工群体的自豪感、责任感，促进生产力向前发展，提高企业的市场竞争力、社会知名度和美誉度，辐射并影响其他企业、行业推行企业形象战略。例如有色金属行业中的白银公司，在 1983 年首先开创“安全标准化作业班组”建设活动以来，安全生产成效显著。它以其独特的安全文化充分展示了企业的形象，赢得了社会的肯定。今天，无论是有色金属行业还是其他行业的企业均以此为榜样，标准化班组、工厂像雨后春笋一样茁壮成长起来。可见，优秀的企业安全文化能够以自己独特的方式，以点带面向周围辐射，影响到其他企业、行业和地区，此为辐射功能。

⑤ 激励功能

“厂兴我荣，厂衰我耻”充分体现了企业和员工群体共同价值观念的取向。安全文化正是在双方强烈的共同价值观念大力倡导下建设起来的。

安全文化实质上是采取多方面、多渠道的方式让员工群体参与安全管理和决策，听取员工意见和建议。一方面对表现优秀的员工进行表彰奖励，另一方面对有过失、受挫的员工进行教育、帮助、关心，沟通思想，交流感情，转化其矛盾，在浓厚的安全文化氛围中向员工群体展示企业理解人、尊重人、关心人的一面，从而形成一种团结向上的氛围，充分激发、调动员工群体的积极性、创造性。使广大员工在企业生产经营管理中体现个人的价值，赢得社会的尊重、赞许，在企业中显示自己的崇高地位，同企业一道在市场经济的浪潮中披荆斩棘，共求生存、同谋发展。这种激励功能对丰富企业的物质文化起着重要的作用。

⑥ 调节功能

具备一定规模的企业，其生产均属于社会化大生产。在生产经营的过程中，人的心理因素、人际关系、市场环境随着时间的推移以及先进技术的广泛采用而发生改变，管理机制为适应生产力的发展要求适时调整、变化。物质环境随着生产力的发展同样会发生改变，从而难以避免由于生产关系的滞后所出现的矛盾和冲突，这种矛盾和冲突制约着生产力的发展，对企业的生产经营产生不可忽视的负面影响。

企业在安全文化建设中，可以通过形式多样的活动，沟通信息、思想，传递情感，统一认识，创造良好的心理环境，增强员工群体自我承受能力、适应能力和应变能力，消除心理冲突，化解人际关系的矛盾。同时，为员工群体创造整洁、优雅、舒适的环境，净化其心灵，让其在轻松愉快的工作环境中感受企业大家庭的温馨，激发其劳动热情，自觉创造和寻求融洽和谐的生产关系，使企业的生产经营充满生机、活力。安全文化在企业生产经营管理中协调了生产关系，适应了企业生产力的发展，在此意义上，安全文化具有较强的调适功能。

以上介绍的安全文化的六大功能不是孤立存在的，而是相互联系、相互作用的一个有机整体。总之，安全文化通过规范人的安全行为，组织及协调企业安全管理机制，使企业生产进入安全、高效的良性状态，所以说，安全文化是塑造安全生产力，发展生产力最根本的基础。

（2）安全文化的作用

社会和企业有了正确的企业安全文化机制，逐渐形成了适宜的安全文化氛围，员工的安全意识和安全行为成了企业安全生产经营活动的根本保障，安全是员工最基本的需求并受到法律保护。在企业中，人的安全价值和安全权利得到最大限度的尊重和保护。正确的安全理念和安全意识使人的安全行为和活动从被动、消极的状态变成一种自觉、积极的行动，通过安全文化的宣传教育、培训手段，转变人的思维，提高人的安全意识，从而对人的安全行为起到激励和完善的作用。

① 安全行为的规范作用

安全文化的宣传和教育，使员工懂得安全生产要从我做起，保护自己的安全与健康是公民的权利和义务。因此，安全文化能使员工加深对安全规章制度的理解和认识的自觉性，并积极学习和掌握安全生产技能，从而对员工在生产过程中的安全操作和生产劳动以及社会公共交往活动起到安全规范的作用或对不安全的行为形成无形的约束力量。

2002 年 7 月的一个夜晚，由北京开往西安的 T41 次列车匆匆地穿过三门峡市，车上的电子表显示时间是晚上九点一刻。旅客中有人在看书，有人在聊天，也有人早早睡了。突然，一节卧铺车厢里响起一声大喊：“着火啦！随后只见喊话那人迅速跑到车厢连接处，拎起两个灭火器，又转身跑到车厢，用灭火器喷向一个铺位底下正在燃烧着的塑料桶，上蹿的火苗被扑灭了，一场大火被遏制住了。

“你怎么知道着火了?”

“你是消防员吗?”

“你怎么知道灭火器在哪?”

这个人被大家团团围住问这问那。

这位勇敢的救火者不是消防员，他是陕西咸阳彩虹集团公司的一名普通员工张长安。张长安一上火车就习惯性地看了一眼灭火器放在哪里。当他闻到异常的烟味时便警觉起来，起身四处查找，在一个铺位底下看到蹿着火苗的塑料桶，于是就毫不犹豫地奔向了车厢连接处取灭火器。据有关报道，彩虹集团的员工和张长安一样，上火车先看灭火器在哪儿，住宾馆先看逃生通道在哪儿，这已成为他们的一种习惯。

② 安全生产的动力作用

安全文化建设的目的之一是树立安全文明生产的思想、观念及行为准则，使员工形成强烈的安全使命感和激励推动力。心理学表明：越能认识行为的意义，行为的社会意义越明显，越能产生行为的推动力。安全文化建设要提高生产力要素中人的安全索质，员工们科学的安全意识和规范的安全行为，必然成为安全生产的原动力。

倡导安全文化正是帮助员工认识安全文化活动的意义，宣传“安全第一，预防为主”、“关爱人生，珍惜生命”的理念就是要求员工从“要我安全”转变为“我要安全”，进而发展到“我会安全”。既能不断提高员工的安全生产水平，又能保护员工的安全与健康，同时又推动了文明生产。

③ 安全知识的传播作用

通过安全文化的教育功能，因地制宜地采用各种传统的或现代的文化教育方式，对员工进行各种安全知识的文化教育，例如各种安全常识、安全技能、事故案例、安全法规等安全知识的教育和科普宣传，从而广泛地宣传和传播安全文化知识和安全科学技术，提高员工的安全文化意识和自护水平。正如陕西咸阳彩虹集团公司生产一线一位年近不惑的班长所说：“我 1983 年进厂，20 年来跟着彩虹一起成长。彩虹对我的人生影响很大，也包括对我家人的影响。一天下班回家，我发现天然气灶旁贴了一张纸条：‘请随手关煤气！’纸条是我女儿写的，问她为什么要写这张纸条，她对我说，您总说车间今天挂什么安全标志、明天挂什么安全标志，这也是安全标志呀。女儿那时还很小，现在已经上初中了。”彩虹集团公司电子枪厂一名 30 来岁的女班长说：“我儿子今年 10 岁，一次和我走在路上看到一个垃圾桶里有烟头在冒烟，他说，妈妈这很危险，快去想办法。我和他找来水，把烟头浇灭。可见，安全对我家人影响真的很大。我们的安全管理管得很细，从工具怎样摆放到女工上下夜班须有人同行等都有要求。咸阳市其他单位的人都知道彩虹人讲安全、讲礼貌，这也是彩虹安全文化的一种蔓延。”

安全文化通过其上述功能的发挥，具有以下重要作用。

① 使生产进入安全高效的良性运行状态

众所周知，安全生产和经营是保证企业生存和健康成长的前提条件，事故频繁的企业不可能有骄人的业绩。只有企业的每一位员工都能重视安全，并时时刻刻地严格规范自己的安全行为，企业才可能减少事故的发生，进而减少经济损失和保证员工的身体健康，企业也才有可能兴旺发达，取得良好的经济效益。反之，如果为片面地追求经济效益而置安全于不顾，则是本末倒置。已有证据表明，一个部门安全事故的多少与所涉及的人员的安全意识密切相关。如美国对 20 世纪 70 年代前后的事故调查统计分析结果显示，85%的事故是由于操作人员的不安全行为所引起的，由不安全的环境与设备所导致的事故仅占 15%。显而易见，安全文化的建设、宣传有利于减少意外事故和职业病，改善安全生产状况，提高安全生产效率，使企业持续地进行高效地安全生产。

② 能产生巨大的经济效益

随着人们安全意识的觉醒，消费者由重视安全逐渐发展到追求安全，甚至把安全放在首位。企业提供的产品和服务的安全系数越大，就越有市场，越能博得消费者的青睐。安全产品和服务的提供绝不是仅仅通过公司的广告宣传所能实现的，而是深植于企业的品牌、社会安全形象和长期的安全生产和经营的行为过程中。而这一切均与安全文化息息相关，尤其离不开长期以来全体员工对安全的重视和严格规范的安全操作行为。

例如，美国杜邦公司之所以能长久不衰，不能不说是其安全文化的贡献。1812 年以制造火药起家的杜邦就明确规定，进入工作区的马匹不得钉铁掌，马蹄都要用棉布包起来，以免产生火花碰到火药引起爆炸。任何一道工序在没有经过杜邦公司的试验以前，其他员工不得进行操作。1911 年杜邦成立了世界上第一个企业安全委员会。1990 年，杜邦设立了“安全、健康与环境保护奖”。在杜邦公司的任何一次会议上，其主持人的第一句话就是“开会前，我先向诸位介绍安全出口”。可以说，杜邦公司一直孜孜以求地追求着“安全第一”目标的实现，从而使员工形成了潜移默化的习惯和行为，为企业带来了高额的利润回报。与此同时，除市场份额外，企业在投标、信贷、寻求合作等方面也深受企业安全形象的影响。可以说，安全文化包含着企业的商誉。

③ 保障国家的稳定和经济的持续发展

安全文化建设不仅是企业安全生产和持续发展的重要前提和保障，还关系到人民群众的生命安全和国家的稳定与发展。因此，每一个人都应充分认识加强安全文化工作的重要性和紧迫性，从维护改革、发展、稳定的大局出发，牢固树立安全第一的思想，增强责任感和紧迫感，正确处理安全生产、稳定和发展的关系，做好安全文化工作。

7.1.5 安全文化与安全管理的关系

安全文化与安全管理的关系在某种意义上也就是文化与制度的关系。制度是刚性的，文化是柔性的。两者的作用相辅相成，其作用不能彼此取代。那种所谓"制度确定一切"的观点是绝对化的，片面、形而上学的观点。如果不是宣传者的观点偏激，就是带有炒作的性质。

安全文化与安全管理有其内在的联系，但安全文化不是纯碎的安全管理。安全管理是有投入、有产出、有具体目标、有实践的生产经营活动全过程，是安全文化在具体制度上的体现。但制度再周密也不可能把生产活动中的方方面面都涉及到，某些隐性的、萌芽状态的现象，制度就不一定能涉及。而文化却可以时时、处处对人们的行为(乃至心灵)起到约束作用，因此，安全文化是安全管理的基础和背景，是理念和精神支柱。制度管理是一定文化的显性、具体的体现。

新木桶理论认为，决定木桶容量的并不只是短板一个因素，而与板和板之间的缝隙也有很大关系。从安全管理角度来看，安全文化就是安全管理缝隙的黏合剂，是安全管理的灵魂。这一理论表明，有什么样的安全文化就会产生什么样的安全业绩。

安全管理制度、方法、技术等是表象性的浅层管理，只能让员工被动接受安全教育和管理，成为"要我安全"的权宜之计。而安全文化则是触及员工灵魂深处的一种启迪和唤醒，使搞好安全成为员工"我要安全"的一种主动自觉行为。制度管理在员工安全管理过程中，具有指导与纠偏作用，并且立竿见影，显效快，不可或缺。但是，制度本身是人制定的，它不可能包罗万象，面面俱到，只有在有人实施、监控、检查、考核时，它才能发挥最大效能；一旦出现人员或制度监控不到的空档，安全生产难免产生这样和那样的问题。而安全文化具有潜移默化，逐渐渗透，显效慢的特点，但它却能激发员工自主意识的觉醒，让员工产生发自内心的自觉行动，是安全生产长治久安的根本保证。强劲的安全文化是规范化的替代物，会提高员工安全行为的一致性，安全文化程度越高，靠规章制度管理员工的依赖性越弱，员工搞好安全生产的自觉性越高。当然，安全文化如果缺少制度支持，将成为无本之木，无源之水，就难以将文化精髓转化为价值认同和自觉行为。这两个方面相辅相成，互为补充，缺一不可，不可偏颇。

急功近利是人类的天性，也是人类的弱点。这种习性在我们抓安全生产过程中也不例外。我们习惯于对安全管理措施、技术措施的修修补补，对安全文化的认知仅停留在搞搞安全演讲、喊喊口号、贴贴标语、写写格言警句的层面上，由于认识的不深入，行动也不可能到位，安全文化就成为某些管理者的口头禅，却未见付诸实施。一个主要的原因就是安全文化建设见效慢，而安全管理措施与安全技术措施见效快，见效快的东西总是易于受人们的追捧，人们对见效慢的事物却有所怠慢。这种倾向值得警惕，要引起高度重视。

美国杜邦公司依靠企业安全文化促进安全管理，推进安全生产建设，取得了令人瞩目的成绩。"本公司是世界上最安全的地方"。杜邦公司对安全控制很有信心。该公司自成立以来就逐渐形成了一种独特的企业文化：安全是企业一切工作的首要条件。应该说，杜邦200年历史，前100年的安全记录是不好的。1802年成立时以生产黑色炸药为主，发生了许多事故，最大的事故发生在1818年，当时杜邦100多名员工有40多名在事故中死亡或受到伤害，企业面临破产。杜邦公司在沉沦中崛起后得出一个结论：安全是公司的核心利益，安全管理是公司事业的一个组成部分，安全具有压倒一切的优先权。在后100年形成了完整的安全体系，安全取得丰硕成果，并获得社会的认同。所有的成绩与杜邦建立的安全文化和安全理念有着密切的联系。杜邦安全文化的本质就是通过行为人的行为体现对人的尊重，就是人性化管理，体现以人为本。文化主导行为，行为主导态度，态度决定结果，结果反映文明。杜邦的安全文化，就是要让员工在科学文明的安全文化主导下，创造安全的环境，通过安全理念的渗透，来改变员工的行为，使之成为自觉的规范的行动。

杜邦的安全文化和安全理念主要体现在以下几个方面：

预防为主——一切事故都是可以预防的。这是杜邦从高层到基层的共同理念。工作场所从来都没有绝对的安全，决定伤害事故是否发生的是处于工作场所中员工的行为。管理者并不能为员工提供一个安全的场所，它只能提供一个使员工安全工作的环境。企业要提供一个安全工作场所—即一个没有可识别到的危害的工作场所是不可能的。在很多情况下，是人的行为而不是工作场所的特点决定了伤害的发生。正因为所有的事故都是在生产过程中通过人对物的行为所发生的。人的行为可以通过安全理念加以控制，抓事故预防就是抓人的管理、抓员工的意识(包括管理者的意识)、抓员工的参与，杜绝各种各样的不安全行为(包括管理者的违章指挥)。

管理优先—各级管理层对各自的安全负责。“员工安全”是杜邦的核心价值观。杜邦公司的高层管理者对其公司的安全管理承诺是：致力于使工人在工作和非工作期间获得最大程度的安全与健康；致力于使客户安全地销售和使用我们的产品。为了取得最佳的安全效果，各级领导一级对一级负责，在遵守安全原则的基础上，尽一切努力达到安全目标。使安全管理成为公司事业的一个组成部分，安全管理的触角涉及企业的各个层面，做到层层对各自的安全管理范围负责，每个层面都有人管理，每个员工都要对其自身的安全和周围工友的安全负责，每个决策者、管理者乃至小组长对手下员工的安全都负有直接的责任。

行为控制—不能容忍任何偏离安全制度和规范的行为。杜邦的任何一员都必须坚持杜邦公司的安全规范，遵守安全制度。如果不这样去做，将受到严厉的纪律处罚，甚至解雇。这是对各级管理者和工人的共同要求。工作外安全行为管理和安全细节管理，是杜邦独特的安全文化。“把工人在非工作期间的安全与健康作为我们关心的范畴”，在工作以外的时间里仍然要做到安全第一。杜邦认为工伤与工作之余的伤害，不仅损害员工及其家庭利益，也严重影响公司的正常运行。“铅笔不得笔尖朝上插放，以防伤人；不要大声喧哗，以防引起别人紧张；过马路必须走斑马线，否则医药费不予报销；骑车时不得听“随身听”；打开的抽屉必须及时关闭，以防人员碰撞；上下楼梯，请用扶手。”这些规定，看似繁琐，实际上折射出管理层对员工生命权和健康权的关注。

安全价值—安全生产将提高企业的竞争地位。在杜邦公司所坚信的10大信条里，确信“安全运作产生经营效益”，安全会大大提升企业的竞争地位和社会地位。杜邦很会算安全效益帐，他们把资金投入到安全上，从长远考虑成本没有增加，因为预先把事故损失带来的赔偿投入到安全上，既挽救了生命，又给公司带来良好的声誉，消费者对公司更有信心，反而带来效益的大幅增长。

文化模型—安全文化建设的四个阶段。杜邦认为，安全文化建设从初级到高级要经历四个阶段。第一阶段，自然本能阶段。企业和员工对安全的重视仅仅是一种自然本能保护的反应，安全承诺仅仅是口头上的，安全完全依靠人的本能。这个阶段事故率很高。第二阶段，严格监督阶段。企业已经建立必要的安全管理系统和规章制度，各级管理层知道自己的安全责任，并作出安全承诺。但没有重视对员工安全意识的培养，员工处于从属和被动的状态，害怕被纪律处分而遵守规章制度，执行制度没有自觉性，依靠严格的监督管理。此阶段，安全业绩会有提高，但有相当大的差距。第三阶段，独立自主管理阶段。企业已经具备很好的安全管理系统，员工已经具备良好的安全意识，员工把安全作为自己行为的一个部分，视为自身生存的需要和价值的实现，员工人人都注重自身的安全，集合实现了企业的安全目标。第四阶段，互助团队管理阶段。员工不但自己注意安全，还帮助别人遵守安全规则，帮助别人提高安全业绩，实现经验分享，进入安全管理的最高境界。

杜邦的安全管理被称为全球工业界的典范，甚至许多航空公司都在引进杜邦的管理系统。在杜邦公司，所有的安全目标都是零，这意味着零伤害、零职业病和零事故，进入杜邦的任何一个工厂，面对这个有着近200年历史的跨国企业，无论是员工，还是来访者、客户，谈论最多、感受最深的永远是安全。

杜邦在中国的一个工厂总经理的年终总结中，超过20%的内容是关于安全的，员工的的日常交流中超过，超过40%与安全有关，他们在安全方面的表现，是评价员工业绩的最重要方面。

在杜邦看来，一切事故都是可以避免的。公司对事故的理解是基于简单的统计分析：每100个疏忽或失误，会有一个造成事故，每100个事故中，就会有一个是恶性的，所以，要避免造成大事故，不是要从“大”处着手，而是要从“小”处着手。当然，光宣传还不行，还要有培训，要有软件和硬件保证，还要有应急措施。

2000年12月5日，苏州杜邦附近有一家工厂因电焊火星引发火灾，苏州杜邦消防管理人员是最先赶到现场的人员之一，在对火灾进行观察分析后，杜邦员工对本厂的动火许可程序、消防设施、消防设备检测、人员培训和消防演练、火警预告和自动喷淋系统进行比照分析，结论是在杜邦该事故绝不可能发生。

“若不能肯定某工作是安全的，就不要做。”这不但是对杜邦员工工作的安全指南，他同样适用于杜邦对其承包商的要求。杜邦认为从经济方面考虑也是一样的，“经验表明，安全的工作是最经济的工作方式。”

高层领导的以身作则以及公司严格的训练和要求，使每个人对安全几乎形成条件反射，这正是公司的目的，因为这是避免事故的有效途径。因为安全一旦形成习惯，事故就变得非常遥远。

杜邦给了我们很好的启示，在我国的很多行业、地区都有伤亡事故率的概念，说是因为存在不可避免的因素，结果是给很多单位和部门都提前给自己留下了后路，心存侥幸，认为出问题的几率很小，即使有点小问题，也可以上下通融消化在指标之内，这样久而久之安全工作就被置于脑后，在与其他工作发生冲突时，往往牺牲安全工作，积小成大，有法不依、执法不严、违法难究。安全工作是一项很基础的工作，同时也是一项长期工作，没有什么高招可言，指望一两个点子、依靠一两次突击检查来解决问题是不切实际的，唯有严格制度，落实责任，科学管理，常抓不懈才是解决问题的真正出路。

在大生产的条件下，没有制度，即使人的价值观、道德标准再一致，也难以达到行动的协调统一，也无法操作与考核。安全文化来源于安全管理，同时又指导安全管理制度的制定，安全管理推进着安全文化建设，丰富了安全文化的内容和理念。当前只有将执行安全制度与建设安全文化紧密结合，才能真正实现安全的文化管理。

7.2　安全文化的建设

7.2.1　安全文化建设的重要意义

安全文化建设除了关注人的知识、技能、意识、思想、观念、态度、道德、伦理、情感等内在素质外，还重视人的行为、安全装置、技术工艺、生产设施和设备、工具材料、环境等外在因素和物态条件。其意义在于：

(1) 企业形象和效益的需要

现代企业多采取社会化大生产方式，有的企业机械化、自动化、连续化程度很高，生产中如果某个环节出了问题，特别是一旦发生燃烧爆炸事故，小则停工停产，造成经济损失，大则人员伤亡，厂房设备遭到破坏，不仅使企业蒙受经济重大损失，影响企业的名声和形象，而且会造成重大的社会问题。因此，现代企业更要大力倡导和推行安全文化，营造企业安全文化氛围，提高每个员工的安全意识和素质，避免和减少各类意外灾害和事故，这是利国、利民、利企的大事。

安全文化是近年来在国际上兴起的一种全新的与企业安全管理有关的，上升到思想和理论层次的安全对策。随着改革开放的持续深化和加入世界贸易组织(WTO)，我国已成为世界经济整体的一部分，国际交往和经济交流日益频繁，文化交融也日益广泛，安全文化的概念、论述和内涵逐步被人们认识、了解和接受。但由于我国在社会政治、经济体制和文化观念等方面与西方国家差别甚大，因而就难免有人对安全文化产生这样那样的误解：一是企业主要抓经济效益，搞不搞安全文化无关紧要；二是误把安全文化当成舶来品，找些站不住的理由将其拒之门外。其实这些都是不对的。

企业行为的基本原则是获取最大经济效益。企业领导在这种原则的驱动下，必然以经济效益为一切活动的中心。许多企业在生产经营中，努力降低原材料成本、减少能源消耗、合理组织劳动力以及加强产品质量控制等。毋庸置疑，这些都是十分必要的。然而，仅此还不够，企业必须清醒地认识到，采取措施保证生产安全也是生产经营活动中一个极为重要的方面。许多企业往往对保证生产安全的管理工作和劳动安全的技术措施重视不够，舍不得投入人力、财力，以至由于安全管理松懈或安全措施不完善而发生了事故，特别是在当前只图经济效益的短期行为相当普遍的情况下更是如此。这正是安全文化素质不高的表现。

社会经济活动必然受文化背景的深刻影响，没有一定社会背景和特定的民族文化，经济无从谈起。因为经济本身就是文化的一种表现形式，经济是文化的经济，世上绝对没有非文化的单一经济形式；反过来看，没有经济的发展作为基础，文化也不可能繁荣。安全文化直接对经济行为产生极其重要的影响和作用。如果安全意识淡薄，其经济行为就可能出现偏差，就可能造成灾害和事故，增加生产经营的成本，提高企业发展的代价，与此同时还会因不尽社会责任而被市场淘汰出局。据统计，现阶段90%以上的事故是由于安全管理不善、人员违章违纪引发的，这更加表明安全文化建设的重要性和迫切性。为了使企业能在激烈的市场竞争中处于不败之地，企业安全文化建设是必由之路。

安全工作通过保障生产过程的安全获得最大的经济效益，同时体现了安全的两大经济功能：一是避免事故损失，遏制或减少负效益功能，即通过企业的安全管理和预防事故的安全技术措施，消除事故隐患，避免事故发生，发挥保护员工生命和健康，保护企业财产不受损失，即遏制或减少负效益的功能；二是改善员工劳动环境，保障企业高效生产的正效益正常增长的功能，即通过企业的安全管理和改善劳动条件的技术措施，为员工创造良好的劳动环境和工作条件，保证员工发挥正常的劳动生理和心理功能，保障生产经营活动稳定、顺利地进行和经济效益的不断提高。人们常说安全生产保障正效益，发生事故产生负效益。可见，安全就是效益，安全文化产生物质的和精神的双重效益。

近年来，我国工矿企业、交通运输业、民用航空业、商贸行业及公共娱乐场所的人身伤亡、火灾爆炸事故和职业病每年造成的直接经济支出以及救援费用，再加上自然灾害造成的直接经济损失，最低也在4000亿元以上。据专家测算，全国每年生产事故造成的直接经济损失约1000亿元以上，加上间接损失，高达2000多亿元。同时，研究也表明，安全生产对国内生产总值的综合贡献率为2.4%。也就是说，一方面，我们的安全生产工作搞上去了，就会减少损失；另一方面，安全生产工作搞好了，还会对国内生产总值做出贡献。因而，积极倡导安全文化，提高企业各级领导和员工的安全文化素质，把安全经济文化和安全经济学应用到企业安全生产、减灾防损的工作中去，实际上就是降低负效益，保障正效益的提高，保证生产经营活动的正常持续进行，保障企业的生产稳定、社会环境的稳定、员工收入的稳定和增长。

安全文化既为经济发展服务，又受经济发展水平制约。在经济尚不发达时期，安全设施简陋，事故层出不穷，经济无法快速稳定地增长。随着经济的不断发展，安全法律法规、标准制度的不断完善和先进的预警预报等安全装置的采用，使安全生产水平得到提高，就更加可靠地保障经济效益的进一步增长。发达国家的经济能力已达到相当高的水平，人们已不再满足于劳动过程中不出伤亡事故和职业病，而是提出了劳动过程的安全、卫生、舒适乃至享受的要求，这就达到了安全文化与经济水平相辅相成的状态。安全生产的社会效益是非常明显的，原国务院副总理邹家华曾经作过精辟论述：有效地减少伤亡事故和职业危害，建立良好的安全生产环境和秩序是经济发展中一个不可忽视的重要环节。安全问题涉及的范围广、影响大、社会敏感性强，安全工作搞得不好，会造成一系列严重的社会经济问题。一是严重的事故和职业病不仅使员工本人受到伤害，而且使家庭蒙受不幸，给成千上万的人民群众造成心理上难以承受的负担，有的职业病患者因为忍受不了疾病的痛苦而自杀。对这些不安定因素如果处理不当，就会激化社会矛盾，影响社会安定。对此，我们不能掉以轻心。二是严重的事故和职业病危害使国家财产遭受巨大损失，影响经济建设顺利发展。三是有损党和政府的声誉，阻碍我国有关政策特别是计划生育政策的贯彻实施。若干年后，我国主要劳动力大部分是独生子女，这些人一旦发生伤亡事故或职业病，将直接危害三个家庭的幸福。由此可见，安全工作好与坏，会影响我国政治、经济、社会的稳定。因此，决不能等闲视之，必须给予高度重视。

（2）营造文明氛围的需要

文明，是文化的积极成分。有人在文明与文化之间画等号，这是不妥的。文明这个概念的外延比文化的外延小一些，文明包含于文化，是文化的子概念，特指文化发展中的进步方面。既然文明是文化的进步方面，则文明就和某种价值观相联系，文明就是一种价值判断。例如，安全是有益于人的，无疑是文化中的进步方面。如果把安全放到整个人类文化的背景中去考查，那么就可以这样说，安全就是文明。当然，准确的描述应当是：安全是文明所代表的价值观之一种，且是最重要的一种。而文明是文化的子概念，安全也在其中。由此自然推导出，安全文化是人类文化的重要组成部分，是进步文化的代表，所以，安全文化就是文明。

这里所谓营造文明氛围，就是营造安全文化氛围，就是要在企业员工所到之处建立起“以人为本、珍惜生命，尊重人、爱护人，保障员工安全与健康”的安全文化氛围，其落脚点是创造文明的生产工作环境和作业条件，防止各类事故和职业病，尤其是杜绝重大恶性事故的发生，保障安全生产。

如何营造安全文化氛围呢？需要从以下四个方面考虑：①营造心态安全文化氛围，使全体员工形成有较高安全需求和安全价值取向的安全心态；②营造行为安全文化氛围，即完善安全法律法规、标准制度，强化安全管理体系，使全体员工具有符合规范要求的安全行为；③营造景观安全文化氛围，包括具有特色的教育手段，丰富多彩的宣传形式和厂风厂貌，优美宜人的工作和生活环境等；④营造物态安全文化氛围，即通过安全性评价和安全技术改造，使企业设备设施达到安全卫生标准，提高企业本质安全化程度。

我国把倡导安全文化推向社会、企业、公众的时间并不长，许多问题还有待探索、研究以及进一步认识、深化和实践。营造企业安全文化氛围，包括精神文明和物质文明诸多方面，是一件涉及全社会的复杂的系统工程，需要做大量工作，动员尽可能多的人来参加。一旦大多数人接受它、应用它，就会出现人们主体意识的新觉醒、自爱互爱的新人际、保护生产力发展的新关系，形成推动社会均衡前进的科学发展观。

企业安全文化是安全文化建设在生产经营领域中的实践和发展，是安全文化建设的一部分。企业安全文化是随着企业文化的兴起，结合我国工业文明进步的国情，在改革开放、企业管理机制转轨中起步研究和发展的。有的企业开始营造企业安全文化氛围时，是将企业安全文化与企业文化融为一体，或作为企业文化的重要部分，着手建设适合本企业的安全文化。企业安全文化建设的重要性表现如下：

① 突破了伦理型、政治型企业文化的束缚和限制，以安全效益和人的安全价值为标准，使劳动价值和人的价值得以真正体现，并体现于企业安全文化建设中。

② 突破了传统安全管理、科学管理与现代安全管理，甚至包括安全系统工程的局限性，通常它们都过分强调物即“硬件”，突出以控制物、管理物和保护物为中心，而企业安全文化建设则更强调以人为本，以“人”为核心，更突出员工安全意识、心理素质、思维方法、工作态度、安全理念、安全价值观、安全生产经营之道等因素，从精神文化、人的安全文化素质即“软件”上下工夫，是现代安全管理科学的升华和基础。

③ 企业安全文化的追求目标与企业安全文化体现的企业精神融合一体、取向一致。“安全、质量、效益、发展”已经成为激励全体员工共同奋斗的目标，体现了企业风貌和企业精神。

④ 企业安全文化是企业全体员工的安全素质或安全文化意识水平高低的标志。它与全员有关，决策层、管理层和操作层都有其应具备的安全文化素质要求，人人都享有应得的保护自身安全与健康的权利，同时也有不伤害他人、群体、企业的义务，把“要我安全”变为“我要安全”“我会安全”的自觉行为。

⑤ 企业安全文化与大众安全文化融为一体，企业安全文化建设的经验和成果，无疑丰富和推动了安全文化建设。在生产领域率先做到“安全第一、预防为主”，对减少生活及生存领域的意外事故和灾害将会产生重要的指导意义和推广作用。

7.2.2 安全文化建设应遵循的基本原则

企业安全文化，是企业文化的重要组成部分，既是企业发展的必然要求，更是企业发展的指导原则。加强企业安全文化建设，是贯彻落实科学发展观的具体表现，符合以人为本的核心要求。如何加强企业安全文化建设，需要遵循“五个原则”。

(1) 管理首位原则

安全文化作为一种微观的经济文化，是一种新的管理理念、管理思想、经营哲学。管理是企业永恒的主题，企业安全管理的最高境界是文化管理。因此，在企业安全文化建设过程中应遵循管理首位的原则。

(2) 以人为本原则

从科学发展观的高度来认识，“人本”应理解为“根本”，是企业安全发展的根本。人是生产力的首要因素，是社会一切财富的创造者；人的自由和安全发展是整个社会发展趋势和最高追求目标；人的存在是多种多样的，安全管理中的人本观念是指所有与安全管理活动有关的、涉及人的各种存在方式的整体的人本观念；安全管理中人本观念的“人”，是具体的人，而不是抽象的“人”。因此，企业安全文化建设要坚持以人为本原则，要依靠全员来建设，要营造好企业安全文化建设的良好环境。

(3) 统一性原则

统一性原则是企业安全文化建设的基本要求。对企业安全文化建设的基本内容，企业上下必须步调一致，形成统一的文化模式、价值理念、行为规范和对外形象，保持其内部企业安全文化的一致性。在贯彻落实总体要求的前提下，各分公司可结合实际，采取灵活多样的方式方法，推动企业安全文化建设向广度和深度发展。

(4) 因企制宜原则

不同的企业蕴含着不同的文化，企业文化建设不能开快车、不能急于求成，要因地制宜、因时制宜、因企制宜。要根据自身行业规律和内在要求，努力培育和创建富有个性化的企业安全文化，形成独具特色的企业安全文化，真正用文化筑牢安全防线。

(5) 持续创新原则

企业安全文化的活力之源就是创新。对于创新可用三个式子来表示：

① 创新就是“0+1”，就是从无到有，实现零的突破；

② 创新就是“1+99”，就是从有到优，就是更高更好；

③ 创新就是“100+1”，就是创一流，做同类产品的领跑者。因此，企业安全文化建设要坚持持续创新原则，只有这样，企业安全文化建设才会有生命力。

7.2.3　安全文化建设基本原理

(1) 安全文化建设的“人本安全原理”

企业安全生产需要物的本质安全，更需要人的本质安全，“人本”与“物本”的结合，才能构建生产安全事故防线。

企业安全文化建设的“人本安全原理”可用图 7-1 示意。即，安全文化建设的目标是塑造“本质安全型”人，本质安全型人的标准：时时想安全的安全意识，处处要安全的安全态度，自觉学安全的安全认知，全面会安全的安全能力，现实做安全的安全行动，事事成安全的安全目的。塑造和培养本质安全型人，需要从安全观念文化和安全行为文化入手，需要创造良好的安全物态环境。

(2) 安全文化建设的“球体斜坡力学原理”

安全文化建设的“球体斜坡力学原理”可用图 7-2 示意。这一原理的涵义：消防安全状态就像一个停在斜坡上的“球”，物的固有安全、现场的消防设施和人的消防装备，以及各单位和社会的消防制度和管理，是“球”的基本“支撑力”，对消防安全的保证发挥基本

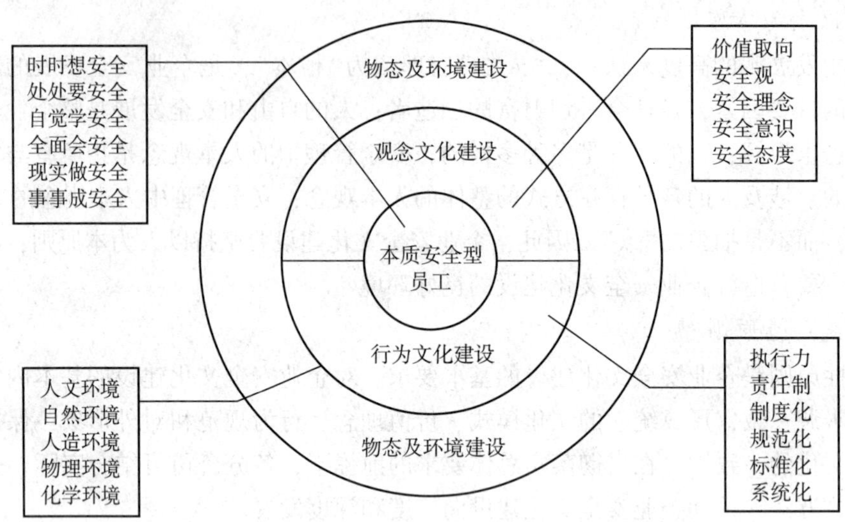

图 7-1　企业安全文化建设的“人本安全原理”示意图

的作用。仅有这一支撑力是不能够使消防安全这个“球”稳定和保持在应有的标准和水平上，因此，在社会的系统中存在着一种“下滑力”。这种不良的“下滑力”是由于如下原因造成的：①火灾特殊性和复杂性，如火灾的偶然性、突发性，违章不一定有火灾等客观因素；②人的趋利主义，即安全需要投入，增加成本，反之可以将安全成本变为利润；③人的惰性和习惯，人在初期的“师傅”指导下形成的习惯性违章，长期的“投机取巧”行为范式的形成。这种不良的惰性和习惯是因为安全规范需要付出气力和时间，而违章可带来暂时的舒适和短期的“利益”等导致。

要克服这种“下滑力”需要“文化力”来“反作用”。这种“文化力”就是正确认识论形成的驱动力、价值观和科学观的引领力、强意识和正态度的执行、道德行为规范的亲和力等。

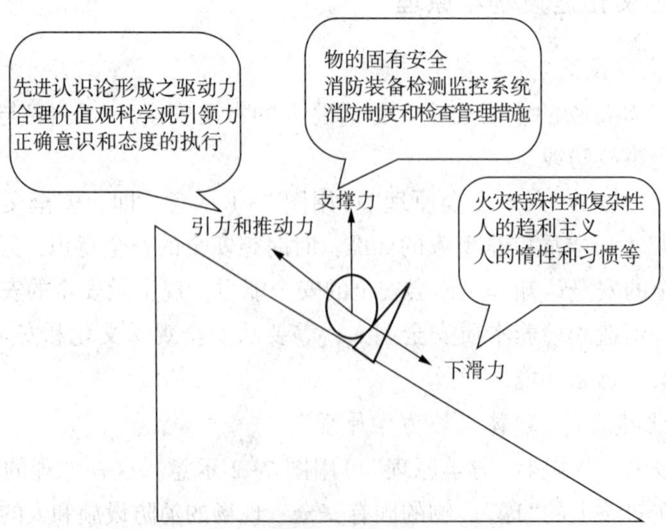

图 7-2　安全文化建设的“球体斜坡力学原理”示意图

(3) 安全文化建设的“偏离角最小化原理”

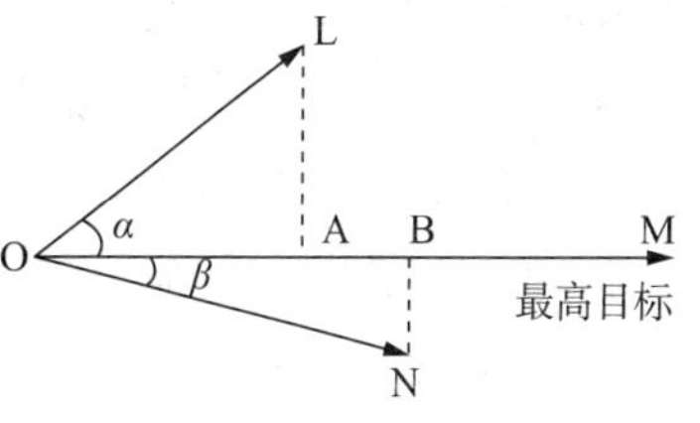

图 7-3　安全文化建设的“偏离角最小化原理”

安全文化建设的“偏离角最小化原理”可用图 7-3 示意。这一原理的涵义是：夹角越小其余弦值越大，当夹角为0时，余弦值取最大值1；O 点代表共同安全理念或价值观，M 代表组织或社会的最高安全目标，OL 和 ON 是指在干扰力量的影响下产生的安全目标的偏离。共同的安全理念或安全价值观，产生最大的文化合力，否则就会产生安全目标偏离，导致社会的经营和消防安全不能实现。因此，需要通过全体人员安全观念文化的建设来实现价值观收敛于社会的共同价值取向。

(4) 安全文化建设的“文化力场原理”

安全文化建设的“文化力场原理”可用图 7-4 示意。这一原理的涵义表明，消防安全文化的建设就是要形成一种文化力场，将社会公众分散的消防意识和不及的能力和素质，引向消防安全规范和制度的标准及要求上来。

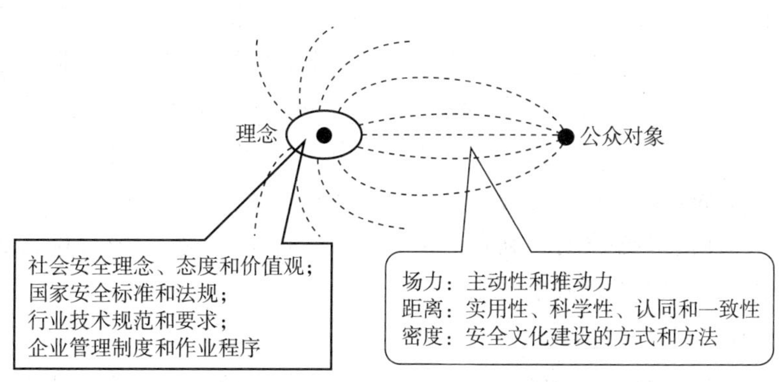

图 7-4　安全文化建设的“文化力场原理”

7.2.4　安全文化建设的多元思考

安全工作是企业生存与发展的永恒主题，企业必须时刻绷紧安全生产这根弦，坚持不懈地抓好安全生产工作。安全工作是一种文化，在实施安全生产的各项工作中，均体现为一种文化现象，而每一种文化现象的背后，都是由某种原理引发出来的思考。

(1) 由“木桶原理”引发的思考

在抓安全工作中，人们常常提到“木桶原理”，并用来比喻安全工作。这就是说安全工作的好坏取决于围成木桶最短的那块木板，它的长短制约着木桶的盛水量。由于受思维定势的影响，这里所谓的盛水量，人们通常都是从木桶水平放置的状态下来“定义”的。

事物是辩证的、统一的结合体，有“长”才有“短”，因此“木桶原理”中的盛水问题，也是随着外部条件的变化而变化的，因而对安全工作不能简单地定论为：安全工作的好坏取决于围成木桶最短的那块木板。在安全生产工作中，要正确看待“长”与“短”，在“变”字上做文章，这是企业抓安全工作的关键所在。倘若将木桶略倾斜一下，使围成木桶的

“短木板”与“长木板”的顶端处在同一水平线上，可从直观上、理论上得到证实，此时的盛水量会多于前面所表述状态下的盛水量。为此，企业应从自身的特点出发，采取各种有效措施，使安全生产保持平稳较快增长态势。解决“长”与“短”的根本目的是：增加盛水量，说白了就是提高安全生产的整体能力，消除各种事故隐患，保证职工的生命安全。

另一方面，决定木桶容量的并不只是短板一个因素，也跟板与板之间的缝隙有很大关系。安全生产工作不能被动地在短板上做文章，而应着力于主动补缝，这样才能形成牢不可破的力量。很多事故发生的原因不仅在于显性的短板，更在于管理背后不显眼的缝隙。安全文化正是安全管理缝隙的黏合剂，是安全管理的灵魂，是决定安全制度和行为的核心因素。有什么样的安全文化，就会产生什么样的管理制度和安全业绩。完善的管理制度是不存在的，制度中总是存在各种缝隙，总会有人钻制度的缝隙，因此完全依靠制度管理来保障安全是不现实的。在制度不能充分有效发挥作用的情况下，能够用来弥补板与板之间的缝隙的，只有安全文化。这是因为，从个体来看安全文化体现为一种素养，即一种安全知识、安全责任和安全行为，而一线职工安全素养的高低决定了企业的安全管理水平。从以往事故中不难看出，大多数的事故是因为一线操作者自我保护意识不强，安全责任心不强，忽视对作业现场环境的检查，违章违纪盲目操作造成的。有人在作业过程中总是凭经验和“想当然”行事，甚至认为“一辈子都干过来了，也没出什么事”，导致规章写在纸上、挂在墙上，却落实不到行动上。预防事故和意外伤害的发生不仅仅是技术问题，也是管理问题，更是深层次的认识问题、道德问题，归根结底还是安全文化问题。“三违”屡禁不止的背后，是职工文化素养还没有达到安全管理所要求的境界。要缩短规章制度要求与职工安全素养的差距，就必须发挥安全文化管理的独特功能。

(2) 由“力学实验”引发的思考

首先准备数张长纸条，以备做实验用。第一次实验：在纸条上任意撕开两个小口，然后用双手去拉纸条的两端，纸条断为两截；第二次实验：在纸条上任意撕开三个小口，然后用双手去拉纸条的两端，把纸条拉断，纸条断为两截。如此反复实验的结果：无论纸条上有多少个撕开的小口，用双手去拉纸条的两端，它只能断为两截。

通过上述实验，告诉我们一个道理：安全生产工作的漏洞往往出现在薄弱的环节上，它具有一定的必然性，也有一定的随机性，并非所有的隐患都能导致事故的发生。这就像抓安全管理工作一样，往往忽视各类隐患的整改，对违章指挥、违章作业看惯了，缺乏必要的整改措施。在安全生产管理上抓的不实，存在着侥幸心理，自以为不会出事。在日常工作中，我们身边“三违”现象随处可见，或许某一次违章，就有可能造成重大事故。

实验的结果告诫我们：为防止某种事故的发生，必须做好超前性的预防工作。要做好预防工作，应从以下几个方面入手。

① 强化职工自我保护意识的教育

充分利用班前会议，认真做好安全教育，突出针对性，让职工了解作业现场环境，以及工作中应注意的问题，认真总结上一班的安全生产情况，组织职工观看安全教育片，诵读安全理念、安全口诀，增强职工的自我保护意识提高职工的安全文化素质。

② 加大职工群众安全检查力度

各车间、各班组的职工，工作生活在生产第一线，对生产现场的环境、条件最为熟悉，对安全生产状况最有发言权，对检查、排查隐患最能见到成效。因此，对他们发现的各类隐患要及时下发整改通知、提出整改意见，督促整改措施的落实。对隐患处理不及时、不彻底的，坚决给予制止。

③ 完善安全作业规程

从近年来企业发生的事故情况分析来看，导致事故发生的因素有两个方面：一是人为因素造成的；二是自然因素造成的。人为因素酿成的事故比例居高不下，表现为：作业规程比较陈旧；作业规程不够完善；作业规程指导性不强；作业规程执行的不好；这就要求作业规程要不断地完善，以适应工作条件的变化，把人为因素的事故降到最低点。

④ 建立群防群治体系

要对企业的群众安全监督员队伍实行动态管理，把那些有实际工作经验，敢于负责任，热心安全工作的同志充实到群众安全监督员队伍中来，真正发挥群众安全监督员的作用。各车间、班组也要配齐群众安全监督员，完善群众安全监督员网络，强化群防群治体系建设，做到上下互动、左右联动、确保安全生产，这实际上就是一种安全文化的现象。

(3) 由“曲面关系”引发的思考

取一条窄长的纸条，使纸条的两端扭曲成180°，然后将纸条一端的正面与另一端的反面粘合在一起，形成一个曲面，这就是数学上的莫比乌斯曲面。这个曲面的特点：在不出长度的边缘上，该曲面上的任意一点为起始点做运动，都会由此面到达彼面。

莫比乌斯曲面给我们的启示有以下两点：

① 安全与生产是统一的整体。生产离不开安全，安全制约着生产。当安全与生产发生矛盾时，生产必须服从于安全，只有做到安全生产，才能创造最大的效益。

② 群众监督与行政监管的目标是一致的。在企业安全生产工作中，在职工群众的安全监督检查中，也有个别行政干部对职工群众安全监督提出的问题不能正确对待，存有一定的侥幸心理，表现为追求高产，片面追究效益而忽视安全。职工群众安全生产监督是从维护人的利益出发，确保党和国家安全生产方针的落实，是创高产、增效益的根本保证。职工群众的安全监督与行政干部的安全监管处于“两个层面”，但工作的总体目标是一致的，都是为了搞好企业的安全生产工作。由此可见，实施有效的职工群众安全工作监督，能够促进企业安全生产管理水平的提高，实现企业生产的安、稳、长、满、优。曲面理论也是群众安全文化的一种反映。

(4) 由“碎瓶理论”引发的思考

丹麦物理学家雅各布·博尔，一次不小心打碎了一个花瓶，但他没有一味的悲伤叹惜，而是俯身精心地收集起满地的碎片，他把这些碎片按大小分类称出质量，结果发现，10~100g 的最少，1~10g 的稍多，0.1~1g 及 0.1g 以下的最多；同时，这些碎片的质量之间表现为统一的倍数关系，即较大块的质量是次大块的16倍，次大块的质量是小块的16倍，小块的质量是小碎片的16倍。正是这一次偶然的失手，使雅各布·博尔发现了"碎花瓶理论"，更主要的是它充分利用这一原理，拓展开来，去解决自然现象或物体，从而寻找到了事物的本质，以及相互之间的关系。

这个"碎花瓶理论"在实施企业安全管理工作中也具有可借鉴之处。使我们联想到在生产过程中，存在的威胁安全生产的种种表现，违章指挥、违章作业和违反劳动纪律等。就生产安全事故的大小而言，可分为轻伤事故、重伤事故、重大事故和特大事故。参照"碎花瓶理论"的推算，出现特大事故的概率最低，其次是重大事故，再次是重伤事故，最多的是轻伤事故。从"碎花瓶理论"的倍数关系看：一起特大事故是在16起重大事故的基础上引发的；一起重大事故是在16起重伤事故的基础上引发的；一起重伤事故是在16起轻伤事故的基础上引发的。按此倍数计算：4096起轻伤事故，就有可能出现一起重伤事故；256起重伤事故，就有可能出现一起重大事故；16起重大事故就有可能出现一起特大事故。

客观地看，这是理论的推算，但是人们在安全生产的实践中积累了丰富的经验，要想保证安全生产，必须要解决好诱发各类事故的根源，控制轻伤事故的发生。导致事故发生的前提是违章指挥、违章作业和违反劳动纪律等，如果在工作中能够控制上述现象的出现，就会使轻伤事故降到"零"，那么按照"碎花瓶理论"的计算：0乘以16、0乘以16^2、0乘以16^3，其结果都是0。因此，企业的安全生产工作必须从基础抓起，"从零开始，向零进军"是控制各类事故的根本目的。而安全文化的出发点也是从规范职工的行为开始，进而达到"事故为零"的目的，从这个意义上说"碎花瓶理论"和"安全文化"在安全管理上有异曲同工之美。

(5) 由"正四面体"引发的思考

在现实生活中我们常常见到"正四面体"，我们把正四面体随意投掷到地面上，它始终有一个顶点朝上。在企业一切工作中，我们应做到点、线、面的相互结合，突出安全工作这个重点，也就是说，把安全生产工作始终放在顶点上。笔者认为，企业的安全生产工作必须从基层抓起，建立健全岗位、班组、车间、厂(矿)四级安全生产监督网络，坚持不懈地开展安全检查、隐患排查整改，充分发挥各级安监组织的作用。如果我们把岗位、班组、车间、厂(矿)四级安全监督组织看作正四面体的四个面，它们点、线、面结合，具有稳定性，这四者之间又彼此相互联系制约，并交汇成四个顶点，即无论何时都有"三个落脚点"，并服务于"顶点"即"安全工作的重点"。

上面的"正四面体"投掷实验告诉我们：岗位、班组、车间、厂(矿)四级安全生产监督组织要筑牢稳固的安全生产监督检查管理体系，从上到下层层落实安全生产责任，突出安全工作的重点，选准安全工作落脚点，就能开创安全工作的新局面。有了这四级安全生产监督网络体系，就能把"纵深防御"和"程序管理"的安全管理思想发扬光大。图7-5为技术管理上的"纵深防御"示意；图7-6为组织管理上的"纵深防御"示意。

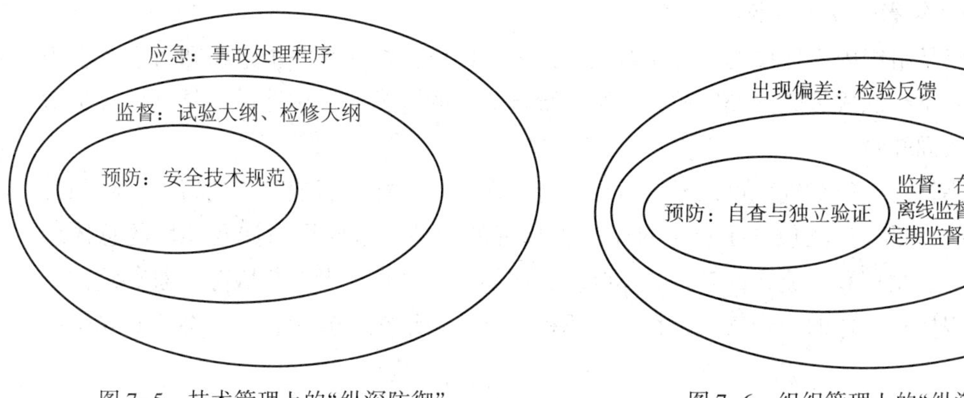

图 7-5　技术管理上的“纵深防御”　　　　图 7-6　组织管理上的“纵深防御”

图 7-5 中，它包括：① 防御措施，如安全技术规范；② 监督措施，如试验大纲、检修大纲；③ 应急措施，如事故处理程序。

图 7-6 中包括：① 预防措施，如自查与独立验证；② 监督措施，如安全工程师和质检人员的在线与离线监督，同行的外部定期监督与评估；③ 出现管理上的缺陷后，找出原因，进行反馈，并制定防止同类缺陷重发的纠正措施。

“正四面体”引发我们思考：安全工作要突出针对性、必要性、统一性，这样才能提高职工的自我保护意识。安全工作应从薄弱环节入手，解决好诱发各类事故的根源，这样才能达到标本兼治的目的。“纵深防御”是安全工作的深化，体现了突出重点，标本兼治的原则。

（6）由“安全气氛”引发的思考

安全气氛这一概念最早由 Zohar 于 1980 年提出，他把安全气氛定义为：组织内员工共享的对于具有风险的工作环境的认识。安全气氛用于描述员工对于工作场所的安全管理实践的共同知觉，是一个心理变量，反映了员工感觉到的某一组织中安全管理的重要性。

① 安全气氛的维度和作用

Zohar 于 1980 年在以色列的食品加工、钢铁、化工和纺织等工业组织中首次测量了安全气氛的维度和作用。他用探索性因素分析的方法确定了安全气氛的构成元素，其中共有 8 个维度：员工感知到的管理层对于安全的态度，感知到的安全生产实践对晋升的作用，感知到的安全生产实践对个人的社会地位的作用，感知到的安全管理人员的地位，感知到的安全委员会的地位，感知到的安全培训的重要性和作用，感知到的工作场所的事故风险水平，感知到的在促进安全生产的过程中强制执行和指导的作用对比。

这几个维度所呈现的状况，在事故多发单位和少发单位间有显著差别。人们的安全态度、安全承诺以及组织对安全管理人员、安全培训的态度等社会因素，均会影响安全绩效，因此安全气氛的研究被认为是很有意义的。安全气氛是一个多维的组织变量，在个人、团队和组织层面对工人的行为产生影响。从员工的观点看，安全气氛是组织中临时的“安全状态”，是员工们在某一时刻对于安全实践、政策和程序以及安全管理的相对重要性的感觉。

② 组织气氛影响安全气氛

组织气氛是组织内部环境的一种相对比较持久的性质，是区分一个组织和另一个组织的内在特征，是组织成员共同经历的并且可以影响他们的行为的一种性质，是全体成员对组织环境的共同知觉。

基于这一概念，组织气氛可以通过组织的特点来传达，并会影响员工的行为。组织气氛是一个多维变量，广泛包含了员工对于工作环境的评估，这些评估涉及环境的总体维度，比如领导、角色和交流，或者是具体维度，比如安全气氛或者客户服务气氛。总体的组织气氛可以影响具体的安全气氛，在一个积极和支持的组织气氛中，员工会感到安全行为是被重视的。

例如，如果员工感觉到组织中有公开的交流，他们就会感觉到关于安全的交流在组织中也是受重视的。安全气氛通常被认为是组织气氛的子系统，并且影响安全行为，是个人对于安全问题在工作环境中的重要性的知觉。

③ 安全气氛影响安全绩效

安全气氛研究的第三个方向是建立并测验安全气氛的理论模型，以此确定影响安全绩效和伤害事故的决定因素。研究人员提出了一个安全绩效模型，区分了安全绩效的内容，决定因素和先行变量。模型包括两种安全绩效：安全遵守和安全参与。安全遵守包括服从安全规章和实行安全操作，安全参与包括帮助同事，提出安全计划，表现主动性，努力提高工作场所的安全性。

其中，知识、技能和动机是个人差异的决定因素。研究人员发现，员工的态度、同事的反应、知觉到的工作危险和监督者的反应，都可以很好地预测安全行为，同时也是安全行为和安全气氛之间关系的调节变量。

总之，安全气氛通过个体因素、工作压力和安全控制感的调节作用，对安全绩效和事故发生产生影响，浓郁的安全气氛的知觉会降低事故发生率，提高安全绩效水平，反之则起到削弱的作用。

营造良好的安全气氛只有靠安全文化这一载体，一是要牢固树立“安全人人有责”的思想。坚持“逐级负责，分工负责、系统负责、岗位负责”的原则；二是强化问责意识。强化“发现不了问题可怕，解决不了问题可悲，不去解决问题可耻”的问责意识；三是坚持情理相融，强化考核定责。一方面，对防止事故的有功人员给予物质和精神奖励，另一方面，严格事故定责考核，按照“四不放过”的原则进行处理；四是营造“付出一万的努力、防止万一的发生”这一理念；五是培养职工养成“让安全成为习惯，让习惯更为安全”的自觉性。这些都是创造安全气氛的文化元素。

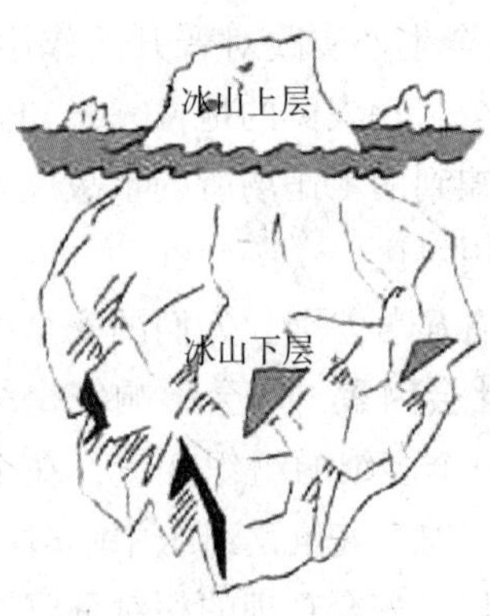

图 7-7　冰山图

(7) 由“冰山理论”引发的思考

由“冰山理论”可知，露在海面上的冰山其实只是冰山一角，真正的冰山主体是隐藏在海面下的那部分，如图 7-7 所示。

就安全工作而言，真正暴露在“海面上”的问题并不可怕，那些深藏在“海面下”的隐患才是真正的深水炸弹。国家电监局副主席史玉波说“抓安全生产犹如破解‘冰山理论’”“安全生产的着力点不能只解决浮在水面上的问题。应该下大力抓水面下看不见的东西。如果你把水面下的问题抓好了，自然而然浮上水面的东西就少了。”水下面的东西就是人的安全价值观和安全行为规范。从现实情况看，人们由于过于浮躁和急功近利，抓浮在“水面上”的工作多，抓“水面下”的工作少，呈现为有形管理方面的一手硬、无形文化建设方面的一手软，这是生产安全事故起伏不断的深层因素。安全文化是无形的，不是短期内能立竿见影的，而是长期起作用的因素。可以说，你不注意无形的事故隐患，有形的事故迟早会让你注意到它。看一个管理者重视不重视安全，不仅要看其是否善于抓眼前有形的东西，更要看其是否善于抓“水面下”看不见的东西，这不仅可以用来衡量其从本质上抓安全的态度，也是衡量领导者作风的试金石。其实，环顾单位周围，对于安全管理问题，我们并不缺少有形的东西，缺少的恰恰是无形的东西。事故暴露出的大多是有形的东西—冰山的一角，而追根溯源的结果却是背后无形的东西—安全文化的缺失。只有遵循规律抓安全，带着感情抓安全，在“一手硬”的同时克服“一手软”，不失时机持续抓无形的东西，才能变无形为有形。

7.2.5 企业安全文化建设的主要手段和方法

(1) 企业安全文化建设常用的手段

企业安全文化建设除了继续探索、发展和丰富企业安全文化的理论外，更加重要的途径是通过企业的生产活动和日常实践，不断总结、提高和优化。根据企业的特点和生产经营中突出的安全问题，以近期的安全生产计划有步骤、有阶段地执行企业安全文化建设的中长远奋斗目标来完成，特别是在企业的安全生产奋斗精神、企业的安全文明风貌、企业员工的安全意识、企业的安全生产效益等方面体现出安全文化的素质和建立适宜的安全文化氛围。国内外企业安全文化建设的理论和经验表明，可以采取以下几种办法和手段：

① 安全管理手段。采用现代安全管理的办法，从精神与物质两方面去更有效地发挥安全文化的作用，保护员工的安全与健康。一方面，以改善企业的人文环境，树立科学的人生观和安全价值观，在安全意识、思维、态度、理念、精神的基础上，形成企业安全文化背景；另一方面，通过管理的手段调节人-机-环境的关系，建立一种在安全文化氛围中的安全生产运行机制，达到安全管理的期望目标。例如，通过安全目标管理，安全行为管理，劳动安全卫生监督、检查，无隐患管理，预期型管理，企业安全人性化管理，企业安全柔性管理等，以实现对人的重视和爱护。

② 行政手段。利用行业、企业内部的行政和业务归口管理的一切办法，如贯彻政府、行业的法规、条例、标准；企业保证执行安全生产的各种规章制度和操作规程；坚持“三同时”，即新、改、扩建工程的劳动安全卫生设施必须与主体工程同时设计、同时施工、同时投产；坚持“五同时”，即在计划、布置、检查、总结、评比生产的同时，计划、布置、检查、总结、评比安全；严格执行安全生产的奖惩制度，加强事故管理，真正贯彻管

生产必须管安全的原则，并落实到企业法人代表或第一责任人头上。行政手段要充分运用安全制度文化的功能，规范员工的行为，人人遵章守纪，防止“三违”现象，保护自己、保护他人、保障企业安全生产。

③ 科技手段。依靠科技进步，推广先进技术和成果，不断改善劳动条件和作业环境，实现生产过程的本质安全化，不断提高生产技术和安全技术水平。例如，应用和发挥安全工程技术，消除潜在危险和危害；用新工艺、新材料代替人的手工操作和笨重体力劳动，改善劳动环境，减少职业危害；采用防火防爆工程、现代消防技术、阻燃隔爆等方法，减少和防止工业爆炸和火灾；采用安全系统工程、安全人机工程、闭锁技术、冗余性技术以及能量、时间、距离控制等技术，保障人-机-环境协调运转，保护人与设备的安全。总之，利用安全文化的物质特性和物化了的技术、材料、设备、保护装置，维护生产经营活动安全卫生地进行。

④ 经济手段。保障安全生产，不仅能保护员工在生产经营活动中的身心安全和健康，也不仅是减少意外伤亡事故及其经济损失，还体现了生产技术与安全技术的有机结合所产生的能动作用，使经济处于良性的正增长态势。特别是在市场经济条件下，怎样发挥经济的规律及其杠杆作用，实现安全生产，创造良好的劳动作业环境，保障安全所需要的投入？怎样才能科学而合理地解决投入，并使之适应企业的安全文化和经济背景，以最小的安全投入取得最大的经济效益呢？例如，利用安全经济的信息分析技术、安全-产出的投资技术、事故直接经济损失计算技术、事故间接非价值对象损失的价值化技术、安全经济效益分析技术、安全经济管理技术、安全风险评估技术、安全经济分析与决策技术等，在安全投入、技术改造、兴建工程、安全经济决策、安全奖励等方面都显示出安全经济手段的重要作用。技术经济学和安全经济学的理论与实践正是应用经济手段促进安全生产的理论依据。

⑤ 法治手段。进入21世纪以来，我国立法步伐加快，安全生产方面的法律法规以及国家标准、行业标准日益健全，无法可依的时代已经过去。因此，要充分利用安全生产和工业卫生的法律法规，以及中央政府依据这些法律法规制定的一系列行政规章和有关政策，对企业的安全生产状况，包括企业的生产改造、扩建、改建或新建工程、生产经营活动等进行安全监督和监察，利用安全法制规范人的安全生产行为，实现依法治安全的长期追求。例如，宪法、刑法、工会法、劳动法、企业法、煤炭法、交通法、民航法、建筑法等法律中有关安全生产与职业病防治的条款；安全生产法、职业病防治法、矿山安全法、消防法等专门法律；国务院颁布的“三大规程”和“五项规定”、危险化学品安全管理条例、工伤保险条例、建设工程安全生产管理条例等行政法规；有关安全生产的所有国家标准和行业标准；各行业(部门)制定的各项安全生产规章制度等。要用好这些法律规章和制度，保护企业员工的合法权益，保护其在劳动生产过程中的安全和健康。同时，也要用法制来规范员工的安全生产行为，并依法惩治安全生产的违法行为。要使每个员工知道遵章守法是公民的义务，是文明人对社会负责任的表现。

⑥ 教育手段。教育即教化。教者，传授、指导、培训，使之变也；化者，变之结果

也。此教，乃社会之文教；此化，乃受教者之文化。换言之，教育的目的，就是把一个自然人塑造成一个社会人。再通俗一点讲，教育是一种传播文化，传递生产经验和社会经验，促进世界文明的重要手段。企业员工的安全生产、生活以及社会公共安全的知识、态度、意识、习惯，可以通过科学技术和安全精神需求的教育、宣传、学习、升华，不断得以提高。教育是培养和造就高素质人才的必由之路。企业的全员安全教育必须常抓不懈、不断提高，以适应安全科学技术的进步和现代安全管理的需要。例如，新员工的入职安全知识、规章制度的培训教育，特殊工种资格培训教育，企业决策者、各级生产经营管理人员、安全主管人员的任职资格教育，安全法律法规及标准的告知，本企业及工作场所潜在危险的告知，安全科普、安全文化知识教育，员工家属安全文化教育等。通过各种宣传、教育的形式和手段，影响、塑造符合企业发展和社会文明的安全文化人。全体员工不仅具有安全生产技术、遵守安全行为规范，还有正确的安全观念、安全思维、安全态度、安全意识和应急反应能力，还有安全的心理和安全的精神需求，达到真正安全与健康的状态。

安全工作是精神文明建设的重要方面，安全工作中的“三不伤害”的全部内容都包括在道德范畴内，企业安全文化建设的出发点与归宿都是“三不伤害”。做到了“三不伤害”的人，就是一个高尚、有理想、有道德的人。因此，衡量一个人道德品质如何、高尚与否，就看其对安全的态度如何，就看其在生产指挥和操作中是否能做到“三不伤害”；而能不能做到“三不伤害”就反映出其安全文化素质如何。“三违”是对“三不伤害”的直接否定，有“三违”习惯的人，无疑是品质低劣者；“三违”现象严重的企业，无疑是精神文明和道德建设极差的企业。例如，对死亡人数设定允许范围的管理模式；企业领导利用职权把配偶或子女从危险岗位调走，以减弱对危险部位的担心，或雇用农村剩余劳动力从事脏、累、苦、危害大、危险性强的工作；短期行为、违章指挥、鼓励冒险、重生产轻安全等。这些都既是安全问题，又是道德问题，这些问题在这些企业中成为从上到下最普遍且习以为常的事情。这是对生命的漠视，对人类自身的否定。洛阳东都大火原因中所暴露的问题，南丹“7·17”矿难，富源煤矿透水事故引发的瞒报、救援不力等问题，都说明了这一点。因此，安全道德教育如同安全立法一样重要，应视为企业安全文化建设的当务之急，要下力气切实抓紧、抓好。

(2) 企业安全文化建设的实用方法

每个企业都有自己的安全文化背景，安全生产、生活条件也不大相同，企业领导层、安全管理层及员工的安全意识和安全文化素质也不一样，建设企业安全文化的方法就会千姿百态，形式多样，各有侧重。例如：

塑造企业安全精神法

树立企业安全形象法

突出企业安全风貌、道德法

应用安全经济价值规律，提高安全生产效益法

提高安全文化知识水平，增强自我保护意识法

企业员工“三级安全教育”法

管理干部任职前安全培训达标法
安全科普知识宣传与教育法
安全心理普及教育法
安全行为规范教育法
安全文艺宣教激励法
安全专家咨询整改法
安全科学技术宣传推广法
安全产品质量保障法
安全法律法规法治普及教育法
企业班组安全生产活动竞赛法
企业班组安全文化活动推广法
人体科学身心保护法
安全自救常识宣讲法
安全生产知识竞赛法
安全职业道德培训法
安全工程技术专业教育法
职业卫生工程技术推广法
现代安全管理科学普及法
安全生产规章制度宣讲法
企业安全生产考核奖惩法
企业安全评价、整改法
企业重大隐患评估法
安全监督检查评优法
企业定期安全检查巡回活动法
企业厂长经理安全法规教育法
企业事故应急安卫法
防“三违”基本素质训练法
企业安全软科学思维推荐法
事故分析、预报、预防、减灾法
企业安全生产信息数据处理法
安全标识形象判断法
国内外重大事故案例分析对比法
企业内重大事故日反思教育法
企业安全生产竞赛重奖法
员工安全生产家庭优胜评选活动法
企业安全报刊优胜评比法

企业安全生产自检、自查、整改法

全员安全自律创优法

员工“三不伤害”评比法

安全警句、语录、标语激励法

员工“要安全、会安全”互学互助法

员工安全科技文化知识持续更新法

国内外安全生产管理模式研讨法

企业安全文化活动的方法，集中表现为通过宣传和教育、传授和示范、理论和实践、学习和理解、思维和行动、外因和内因、心理和生理、理性和感性、道德和伦理等活动方式来开展，形成企业各具特色的行之有效的方法；虽然受时间、地点、环境的限制，却总能找到或创造符合本企业安全生产经营活动实际的，人人喜闻乐见、不落俗套、不刻板、不乏味的好办法，以提高员工的安全文化意识和素质，保护员工的身心安全与健康。

在企业倡导和弘扬安全文化，结合当代安全文化的最新成果，依靠安全科学技术，提高员工的安全意识和安全素质，是建设企业安全文化的最佳途径。其中的关键之举，是通过教育和传媒的形式和手段，将安全的哲理、安全的思想、安全的意识、安全的态度、安全的行为、安全的道德、安全的法规、安全的科技、安全的知识告诉、传授给员工，并影响公众，激励和造就员工的安全文化品质。只有全员的安全文化素质不断提高，企业安全文化才能真正发挥巨大作用。

7.2.6　企业安全文化建设的主要途径

建立良好的企业安全文化是一个长期的过程，它要在对传统的企业安全文化进行调查分析的基础上进行甄别和舍取，再根据时代发展的要求和人们的思想观念进行把握，并且要考虑和企业文化相协调，提炼出明确的安全理念。良好的企业安全文化应包括以下内容：提倡“以人为本，安全第一”的安全价值观；发挥人的主观能动性，倡导“严、细、实”的工作作风，反对管理工作中的好人主义、官僚主义、形式主义，改变现场人员的“低标准、老毛病、坏习惯”，培养人人遵章守纪，人人反对违章的良好习惯；营造“关爱生命、关注安全”的良好氛围，坚持预防为主，措施在前，预控在先，防患于未然；借助安全体系建设等标准化、程序化的手段，落实安全责任，强化责任追究，完善安全的奖惩激励机制，构建保证制度落实的基础平台。企业安全文化建设的主要途径如下：

(1) 以坚持强化现场管理为基础

一个企业是否安全，首先表现在生产现场，现场管理是安全管理的出发点和落脚点。员工在企业生产过程中不仅要同自然环境和机械设备等作斗争，而且还要同自己的不良行为作斗争。因此，必须加强现场管理，搞好环境建设，确保机械设备安全运行。同时要加强员工的行为控制，健全安全监督检查机制，使员工在安全、良好的作业环境和严密的监督监控管理中，没有违章的条件。为此，要搞好现场文明生产、文明施工、文明检修的标准化工作，保证作业环境整洁、安全。规范岗位作业标准化，预防“人”的不安全因素，使员工干标准活、放心活、完美活。

(2) 坚持安全管理规范化

人的行为的养成，一靠教育，二靠约束。约束就必须有标准，有制度，建立健全一整套安全管理制度和安全管理机制，是搞好企业安全生产的有效途径。

首先，要健全安全管理法规，让员工明白什么是对的，什么是错的；应该做什么，不应该做什么，违反规定应该受到什么样的惩罚，使安全管理有法可依，有据可查。对管理人员、操作人员，特别是关键岗位、特殊工种人员，要进行强制性的安全意识教育和安全技能培训，使员工真正懂得违章的危害及严重的后果，提高员工的安全意识和技术素质。解决生产过程中的安全问题，关键在于落实各级干部、管理人员和每个员工的安全责任制。

其次，是要在管理上实施行之有效的措施，从公司到车间、班组建立一套层层检查、鉴定、整改的预防体系，公司成立由各专业的专家组成的安全检查鉴定委员会，每季度对公司重点装置进行一次检查，并对各厂提出的安全隐患项目进行鉴定，分公司级、厂级、整改项目进行归口及时整改。各分厂也相应成立安全检查鉴定组织机构，每月对所管辖的区域进行安全检查，并对各车间上报的安全隐患项目进行鉴定，分厂级、车间级整改项目，落实责任人进行及时整改。车间成立安全检查小组，每周对管辖的装置(区域)进行一次详细的检查，能整改的立即整改，不能整改的上报分厂安全检查鉴定委员会，由上级部门鉴定进行协调处理。同时，重奖在工作中发现和避免重大隐患的员工，调动每一个员工的积极性，形成一个从上到下的安全预防体系，从而堵塞安全漏洞，防止事故的发生。

(3) 坚持不断提高员工整体素质

人是企业财富的创造者，是企业发展的的动力和源泉。只有高素质的人才、高质量的管理、切合企业实际的经营战略，才能在激烈的市场竞争中立于不败之地。因此，企业安全文化建设，要在提高人的素质上下功夫。近几年来，企业发生的各类安全事故，大多数是员工处于侥幸、盲目、习惯性违章造成的。这就需要从思想上、心态上去宣传、教育、引导，使员工树立正确的安全价值观，这是一个微妙而缓慢的心理过程，需要我们做艰苦细致的教育工作。提高员工安全文化素质的最根本途径就是根据企业的特点，进行安全知识和技能教育、安全文化教育，以创造和建立保护员工身心安全的安全文化氛围为首要条件。同时，加强安全宣传，向员工灌输“以人为本，安全第一”“安全就是效益、安全创造效益”“行为源于认识，预防胜于处罚，责任重于泰山”“安全不是为了别人，而是为了你自己”等安全观，树立“不作没有把握的事”的安全理念，增强员工的安全意识，形成人人重视安全，人人为安全尽责的良好氛围。

(4) 坚持开展丰富多彩的安全文化活动

企业要增强凝聚力，当然要靠经营上的高效益和职工生活水平的提高，但心灵的认可、感情的交融、共同的价值取向也必不可少。开展丰富多彩的安全文化活动，是增强员工凝聚力，培养安全意识的一种好形式。因此，要广泛地开展认同性活动、娱乐活动、激励性活动、教育活动；张贴安全标语、提合理化建议；举办安全论文研讨、安全知识竞赛、安全演讲、事故安全展览；建立光荣台、违章人员曝光台；评选最佳班组、先进个人；开展安全竞赛活动，实行安全考核，一票否决制。通过各种活动方式向员工灌输和渗透企业安全观，取得广大员工的认同。对开展的“安全生产年”“百日安全无事故”“创建平安企业”等一系列活动，都要与实际相结合，其活动最根本的落脚点都要放在基层车间和班组，只有基层认真的按照活动要求结合自身实际，制定切实可行的实施方案，扎扎实实的开展，不走过场才会收到实效，才能使安全文化建设更加尽善尽美。

(5) 坚持树立大安全观

企业发生事故，绝大部分是职工的安全意识淡薄造成的，因此，以预防人的不安全行为为目的，从安全文化的角度要求人们建立安全新观念。比如上级组织安全检查是帮助下级查处安全隐患，预防事故，这本是好事，可是下级往往是百般应付，恐怕查出什么问题，就是真的查出问题也总是想通过走关系，大事化小、小事化了。又如安监人员巡视现场本应该是安全生产的“保护神”，可是现场管理者和操作人员利用“你来我停，你走我干”的游击战术来对付安监人员。还有，本来“我要安全”是员工本能的内在需要，可现在却变成了管理者强迫被管理者必须完成的一项硬性指标……上述的错误观念一日不除，正确的安全理念就树立不起来，安全文化建设就永远是空中楼阁。应利用一切宣传媒介和手段，有效地传播、教育和影响公众，建立大安全观，通过宣传教育途径，使人人都具有科学的安全观、职业伦理道德、安全行为规范，掌握自救、互救应急的防护技术。

7.2.7 企业安全文化建设的评估

(1) 企业安全文化建设的评估因素

企业安全文化建设效果的评估主要包括外在效果、自身建设和可持续发展三个方面。

① 企业安全文化建设的外在效果

企业安全文化建设的外在效果可以从企业的安全状况和职工的职业安全健康两方面来考察。企业的安全状况指标主要包括：事故率、人员伤亡率、违章操作率、安全周期。事故率、人员伤亡率、违章操作率、安全周期这四个主要指标体现了安全价值观、安全理念等在员工心中的认同程度以及在员工行动中的自觉性。职业安全健康包括职工对生产环境的满意度，对社会、企业的满意度以及员工家属对企业的满意度。这三个主要指标反映了安全文化在企业实际的作用效果，作用效果好，则满意度高，反之，则满意度低。

② 安全文化的自身建设

安全文化的自身建设包括组织的承诺、管理参与、员工授权、奖惩系统、报告系统和安全文化的培训教育。

a. 安全文化中的组织承诺。就是企业组织的高层管理者对安全所表明的态度。只有高层管理者做出安全承诺，才会提供足够的资源并支持安全活动的开展和实施。

b. 安全文化中的管理参与。是指高层和中层管理者亲自积极参与组织内部的关键性安全活动。这表明自身对安全重视的态度，将会在很大程度上促使员工自觉遵守安全操作规程。

c. 安全文化中的员工授权。是指组织有一个"良好的"授权予员工的安全文化，并且确信员工十分明确自己在改进安全方面所起的关键作用。员工授权意味着员工在安全决策上有充分的发言权，可以发起并实施对安全的改进，为了自己和他人的安全对自己的行为负责，并且为自己的组织的安全绩效感到骄傲。

d. 安全文化中的奖惩系统。就是指组织需要建立一个公正的评价和奖惩系统，以促进安全行为，抑制或改正不安全行为。一个组织的安全文化的重要组成部分，是其内部所建立的一种行为准则，在这个准则之下，安全和不安全行为均被评价，并且按照评价结果给予公平一致的奖励或惩罚。

e. 安全文化的报告系统。是指组织内部所建立的、能够有效地对安全管理上存在的薄弱环节在事故发生之前就被识别并由员工向管理者报告的系统。一个组织在工伤事故发生之前，就能积极有效地通过意外事件和险肇事故取得经验并改正自己的运作，这对于提高安全来说，是至关重要的。

f. 安全文化中的培训教育。安全文化所指的培训教育，既包括培训教育的内容和形式，也包括安全培训教育在企业重视的程度、参与的主动性和广泛性以及员工在工作中通过传帮带自觉传递安全知识和技能的状况等。

③ 安全文化的可持续发展

安全文化是一个不断开放、发展的过程，安全文化的开放性是指掌握外界环境的变化以及对这些变化做出相应反应的程度，包括企业对外界安全文化的接受能力以及企业对自然环境、政府方针、政策、科学技术环境、社会文化环境等做出的积极反应。安全文化的发展应是企业全体员工对安全目标的一致认同，相互之间有着良好的沟通以及对安全认识的不断学习改进、螺旋上升的过程。

(2) 企业安全文化建设评估评分法

有了上述关于安全文化的表征因素，还必须根据这些因素建立具体的评价方法。安全文化评价的方法较多，有定性评价、定量评价和定性定量相结合的方法，针对安全文化评价的复杂性，本着实用、方便的原则，可以采用评分法进行评判。即：对每一个因素划分出等级并赋予一个分值，将安全文化的状况按各因素等级进行对照，确定出相应的分值，最后相加各分值得到总分，即为安全文化状况的评价结果。

可以将企业的安全文化水平划分为 5 个级别，如表 7-1 所示。

表 7-1 企业安全文化等级划分

总分	安全文化级别	说明
>90	五	最高级：安全文化应该保持
75~90	四	较高级：安全文化还能改善
60~75	三	中等级：安全文化需要发展
45~60	二	较低级：安全文化需要建设
≤45	一	最低级：安全文化亟待提高

安全文化水平的 5 个级别对应如下 5 个阶段：

① 第一阶段：无管理秩序阶段

企业安全文化发展的低级阶段。当评价结果小于或等于 45 分时，即处于此阶段。该阶段特征是，安全基本不被重视，生产事故的发生被认为是员工个人行为的结果，在所有员工中，侥幸心理或听天由命的心理占上风；企业基本不进行安全投入和安全教育，安全规章制度没有制定或制定之后根本未执行。在这个阶段，企业的核心价值观是以生产经营为中心，职工冒险作业和指挥、违规作业大量存在。

② 第二阶段：被动约束阶段

企业安全文化发展的初级阶段。当评价结果为 45~60 分之间时，即处于此阶段。在此阶段，安全工作是被动的，是基于法律法规约束而不得不开展的工作。企业高层管理人员对安全生产的重要性有所认识，但对安全经济价值的认识和对职工的权益保障的意识仍然不足，改进安全工作的动力主要来自于满足法律要求的需要和避免政府监管制裁的需要。对于中层管理人员和普通职员来说，安全是更高层管理者的职责，与自己关系不大；安全不是自己的实际需要，是由其他人强加于自己头上的。目前我国大多数企业安全文化的发展处于这个阶段。这个阶段企业安全工作的特点就是凡事处于被动应付状态，不是以自觉自律为基础。

③ 第三阶段：主动管理阶段

企业安全文化发展的中级阶段。当评价结果为 60~75 分之间时，即处于此阶段。在这个阶段，企业高层领导对安全工作的重要性有了充分认识，在遵守法律法规的基础上，组织内部建立了用清晰的语言描述的安全价值观或安全方针的目标，健全了实现安全目标的方法和程序。

在这个阶段，每一位员工都经过培训并注意到：企业制定的系统化、文件化的安全操作规程和规章制度，规定了哪些能做哪些不能做；生产工作都进行了科学的规划并且优先考虑了安全。对于企业高层管理人员和安全专职人员来说，安全工作已经不是被动应付政府部门安全监管的要求，而是为搞好企业的安全生产，主动采取更加有效的技术和管理措施。

然而在这一阶段，安全对于许多职工个人来说仍处于被动状态，原因是企业没有建立起员工参与安全事务商讨和决策的机制，职工的安全行为是在安全专职人员的监视和监督下实现的。不是所有职工都能认识到安全对自身的价值和意义，没有实现职工个人和生产班组对安全的自觉承诺和遵守。对于主动建立标准化职业安全健康管理体系，并有效实施的企业来说，其安全文化可处于第三阶段。

④ 第四阶段：自律完善阶段

企业安全文化发展的较高级阶段，充分体现安全文化先进性的阶段。当评价结果为 75~90 分之间时，即处于此阶段。值得指出的是，企业安全文化发展的较高级阶段，并不是一个有限的过程，而是一个不断改进、不断前进的无止境过程，也就是说，这一阶段只能达到，而不能超过。

⑤ 第五阶段：保持发展阶段

企业安全文化发展的最高级阶段，当评价结果为大于 90 分时，即处于此阶段。在此阶段，“安全第一”已不是一句空泛的口号，企业领导者对安全具有的远见和安全价值观在企业中被充分共享；绝大部分员工始终如一地、自觉地、积极地参与到强化安全生产的事物当中；安全成为企业管理的“血脉”，安全工作成为一切工作的有机组成部分和保障；不安全的作业条件和不安全行为被所有的人认为是不可接受的并且被公开反对。

(3) 企业安全文化建设评估层次分析法

① 测评方法及工具

企业安全文化测评系统最主要的基础是测评指标的设计，如某指标体系中：

一级指标包含 4 个方面：A 安全观念文化；B 安全行为文化；C 安全管理文化；D 安全文化建设。

二级指标包含 13 个维度，见图 7-8。

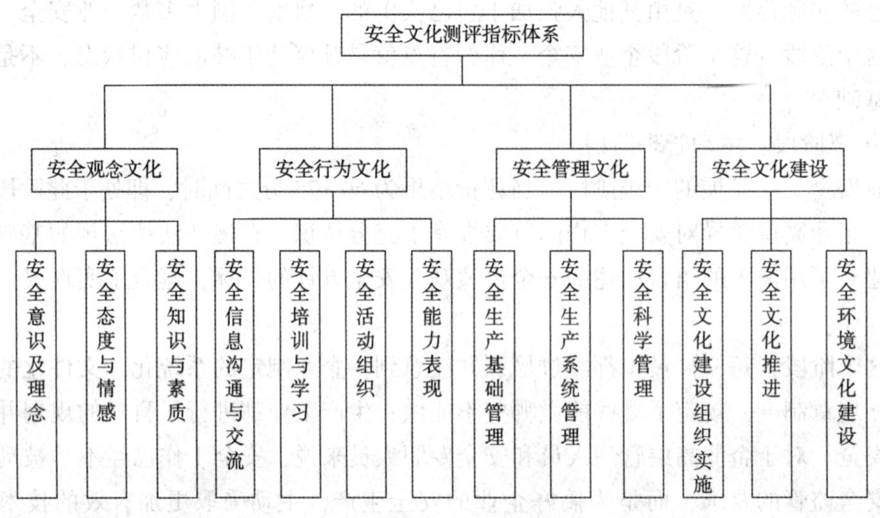

图 7-8　安全文化测评指标体系框图

二级指际有 74 个(表 7-2)，指标权重分 3 个等级，对上述指标的测评需要 3 个工具：

统计确认型指标——测评分级标准表；

专家评定型指标——专家调查表；

抽样问卷型指标——员工问卷表。

② 测评指标体系

企业安全文化测评指标体系的设计遵循文化学的基础性原则，安全学的专业性原则，指标属性的可测性、可进性、全面性、科学性、合理性的原则。

a. 根据安全文化学的形态体系，指标体系的一级指标设计分为安全观念文化指标、安全行为文化指标、安全管理文化指标和安全文化建设指标四个子系统。在一级指标基础上，分三个层面构建完整的指标体系。

各类指标的数量如表 7-2 所示。

表 7-2　安全文化测评指标(通用版)综合统计

指标特性 一级指标	指标分级		指标属性统计		
	二级指标	三级指标	统计确认型	专家评定型	抽样问卷型
安全观念文化	3	15	1	7	7
安全行为文化	4	26	5	12	9
安全管理文化	3	21	5	16	0
安全文化建设	3	12	2	10	0

b. 从测定方式的角度，测评安全文化的指标体系分为三种属性类型：一是统计确认型，由安全专管人员对测评对象的实际数据进行统计确认得出所需结果的指标；二是专家评定型，通过组织专家测评小组，进行问卷调查打分，综合统计获得所需结果的指标；三是抽样问卷型，通过对抽样员工提出问题测试，运用数学分析模型求得测评所需结果的指标。

③ 测评指标及权重

在确定的设计原则和设计思路的基础上，按照安全文化学的形态体系，最终设计出 74 个三级指标。

第三级指标按三个等级设计权重。考虑各指标在整个指标体系中的重要程度，给出相应的分值，即重要指标得 2 分，比较重要的指标得 1.5 分，一般指标得 1 分。安全文化测评指标体系如表 7-3 所示。

表 7-3　安全文化测评指标体系

一级指标	二级指标	三级指标	指标属性	分值
A 安全观念文化	A. 1 安全意识及理念	A. 1. 1 员工安全价值观	抽样问卷型	2. 0
		A. 1. 2 管理层安全科学观念	抽样问卷型	1. 0
		A. 1. 3 决策层安全系统思想	抽样问卷型	1. 0
		A. 1. 4 企业安全发展观及目标认识明确	专家评定型	1. 5
	A. 2 安全态度与情感	A. 2. 1 管理层安全承诺	抽样问卷型	2. 0
		A. 2. 2 执行层安全态度	抽样问卷型	2. 0
		A. 2. 3 决策层对安全生产的重视程度	抽样问卷型	2. 0
		A. 2. 4 管理层对生命安全健康情感	抽样问卷型	1. 0
		A. 2. 5 员工对安全生产的荣誉感与责任感	专家评定型	1. 0
	A. 3 安全知识与素质	A. 3. 1 决策层安全生产法规政策知识水平	专家评定型	1. 5
		A. 3. 2 管理层安全法规标准知识水平	专家评定型	1. 5
		A. 3. 3 生产管理人员安全管理知识水平	专家评定型	1. 5
		A. 3. 4 安全专管人员专业能力及素质	统计确认型	2. 0
		A. 3. 5 员工安全生产规章制度掌握程度	专家评定型	1. 5
		A. 3. 6 执行层安全生产知识水平	专家评定型	1. 0

续表

一级指标	二级指标	三级指标	指标属性	分值
B 安全行为文化	B.1 安全信息沟通与交流	B.1.1 管理层安全信息交流	抽样问卷型	1.0
		B.1.2 执行层作业安全沟通	抽样问卷型	2.0
		B.1.3 企业内部安全信息交流	抽样问卷型	1.0
		B.1.4 企业外部安全信息交流与沟通	抽样问卷型	1.0
		B.1.5 员工安全建议方式及渠道	专家评定型	1.0
	B.2 安全培训与学习	B.2.1 企业学习型组织的建设	抽样问卷型	2.0
		B.2.2 决策层安全培训考试成绩	统计确认型	1.0
		B.2.3 管理层安全培训考试成绩	统计确认型	1.0
		B.2.4 执行层安全培训考试成绩	统计确认型	1.0
		B.2.5 各种安全培训效果	抽样问卷型	2.0
		B.2.6 员工安全培训的多样化程度	专家评定型	1.5
		B.2.7 对国家安全政策法规标准的跟踪及更新	专家评定型	1.0
		B.2.8 激励员工进行安全生产创新的程度	专家评定型	1.0
	B.3 安全活动组织	B.3.1 企业安全文化活动的频度	统计确认型	1.0
		B.3.2 员工参与安全活动的积极性	专家评定型	2.0
		B.3.3 各类安全活动的效果	抽样问卷型	1.5
		B.3.4 安全生产先进典型引领作用	专家评定型	1.5
		B.3.5 员工安全生产满意度	抽样问卷型	1.0
		B.3.6 管理层安全生产满意度	抽样问卷型	1.0
	B.4 安全能力表现	B.4.1 决策层履行安全职责的情况	专家评定型	1.5
		B.4.2 管理层履行安全职责的情况	专家评定型	1.5
		B.4.3 安全专管人员安全职责履行情况	专家评定型	2.0
		B.4.4 企业安全科技与管理创新能力表现	专家评定型	1.5
		B.4.5 企业突发事件及紧急情况处置能力表现	统计确认型	1.0
		B.4.6 现场员工劳动防护用品配备与使用情况	专家评定型	1.0
		B.4.7 现场员工事故预防及隐患发现能力	专家评定型	1.0
C 安全管理文化	C.1 安全生产基础管理	C.1.1 安全生产规章制度与操作规程的制定与执行	专家评定型	2.0
		C.1.2 安全生产责任制建立及效果	专家评定型	1.5
		C.1.3 安全生产检查制度建立与实施	专家评定型	1.5
		C.1.4 安全生产监督机构设立与作用发挥	专家评定型	1.5
		C.1.5 安全专职人员配备率	统计确认型	1.0
		C.1.6 事故应急救援预案完善程度	专家评定型	1.0
		C.1.7 工商保险参保率与认定率	统计确认型	1.0
		C.1.8 临时工安全管理制度建立与执行	专家评定型	1.0

续表

一级指标	二级指标	三级指标	指标属性	分值
C 安全管理文化	C.2 安全生产系统管理	C.2.1 职业安全健康管理体系建立	统计确认型	1.5
		C.2.2 职业安全健康管理体系持续改进效果	专家评定型	2.0
		C.2.3 合作单位安全管理制度的建立	专家评定型	1.0
		C.2.4 消防管理制度建立与效能	专家评定型	1.0
		C.2.5 交通管理制度建立与效能	专家评定型	1.0
		C.2.6 特种设备安全管理制度建立与效能	专家评定型	1.0
		C.2.7 危险化学品安全管理制度建立与效能	专家评定型	1.0
	C.3 安全科学管理	C.3.1 危险源与隐患管理制度与效能	专家评定型	1.5
		C.3.2 安全生产现状评价工作实施与效果	专家评定型	2.0
		C.3.3 安全风险预警制度的建立与实施	专家评定型	1.0
		C.3.4 现代企业安全管理发展与创新	专家评定型	1.5
		C.3.5 安全监管全员参与的程度	统计确认型	1.0
		C.3.6 安全监管家庭参与的程度	统计确认型	1.0

7.2.8 企业安全文化建设应注意的问题

企业安全文化建设应注意“一个核心”“一个中心”“三个信念”“四个支点”“六项工作”“六种思想”“六项要求”“六个到位”等问题。

(1) 一个核心

“一个核心”即要牢固树立持之以恒，常抓不懈的安全理念。我国的企业由于历史的原因，安全欠账多，职工文化素质低。因此，安全文化建设不可能一蹴而就，更不能只是阶段性地一抓了事。安全文化建设是一项基础性、战略性工程，也是一项系统工程，要站在宏观的高度，应用系统工程的方法进行有效的组织、长远的规划和逐步实施。要认识到，安全是永恒的主题，是职工生存最基本的需求和必要条件，也是人类发展和社会进步的必要条件。企业要保持稳定发展、安全发展、可持续发展、绿色发展、低碳发展，要保障职工生命安全和身心健康，就要把安全文化建设作为一项长期的任务，循序渐进、持之以恒、常抓不懈。

(2) 一个中心

“一个中心”即要坚持以人为中心。以人为本是创建安全文化的全部内涵，也是安全文化建设的出发点和落脚点。安全文化影响每一个人的思想、行为、使人追求安全健康的生产和生活方式。仅仅靠被动的硬性管理是不科学的，要有人性化管理，注入人文关怀，尊重人权、珍惜生命，激发人的积极性和安全生产责任感。人的积极性、自觉性和自律性在于文化水平、思维方法、行为习惯。在管理中，往往单纯采取经济手段，造成上下不和谐，不利于调动职工的积极性。安全文化创建的重要目的在于激发人们关爱生命的自我防护意识，调动人们自律安全的积极性。只有启发、引导，才能强化安全意识，增强防范意识，提高安全素质和技能，从要我安全转变为我要安全、我会安全，才能达到不伤害自己，不伤害他人，不被他人伤害的安全状态。

(3) 三个信念

“三个信念”即要坚定安全是企业最大的效益、安全是干部的政治生命、安全是职工最大的福利。安全是企业最大的效益信念是指：经济效益是企业全部工作的目的和归宿，企业如果没有安全保证，生产取得好效益就是一句空话。为此，企业要在保证安全生产的前提下，不断提高企业的经济效益和社会效益，充分展示良好的企业形象和企业风貌；安全是干部的政治生命的信念是指：安全生产人人有责，干部的责任更大。对于干部来讲，一旦发生事故，必然是安全一票否决，必然要追究一把手的责任，轻则受党纪政纪处分，重则追究刑事责任；安全是职工最大的幸福是指：人的生命是最宝贵的，生命对于每一个人来说只有一次。发生事故，对其家人而言，则是塌了天，家庭支离破碎，给家人造成的是无法弥补的心灵创伤和终身的痛苦，阴影将始终笼罩不散。

(4) 四个支点

“四个支点”即筑牢强化管理、理顺情绪、规范行为和改善环境。建设安全文化的目的是为了实现持久稳定的安全生产，提高企业经济效益，推动改革与发展。安全文化的形成是一个长期的、渐进的过程。在具体工作中，要筑牢四个支点，即筑牢强化管理、理顺情绪、规范行为和改善环境。强化管理是基础，理顺情绪是前提，规范行为是手段，改善环境是保障，这是安全文化建设的具体工作，离开这些，安全文化建设就是无源之水、无本之木，就会成为空谈。

(5) 六项工作

“六项工作”主要包括如下几个方面：

① 要转观念，提升安全思想境界。就是在安全文化建设中，要始终把思想观念摆在首位，充分利用各种宣传工具，宣传学习一系列安全方针政策、法律法规、规章制度，教育引导广大干部职工做到三个明确：即明确安全第一的深刻含义；明确实现安全生产是为职工办的最大的实事和好事；明确实现安全生产是企业最大的节约，事故是最大的浪费。

② 要抓基础，强化对职工的教育培训。安全文化建设的目标是把每一个人都变成既是主体又是客体，即自己管理自己。人的素质决定着企业的安全生产，提高人的素质对安全生产尤为重要，为此，必须不断强化对职工的教育培训。在培训中要突出特殊化，开展针对性教育；要突出普遍化，进行全员性教育；要突出实效化，开展情感性教育；要突出形象化，开展经常性教育活动，通过培训实现要我安全向我要安全的转变。

③ 要建机制，完善责任保障体系。就是要从强化各级管理人员的安全责任入手，将安全管理重心下移；要全方位推行安全目标管理，签订安全合同，层层传递压力，全面落实安全生产责任制，做到一级对一级负责；要进一步健全完善各级人员的岗位责任制，狠抓事故责任追究制；要充分发挥专业管理、专监、群监、安全检查小分队在现场的监督检查作用，真正做到凡是有章可循，凡事有人管理，凡事有监督考核，凡事有奖惩兑现。

④ 要常引导，构建和谐安全氛围。就是要随时掌握员工思想动态，做好安全生产中

的思想政治工作，消除安全上的思想隐患。具体来讲，就是要在政策上倾斜、生活上关心，使员工感受到领导和组织上给予的温暖，尽快放下思想包袱，全身心地投入到生产中去，达到安全生产的目的。要讲究语言艺术，做好员工思想工作；领导干部要说到做到，表里如一，事事处处给员工作出榜样，要求职工做到的，领导首先做到，员工做不到的，领导也要做到；要强化民主管理，营造清风正气，做到办事公开、公平、公正、民主，让员工信服。

⑤ 要严制度，形成企业安全规范。就是要完善安全信息管理制度；建立健全安全信息网络，及时筛选、收集安全信息，及时反馈督促整改；要积极推行正规循环作业，使基层管理人员做到按章指挥，以身作则，按章作业，杜绝突出生产、加班延点的现象发生；要强化安全薄弱环节的治理；要实行工程质量负责制，积极开展创建精品工程、样板工程，提高现场施工质量。

⑥ 要靠科技，创造良好安全条件。就是要充分利用科技进步，积极推广新技术、新工艺，不断加大安全投入，优化系统环节，减少事故发生概率，从根本上改善作业环境；要加大质量标准化工作力度，保证源头安全，促进安全工作的根本好转。

（6）六种思想

“六种思想”即安全本系个人、安全情系家庭、安全根系企业、珍惜员工生命、注重工作细节、控制作业过程。

安全文化建设要始终坚持以人为本的理念。反映了尊重生命价值、保护员工身心健康、实现员工价值的文化。“六种思想”体现了企业、家庭、个人拥有共同价值观、共同追求和共同的利益。从国家层面来讲，安全生产事关以人为本的执政理念，事关构建社会主义和谐社会和落实科学发展观；从企业来说，安全生产事关经济效益的提高，事关企业的持续、有效、快速、协调、安全发展；从员工来说，安全事关生命，安全是员工和企业生产的第一需要，这种企业的根本利益和员工家庭个人的根本利益的共同体，就是我们构造“生命工程”的客观基础。直接或间接地引导员工把企业的安全形象、安全目标、安全效益同员工的个人前途、家庭利益紧密地结合起来，使对安全的理解、追求和把握同企业要达到的最终目标尽可能的趋向一致。这就是正确的安全价值观。

安全价值观的培养途径主要有以下几种。

① 首先应注重理念的引导作用。通过发挥理念的先导作用，树立正确的安全理念，营造浓厚的安全文化氛围，保证广大员工的生命安全。强化员工对“注重工作细节、控制作业过程”安全理念的理解和认同，细节管理和过程控制是安全管理的重要内容。因为高度责任心和良好心态是安全文化建设的基础和前提，无论是管理者还是普通员工，只有心态安全，才会行为安全；只有行为安全，才能保证安全制度和物态安全落到实处。在建立企业安全理念体系的基础上，加大理念的倡导实施力度。把全体员工个人的理想信念、价值取向、道德品质、行为准则、引导到企业发展目标上来，成为企业实现安全、生产、持续发展的凝聚力和推动力。

② 采用亲情的感染作用，提醒员工注意安全。安全生产的宣传教育，应该适应员工

内在需求、改变老生常谈的教育模式，注重采用柔性的情感投入，紧紧抓住时机向员工灌输安全思想，为员工送上亲人的安全嘱托，高高兴兴上班来，平平安安回家去，互相提醒，互相关照，使全体员工在浓厚的情感交流中受到深刻的安全教育。

(7) 六项要求

“六项要求”即思想安全、意识安全、行为安全、机具安全、技术安全、方案安全。

安全工作“不严、不细、不实”的根本原因是管理人员的好人主义、官僚主义、形式主义，是现场人员的“低标准、老毛病、坏习惯”，说到底还是在于人的思想认识和行为习惯。要从根本上解决这些问题，关键在于建立包含思想认识、理念意识、安全态度、行为习惯等内容的企业安全文化。大力营造“关注安全、关爱生命”的氛围，逐步转变不良的安全态度、思想意识、行为习惯，推动基层基础工作上水平。要培养以团队精神为核心价值观，使安全生产意识渗透到每一个员工生产生活的方方面面，使职工更为积极主动地避免不安全行为，自觉关注自身和他人的安全，营造安全、舒适、团结、高效的生产生活环境。

全员安全意识和安全思想的培养途径如下：

① 加强全员安全思想教育。通过各种形式的安全教育，充分阐释安全文化，大力传播安全文化，系统灌输安全文化，认真实践安全文化，唤醒人们对安全健康的渴望，从根本上提高安全认识，这就需要从思想上、心态上去宣传、教育、引导，使员工树立正确的安全价值观。这是一个微妙而缓慢的心理过程，需要做艰苦细致的教育工作。向员工灌输“以人为本，安全第一”的亲情观、“安全就是效益、安全创造效益”的效益观、“安全光荣，违章可耻”的荣辱观、“行为源于认识，预防胜于处罚，责任重于泰山”的责任观、“安全不是为了别人，而是为了自己”的价值观，“未亡羊先补牢”的安全预防观，增强员工的安全意识，形成人人重视安全，人人为了安全尽责的良好氛围。

② 管理者应该从培养员工的基本素质为突破口，注重柔性的管理方法。让职工明白：我们的生命就掌握在我们自己的手中，我们应该从自身做起，心甘情愿的把安全的意义、意识、责任、制度、技能等内容深深种植在头脑当中，反映在良好的、自觉的、规范的行为上。

③ 从机具安全、技术安全、方案安全着手，严格落实设备承包责任制和工、器具出入库管理制度，作业技术方案安全确保现场施工安全，真正实现本质安全。

(8) 六个到位

“六个到位”即生产受控到位、风险分析到位、机具检查到位、防范措施到位、现场监护到位、作业责任到位。

将生产全面受控管理与 QHSE 管理体系运行有机融合，有效地发挥整体功能。使检维修作业过程中生产受控、风险分析、机具检查、防范措施、现场监护、作业责任等环节处于受控状态，采取步步确认签字。明确主体，落实责任，共同把关，强化事前控制和过程监督，实现过程控制，确保施工作业的本质安全。

通过“六种思想”的宣传和教育，员工的安全意识得到普遍增强，由过去的被动防范、被动接受检查转变为现在的主动预防、主动规避风险。提高员工的安全意识和安全技能，同时，“六种思想”的培养，在队伍内部建立起良好、和睦的人际关系，员工与领导的距离也进一步缩小，自觉的安全防范意识蔚然成风，不伤害自己、不伤害他人、不被他人伤害再也不是只停留在口头，而是变成自觉行为。

在“六项要求”的执行中，结合作业前分析会、作业交底进行系统的分析，由熟悉作业环境的工程技术人员给大家讲解作业过程中每一个环节可能遇到的风险及处理措施，以理服人、以情感人，让作业人员真正感觉到这是对他们的爱护，真正体会到“高高兴兴上班、平平安安回家”的重要性。同时结合其他企业类似事故进行说教，加深体会。

现代企业发展需要牢固的安全管理支撑，而在整个管理当中，人是最活跃、最根本的因素，是安全生产的实践者，安全管理的主要目标是为了人的安全，坚定不移地树立“以人为本、安全第一、安全发展”的思想是建立安全生产长效机制的前提和基础，贯彻“以人为本”的管理模式，符合企业安全生产长效的发展要求，只有不断加强安全文化建设，积极倡导珍惜生命、保护生命、尊重生命、热爱生命，在企业内部形成良好的安全文化氛围，才能从根本上杜绝违章，避免各类事故的发生，才能促进企业的可持续发展。

7.3 安全教育管理

7.3.1 安全教育的本质

安全教育亦称安全生产教育，是指由生产力所决定，安全教育的内容、形式、方法等受到生产力发展水平的制约，在相对落后的生产力条件下，生产过程对人的操作技能方面要求较高，相应的安全教育内容强调人的技能，而随着生产力的发展，生产过程对人的操作要求越来越简单，安全教育对人的素质要求发生了变化，逐渐强调人的安全意识、文化及内在的精神素质。

安全生产教育的好坏对企业安全文化的质量起着决定性的作用。可以这样说，安全文化的建设和完善离不开安全生产教育，安全生产教育是安全文化建设的重要组成部分，安全生产教育对于不断发展和完善企业安全文化具有重要的意义。

7.3.2 安全教育的特点

安全生产教育是一项理论化、系统化的工程，是企业和员工利益的保障体系，也是企业安全文化建设的重要组成部分。它具有以下特点：

(1) 教育对象的广泛性

企业安全生产教育涉及各个层面、各个角落，其教育对象是一个庞大的群体，主要包括以下几部分：

① 生产经营单位的主要负责人

《中华人民共和国安全生产法》(以下简称《安全生产法》)第二十条规定“生产经营单位

的主要负责人和安全生产管理人员必须具备与本单位所从事的生产经营活动相应的安全生产知识和管理能力”。生产经营单位的主要负责人是安全生产工作的第一责任人，全面负责本单位的安全生产工作，这就要求主要负责人必须接受必要的安全培训教育，具备与本单位所从事的生产经营活动相应的安全生产知识和管理能力。

② 生产经营单位的安全生产管理人员

安全生产管理人员是指管理安全生产工作的人员，这些人员在生产经营过程中负有贯彻执行相关法律、法规、政策，制定并组织实施本单位安全生产规章制度，以及监督检查本单位的安全生产工作等职责，因此安全生产管理人员安全知识的多少、管理能力的高低直接影响本单位安全生产工作的好坏。

③ 生产经营单位的从业人员

《安全生产法》第二十一条规定“生产经营单位应当对从业人员进行安全生产教育和培训，保证从业人员具备必要的安全生产知识，熟悉有关的安全生产规章制度和安全操作规程，掌握本岗位的安全操作技能。未经安全生产教育和培训合格的从业人员，不得上岗作业”。安全教育工作是保障生产安全进行的一项重要的基础性工作，只有通过对广大从业人员进行安全教育和培训，才能提高他们做好安全生产工作的自觉性、主动性和创造性，安全规章制度和安全操作规程才能真正得以贯彻执行。

④ 生产经营单位的特种从业人员

《安全生产法》第二十三条规定“生产经营单位的特种作业人员必须按照国家有关规定经专门的安全作业培训，取得特种作业操作资格证书，方可上岗作业”。特种作业是指容易发生人员伤亡事故，对操作者本人、他人及周围设施的安全可能造成重大危害的作业。特种作业人员一般都工作在生产经营单位的安全关键部门，如果他们的安全生产意识不强，安全技能不熟练，就有可能给生产经营单位造成难以想象的危害。因此，这些人员必须按照国家有关规定，参加专门的安全作业培训并取得特种作业操作资格证书，方可上岗作业。《安全生产法》第二十三条同时规定“特种作业人员的范围由国务院负责安全生产监督管理的部门会同国务院有关部门确定”。

⑤ 其他情况下的安全教育对象

《安全生产法》第二十二条规定“生产经营单位采用新工艺、新技术、新材料或者使用新设备，必须了解、掌握其安全技术特性，采取有效的安全防护措施，并对从业人员进行专门的安全生产教育和培训”。随着科学技术的飞速发展，生产经营单位会不断采用新工艺、新技术、新材料进行生产。生产过程中工艺、技术、材料不断地变换，而任何一个从业人员的知识是有限的，生产经营单位如果不对其进行及时的教育和培训，及时更新从业人员的相关安全知识和技能，安全事故的发生就是不可避免的了。

此外，对生产经营单位从业人员的家属进行必要的安全生产教育，使他们了解亲人所从事职业的性质、特点、规律以及存在的危险，并给予亲人一定的关怀和支持，这也是企业安全文化建设的重要方面。

(2) 教育内容的针对性

不同的教育对象具有不同的教育背景和工作内容，安全生产教育要针对不同的教育对象制定针对性较强的教育内容。例如，对于生产经营单位的主要负责人，主要对他们进行安全生产方针、政策、法律制度方面的教育，使他们充分认识到安全生产的重要性，处理好安全与生产之间的辩证关系，把安全工作列为企业的头等大事、重中之重；而安全生产管理人员在工作中对生产经营过程中安全技术措施的制定、实施和检查发挥着重要作用，他们负有贯彻执行有关安全生产法律、法规、政策，制定有关安全生产规章制度并组织实施，监督检查本单位的安全生产工作，参加新建、改建、扩建等工程项目中有关安全问题的审查以及工程竣工验收工作等职责。要履行这些职责，必须对他们进行相应的安全生产知识和安全管理能力方面的教育和培训；对于一般从业人员，要侧重对他们进行安全意识和安全技能方面的培训，使他们掌握相关的劳动技能，克服麻痹大意思想，自觉做到文明生产，遵章守纪，保障安全。

(3) 教育方法的多样性

安全生产教育的方法多种多样，形式千变万化。现实中，应根据人的性格、气质、身体素质、年龄、文化素养的不同而使用不同的安全教育方法和手段。如老工人经验丰富，但可塑性小，不易接受新事物，应侧重组织他们进行事故案例分析，总结经验教训，鼓励他们传授技术，多学新经验，参观新技术、新成果展览等；青年人可塑性大，接受新知识快，但耐久性差，情绪起伏大，对他们必须进行强化教育，引导他们参加各种安全表演、读书、竞赛、安全文艺活动及安全小组活动，以寓教于乐的形式使年轻人在潜移默化中养成安全习惯，形成安全行为；领导干部工作繁忙，自我为中心的意识强，安全教育应以转变观念，开阔视野，注重法律、法规、政策的灌输为主。

张友谊在《煤矿安全教育理论与实践》一书中将煤矿企业安全教育的方法归纳为系统教育法、专题教育法、现场实习法、导师带徒法、分层次教育法、典型引路法、跟踪反馈法、急用先教法、末位淘汰法、目标控制法、理性灌输法、情感启迪法、活动熏陶法、情景模拟法、言传身教法、氛围感染法、期望激励法和自我教育法等 18 种方法。这些方法对其他生产经营单位的安全生产教育工作也可以起到一定的指导借鉴意义。

总之，不论采用何种方式方法，关键在于激发受教育者的内在需求，引起他们思想上的共鸣，这样外因才能通过内因的响应起作用，安全生产教育的效果才能持久。

7.3.3　安全教育的原则

(1) 实效性原则

实效性，就是要做到实事求是，注重效果，从实践中获取真知，在真知中取得效果。安全生产教育工作要服从和服务于经济建设这个中心，要紧密结合企业生产经营实际，使安全教育工作真正为安全生产提供智力支持和思想保证。要讲求安全生产教育工作的“效益性”，讲求投入与产出，争取事半功倍，避免徒劳无功。要充分认识员工群众是安全生产工作的主体，树立“从群众中来，到群众中去”的观点，坚决反对表面热闹而实际上却毫无作用的形式主义，避免走形式、走过场以及雷声大雨点小的假、大、空等行为。

(2) 理论与实践相结合的原则

安全生产教育培训工作具有明确的实用性和实践性的特征。进行安全生产教育的最终目的是通过对事故的防范，保证生产实践活动的安全进行。因此，安全教育培训必须做到理论联系实际。教育培训计划要有针对性，符合企业安全生产的特点，同时，教育培训方法要灵活多样，务求实效。

(3) 主动性原则

主动性，就是要做到“未雨绸缪，因势利导”，生产未动，教育先行。安全教育部门要破除“等”“靠”思想，发扬积极主动精神，不能坐等上级计划、上级安排，而要本着有所作为的思想，发挥主观能动性。要切实理解员工群众的利益和要求，掌握员工群众的基本情况，关心员工群众疾苦，倾听员工群众呼声，特别是在安全工作关键时期，要预见到员工思想中可能出现的矛盾和问题，及时采取相应的措施，把安全生产教育工作深入员工群众中去，以取得员工群众的理解、支持和参与。

(4) 巩固性与反复性原则

人们学习知识是一个循序渐进、不断巩固和提高的过程。安全生产教育也是一项长期性、复杂性、艰巨性的工作，不可能一蹴而就，更不可能一劳永逸。这就要求安全生产教育必须遵循巩固性与反复性原则，持之以恒，伴随企业安全生产的全过程。

7.3.4 安全教育的内容

在企业生产实践中，客观上存在着各种不安全因素，有发生事故的可能。在构成事故的三要素-人、机、环境中，人是操作机器和改变环境的主体，人的不安全行为是构成事故的第一要素，因而控制人的不安全行为，是实现安全生产的关键所在。人的不安全行为主要表现为两个方面：一是思想认识不足导致安全观念淡化，图省事、走捷径，或赶进度、抢产量，习惯性违章蛮干；二是由于安全知识贫乏或安全技能低下，导致误操作或对突发事件应变能力不足而采取不当措施。由此可见，要控制和根治人的不安全行为，就必须通过持之以恒的安全生产教育，不断强化人的安全生产思想，丰富人的安全生产知识，提高人的安全生产技能。

(1) 安全生产思想教育

安全生产教育的首要内容是安全思想教育。从企业安全生产的实践看，技术可以引进，管理可以效仿，唯有安全生产思想，只能产生于企业内部，只有上至生产经营单位的主要负责人下至每一个从业人员的安全生产思想意识切实提高了，安全生产工作才能真正走上正轨。因此，安全生产教育要以提升全体员工安全思想意识的境界为着力点，致力于培育共同的安全理念，形成健康的文化氛围，以促进企业安全生产持续、稳定、健康发展。

安全生产思想教育包括思想教育、法律法规教育和劳动纪律教育三方面。思想教育就是使生产经营单位主要负责人、安全生产管理人员及从业人员树立正确的安全生产观，坚持“安全第一、预防为主”的方针，促使他们自觉地组织实施各项安全生产措施；法律法规教育侧重于对主要责任人及管理人员进行安全生产方针、政策、法律制度方面的教育，使他们充分认识到安全生产的重要性，处理好安全与生产之间的辩证关系，把安全工作列为企业的头等大事、重中之重；劳动纪律教育主要侧重于对广大从业人员进行事故危害性教育及有关安全法规教育，使他们克服麻痹大意思想，自觉做到文明生产，遵章守纪，保障安全，从思想意识上把“要我安全”转变成“我要安全”，真正唤醒他们对安全健康的渴望，从根本上提高安全觉悟，树立正确的安全观念。

总之，安全生产思想教育具有统一人们的思想意识、提高生产经营单位安全管理水平和改善安全生产条件等作用。生产经营单位要以全体员工甚至包括其家属为主要教育对象，通过各种形式的安全生产教育，最大限度地消除全员的安全思想隐患，坚持“安全第一、预防为主”的方针，使安全生产变成一种自觉行为，从而实现企业安全生产的长治久安。

(2) 安全生产知识教育

拿破仑早有名言，“真正的征服，唯一不使人遗憾的征服，就是对无知的征服”。教育贵在治愚，而安全生产教育要治的“愚”恰恰是对安全生产知识的不知、不懂和不会。安全知识教育是一种最基本、最普遍和经常性的安全教育活动。安全知识教育就是要让人们了解生产中的安全注意事项，掌握一般的安全基础知识。从内容上看，包括生产技术知识和安全生产技术知识。

生产技术知识是人类在征服自然的斗争中所积累起来的知识、技术和经验。安全技术知识是生产技术知识的组成部分，要掌握安全技术知识，首先要掌握一般的生产技术知识。因此，在进行安全技术知识教育的同时，必须根据企业的生产情况对员工进行一般的生产技术知识教育。其主要内容包括：企业的基本生产概况，生产技术过程，作业方法或工艺流程，与生产技术过程和作业方法相适应的各种机器设备的性能，员工在生产过程中积累的操作技术和经验以及产品的构造、性能、质量和规格等。

安全生产技术知识教育是企业对所有员工进行的必须具备基本安全生产技术知识的培养过程，主要包括以下内容：企业内的危险设备和区域及其安全防护的基本知识和注意事项，有关电气设备的基本安全知识，有关起重机械和厂内运输的安全知识，生产中使用的有毒有害原材料或可能散发的有毒有害物质的安全防护基本知识，企业中一般消防制度和规则，个人防护用品的正确使用，伤亡事故报告办法，发生事故时的紧急救护和自救技术措施、方法等。

总之，生产经营单位安全生产工作的顺利进行，离不开从业人员丰富的安全生产技术知识及安全生产卫生知识，只有让他们了解到什么是正确的、什么是错误的，才可能在实际生产经营中避免由于无知而发生安全生产事故。

(3) 安全生产技能教育

安全生产技能是指人们安全完成作业的技巧和能力。技能与知识有所区别，知识主要用大脑去理解，而技能要通过人体全部感官，并向手及其他器官发出指令，经过复杂的生物控制过程才能达到目的。安全知识教育只解决了“应知”的问题，而技能教育着重解决“应会”，以达到通常所说的“应知应会”的要求。这种技能教育，对企业具有更加实际的意义，也是安全生产教育的重点内容。

具体地讲，安全生产技能包括作业技能、熟练掌握安全装置设施的技能以及在应急情况下进行妥善处理的技能。目前很多生产经营单位进行的安全生产教育，并没有结合本单位、本工种、本岗位的特点和职责进行教育，而是往往把安全生产知识和一些法律法规笼统地介绍给从业人员，这难免给人以空洞说教的感觉。安全生产教育的内容必须要结合具体工种和岗位的特点，对从业人员进行具体的安全技能教育。

总之，安全操作技能教育就是要结合本专业、本工种和本岗位的特点，熟悉生产过程、工艺流程以及设备性能，掌握安全操作规程和操作技能，丰富安全防护知识。尤其对于特种作业人员，要经过专门的安全作业培训，通过考试合格取得相关操作资格证书后，方可持证上岗。此外，当企业采用新工艺、新技术、新材料或者使用新设备时，要对从业人员进行专门的安全生产技能培训，以使他们了解和掌握安全技术特性，采取有效的安全防护措施。

7.3.5 安全教育的方法

目前，我国开展安全生产教育的主要方法有三级安全教育、特种作业教育、日常安全教育和典型案例教育。

(1) 三级安全教育

1963 年 3 月国务院颁布的《关于加强企业生产中安全工作的几项规定》提出入厂级、车间级、现场级三级安全教育制度。

① 第一级：入厂教育。新入厂的员工或调动工作的工人以及新到企业的临时工、合同工、培训和实习人员等在分配到车间和工作地点以前，要由厂劳资部门组织，安全部门对他们进行初步安全生产教育。其内容包括国家有关安全生产方针政策和法规，企业安全生产的一般状况，企业内部特殊危险部位的介绍，一般的机械电气安全知识，入厂安全须知和预防事故的基本知识。经考试合格后，再分配到车间。

② 第二级：车间教育。是指在新员工或调动工作的工人在分配到车间后进行的安全教育。由车间主管安全的主任负责，车间安全员进行教育。教育内容有本车间的生产概况，安全生产情况，本车间的劳动纪律和生产规则，安全注意事项，车间的危险部位，危险机电设施、尘毒作业情况，以及必须遵守的安全生产规章制度。

③ 第三级：岗位教育。是指由工段、班组长对新到岗位工作的工人进行的上岗前安全教育。教育内容有工段、班组安全生产概况，工作性质和职责范围，应知应会，岗位工种的工作性质，机电设备的安全操作方法、各种安全防护设施的性能和作用，工作地点的环境卫生及尘源、毒源、危险机件，危险物的控制方法，个人防护用具的使用方法，以及发生事故时的紧急救灾措施和安全撤退路线。

三级安全教育是生产经营单位必须坚持的基本安全教育制度和主要形式。没有经过三级教育或考试不合格者绝对禁止独立操作。

(2) 特种作业教育

1963 年 3 月国务院颁布的《关于加强企业生产中安全工作的几项规定》中对特种作业人员的安全培训教育作出规定：对于电气、起重、锅炉、受压容器、焊接、车辆驾驶、爆破、瓦斯检验等特殊工种的工人，必须进行专门的安全操作技术训练，经过考试合格后，才能准许他们操作。

1985 年 8 月颁布的《特种作业人员安全技术考核管理规则》是我国第一个特种作业人员安全管理方面的国家标准。其中规定：对操作者本人，尤其对他人和周围设施的安全有重大危害因素的作业，称为特种作业。特种作业范围包括电工作业、锅炉司炉、压力容器操作、起重机械作业、爆破作业、金属焊接(气割)作业、煤矿井下瓦斯检验、机动车辆驾驶、机动船舶驾驶和轮机操作、建筑登高架设作业以及符合特种作业基本定义的其他作业。从事特种作业的人员，必须进行安全教育和安全技术培训。特种作业人员经安全技术培训后，必须进行考核，经考核合格取得操作证者，方准独立作业。

在此基础上，2010 年 5 月颁布了《特种作业人员安全技术培训考核管理办法》(国家安全生产监督管理总局令第 30 号)，该办法对于特种作业人员的安全技术培训、考核和发证以及监督和管理等事宜作了较明确的规定。该办法第五条规定："特种作业人员必须经专门的安全技术培训并考核合格，取得《中华人民共和国特种作业操作证》(以下简称特种作业操作证)后，方可上岗作业。"

(3) 日常安全生产教育

日常安全生产教育是伴随企业生产过程开展的经常性安全教育培训活动。企业内部的经常性安全生产教育主要有以下形式：在每天的班前班后会上说明安全注意事项，讲评安全生产情况；开展安全生产活动日，进行安全教育、安全检查、安全装置的维护；召开安全生产会议，专题计划、布置、检查、总结、评比安全生产工作；组织工人参加安全技术交流，观看安全生产展览与劳动安全卫生电影、电视等，张贴安全生产宣传画、宣传标语及安全标志等，时刻提醒人们注意安全。日常安全教育要坚持持续性、经常性、广泛性原则，要在生产过程的自始至终坚持不断地进行。

(4) 典型案例教育

典型案例教育是结合本单位或外单位的安全事故教训而进行的生动形象的安全生产教育。"前车覆，后车诫"，正视事故并且尊重事故的客观性是安全文化发展的重要体现。虽然每一次事故都不同程度地带来惨痛的经济损失和人员伤亡，但也为人类预防同类事故的发生提供了宝贵经验。从这一角度而言，每一次事故也是一种蕴含大量信息的有待挖掘的宝贵资源。对该资源善加利用，无疑会有利于预防或降低事故的发生与重演。如果以科学的、实事求是的态度正视事故，认真调查，善于积累、发掘和利用事故，客观地总结导致事故发生的因素和规律，并遵循这些规律，将有关治理措施持续落实到生产实际之中，那么事故发生率将会大大降低，企业的安全生产水平就会不断提高。

典型案例教育主要包括对各种安全事故产生的原因、种类、特征、分析方法和分析技术、发生发展过程及致因理论和防治对策等方面的教育。通过实际事故案例的分析和介绍，了解事故发生的条件、过程和现实后果，认识事故发生规律，总结经验，吸取教训，防止同类事故的反复发生，促进企业健康稳定地发展。

此外，还要进行必要的“离岗安全教育”“复工安全教育”等，以确保安全生产有序进行。

7.3.6 仿真安全培训

随着全息投影、虚拟现实(VR)、增强现实(AR)、混合现实(MR)等技术的发展，虚拟仿真培训课程、装备的研发和应用备受关注。在安全生产领域，运用数字化虚拟仿真的优势来弥补传统授课方式的不足，已成为未来安全培训工作的发展趋势。

(1) 石化装置模拟操作培训系统

石化装置模拟操作培训系统通过构建与石化装置真实环境一致的三维数字化虚拟场景，以角色扮演、交互操作、情景体验为主要形式，为企业员工搭建出近似真实的作业环境，并可开展工艺流程、开停车、日常巡检等虚拟仿真培训。

① 工艺流程

以装置技术文档及工艺流程图(PID图等)为参照，对装置工艺流程中介质流向、反应过程、关键参数、注意事项等内容进行展示性学习及模拟操作考核，帮助员工熟悉石化企业生产装置所采用的工艺方案、装置内各主要设备之间以及物料之间的关系。

② 开停工操作

以装置技术文档为参照，对装置开车、停车操作(以外操人员为主)进行展示性学习及模拟操作考核。其中，展示性学习主要以动画的方式对开停车操作的步骤、关键工艺状态与参数等内容进行讲解；虚拟操作考核则采用单人及多人协作模式，班组不同成员通过控制不同虚拟角色，以主动参与的方式(开关泵、开关阀门等)共同完成开停车操作的全部过程，考核成绩由系统进行记录并保存在基础数据库中，考核过程应具有多样性，系统可以对误操作、漏操作等异常操作进行判断与处理，并展示可能出现的后果。

③ 设备结构剖析及检维修操作

选取石化企业典型设备，对设备的结构、拆装过程以及专用工器具使用等进行展示性学习及模拟操作考核。

以动画(视频)为主要表现形式，对检维修各工种、常用设备的检维修方法及验收标准、设备检维修中的上锁挂牌、设备安装维修的标准化作业过程等进行展示性学习及考核。

④ 日常巡检

以各个装置岗位标准化巡检操作为参考，对巡检路线、巡检时间、巡检内容、巡检标准、设备结构原理、工段工艺特征、巡检结果、处理措施、关键操作、关键数据、关键设备、关键危险点等内容进行展示性学习及模拟操作考核。

(2) 典型事故情景下应急演练与推演仿真培训系统

系统通常集三维场景、人物角色、应急装备、事故模拟、救援操作、协作与沟通为一体，通过分析典型事故案例及其情景要素，构建典型事故情景及相关培训课程，实现典型事故情景下多角色一体化协同演练及推演，为应急救援培训提供一种逼真有效的模拟仿真训练模式。

① 典型情景构建

分析典型事故案例及其情景要素，形成典型事故情景三维模型库，包含石化企业相关人物、车辆、环境、事故特征等模型。以装置模型及各类辅助资源模型为基础，构建相关场景的典型事故培训情景，构建典型事故情景数据库 。

② 石化企业典型事故情景应急演练

典型事故情景应急演练以真实发生过或可能发生的灾害事故(典型事故情景)为仿真训练背景，通过对事件进行分析，生成训练目标和训练脚本。通过事件的可视化动态模拟，根据不同的任务进行团队或个人知识技能的培训考核。同时，通过在训练过程中，借助实时的交流与沟通反馈由各角色在任务执行中做出的反应和操作判断是否具备了事件处理相应的知识技能。在不断地训练与评估体系下，提高学员的知识技能。

协同演练与评估训练分为团队训练模式与单人训练模式两种。协同演练与评估具有控制端和训练端两种，控制端用于培训师设计训练场景及事件等信息，训练端用于学员基于控制端设置的事件进行模拟训练操作。

③ 石化企业典型事故情景桌面推演

采用多视角、多角色实时参与的方式，通过对真实状态的高度仿真，实现突发险情的应急处置推演训练、不同角色在虚拟场景中的协同推演训练、各种模拟操作(如灭火、汇报反馈、救援设备设施的操作、危险气体测量等)、训练过程的实时交流与沟通、训练过程监控以及训练后评估考核等功能。

(3) 典型炼化装置仿真安全培训系统

基于炼化装置特点及岗位安全操作要求，运用三维仿真及虚拟现实技术构建炼油化工装置虚拟仿真安全培训平台。系统以三维虚拟仿真为主要表现形式，将炼化企业常减压、加氢裂化、催化裂化、催化重整、延迟焦化等典型生产装置的安全技术要求、安全管理流程和岗位安全操作说明等内容融入安全培训系统，真实模拟典型炼化生产装置及现场环境，搭建人机交互式的培训考核平台。该系统能够实现工艺流程介绍、设备结构原理讲解、风险信息提示、安全操作引导等培训功能，还可以开展日常巡检、特殊作业模拟、应急处置演练、事故过程回溯等的仿真操作训练。

(4) 消防模拟训练系统

通过电子屏幕、头戴式显示设备等媒介，消防模拟训练系统基于虚拟仿真技术的石化企业典型火灾三维模型，为员工呈现生动形象的虚拟训练场景。学员通过无线传感定位的灭火器、VR 数据手套、VR 手柄，实施火灾场景中的移动和灭火操作等训练。

灭火剂喷射点判断是消防模拟培训系统的关键技术之一，目前主要包括激光点捕捉、传感器定位两种形式。激光点捕捉形式采用摄像头捕捉灭火器发出的激光点位置进行判断。传感器定位形式通过对位移、方向传感器的数据进行固定算法计算，判断灭火剂喷射点。

(5) 仿真安全培训实施

仿真安全培训的实施具有较强的系统性，为了达到良好的培训效果. 仿真安全培训强调基于情境体验的综合能力培养，需要综合应用包括实物仿真培训、实物演示培训、虚拟仿真培训等在内的多种形式。因此，实施仿真安全培训前必须根据培训对象和目标，系统策划仿真安全培训内容，使学员感知仿真情境中的潜在危害以及可能导致的后果。在此基础上，通过课堂讲授或在线学习等方式，使实践体验与理论学习有机结合，提升安全培训的效果。

以下将高处作业的仿真安全培训作为案例，详细介绍仿真安全培训的实施过程和内容要点，同时阐述仿真培训如何在实际应用中与传统培训相结合。

一、培训对象

现场作业人员。

二、培训目标

掌握高处作业过程中潜在的危害因素，体验可能导致的典型危害后果，掌握相应的安全控制措施，了解采取有关安全控制措施的必要性，增强安全作业意识。

三、培训流程

(1) 准备仿真安全培训装备

① 高处作业仿真安全培训模具：利用模具构建的典型高处作业场景，进行高处作业隐患查找、安全措施制定、应急预案推演等交互式训练等；

② 高处坠落体验装置：体验从高空坠落的感觉，使学员理解高处作业过程中正确使用安全带的必要性等；

③ 三维虚拟高处行走体验装置：体验大风、大雨、大雾等环境条件对高处作业的影响，提升高处作业人员安全意识等；

④ 标准脚手架：使学员掌握标准脚手架的基本安全要求，了解主要结构件的功能，提升高处作业隐患识别能力等；

⑤ 高处作业安全实训塔：体验高处作业异常状况的应急救援过程，提高作业人员应急救援能力等。

(2) 培训实施

学员到达后，由培训师进行基础安全知识教育，使其掌握现场作业基本常识和企业有关安全管理规定，并了解相关仿真安全培训装备的使用注意事项。

在培训师的指导下，首先将学员分组，分别利用各个仿真安全培训装备进行实际体验，感知高处作业过程中的潜在危害因素及相应的安全控制措施，利用高处作业安全实训塔等装备进行应急救援训练。整个培训过程需要在培训师的监护指导下实施。

高处作业仿真安全培训结束后，培训师组织学员集中观看高处作业典型事故案例，并结合仿真安全培训内容进行集中讨论，使学员深切感受严格执行高处作业安全管理规定的重要性。在集中讨论的基础上，培训师以课堂讲授方式，组织学员观看学习高处作业安全培训视频课件，系统学习高处作业安全管理规定和安全作业知识。

四、培训考核

仿真安全培训的考核可以沿用传统的笔试考核方式，也可以采用实践考核和笔试考核相结合方式。在本实施案例中采用后者进行考核，其中实践考核利用高处作业仿真安全培训模具实施，分数占比40%，学员分组接受考核。在实施考核过程中，培训师利用仿真安全培训模具首先搭建高处作业情境，并预置物的不安全状态和人的不安全行为等场景，以小组为单位，全部识别为满分，反之按项扣分。

此种考核方式与单纯的笔试考核相比，提高了考核的实效性和针对性，便于全面而客观的检验安全培训效果。

7.3.7 安全工程学历教育

安全教育的内容非常广泛，学校教育是最主要的教育途径之一。在高等教育中，一般均采用两种方式进行安全教育：一是培养安全专业人才的专业教育；二是对所有大学生的普及教育，包括开设辅修专业或选修、必修课程等。

（1）我国安全工程类专业的基本情况

在1998年普通高等学校本科专业目录中，我国的安全类专业本科层次包括：管理工程类的“安全工程”(082206)；地矿石油类的“矿山通风与安全”(0800107)；公安技术类的“防火工程”(082001)和“灭火技术”(082202)。在硕士和博士层次上，“安全工程与技术”(081903)是矿业工程一级学科中的二级学科。我国安全工程类专业教育的形成与发展是和安全科学技术的建立与发展紧密相连的。新中国建立以后，安全生产一直得到了党和国家的关怀和重视，与之相适应，1957年和1958年西安矿业学院首都经贸大学(原北京经济学院)在国内率先开设了“矿山通风安全”和“机电安全”专业，开创了安全工程类专业高等教育的先河。随后，东北大学、南京航空学院、天津劳动保护学校、湘潭矿业学院也先后开设出安全工程类专业。这些安全工程类专业的建立，为我国安全工程技术、劳动保护工作培养了一批人才，有力地促进了我国安全生产的发展。1983年淮南矿业学院、中国矿业大学也开设了“矿山通风安全”专业；1984年原教育部将“安全工程”专业列入《高等学校本科专业目录》之后，安全工程类专业的高等教育得到了迅猛的发展。从1984年以来有北京理工大学、中国地质大学、江苏工学院、沈阳航空学院等10余所院校相继开设了安全工程类专业，发展了安全工程类专业的高等教育事业。2011年2月12日国务院学位委员会第二十八次会议通过《学位授予和人才培养学科目录》，将安全学科单列为一级学科，成为工学门类下的第三十七个一级学科，名称为安全科学与工程，代码为0837。根据高考志愿填报-中国教育在线和中国研究生招生信息网的统计资料显示，截至2019年5月全国共有150所高校开设该本科专业，其中普通本科院校及附属学院有138所；全国共有64所高校设有硕士学位授权点，有58所高校设有该学科博士学位授权点。开办安全工程专业的高等院校的类型很多，主要分布在理工类院校，行业包括军工、化工、石油、矿业、土木、交通、能源、环境、咨询、医疗卫生等，证明安全学科是一个涉及面极广的综合交叉科学。每年安全工程专业招生1万左右，就业率93%~98%，排名前几十位。

与此同时，安全工程类专业的大学本科、专科、专业证书、中专、职业培训等教育也有了很大的发展。这些年来，各高等院校已为社会输送大量安全工程高等专业人才。

专科安全学历教育主要目的是培养具有安全工程专业知识和检测操作技能的专门人才。其能力的特点在于动手能力，其知识结构主要是一定基本理论知识，如数学、物理、力学等；较好的专业基础知识，如电学、制图等；以及较强的专业知识，如安全技术、工业卫生技术、安全检测等。

本科安全学历教育主要目的是培养具有安全工程技术设计和事故预防分析能力的专门技术人才。其能力的特点在于设计和分析能力，这样，其知识结构主要是系统的基础理论知识，如外语、数学、物理、化学、力学、计算机语言等；系统的专业基础知识，如机械设计、电子学、材料学、可靠性技术等；以及较强的专业知识，如安全工程、卫生工程、安全系统工程、安全人机工程、安全管理学等。

硕士安全工程专门人才教育主要目的是培养具有安全工程与技术专业研究与开展能力的高级专门人才。其能力的特点在于研究与开展能力，这样，其知识结构主要是一定较高的基本理论知识，如数理方程、物理化学、弹塑性力学等；较深的专业基础知识，一般结合课题方向确定；以及较深的专业知识，如安全经济学、安全专家系统、安全信息系统、安全系统仿真技术等。

博士学历的培养目标主要是培养更为高级和具有学科带头能力的专门人才。其知识结构较为灵活，一般根据确定的攻关方向来定。

(2) 学科建设

安全工程类专业高等教育经历30余年的发展，已从专门的安全技术向安全科学技术综合性的方向深入。在专业设置上，一部分院校主要从本行业的需要出发，以满足本部门的需要为原则，这类学校大约有25所，约占全部院校的50%；而另一部分院校已开始从适应学科的特性及规律上来设计和建立专业的模式，设立一般性的具有广泛适应性的安全工程专业。这一种用一般安全科学理论和基础理论的规律来发展高等教育，能满足发展安全科学技术所需人才的基本要求。由于所具有的合理性、适应性和针对性，并具有学科的教育特色，这种一般性的安全工程专业的学历教育模式将逐步发展成为安全工程类高等教育模式的主流。各院校设置的专业：安全工程、劳动保护、矿山(井)通风安全、卫生工程(技术)、劳动保护管理、锅炉压力容器安全、安全技术管理、安全生产管理、人机工程与安全工程、安全管理工程、石油安全工程、兵器安全工程、煤矿安全工程、飞行器环境控制与安全救生等。

(3) 国外工业安全学历教育

安全工程学科的发展是与经济和技术的发展密切相关的。发达国家在科学技术与经济基础方面走在了我们的前面，20世纪50年代欧美、日等国家普遍建立了安全工程技术方面的组织与研究机构。同时，在大学工科教育中开设安全工程课程。美国的安全科学教育较为发达，有100多所大学设有职业安全卫生专业或课程，可授予职业安全卫生博士学位的近10余所，授予安全卫生硕士学位的20多所。前苏联安全科学技术方面的高等教育，设有安全技术学科、课程，并授予技术学科学位。国外的发展状况对我们具有一定的启示。

① 美国宽而广的通才教育模式

美国在职业安全卫生高等教育方面，强调系统安全、事故调查、工业卫生、人机工程的通用性和实用性知识结构。如美国南加州大学安全与系统科学学院开设的专业课程，具体如下。

a. 安全学士(通用性本科，36必修学分，16选修学分)

必修课：安全与卫生导论，事故预防的人因工程，安全技术基础，安全教育学，工业卫生原理，安全管理，事故调查，高等安全技术，系统安全。

选修课：安全法规，人因分析，工业心理，火灾预防，安全通信，航空安全，运输安全，公共与学校安全，工业安全等。

b. 安全理科硕士(两个专业方向，25必修学分，12选修学分)

共同必修课：现代社会的安全动力，事故调查，事故人因分析，安全统计方法，安全研究试验设计。

安全管理方向选修课：安全管理学，系统安全管理原理，安全法学。

安全技术方向选修课：环境安全，机动车安全基础，机械安全与失效分析，飞行安全基础，系统安全工程。

c. 职业安全卫生硕士(36必修学分，含18学分的实习，12选修学分)

必修课：现代社会的安全动力，人体伤害控制，工业卫生原理，安全管理，工业卫生试验，高等工业卫生。

选修课：环境概论，环境分析测试，系统管理中的社会——环境问题，事故人因分析，安全统计方法，环境安全，统计学与数值分析，研究基础，试验设计与安全研究，安全法学。

② 日本的专门化教育模式

日本的安全科学教育起步较晚，但发展很快。横滨国立大学于1960年开设安全工程专业，1967年设立了日本最早的安全工学系。日本全国大学中开设安全工学讲座和科目约50个，与安全科学有关的学科和研究机构近80个。横滨国立大学的安全工学专业设四个专门化方向：反应安全工学，燃烧安全工学，材料安全工学，环境安全工学。对于四年安全工学本科开设如下专业课：防火工学，防爆工学，过程安全工学，劳动卫生工学，安全管理，人间工学，环境污染防治，机械安全设计工学，机械安全工学，非破坏性检测学等。

③ 发达国家的办学特点及方向

在工业发达国家，由于经济与技术发展基础以及用人模式的不同，其安全工程专业的学历教育也表现出不同的特点。但如下几点是共同的，可为我国的发展所参考。

a. 严密而灵活的学分制。专业课程的设置是开放的系统，给学生提供充足的选择机会，以适应人才市场的变化。这种模式特别适合安全工程学科的交叉性特点。

b. 通才式的教育。强调专业的“大口径，宽基础”，使毕业生具有广泛的适应性。

c. 实用性。重视基本知识和技能的训练，在本科层次不强调研究和设计能力。

复习思考题

(1) 试述安全文化的概念与特点。

(2) 试述安全文化与安全管理的关系。

(3) 安全文化的建设应遵循哪些基本原则?

(4) 企业安全文化的建设有哪些方法?

(5) 企业安全文化建设的核心内容是什么?

(6) 生产经营单位安全生产教育培训的对象和主要内容。

(7) 简述企业安全教育的本质与特点。

第8章 安全管理实践

随着现代企业制度的建立和安全科学技术的发展，现代企业更需要发展科学、合理、有效的现代安全管理方法和技术。本章将就宏观、微观安全管理等方面所开展的研究和实践做简要介绍。

8.1 宏观安全管理实践

8.1.1 安全生产法律法规及其体系

8.1.1.1 安全生产法律法规的概念及作用

安全生产法律法规是调整在生产经营过程中产生的与从业人员的安全与健康、财产和社会财富安全保障有关的各种社会关系的法律规范的总和，是对有关安全生产的法律、规程、条例、规范的总称。

安全生产法律法规有广义和狭义两种解释，广义的安全生产法律法规是指我国保护劳动者、生产者和保障生产资料及财产的全部法律规范。因为这些法律法规都是为了保护国家、社会利益和劳动者、生产者的利益而制定的。例如，关于安全生产技术、安全工程、工业卫生工程、生产合同、工伤保险、职业技术培训、工会组织和民主管理等方面的法规。狭义的安全生产法规是指国家为了改善劳动条件，保护劳动者在生产过程中的安全和健康，以及保障生产安全所采取的各种措施的法律规范。如职业安全卫生规程；对女工和未成年工劳动保护的特别规定；关于工作时间、休息时间和休假制度的规定；关于劳动保护的组织和管理制度的规定等。安全生产法规的表现形式是国家制定的关于安全生产的各种规范性文件，它可以表现为享有国家立法权的机关制定的法律，也可以表现为国务院及其所属的部、委员会颁布的行政法规、决定、命令、指示、规章以及地方性法规等，还可以表现为各种安全卫生技术规程、规范和标准。

安全生产法规是党和国家的安全生产方针政策的集中表现，是上升为国家和政府意志的一种行为准则。它以法律的形式规定人们在生产过程中的行为规则，规定什么是合法的，可以去做；什么是非法的，禁止去做；在什么情况下必须怎样做，不应该怎样做等，用国家强制力来维护企业安全生产的正常秩序。因此，有了各种安全生产法规，就可以使安全生产工作做到有法可依、有章可循。无论是单位或个人，谁违反了这些法规，都要负法律责任。

安全生产法律法规是国家法规体系的一部分，其特点有：①保护的对象是劳动者、生产经营人员、生产资料和国家财产；②安全生产法规具有强制性的特征；③安全生产法规涉及自然科学和社会科学领域。因此，安全生产法规既具有政策性特点，又有科学技术性特点。

安全生产法律法规的作用主要表现在以下几个方面。

① 为保护劳动者的安全健康提供法律保障。我国的安全生产法规是以搞好安全生产、工业卫生、保障职工在生产中的安全、健康为目的的。它不仅从管理上规定了人们的安全行为规范，也从生产技术上、设备上规定实现安全生产和保障职工安全健康所需的物质条件。切实维护劳动者安全健康的合法权益，单靠思想政治教育和行政管理不行，不仅要制定出各种保证安全生产的措施，而且要强制人人都必须遵守规章，要用国家强制力来迫使人们按照科学办事，尊重自然规律、经济规律和生产规律，尊重群众，保证劳动者得到符合安全卫生要求的劳动条件。

② 加强安全生产的法制化管理。安全生产法规是加强安全生产法制化管理的章程，很多重要的安全生产法规都明确规定了各个方面加强安全生产、安全生产管理的职责，推动各级领导特别是企业领导对劳动保护工作的重视，把这项工作摆上领导和管理层的议事日程。

③ 指导和推动安全生产工作的发展，促进企业安全生产。安全生产法规反映了保护生产正常进行，保护劳动者安全健康所必须遵循的客观规律，对企业搞好安全生产工作提出了明确要求。同时，由于它是一种法律规范，具有法律约束力，要求人人都要遵守，这样，它对整个安全生产工作的开展具有用国家强制力推行的作用。

④ 推进生产力的提高，保证企业效益的实现和国家经济建设事业的顺利发展。安全生产关系到企业切身利益的大事，通过安全生产立法，使劳动者的安全健康有了保障，职工能够在符合安全健康要求的条件下从事劳动生产，这样必然会激发他们的劳动积极性和创造性，从而促使劳动生产率大大提高。同时，安全生产技术法规、标准的遵守和执行，必然提高生产过程的安全性，使生产的效率得到保障和提高，从而增加企业的效益。

安全生产法律、法规对生产的安全卫生条件提出与现代化建设相适应的强制性要求，这就迫使企业领导在生产经营决策上，以及在技术、装备上采取相应措施，以改善劳动条件、加强安全生产为出发点，加速技术改造的步伐，推动社会生产力的提高。

在我国现代化建设过程中，安全生产法规以法律形式协调人与人之间、人与自然之间的关系，维护生产的正常秩序，为劳动者提供安全、健康的劳动条件和工作环境，为生产经营者提供可行、安全可靠的生产技术和条件，从而产生间接生产力作用，促进国家现代化建设的顺利进行。

8.1.1.2 我国安全生产法律基本体系

我国安全生产法律法规体系是由全国人民代表大会及其常务委员会制定的国家法律，国务院制定的行政法规和标准，各地方国家权利机关和地方政府制定和发布的适合本地区的规范性法律文件及行政法规，各专业和行业管理部门及企业依据上述法律、法规制定的安全生产的规章制度、安全技术标准等三个层次构成的。

(1) 法律

法律是由全国人民代表大会及其常务委员会制定的法律。如《中华人民共和国宪法》《中华人民共和国民法通则》《中华人民共和国刑法》《中华人民共和国劳动法》《中华人民共和国安全生产法》《中华人民共和国建筑法》《中华人民共和国消防法》等。

(2) 行政法规

它是由国家和地方行政部门颁布的有关安全生产的法规，主要包括安全技术法规、职业健康法规和安全生产管理法规。

① 安全技术法规

安全技术法规是指国家为搞好安全生产，防止和消除生产中的灾害事故，保障职工人身安全而制定的法律规范。国家规定的安全技术法规是对一些比较突出或有普遍意义的安全技术问题的基本要求做出规定，一些比较特殊的安全技术问题，国家有关部门也制定并颁布了专门的安全技术法规。安全技术法规一般包括：设计、建设工程安全，机器设备安全装置，特种设备安全措施，防火防爆安全规则，工作环境安全条件，个体安全防护等。

② 职业健康法规

职业健康法规是指国家为了改善劳动条件，保护职工在生产过程中的健康，预防和消除职业病和职业中毒而制定的各种法规规范。这里既包括职业健康保障措施的规定，也包括有关预防医疗保健措施的规定。

③ 安全生产管理法规

安全生产管理法规是指国家为了搞好安全生产、加强安全生产和劳动保护工作、保护职工的安全健康所制定的管理规范。劳动保护管理制度是各类工矿企业为了保护劳动者在生产过程中的安全、健康，根据生产实践的客观规律总结和制定的各种规章。概括地讲，这些规章制度一方面是属于行政管理制度，另一方面是属于生产技术管理制度。这两类规章制度经常是密切联系、互相补充的。

(3) 职业安全健康标准体系

职业安全健康标准是围绕如何消除、限制或预防劳动过程中的危险和有害因素，保护职工安全与健康，保障设备和生产的正常运行而制定的。职业安全健康标准体系，是根据职业安全健康标准的特点和要求，按着它们的性质功能、内在联系进行分级、分类，构成一个有机联系的整体。体系内的各种标准互相联系、互相依存、互相补充，具有很好的配套性和协调性。职业安全健康标准体系不是一成不变的，它与一定时期的技术经济水平以及职业安全健康状况相适应，因此，它随着技术经济的发展、职业安全健康要求的提高而不断变化。

我国现行的职业安全健康标准体系主要由三级构成，即国家标准、行业标准和地方标准。

① 国家标准。职业安全健康国家标准是在全国范围内统一的技术要求，是我国职业安全健康标准体系中的主体。主要由国家安全生产综合管理部门、卫生部门组织制定、归

口管 理，国家质量监督检验检疫总局发布实施。强制性国家标准的代号为“GB”，推荐性国家标准的代号为“GB/T”。

② 行业标准。职业健康安全行业标准是对没有国家标准而又需要在全国范围内统一制 定的标准，是国家标准的补充。强制性安全行业标准代号为“AQ”，推荐性安全行业标准的代号为“AQ/T”。由安全生产行政管理部门及各行业部门制定并发布实施，国家技术监督局备案。职业安全健康行业标准管理范围主要有：a. 职业安全及职业健康工程技术标准；b. 工业产品在设计、生产、检验、储运、使用过程中的安全、健康技术标准；c. 特种设备和安全附件的安全技术标准，起重机械使用的安全技术标准；d. 工矿企业工作条件及工作场所的安全卫生技术标准；e. 职业安全健康管理和工人技能考核标准；f. 气瓶产品标准。

③ 地方标准。根据《中华人民共和国标准化法》，对没有国家标准和行业标准而又需要在省、自治区、直辖市范围内统一的工业产品的安全、卫生要求，可以制定地方标准。地方标准由省、自治区、直辖市标准化行政主管部门制定，并报国务院标准化行政主管部门和国务院有关行政主管部门备案。在公布国家标准或者行业标准之后，该项地方标准即废止。地方职业安全健康标准是对国家标准和行业标准的补充，同时也为将来制定国家标准和行业标准打下了基础，创造了条件。

对于特殊情况而我国又暂无相对应的职业安全健康标准时，可采用国际标准。采用国际 标准时，必须与我国标准体系进行对比分析或验证，应不低于我国相关标准或暂行规定的要 求，并经有关安全生产综合管理部门批准。

随着科学技术的进步和生产的发展，还会有新的标准不断产生，旧的标准不断修改完善。它们贯穿于企业安全生产、文明生产和科学管理的全过程，对保护广大职工的安全健康起着重要作用。

8.1.2 国内外主要的安全生产法规内容简介

8.1.2.1 我国主要的安全生产法规

(1) 我国安全生产法律基本体系

安全生产是一个系统工程，需要建立在各种支持基础之上，而安全生产的法规体系尤为重要。按照“安全第一，预防为主，综合治理”的安全生产方针，国家制定了一系列的安全生产、劳动保护的法规。据统计，中华人民共和国建国以来，颁布并在用的有关安全生产、劳动保护的主要法律法规约280项，内容包括综合类、安全卫生类、三同时类、伤亡事故类、女工和未成年工保护类、职业培训考核类、特种设备类、防护用品类和检测检验类。其中以法律条文的形式出现的，对安全生产、劳动保护具有十分重要作用的是《安全生产法》《矿山安全法》《劳动法》《职业病防治法》。与此同时，国家还制订和颁布了数百余项安全卫生方面的国家标准。根据我国立法体系的特点，以及安全生产法规调整的不同范围，安全生产法律法规体系由若干层次构成(图 8-1)。

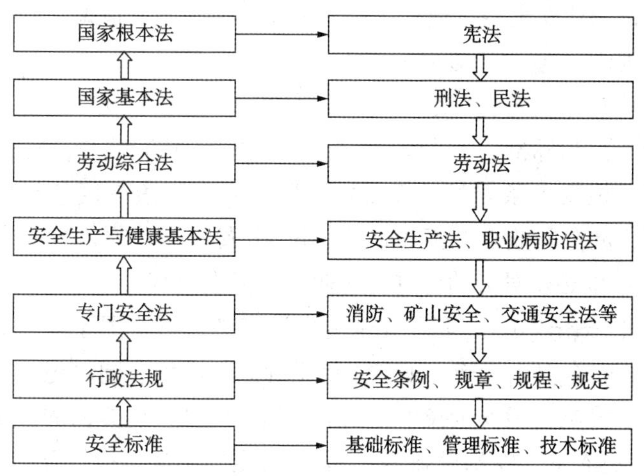

图 8-1 安全生产法律法规体系及层次

(2)《宪法》中与安全生产相关的内容

宪法是国家的根本法，具有最高的法律效力。一切法律、行政法规和地方性法规都不得同宪法相抵触。可以说宪法是各种法律的总法律或总准则。

《宪法》总纲中的第一条明确指出：中华人民共和国是工人阶级领导的，以工农联盟为基础的人民民主专政的社会主义国家。这一规定就决定了我国的社会主义制度是保护以工人、农民为主体的劳动者的。在《宪法》"公民权利和义务"部分中规定，各级政府和企业要"加强劳动保护，改善劳动条件"。"中华人民共和国劳动者有休息的权利。国家发展劳动者休息和休养的设施，规定职工的工作时间和休假制度""国家保护妇女的权利和利益"，这些都是国家对职业安全卫生工作的原则性规定，是国家制定职业安全卫生法律法规的依据。

《宪法》第四十二条规定：中华人民共和国公民有劳动的权利和义务。国家通过各种途径，创造劳动就业条件，加强劳动保护，改善劳动条件，并在发展生产的基础上，提高劳动报酬和福利待遇。国家对就业前的公民进行必要的劳动就业训练。宪法的这一规定，是生产经营单位进行安全生产与从事各项工作的总的原则、总的指导思想和总的要求。我国各级政府管理部门，各类企事业单位机构，都要按照这一规定，确立安全第一，预防为主的思想，积极采取组织管理措施和安全技术保障措施，不断改善劳动条件，加强安全生产工作，切实保护从业人员的安全和健康。

(3)《中华人民共和国劳动法》中有关职业安全卫生的内容

《中华人民共和国劳动法》1994 年 7 月 5 日由第八届全国人民代表大会第八次会议通过，1995 年 5 月 1 日起施行。劳动法是调整劳动关系以及与劳动关系密切联系的其他关系的法律规范。

劳动者享有的权利有：平等就业和选择职业的权利；获得劳动报酬的权利；休息休假的权利；获得职业安全卫生保护的权利；接受职业技能培训的权利；享有社会保险和福利的权利；提请劳动争议处理的权利。劳动者必须履行的义务有以下几种：完成劳动任务；

提高职业技能；执行职业安全卫生规程；遵守劳动纪律和职业道德。

① 用人单位在职业安全卫生方面的职责

《劳动法》第五十二条规定："用人单位必须建立、健全职业安全卫生制度，严格执行国家职业安全卫生规程和标准，对劳动者进行职业安全卫生教育，防止劳动过程中的事故，减少职业危害。"根据本条款的法律规定，职业安全卫生制度包括以下几项内容：a. 用人单位必须建立、健全职业安全卫生制度；b. 用人单位必须执行国家职业安全卫生规程和标准；c. 用人单位必须对劳动者进行职业安全卫生教育。

《劳动法》第五十三条规定："职业安全卫生设施必须符合国家规定的标准。新建、改建、扩建工程的职业安全卫生设施必须与主体工程同时设计、同时施工、同时投入生产和使用。"职业安全卫生设施是指安全技术方面的设施、劳动卫生方面的设施、生产性辅助设施(如女工卫生室、更衣室、饮水设施等)。国家规定的标准是指行政主管部门和各行业主管部门制定的一系列技术标准，它包括以下几方面内容。

a. 职业安全卫生条件及劳动防护用品要求。《劳动法》第五十四条规定："用人单位必须为劳动者提供符合国家规定的职业安全卫生条件和必要的劳动防护用品。对从事有职业危害作业的劳动者应当定期进行健康检查。"本条中国家规定指《工厂安全卫生规程》、《建筑安装工程安全技术规程》、《工业企业设计卫生标准》(GBZ 1—2010)、《工作场所有害因素职业接触限值》(GBZ 2.1/22—2007)、《个体防护装备选用规范》(GB 11651—2008)、《劳动防护用品配备标准(试行)》(国经贸安全〔2000〕189号)等中的规定。

b. 建立伤亡事故和职业病统计报告和处理制度。在劳动生产过程中，由于各种原因发生伤亡事故、产生职业病是不可避免的，为了真实地掌握情况，有效地采取对策，预防事故隐患的发生，在《劳动法》中特别提出了"建立伤亡事故和职业病统计报告的处理制度"。

c. 对劳动者的职业培训。《劳动法》第五十五条规定："从事特种作业的劳动者必须经过专门培训并取得特种作业资格。"特种作业的范围有：电工作业、锅炉司炉作业、压力容器操作、起重机械作业、爆破作业、金属焊接与气割作业、煤矿井下瓦斯检验、机动车辆驾驶、机动船舶驾驶与轮机操作、建筑登高架设作业等。

② 劳动者在职业安全卫生方面的权利和义务

《劳动法》第五十六条规定：劳动者在劳动过程中必须严格遵守安全操作规程。

劳动者对用人单位管理人员违章指挥、强令冒险作业有权拒绝执行；对危害生命安全和身体健康的行为，有权提出批评、检举和控告。根据本条款的规定，劳动者在劳动生产过程中对职业安全卫生方面有以下的权利和责任。

a. 劳动者在职业安全卫生方面的职责。根据本条规定，劳动者在劳动过程中，必须严格遵守安全操作规程。若是由于不服从管理，违反规章制度，违章冒险作业，导致重大事故发生造成严重后果的，必须承担相应的法律责任。

b. 劳动者在职业安全卫生方面的权利。Ⅰ. 根据本条规定，劳动者对用人单位管理人员违章指挥、强令冒险作业，有权拒绝执行。这是《劳动法》赋予劳动者的权利。根据这项权利，劳动者可以合法地维护自己的人身安全，有效地维持正常的生产秩序，防止事故隐患发生。Ⅱ. 据本条规定，劳动者对用人单位的管理人员做出了“对危害生命安全和身体健康的行为，有权提出批评、检举和控告”的规定，根据这项法律赋予的权利，劳动者对管理人员做出的违章指挥、强令冒险作业的行为，不仅可以拒绝执行，而且可以提出批评。如果有关的管理人员不接受意见，不改进措施，劳动者有权向上级主管部门进行检举，甚至可以上诉控告，这是法律赋予劳动者的权利。若是有人员敢于打击报复举报人员的，由劳动行政部门或者有关部门处以罚款；构成犯罪的，对责任人员依法追究刑事责任。

(4)《中华人民共和国安全生产法》的主要内容

《中华人民共和国安全生产法》共 7 章 97 条。《安全生产法》作为我国安全生产的综合性法律，具有丰富的法律内涵，它的贯彻实施，有利于全面加强我国安全生产法律法规体系建设，有利于保障人民群众生命安全，有利于依法规范生产经营单位的安全生产工作，有利于各级人民政府加强安全生产的领导，有利于安全生产监督部门和有关部门依法行政，加强监督管理，有利于提高从业人员的安全素质，有利于制裁各种安全违法行为。其核心内容如下。

① 三大目标。《安全生产法》的第一条开宗明义地确立了通过加强安全生产监督管理措施，防止和减少生产安全事故，需要实现如下基本的三大目标：保障人民生命安全，保护国家财产安全，促进社会经济发展。

② 五方运行机制(五方结构)。在《安全生产法》的总则中，规定了保障安全生产的国家总体运行机制，包括如下五个方面：政府监管与指导(通过立法、执法、监管等手段)；企业实施与保障(落实预防、应急救援和事后处理等措施)；员工权益与自律(8 项权益和 3 项义务)，社会监督与参与(公民、工会、舆论和社区监督)；中介支持与服务(通过技术支持和咨询服务等方式)。

④ 两结合监管体制。《安全生产法》明确了我国现阶段实行的国家安全生产监管体制。这种体制是国家安全生产综合监管与各级政府有关职能部门(公安消防、公安交通、煤矿监督、建筑、交通运输、质量技术监督、工商行政管理)专项监管相结合的体制。其有关部门合理分工、相互协调，相应地表明了我国安全生产法的执法主体是国家安全生产综合管理部门和相应的专门监管部门。

⑤ 七项基本法律制度。《安全生产法》确定了我国安全生产的基本法律制度。分别为：安全生产监督管理制度；生产经营单位安全保障制度；从业人员安全生产权利义务制度；生产经营单位负责人安全责任制度；安全中介服务制度；安全生产责任追究制度；事故应急救援和处理制度。

⑥ 四个责任对象。《安全生产法》明确了对我国安全生产具有责任的各方，包括以下四个方面：政府责任方，即各级政府和对安全生产负有监管职责的有关部门；生产经营单位责任方；从业人员责任方；中介机构责任方。

⑦ 三大对策体系。《安全生产法》指明了实现我国安全生产的三大对策体系。a. 事

前预防对策体系，即要求生产经营单位建立安全生产责任制、坚持“三同时”、保证安全机构及专业人员落实安全投入、进行安全培训、实行危险源管理、进行项目安全评价、推行安全设备管理、落实现场安全管理、严格交叉作业管理、实施高危作业安全管理、保证承包租赁安全管理、落实工伤保险等，同时加强政府监管、发动社会监督、推行中介技术支持等都是预防策略。b. 事中应急救援体系，要求政府建立行政区域的重大安全事故救援体系，制定社区事故应急救援预案；要求生产经营单位进行危险源的预控，制定事故应急救援预案等。c. 建立事后处理对策系统，包括推行严密的事故处理及严格的事故报告制度，实施事故后的行政责任追究制度，强化事故经济处罚，明确事故刑事责任追究等。

⑧ 生产经营单位主要负责人的六项责任。《安全生产法》特别对生产经营单位负责人的安全生产责任作了专门的规定。规定如下：建立健全安全生产责任制；组织制定安全生产规章制度和操作规程；保证安全生产投入；督促检查安全生产工作，及时消除生产安全事故隐患；组织制定并实施生产安全事故应急救援预案；及时报告并如实反映生产安全事故。

⑨ 从业人员八项权利。《安全生产法》明确从业人员的八项权利是：a. 知情权，即有权了解其作业场所和工作岗位存在的危险因素、防范措施和事故应急措施；b. 建议权，即有权对本单位的安全生产工作提出建议；c. 批评权、检举权、控告权，即有权对本单位安全生产管理工作中存在的问题提出批评、检举、控告；d. 拒绝权，即有权拒绝违章作业指挥和强令冒险作业；e. 紧急避险权，即发现直接危及人身安全的紧急情况时，有权停止作业或者在采取可能的应急措施后撤离作业场所；f. 依法向本单位提出要求赔偿的权利；g. 获得符合国家标准或者行业标准劳动防护用品的权利；h. 获得安全生产教育和培训的权利。

⑩ 从业人员的三项义务。《安全生产法》明确了从业人员的三项义务：a. 自律遵规的义务，即从业人员在作业过程中，应当遵守本单位的安全生产规章制度和操作规程，服从管理，正确佩戴和使用劳动防护用品；b. 自觉学习安全生产知识的义务，要求掌握本职工作所需的安全生产知识，提高安全生产技能，增强事故预防和应急处理能力；c. 危险报告义务，即发现事故隐患或者其他不安全因素时，应当立即向现场安全生产管理人员或者本单位负责人报告。

⑪ 四种监督方式。《安全生产法》以法定的方式，明确规定了我国安全生产的多种监督方式。a. 工会民主监督，即工会有权对建设项目的安全设施与主体工程同时设计、同时施工、同时投入生产和使用进行监督，提出意见；b. 社会舆论监督，即新闻、出版、广播、电影、电视等单位有对违反安全生产法律法规的行为进行舆论监督的权利；c. 公众举报监督，即任何单位存在事故隐患或者个人做出违反安全生产法规的行为时，均有权向负有安全生产监督管理职责的部门报告或者举报；d. 社区报告监督，即居民委员会、村民委员会发现其所在区域内的生产经营单位存在事故隐患或者安全生产违法行为时，有权向当地人民政府或者有关部门报告。

⑫ 38 种违法行为。《安全生产法》明确了政府、生产经营单位、从业人员和中介机构可能产生的 38 种违法行为。其中生产经营单位及负责人 30 种，政府监督部门及人员 5 种，中介机构 1 种，从业人员可能存在的违法行为有 2 种。

(5)《中华人民共和国职业病防治法》的主要内容

《中华人民共和国职业病防治法》于 2001 年 10 月 27 日由全国人大常委会表决通过。立法目的是预防、控制和消除职业病危害，防治职业病，保护劳动者健康及其相关权益，促进经济发展。

《职业病防治法》分总则、前期预防、劳动过程中的防护与管理、职业病诊断与职业病病人保障、监督检查、法律责任、附则，共 7 章 79 条，于 2002 年 5 月 1 日起施行。

该法规定，职业病防治工作采取预防为主、防治结合的方针，实行分类管理、综合治理。劳动者享有的 7 项职业卫生保护权利是：

① 获得职业卫生教育、培训的权利；

② 获得职业健康检查、职业病诊疗、康复等职业病防治服务的权利；

③ 了解作业场所产生或者可能产生的职业病危害因素、危害后果和应当采取的职业病防护措施的权利；

④ 要求用人单位提供符合防治职业病要求的职业病防治设施和个人使用的职业病防护用品，改善工作条件的权利；

⑤ 对违反职业病防治法律、法规以及危及生命健康行为提出批评、检举和控告的权利；

⑥ 拒绝完成违章指挥和强令没有职业病防护措施的作业的权利；

⑦ 参与用人单位职业卫生工作的民主管理，对职业病防治工作提出意见和建议的权利。

对已经被诊断为职业病的病人，该法规定用人单位应当按照国家有关规定，安排病人进行治疗、康复和定期检查；职业病病人的诊疗、康复费用，伤残以及丧失劳动能力的职业病病人的社会保障，按照国家有关工伤保险的规定执行；用人单位没有依法参加工伤社会保险的，职业病病人的医疗和生活保障由最后的用人单位承担，除非最后的用人单位有证据证明该职业病与己无关。

关于职业病病人的安置和社会保障，该法规定，用人单位在疑似职业病病人诊断或者医学观察期间，不得解除或者终止与其订立的劳动合同。用人单位对不适宜继续从事原工作的职业病病人，应当调离原岗位，并妥善安置。职业病病人变动工作单位，其依法享有的待遇不变；用人单位发生分立、合并、解散、破产等情形的，应当对从事接触职业危害作业的劳动者进行健康检查，并按照国家有关规定妥善安置职业病病人。

(6)《危险化学品安全管理条例》的主要内容

《危险化学品安全管理条例》自 2002 年 3 月 15 日起施行。2011 年 2 月 16 日国务院第 144 次常务会议审议通过了新修订的《危险化学品安全管理条例》，修订后的《危险化学品安全管理条例》(简称《条例》) 自 2011 年 12 月 1 日起施行。

①《条例》宗旨

《条例》第一条“为了加强对危险化学品的安全管理，预防和减少危险化学品事故，保障人民群众生命财产安全，保护环境，制定本条例”，开宗明义地指出了制定该条例的宗旨，即目的。

②《条例》适用范围

《条例》的第二条和第三条指出了本《条例》的适用范围。

第二条危险化学品生产、储存、使用、经营和运输的安全管理，适用本条例。

废弃危险化学品的处置，依照有关环境保护的法律、行政法规和国家有关规定执行。

第三条本条例所称危险化学品，是指具有毒害、腐蚀、爆炸、燃烧、助燃等性质，对人体、设施、环境具有危害的剧毒化学品和其他化学品。

危险化学品目录，由国务院安全生产监督管理部门会同国务院工业和信息化、公安、环境保护、卫生、质量监督检验检疫、交通运输、铁路、民用航空、农业主管部门，根据化学品危险特性的鉴别和分类标准确定、公布，并适时调整。

③ 监管部门职责分工

a. 国家安全生产监督管理总局和省、自治区、直辖市安全生产监督管理局负责

危险化学品安全监督管理综合工作，组织确定、公布、调整危险化学品目录，对新建、改建、扩建生产、储存危险化学品(包括使用长输管道输送危险化学品)的建设项目进行安全条件审查，核发危险化学品安全生产许可证、危险化学品安全使用许可证和危险化学品经营许可证，并负责危险化学品登记工作。

b. 公安部门负责

危险化学品的公共安全管理，核发剧毒化学品购买许可证、剧毒化学品道路运输通行证，并负责危险化学品运输车辆的道路交通安全管理。

c. 质检部门负责

核发危险化学品及其包装物、容器(不包括储存危险化学品的固定式大型储罐)生产企业的工业产品生产许可证，并依法对其产品质量实施监督，负责对进出口危险化学品及其包装实施检验。

d. 环保部门负责

废弃危险化学品处置的监督管理，组织危险化学品的环境危害性鉴定和环境风险程度评估，确定实施重点环境管理的危险化学品，负责危险化学品环境管理登记和新化学物质环境管理登记；依照职责分工调查相关危险化学品环境污染事故和生态破坏事件，负责危险化学品事故现场的应急环境监测。

e. 交通部门负责

危险化学品道路运输、水路运输的许可以及运输工具的安全管理，对危险化学品水路运输安全实施监督，负责危险化学品道路运输企业、水路运输企业驾驶人员、船员、装卸管理人员、押运人员、申报人员、集装箱装箱现场检查员的资格认定。

f. 铁路部门负责

危险化学品铁路运输的安全管理，负责危险化学品铁路运输承运人、托运人的资质审批及其运输工具的安全管理。

g. 民航部门负责

危险化学品航空运输以及航空运输企业及其运输工具的安全管理。

h. 卫生行政部门负责

危险化学品毒性鉴定的管理，负责组织、协调危险化学品事故受伤人员的医疗卫生救援工作。

i. 工商行政管理部门

依据有关部门的许可证件，核发危险化学品生产、储存、经营、运输企业营业执照，查处危险化学品经营企业违法采购危险化学品的行为。

j. 邮政部门负责

依法查处寄递危险化学品的行为。

④ 修订后的《条例》新确立了 9 项管理制度

修订后的《危险化学品安全管理条例》除了保留了原有的备案制度、审查、审批制度等制度，又新增了 9 项内容或制度，包括危化品禁止与限制制度，使用许可制度，安全生产许可制度，化学品危险性鉴定制度，易制爆危化品管理制度，安全条件审查与论证制度，作业场所和安全设施、设备安全警示制度，危化品和新化学物质环境管理登记，危化品环境释放信息报告制度。

(7)《国务院关于特大安全事故行政责任追究的规定》的主要内容

为进一步做好安全生产工作，各地政府一把手是各地区安全生产的第一责任人，必须对该地区安全生产工作负总责。为此，2001 年 4 月 21 日国务院颁布并施行了《国务院关于特大安全事故行政责任追究的规定》(国务院令第 302 号)。发生特大安全事故，不仅要追究直接责任人的责任，而且要追究有关领导干部的行政责任；构成犯罪的，还要依法追究刑事责任。同时，要执行“谁审批、谁负责”的原则，对承担涉及安全生产经营审批和许可事项的主管部门和有关责任人员，也要对后果承担相应责任。

《国务院关于特大安全事故行政责任追究的规定》中第二条规定，地方人民政府主要领导人和政府有关部门正职负责人对下列特大安全事故的防范、发生，依照法律、行政法规和对该规定有失职、渎职情形或负有领导责任的，依照本规定给予行政处分；构成玩忽职守罪或其他罪的，依法追究刑事责任：

① 特大火灾事故；

② 特大交通事故；

③ 特大建筑质量安全事故；

④ 民用爆炸物品和化学品特大安全事故；

⑤ 煤矿和其他矿山特大安全事故；

⑥ 锅炉、压力容器、压力管道和特种设备特大安全事故；

⑦ 其他特大安全事故。

第十一条规定：依法对涉及安全生产事项负责行政审批(包括批准、核准、许可、注册、认证、颁发证照、竣工验收等)的政府部门或者机构，必须严格依照法律、法规和规章规定的安全条件和程序进行审查；不符合法律、法规和规章规定的安全条件的，不得批准；不符合法律、法规和规章规定的安全条件，弄虚作假，骗取批准或勾结串通行政审批工作人员取得批准的，负责行政审批的政府部门或者机构除必须立即撤销原批准外，应当对弄虚作假骗取批准或勾结串通行政审批工作人员的当事人依法给予行政处分；构成行贿罪或者其他罪的，依法追究刑事责任。

负责行政审批的政府部门或者机构违反前款规定，对不符合法律、法规和规章规定的安全条件予以批准的，对部门或者机构正职负责人，根据情节轻重，给予降级、撤职甚至开除公职的行政处分；与当事人勾结串通的，应当开除公职；构成玩忽职守罪或者其他罪的依法追究刑事责任。

第十五条规定：发生特大安全事故、社会影响特别恶劣或者性质特别严重的，由国务院对负有领导责任的省长、自治区主席、直辖市市长和国务院有关部门正职负责人给予行政处分。

第十六条规定：特大安全事故发生后，有关县(市、区)、市(地、州)和省、自治区、直辖市人民政府及政府有关部门应当按照国家规定的程序和时限立即上报，不得隐瞒不报、谎报或延报，并应当配合、协助事故调查，不得以任何方式阻碍、干涉事故调查。

特大事故发生后，有关地方人民政府及政府有关部门违反前款规定的，对政府主要领导人和政府部门正职负责人给予降级的行政处分。

8.1.2.2 国际主要的安全生产法规

(1)《职业安全健康管理体系导则》

2001 年 4 月国际劳工组织(ILO)召开专家会议审核、修订并一致通过了《职业安全健康评价系列》(OHSMS)技术导则——职业安全健康管理体系导则。该导则由引言、目标、国家职业安全健康(OSH)管理体系框架、组织的职业安全健康管理体系、术语表、参考文献和附录等 7 部分组成，具体内容可参见第六章。

(2)《作业场所安全使用化学品公约》

1994 年 10 月 22 日经我国第八届全国人民代表大会常务委员会第十次会议审议通过，我国政府正式批准了国际劳工 170 号公约，即《作业场所安全使用化学品公约》。

经国际劳工局理事会召集于 1990 年 6 月在日内瓦举行第 77 届会议，并注意到有关的国际劳工公约和建议书，特别是《1971 年苯公约和建议书》《1974 年职业病公约和建议书》《1977 年工作环境(空气污染、噪音的震动)公约和建议书》《1981 年职业安全卫生公约和建议书、1984 年职业卫生设施公约和建议书》《1986 年石棉公约和建议书》以及作为《1964 年工伤津贴公约》的附件、1980 年经修订的《职业病清单》，在保护工人免受化学品的有害影响同样有助于保护公众和环境。另外，注意到工人需要并有权利获得他们在工作中使用的化学品的有关资料，需要通过下列方法预防或减少工作中化学品导致的病症和伤害事故的重要性：a. 保证对所有化学品的评价以确定其危害性；b. 为雇主提供一定机制，以便从供应者处得到关于作业中使用的化学品的资料，这样他们能够实施保护工人免受化学品危害的有效计划；c. 为工人提供关于其作业场所的化学品及适当防护措施的资料，这样他们能有效地参与保护计划；d. 确定关于此类计划的原则，以保证化学品的安全使用，并认识到在国际劳工组织、联合国环境计划署和世界卫生组织之间，以及与联合国粮食和农业组织及联合国工业发展组织就国际化学品安全计划进行合作的需要，并注意到这些组织制定的有关文件、规则和使用指南，并经决定采纳本届会议议程第五项关于作业场所安全使用化学品的某些提议，并经确定这些提议应采取国际公约的形式，于 1990 年 6 月 25 日通过该公约，引用时称之为《1990 年化学品公约》。

(3)《建筑业安全卫生公约》

《建筑业安全卫生公约》经国际劳工局理事会召集于 1988 年 6 月 1 日在日内瓦举行第 75届会议，并参考了有关国际劳工公约和建议书，特别是《1937 年(建筑业)安全规程公约和建议书》《1937 年(建筑业)预防事故合作建议书》《1960 年辐射防护公约和建议书》《1963 年机器防护公约和建议书》《1967 年最大负重量公约和建议书》《1974 年职业性癌公约和建议书》《1977 年工作环境(环境污染、噪音和震动)公约和建议书》《1981 年职业安全和卫生公约和建议》《1985 年职业卫生设施公约和建议书》《1986 年石棉公约和建议书》，并注意到《1964 年工伤事故和职业病津贴公约》附件，并于 1980 年后经修订的《职业病一览表》，并经决定采纳本届会议议程第四项关于建筑业安全和卫生的某些提议，经确定这些提议应采取修订后的《1937 年(建筑业)安全规程公约》的国际公约的形式，于 1988 年 6 月 20 日通过，称之为《1988 年建筑业安全和卫生公约》。该公约 1991 年 1 月 11 日公布。我国政府于 2001 年 10 月 27 日通过全国人民代表大会常务委员会关于批准《建筑业安全卫生公约》的决定。第九届全国人民代表大会常务委员会第二十四次会议决定：批准于 1988 年 6 月 20 日经第 75 届国际劳工大会通过并于 1991 年 1 月 11 日生效的《建筑业安全卫生公约》；同时声明：在中华人民共和国政府另行通知前，《建筑业安全卫生公约》暂不适用于中华人民共和国香港特别行政区。

(4)《预防重大工业事故公约》

第 174 号公约《预防重大工业事故工作守则》经国际劳工局理事会召集，于 1993 年 6 月 2 日在日内瓦举行其第八十届会议，并注意到有关的国际劳工公约的建议书，特别是《1981 年职业安全和卫生公约和建议书》及《1990 年化学品公约和建议书》，强调有必要采取一种综合连贯的方式，并注意到 1991 年出版的国际劳工组织《预防重大工业事故工作守则》，考虑了必要确保采取一切适宜的措施，以便：①预防重大事故；②尽量减少发生重大事故的风险；③尽量减轻重大事故影响，检讨此类事故的原因，包括组织工作方面的差错、人为因素、部件失灵、偏离正常操作条件、外界干扰和自然力量，并考虑到国际劳工组织、联合国环境规划署和世界卫生组织之间，有必要在国际化学品安全计划范围内进行合作，以及同其他有关的政府间组织合作的必要性，并决定采纳本届会议议程第四项关于预防重大工业事故的若干提议，并确定这些提议应采用一项国际公约的形式；1993 年 6 月 2 日通过该公约，引用时称之为"1993 年预防重大工业事故公约"。其主要内容包括：第一部分，范围和定义；第二部分，总则；第三部分，雇主的责任；第四部分，主管当局的责任；第五部分，最后条款。

(5)《职业安全和卫生及工作环境公告》

1981年《职业安全和卫生及工作环境公约》(第155号公约)：在合理可行的范围内，把工作环境中内在的危险因素减少到最低限度，以预防来源于工作、与工作有关或在工作过程中发生的事故和对健康的危害。

这一公约通过促进各会员国在职业安全、职业卫生和改善工作环境方面制定相关法律的措施，明确政府、企业和工人各自承担的职责，从而把工作环境中存在的危险因素减小到最低限度，以预防来自工作过程中发生的事故和对健康的危害。

我国于2006年10月31日第十届全国人民代表大会常务委员会第二十四次会议决定：批准1981年6月22日第67届国际劳工大会通过的《职业安全和卫生及工作环境公约》(第155号公约)；同时声明，在中华人民共和国政府另行通知前，不适用于中华人民共和国香港特别行政区。

8.1.3 安全生产方针

(1) 安全生产方针的发展

所谓方针，就是国家或政党在一定时期内，为达到一定目标而确定的指导原则。安全生产方针是我国一切生产活动实现安全生产的指导思想，“安全第一、预防为主”的方针是我国多年安全生产管理工作的经验总结，它高度概括了工作的目的和任务。安全生产方针是安全生产管理的总方针，是生产经营单位安全管理和政府、部门安全生产监督管理的共同方针。它不仅概括了安全生产的特点、性质，而且提出了做好安全生产工作的目标、方式，实际上也是对安全生产工作经验的总结。

早在1952年第二次全国劳动保护会议上就明确了“生产必须安全，安全促进生产”的辩证关系，规定了“管生产必须管安全”的原则。1983年国务院在《批转劳动人事部、国家经委、全国总工会关于加强安全生产和劳动安全监察工作的报告的通知》中指出：“在‘安全第一，预防为主’的思想指导下搞好安全生产，是经济管理、生产管理部门和企业领导的本职工作，也是不可推卸的责任。”这是第一次明确提出我国的安全生产方针是“安全第一，预防为主”。1987年1月26日在杭州召开的全国劳动安全监察工作会议上又一次重申了“安全第一，预防为主”这一方针。1988年11月在党的十三届五中全会决议中，把“安全第一，预防为主”作为我国社会主义建设新时期的安全生产方针。

2002年颁布的《中华人民共和国安全生产法》第三条规定：“安全生产管理，坚持安全第一、预防为主的方针。”2006年1月23日，温家宝在全国安全生产工作会议上强调：加强安全生产工作，要以邓小平理论和“三个代表”重要思想为指导，以科学发展观统领全局，坚持“安全第一、预防为主、综合治理”，坚持标本兼治、重在治本，坚持创新体制机制、强化安全管理。

(2) 安全生产方针的内涵

“安全第一”，就是在生产过程中把安全放在第一重要的位置上，切实保护劳动者的生命安全和身体健康。“安全第一”体现了人们对安全生产的一种理性认识，这种理性认识包含两个层面。第一层面，生命观。它体现人们对安全生产的价值取向，也体现人们对人类自我生命的价值观。人的生命是至高无上的，每个人的生命只有一次，要珍惜生命、爱护生命、保护生命。事故意味着对生命的摧残与毁灭，因此，生产活动中，应把保护生命的安全放在第一位。第二层面，协调观，即生产与安全的协调观。任何一个系统的有效运行，其前提是该系统处于正常状态。因此，“正常”是基础，是前提。从生产系统来说，保证系统正常就是保证系统安全。安全就是保证生产系统有效运转的基础条件和前提条件，如果基础和前提条件不保证，就谈不到上有效运转。因此，应把安全放在第一位。

“预防为主”就是把安全生产工作的关口前移，超前防范，建立预教、预测、预想、预报、预警、预防的递进式、立体化事故隐患预防体系，改善安全状况，预防安全事故。“预防为主”体现了人们在安全生产活动中的方法论，事故是由隐患转化为危险，再由危险转化而成。因此，隐患是事故的源头，危险是隐患转化为事故过程中的一种状态。要避免事故，就要控制这种“转化”，严格说，是控制转化的条件。在新时期，预防为主的方针又有了新的内涵，即通过建设安全文化、健全安全法制、提高安全科技水平、落实安全责任、加大安全投入，构筑坚固的安全防线。具体地说，就是促进安全文化建设与社会文化建设的互动，为预防安全事故打造良好的“习惯的力量”；建立健全有关的法律法规和规章制度，如《安全生产法》，安全生产许可制度，“三同时”制度，隐患排查、治理和报告制度等等，依靠法制的力量促进安全事故防范；大力实施“科技兴安”战略，把安全生产状况的根本好转建立在依靠科技进步和提高劳动者素质的基础上；强化安全生产责任制和问责制，创新安全生产监管体制，严厉打击安全生产领域的腐败行为；健全和完善中央、地方、企业共同投入机制，提升安全生产投入水平，增强基础设施的安全保障能力。

“综合治理”，是指适应我国安全生产形势的要求，自觉遵循安全生产规律，正视安全生产工作的长期性、艰巨性和复杂性，抓住安全生产工作中的主要矛盾和关键环节，综合运用经济、法律、行政等手段，人管、法治、技防多管齐下，并充分发挥社会、职工、舆论的监督作用，有效解决安全生产领域的问题。实施综合治理，是由我国安全生产中出现的新情况和面临的新形势决定的。在社会主义市场经济条件下，利益主体多元化，不同利益主体对待安全生产的态度和行为差异很大，需要因情制宜、综合防范；安全生产涉及的领域广泛，每个领域的安全生产又各具特点，需要防治手段的多样化；实现安全生产，必须从文化、法制、科技、责任、投入入手，多管齐下，综合施治；安全生产法律政策的落实，需要各级党委和政府的领导、有关部门的合作以及全社会的参与；目前我国的安全生产既存在历史积淀的沉重包袱，又面临经济结构调整、增长方式转变带来的挑战，要从根本上解决安全生产问题，就必须实施综合治理。从近年来安全监管的实践特别是今年联合执法的实践来看，综合治理是落实安全生产方针政策、法律法规的最有效手段。

“安全第一、预防为主、综合治理”的安全生产方针是一个有机统一的整体。安全第一是预防为主、综合治理的统帅和灵魂，没有安全第一的思想，预防为主就失去了思想支撑，综合治理就失去了整治依据。预防为主是实现安全第一的根本途径。只有把安全生产的重点放在建立事故隐患预防体系上，超前防范，才能有效减少事故损失，实现安全第一。综合治理是落实安全第一、预防为主的手段和方法。只有不断健全和完善综合治理工作机制，才能有效贯彻安全生产方针，真正把安全第一、预防为主落到实处，不断开创安全生产工作的新局面。

8.1.4 安全生产管理体制

(1) 安全生产管理体制的概念

体制是关于一个社会组织系统的结构组成、管理权限划分、事务运作机制等方面的综合概念。安全生产管理体制就是安全管理系统的结构组成、管理权限划分、事务运作机制等方面的综合概念。为贯彻“安全第一，预防为主，综合治理”的方针，必须建立一个衔接有序、运作有效、保障有力的安全生产管理体制。

我国目前实行的“企业负责，行业管理，国家监察，群众监督，劳动者遵章守纪”的安全管理体制，它脱胎于原来的“国家劳动安全监察、行政管理和群众监督”的“三结合”管理体制，更加适合当前的实际。它也体现了“安全第一，预防为主，综合治理”的安全生产方针，强调了“管生产必须管安全”的原则，发挥和调动了职工群众管安全的作用和积极性。

① 企业负责。《中华人民共和国安全生产法》明确规定：生产经营单位的主要负责人对本单位的安全生产工作全面负责。对于企业来说，从企业主要领导到班组长，要实行安全第一领导负责制，分管生产的领导负责日常安全工作，同时设立相应专职安全机构和人员进行有效的具体管理。班组、科室应配安全员，各级领导机构和人员都应明确安全生产责任制，这样才能确保企业安全生产。因此，企业是安全生产的主体和基础。

② 行业管理。行业管理是行业管理部门、生产管理部门和企业自身，按“管生产必须管安全”的原则，对企业生产进行安全管理、检查、监督和指导。行业管理是通过对安全工作的组织指挥、计划、决策和控制等过程来实现安全生产目标，它起到对安全管理的督导作用。

③ 国家监察。国家监察是为保证安全生产所建立的安全监察制度。它是国家授权安全生产监督部门，依据安全生产法规，以法制手段，对行业主管部门和企业的安全生产情况进行监督检查，促其搞好安全生产，保障职工在生产过程中的安全与健康。

国家安全监察与行业主管部门对工业企业安全管理的业务指导关系不同，它能较好地站在国家利益方面，正确公正地处理好企业与职工、生产与安全的关系，使国家安全生产方针、政策、法规得到有效地贯彻执行。

④ 群众监督。群众监督是由工会系统来组织实施的，各级工会组织职工自下而上对安全生产进行监督检查，它主要是协助、监督企业行政做好安全工作，提高群众遵章守纪的自觉性。

⑤ 劳动者遵章守纪。企业职工必须按照国家、行业，以及企业内部的规章制度进行作业，目的就是规范劳动者的安全行为，杜绝违章指挥作业、违反劳动纪律的现象。

(2) 安全生产管理体制的五个方面的关系

① 企业负责、行业管理、国家监察、群众监督、劳动者遵章守纪五个方面的目标是一致的，都是贯彻“安全第一，预防为主”的安全生产方针，促进安全生产。

② 企业是安全工作的主体和具体实施者。

③ 行业管理指行业部门帮助、指导和监督企业的宏观管理工作。

④ 国家监察代表国家的执法部门解决：有法可依——制定法规；执法必严——贯彻法规；违法必纠——检查法规执行。

⑤ 群众监督是由工会系统来组织实施的，各级工会组织职工自下而上对安全生产进行监督检查，它主要是协助、监督企业行政做好安全工作，提高群众遵章守纪的自觉性。

⑥ 前四个方面按不同层次和从不同角度构成安全生产管理的宏观体制，这四个方面相互配合、相互协调，共同实现安全生产的总目标。这四个方面具有相同的目标，不同性质和地位，它们之间不能相互代替，应密切配合相互支持，按不同层次结合起来，构成安全管理的完整体系，以便发挥出最大的管理效能。

⑦ 劳动者是安全管理法规与规程的具体实践者。

8.1.5 安全生产综合管理方法

8.1.5.1 全面安全管理

全面安全管理是一种将系统安全管理与传统安全管理相结合的综合管理方法。它由全面质量管理(简称 TQC)演变而来，实际上不仅仅是产品，任何一种工作或系统都有做得更好一些的问题。也就是说，任何产品、任何工作、任何一个人工系统，都存在着质量问题，都可以运用 TQC 的原理和方法来提高其工作质量。将 TQC 的原理与方法应用于安全管理之中，就称为全面安全管理(Total Safety Control，简称 TSC)。TSC 虽然来源于 TQC，但在应用的过程中又接受了系统工程的观点和方法，有了新的发展。其基本思路是：以系统整体性原理为依据，以目标优化原则为核心，以安全决策为主要手段，将安全生产过程乃至企业的全部工作看作一个整体，进行统筹安排和协调整合的全面管理。

(1) 全面安全管理的概念

全面安全管理主要包括“全员”“全过程”“全方位”三层含义。

① 全员安全管理。全员安全管理是指上至企业领导，下至每一个职工，人人参与安全管理，人人关心安全，注意安全，在各自的职责范围内做好安全工作。安全不仅要靠专职安全人员来保持，更要提高全体人员的安全意识和责任感，靠全体人员来保证，即安全工作要走群众路线，真正做到“安全工作，人人有责”。

② 全过程安全管理。全过程安全管理，是对每项工作、每种工艺、每个工程项目的每一个步骤，自始自终的抓好安全管理。对每台机器设备而言，应从其设计、制造、安装、使用、维修、报废的全过程实行安全管理。对于一个工程建设施工项目来讲，应从签

订施工合同，进行施工组织设计、现场平面布置等施工准备工作开始，到施工的各个阶段，直至工程收尾、竣工、交付使用的全过程，都进行安全管理。对工程本身而言，其安全管理工作还要延续到运行、检修等后期工作中去。因此，所谓全过程的安全管理，就是贯穿于各项工作始终，形成纵向一条线的安全管理方式。

③ 全方位的安全管理。全方位的安全管理，指对系统的各个要素，从时间到地点，乃至操作方式等方面的安全问题，进行全面分析，全面辨识，全面评价，全面防护，做到疏而不漏，保证安全生产。由此可见，全方位的安全管理，就是遍及企业各个角落横向铺开的一种管理方式。

由“全员”“全过程”“全方位”三个方面的安全管理形式，编织成一张纵横交错的安全管理网络，囊括企业所有的安全管理工作内容，形成一个完整的安全管理系统。因此，全面安全管理是企业搞好安全生产最基本、最有效的组织管理方法之一。

(2) 全面安全管理的特点

① 以预防事故为中心，进行预先安全分析与评价。TSC 要求预先对生产系统中固有的和潜在的危险源进行综合分析、判断与测定，进而采取有效的方法、手段和行动，控制及消除危险源，防止事故发生。

② 从提高设备的可靠性入手，把安全性与生产稳定性统一起来。所谓“可靠性”是指系统在规定的时间和条件下，完成规定功能的能力。从安全角度来讲，可靠性亦是安全性。提高设备及部件的可靠性，应综合考虑强度设计、功能设计、材质的性能、设置防止误操作的设施、安全装置及采取预防性维修措施等多个方面，也就是说，在分析及排除系统内各个因素的缺陷及可能导致灾害的危险时，应使系统在效能、费用和使用时间上综合达到最佳安全状态。这种将可靠性、安全性和生产稳定性三者结合起来进行投资的方式，比单纯地为提高安全性进行的投资，能获得更高的效益，从而更易于达到安全与生产的协调，安全与经济效益的统一。

③ 重视人的因素，提高人的安全意识。从人机关系上来看，要提高人机系统的可靠性，必须重视人的可靠性。因此，引进行为科学的理论和方法，重视人的安全教育，不断提高人的安全意识和责任感，也是 TSC 的重要内容之一。再者，TSC 不仅是全面的、全过程的，也是全员性的，这体现了人的因素在安全管理中的重要性。

④ 调整安全管理结构。TSC 把整个安全生产过程看成一个运行着的系统，系统的整体性是通过其结构和功能中介来体现的。结构是指系统内部各要素之间的联系，如人、财、物等要素的组合。功能是指系统与外部环境之间的联系。相对“结构”而言，“功能”是一个比较活跃的因素，在系统内外相互作用的过程之中，“功能”会不断地发生变化，并对“结构”产生一定的影响，甚至引起结构部分或全部的改变。如果“结构”已影响到“功能”的发挥，就应调整原有结构。

全面安全管理十分重视安全生产与其他各项工作的有机联系。注重从定性向定量的转变，强调用数字说话，要求从孤立、静止、被动的管理方式向多元、动态、积极的管理方式转变。这就需要通过安全管理结构的调整，来发挥新的功能。企业可以通过建立职业安全卫生管理体系，借助于体系的运转来协调与整合各个部门、各个环节，形成完整的安全管理网络。

8.1.5.2　安全目标管理

目标管理是让企业管理人员和工人参与制定工作目标，并在工作中实行自我控制，努力完成工作目标的管理方法。目标管理的目的是，通过目标管理的激励作用来调动广大职工的积极性，从而保证实现总目标。

美国的杜拉克首先提出了目标管理和自我控制的主张。他认为一个组织的目的和任务必须转化为目标，如果一个领域没有特定的目标，则这个领域必然会被忽视；各级管理人员只有通过这些目标对下级进行领导，并以目标来衡量每个人的贡献大小，才能保证一个组织的总目标的实现。

安全目标管理是目标管理在安全管理方面的应用，是企业确定在一定时期内该实现的安全生产总目标，分解展开，落实措施，严格考核，通过组织内部自我控制达到安全生产目的的一种安全管理方法。

(1) 安全目标管理的概念

安全目标管理是指企业内部各个部门以至每个人，从上到下围绕企业安全生产的总目标，制定各自的目标，确定行动方针，安排工作进度，有效地组织实现，并对成果严格考核的一种管理制度。

安全目标管理是参与管理的一种形式，是根据工作目标来控制企业安全生产的一种民主的科学有效的管理方法，是我国工业企业实行现代安全管理的一项重要内容。

(2) 安全目标管理的作用

实行安全目标管理，要充分启发、激励、调动企业全体职工在安全生产中的责任感和创造力，有效地提高企业的现代安全管理水平。安全目标管理的作用具体体现在以下几方面。

① 充分体现了“安全生产，人人有责”的原则，使安全管理向全员管理发展

安全目标管理通过目标层层分解，措施层层落实，工作层层开展来实现全员参加、全员管理和全过程管理。这种管理事先只为企业每个成员规定了明确的责任和清楚的任务，并对这些责任、任务的完成规定了时间、指标、质量等具体要求，每个人都可以在自己的管辖或工作范围内自由地选择实现这些目标的方式和方法。职工在“自我控制”的原则下，充分发挥自己的能动性、积极性和创造性，从而使人人参与管理。这样可以克服传统管理中常出观的“管理死角”的弊端。

② 有利于提高职工安全技术素质

安全目标管理的重要特色之一，就是推行“成果第一”的方针，而成果的取得主要依赖于个人的知识结构、业务能力和努力程度。安全生产以预防各类事故的发生为目标，因此，每个职工为了实现通过目标分解下达给自己的安全目标，就必须在日常的生产工作等过程中，增长知识，提高自己在安全生产上的技术素质。这样就能够促使职工自我学习和工作能力的提高，使职工对安全技术知识的学习由被动型转化为主动型。经过若干个目标

周期，职工的安全意识、安全知识、安全技术水平都将会得到很大的提高，职工的自我预防事故的能力也将得到增强。

③ 促进在企业内推行安全科学管理

在目标管理上，传统安全管理不能明确提出降低事故目标值的要求和制定出实现目标值的保证措施。同时，传统安全管理不能对事故进行定量分析，达不到预测、预防事故的根本目的。目标管理要求为了目标的实现，利用科学的预测方法，确定设计过程、生产过程、检修过程和工艺设备中的危险部位，明确重点部位的"危险控制点"或"事故控制点"。

因此，由于企业安全目标管理的推行，使许多科学的管理方法得以广泛运用。要想控制事故的发生，就必须采用安全检查、事故树分析法、故障类型及影响分析法等安全系统工程的分析法和 QC 活动中的 PDCA 循环、排列图、因果图和矩阵数据分析图等全面质量管理的方法，确定影响安全的重要岗位、危险部位、关键因素、主要原因，然后依据测定、分析、归纳的结果，采取相应的措施，加强重点管理和事故的防范，以达到目标管理的最终目的。这些科学预测方法和管理方法在企业安全目标管理上的应用，正是由于企业推行安全目标管理的结果。反过来，只有采用这种科学管理方法，才能使企业安全目标管理得以实现。

(3) 安全目标的确定

安全目标是在一定条件下、一定时间内完成安全活动所达到的某一预期目的的指标。安全目标一般拟提综合指标，主要有：

① 事故控制指标(见第五章)

② 安全措施指标

a. 要有完善的安全生产责任制，安全操作制度、设备定期维修制度和保证严格执行劳动安全规章制度的有效措施。

b. 制定承包期内改善劳动安全卫生条件的技术措施规划。

c. 制定安全技术培训计划，提高人员素质。新工人入厂"三级"安全教育和特种作业人员持证上岗率要达到百分之百。

d. 建立健全安全生产管理机构、配备与生产相适应的安全技术与管理人员，并保证其行使职权。

③ 尘毒治理合格指标

a. 粉尘合格率指标；

b. 三废及噪声合乎国家标准；

c. 消除尘肺病。

在确定安全目标时应考虑以下几方面因素：

a. 根据企业经济技术条件确定指标。如投资大，基础设施好，或安全工作基础强，机械装备先进、经济效益好的企业，安全指标应高一些。

b. 以统计期内的安全状况为基础，测定计划期实现的安全指标。

c. 根据行业特点，提出针对性较强的安全指标。如化工、煤炭等行业除下达伤亡事故控制指标外，还要下达尘毒有害物质控制指标。

d. 目标的设立要充分发挥职工群众的积极性，使其主动参与目标设置，或就目标选择提出建议，目标要订得尽可能结合实际且具体。

(4) 目标的实施与控制

目标确定之后，先将其进行分解，下达给各部门；各部门根据分解的目标，会同上级订立的部门目标要求，再分解部门目标，下达给下一级部门。这样逐级分解，直至订出个人目标，从而形成一个目标链，每级目标都应有相应的目标实现措施。目标分解如图 8-1。

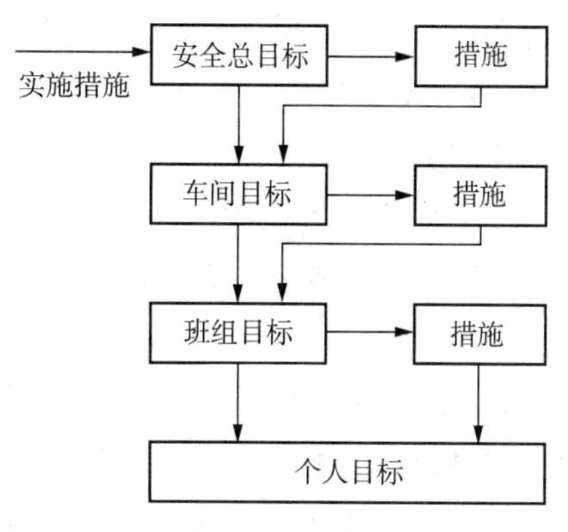

图 8-1　目标分解与实施

从图 8-1 可以看出，安全目标管理实际上是一种全过程、全员、全面的安全管理过程。在每级目标实施中，都应有一整套管理控制方法，这种控制方法是以措施来完成和执行的。措施的制定与实施，允许单位、部门和个人确定，不必强求一律，即要充分发挥群众的积极性和能动性，努力完成本部门和个人承担的目标。

目标考核也是目标检查与控制的手段。各部门目标确立之后，采取措施后的效果必须由企业安全生产委员会组织有关部门负责人组成考评小组，对各部门、科室及个人进行定期或不定期检查与考评。检查与考评前，必须注意制定评分标准、考评中要及时总结目标达成的经验教训，为下一个目标管理周期创造条件。

8.1.6　安全管理法规

安全管理法规，是指国家为了搞好安全生产、加强安全生产和劳动保护工作，保护职工的安全健康所制定的管理规范。从广义来讲，国家的立法、监督、检查和教育等方面都属于管理范畴。安全生产管理是企业经营管理的重要内容之一，因此，管生产必须管安全。《宪法》规定，加强劳动保护，改善劳动条件，是国家和企业管理劳动保护工作的基本原则。劳动保护管理制度是各类工矿企业为了保护劳动者在生产过程中的安全、健康，根据生产实践的客观规律总结和制定的各种规章。概括地讲，这些规章制度一方面是属于行政管理制度，另一方面是属于生产技术管理制度。这两类规章制度经常是密切联系、互相补充的。

重视和加强安全生产的制度建设，是安全生产和劳动保护法制的重要内容。《劳动法》第五十二条规定：用人单位必须建立、健全职业安全卫生制度。《企业法》第四十一条规定：企业必须贯彻安全生产制度，改善劳动条件，做好劳动保护和环境保护工作，做到安全生产和文明生产。此外，在《矿山安全法》《乡镇企业法》《煤炭法》《职业病防治法》《全民所有制工业交通企业设备管理条例》《危险化学品管理条例》等多部法律法规中，都对不断完善劳动保护管理制度提出了要求。

(1) 安全生产责任制

在《国务院关于加强企业生产中安全工作的几项规定》中，对安全生产责任制的内容及实施方法做了比较全面的规定。经过多年的劳动保护工作实践，这一制度得到了进一步的完善和补充，在国家相继颁布的《企业法》《环境保护法》《矿山安全法》《煤炭法》《职业病防治法》等多项法律、法规中，安全生产责任制都被列为重要条款，成为国家安全生产管理工作的基本内容。

(2) 安全教育制度

建国以来，各级人民政府和各产业部门为加强企业的安全生产教育工作陆续颁发了一些法规和规定。《劳动法》不仅规定了用人单位开展职业培训的义务和职责，同时规定了“从事技术工种的劳动者，上岗前必须经过培训”。《企业法》把“企业应当加强思想政治教育、法制教育、国防教育、科学文化教育和技术业务培训，提高职工队伍素质”作为企业必须履行的义务之一。《矿山安全法》规定：矿山企业必须对职工进行教育、培训；未经安全教育、培训的，不得上岗作业。矿山企业安全生产的特种作业人员必须接受专门培训，经考核合格取得操作资格证书的，方可上岗作业。《煤炭法》《乡镇企业法》《职业病防治法》等其他法律法规中，也都对劳动保护教育制度予以规定。为了贯彻国家法规的规定，原劳动部于1989年12月颁发了《锅炉司炉工安全技术考核管理办法》，1991年9月颁发了《特种作业人员安全技术培训考核管理规定》，1991年9月颁发了《特种作业人员安全技术培训考核管理规定》，1995年颁布了《企业职工职业安全卫生教育管理规定》。1999年7月，国家经贸委颁布了《特种作业人员安全技术培训考核管理办法》(13号令)。

(3) 安全生产检查制度

多年的安全生产工作实践，使群众性的安全生产检查逐步成为劳动保护管理的重要制度之一，在《国务院关于加强企业生产中安全工作的几项规定》中，对安全生产检查工作提出了明确要求。1980年4月，经国务院批准，把每年六月份定为“安全月”，以推动安全生产和文明生产，并使之经常化、制度化。

(4) 生产安全事故报告处理制度

2007年6月1日实施的国务院《生产安全事故报告和调查处理条例》对生产安全事故的报告、调查和处理作出了明确的规定。国家推行生产安全事故的分级报告和调查处理制度。生产安全事故分为特别重大、重大、较大和一般四个级别。

(5) 劳动保护措施计划

1978年国务院重申的《关于加强企业生产中安全工作的几项规定》中明确要求“企业单位必须在编制生产、技术、财务计划的同时编制安全生产技术措施计划”。1979年，国家计委、经委、建委又联合颁布了《关于安排落实劳动保护措施经费的通知》，同年，国务院发出了第100号文件，重申“每年在固定资产更新和技术改造资金中提取10%~20%(矿山、化工、金属冶炼企业应大于20%)用于改善劳动条件，不得挪用”。为了加快我国矿山企业设备的更新和改造，《矿山安全法》规定，矿山企业安全技术措施专项费用必须全部用于改善矿山安全生产的条件，不得挪作他用。同时规定了对“未按照规定提取或使用安全技术措施专项经费”的惩罚规则。

(6) 建设工程项目的安全卫生规范

“三同时”是保证建设工程项目落实“安全第一，预防为主，综合治理”的安全生产方针最有力措施。

“三同时”是指生产性基本建设和技术改造项目中的职业安全卫生设施，应与主体工程同时设计、同时施工、同时验收和投产使用。有关“三同时”监督的法规如下：

1977 年 8 月 24 日联合颁布的《关于加强有计划改善劳动条件工作的联合通知》第 4 条提出：在新建、扩建、改建企业时，必须按照《工业企业设计卫生标准》的要求进行设计和施工，一定要做到主体工程和防尘防毒技术措施同时设计、同时施工、同时投产。

1978 年国发第 100 号文《关于加强厂矿企业防尘防毒工作的报告》明确规定，新的建设项目，要认真做到劳动保护设施主体工程同时设计、同时施工、同时投产，设计、制造新的生产设备，要有符合要求的安全卫生防护设施。

国家计委于 1990 年 9 月发布了《建设项目(工程)竣工验收办法》，对竣工验收的范围、依据、要求、程序等进行了全面规定。1996 年 10 月 4 日，原劳动部重新颁布了《建设项目(工程)职业安全卫生监督规定》，对各级劳动行政部门、经济管理部门、行业管理部门和建设单位提出了要做好这项工作的明确要求。此外，建筑陶瓷、冶金、水泥、机械、有色金属等工业部门也各自制定了本行业企业的生产性建设工程项目劳动安全、卫生设计规定。

1978 年《中共中央关于认真做好劳动保护工作的通知》第二点指出：今后，凡是新建、改建、扩建的工矿企业和革新、挖潜的工程项目，都必须有保证安全生产和消除有毒有害物质的设施。这些设施要与主体工程同时设计、同时施工、同时投产，不得削减。正在建设的项目，没有采取相应设施的，一律要补上，所需资金由原批准部门解决，谁不执行，要追究谁的责任。劳动、卫生、环保部门要参加设计审查和竣工验收工作，凡不符合安全卫生规定的，有权制止施工和投产。

1988 年 5 月 27 日《劳动部关于生产性建设工程项目职业安全卫生监督的暂行规定》，共 12 条 25 款和 3 个附件，是“三同时”监督方面最正规、最完整的法规。

《劳动法》第五十三条要求：职业安全卫生设施必须符合国家规定的标准，新建、改建、扩建工程的职业安全卫生设施必须与主体工程同时设计、同时施工、同时投入生产和使用。

1996 年原劳动部颁布了《建设项目(工程)职业安全卫生监督规定》，1998 年 2 月原劳动部颁布了《建设项目(工程)职业安全卫生预评价管理办法》。这两个规定和办法，对工程建设项目的职业安全卫生的监督和预评价做出了具体的规定和要求。

(7) 安全生产监督制

安全生产监督是国家授权特定行政机关设立的专门监督机构，以国家名义并利用国家行政权力，对各行业安全生产工作实行统一监督。在我国，国家授权行政主管部门(国家安全生产监督管理局)行使国家安全生产监督权。国家安全生产监督制度体系，由国家安全生产监督法规制度、监督组织机构和监督工作实践构成。这一体系还与企、事业单位及其主管部门的内部监督，工会组织的群众监督相结合。1978~1979年，国务院责成有关部门着手进行锅炉、矿山安全的立法和监督工作，并于1982年2月颁布了《锅炉压力容器安全监督暂行条例》，同年国务院发布了《矿山安全监察条例》。1983年5月，国务院批准原劳动人事部、国家经委、全国总工会《关于加强安全生产和劳动保护安全监督工作的报告》，同意对其他行业全面实行国家劳动安全监督制度和违章经济处罚办法。1997年1月，原劳动部颁布了《建设项目(工程)职业安全卫生监督规定》，明确了任何建设项目(工程)必须接受职业安全卫生监督和验收。

(8) 工伤保险制度

1993年，党的十四届三中全会通过《中共中央关于建立社会主义市场经济体制若干问题的决定》，提出了"普遍建立企业工伤保险制度"的要求。1996年10月原劳动部颁发了《企业职工工伤保险试行办法》，2002年国务院颁布了《工伤保险条例》，标志着我国探索建立符合社会保险通行原则的工伤保险工作进入了新阶段。1996年国家颁布了《职工工伤与职业病致 残程度鉴定标准》(GB/T 16180—1996)，为工伤的鉴定提供了技术规范。目前我国的工伤保险制度，贯彻了工伤保险与事故预防相结合的指导思想和改革思路，把过去企业自管的被动的工伤补偿制度改革成社会化管理的工伤预防、工伤补偿、职业康复三项任务有机结合的新型工伤保险制度。

(9) 注册安全工程师执业资格制度

2002年国家人事部、国家安全生产监督管理局发布了《注册安全工程师执业资格制度暂行规定》和《注册安全工程师执业资格认定办法》，从而推行了我国的注册安全工程师执业资格制度，这一制度的实施将对提高我国安全专业人员的专业素质水平发挥重要的作用。

(10) 安全生产费用投入保障制度

2006年财政部和原国家安全生产监督管理总局发布了《高危行业企业安全生产费用财务管理暂行办法》，明确了矿山、建筑、危化、交通4大高危行业的安全生产费用提取标准；2004年财政部、国家发展改革委、国家煤矿安全监察局文件《煤炭生产安全费用提取和使用管理办法》及2006年的财建〔2005〕168号文，明确了煤矿安全生产费用的提取标准。这一系列文件结束了改革开放以来安全生产经费10余年无政策规定的历史。

8.2 微观安全管理实践

8.2.1 安全管理模式

模式是事物或过程系统化、规范化的体系，它能简洁、明确地反映事物或过程的规律、因素及其关系，是系统科学的重要方法。安全管理模式是反映系统化、规范化安全管理的一种体系和方式。从不同的角度归纳和总结安全管理的模式，并理解、掌握和运用于实践，对于改进企业的安全管理，提高企业安全生产的保障能力具有良好的作用。安全管理模式一般应包含安全目标、原则、方法、过程和措施等要素。

国内外发展和推行的很多安全管理模式是在长期企业安全管理经验基础上，运用现代安全管理理论与事故预防工作实践经验相结合的产物，它具体地体现了现代安全管理的理论和原则。现有的安全管理模式具有如下特征：

① 安全管理模式抓住了企业事故预防工作的关键问题。企业的事故预防工作千头万绪，最关键的是控制人的行为问题。由于技术、经济条件制约，企业的生产作业远没有实现本质安全，只能主要依靠控制人的行为来防止伤亡事故。由于历史方面的原因，企业中违章指挥、违章作业时有发生，以人的不安全行为为主要原因的伤亡事故占有较大比例。如何规范人的行为、控制人的行为，是企业安全管理工作必须解决的问题。

② 强调"一把手"在安全生产中的关键作用。企业、部门的"一把手"全面负责安全生产问题，是安全生产责任制的核心。只有"一把手"对安全生产全面负责，才能真正把安全放在第一位，在安全生产方面的决策具有权威性，各方面能认真执行，能够调动各方面的力量，搞好安全生产。

③ 推行标准化作业。针对大多数企业中生产操作基本上是习惯作业，不科学、不安全的实际情况，大力推广标准化作业，用作业标准来规范人的行为。

④ 推行目标管理、全面安全管理。各种安全管理模式中都设置了事故预防工作目标，实行目标管理，并且遵循全面安全管理的原则，调动方方面面的积极性，突出以人为核心的安全管理，把人的内在潜力发挥出来，实现安全生产的目的。

⑤ 在强调控制人的行为同时，努力改善生产作业环境。

现有的安全管理模式又可分为两种模式：一是对象化的安全管理模式；二是程序化的安全管理模式。

8.2.1.1 对象化的安全管理模式

(1) 以"人为中心"的企业安全管理模式

作为企业，研究科学、合理、有效的安全生产管理模式是安全管理的基础。以人为中心的管理模式，其基本内涵是把管理的核心对象集中于生产作业人员，即安全管理应该建立在研究人的心理、生理素质基础上，以纠正人的不安全行为、控制人的误操作作为安全管理的目标。这种模式为代表的有马鞍山钢铁公司的"三不伤害"活动(不伤害自己，不伤害他人，不被他人伤害)、上海浦东钢铁公司的"安全人"管理模式、长城特殊钢厂的"人基严"模式(人为中心，基本功、基层工作、基层建设，严字当头、从严治厂)等。这些安全管理方式都是以人为中心的管理模式的体现。

(2) 以"管理为中心"的企业安全管理模式

这种管理模式认识如下，一切事故原因皆源于管理缺陷。因此，现今的管理模式既要吸收经典安全管理的精华，又要总结本企业安全生产的经验，更要能够运用现代化安全管理的理论。比较著名的有鞍钢"0123"安全管理模式；燕山石化总结的"01467"安全管理模式、"11440"安全管理模式等。

① "0123"安全管理模式

事故是由于人、机、物、环异常接触造成的，其直接原因是人的不安全行为和物、环的不安全状态，背景原因是管理的缺陷。为了克服安全工作管理上的缺陷，从安全生产角度考虑，1989 年鞍山钢铁公司提出了的"0123"安全管理模式："0"即从事故为零为目标；"1"即从一把手负责制为核心的安全生产责任制为保证；"2"即以标准化作业，建设标准化安全班组为基础；"3"即从全员教育、全面管理、全线预防为对策。在此基础上，建立健全安全技术监督体制，从而加强了企业的三个深化——安全教育有所深化；班组工作有所深化；推行科学管理有所深化。并逐步由传统经验管理向安全现代管理转化，由严格管理转向科学管理，由治"表"向治"本"发展。通过治"本"达标，实现企业系统本质安全。

推行"0123"安全管理模式，可以实现以下几个目的：a. 第一责任人——厂长(包括所属中层级一把手)承担了安全风险；b. 上下全员安全意识得到加强；c. 安全生产与企业经济效益关系得到进一步统一；d. 有利于安全工作从人治向法治转化；e. 有利于从治"表"向治"本"发展，从而达到企业系统本质安全；f. 对《安全生产法》的实施将起到促进作用。

② "01467"安全管理法

这是燕山石化总结的一种安全管理模式，其内涵是：

0——重大人身、火灾爆炸、生产、设备交通事故为零的目标；

1——"一把手"抓安全，是企业安全第一责任者；

4——全员、全过程、全方位、全天候的安全管理和监督；

6——安全法规标准系列化、安全管理科学化、安全培训实效化、生产工艺设备安全化、安全卫生设施现代化、监督保证体系化；

7——规章制度保证体系、事故抢救保证体系、设备维护和隐患整改保证体系、安全科研与防范保证体系、安全检查监督保证体系、安全生产责任制保证体系、安全教育保证体系。

③ "11440"管理模式

内涵：

1——行政"一把手"负责制为关键；

1——安全第一为核心的安全管理体系；

4——以党政工团为龙头的四线管理机制；

4——以班组安全生产活动为基础的四项安全标准化作业(基础管理标准化，现场管理标准化，岗位操作标准化，岗位纪律标准化)；

0——以死亡、职业病和重大责任事故为零的管理目标为目的。

8.2.1.2 程序化的安全管理模式

程序化模式是一种被动的管理模式，即在事故或灾难发生后进行亡羊补牢，以避免同类事故再发生的一种管理方式。这种模式遵循如下技术步骤：事故或灾难发生——调查原因——分析主要原因——提出整改对策——实施对策——进行评价——新的对策，如图 8-2所示。

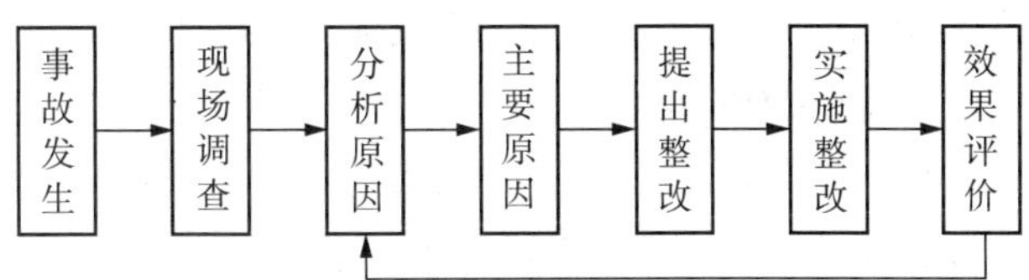

图 8-2　程序化安全管理模式

8.2.1.3　系统安全管理模式

系统安全管理模式摒弃了传统的事后管理与处理的作法，采取积极的预防措施，根据管理学的原理，为用人单位建立一个动态循环的管理过程框架（图 8-3）。如 OHSMS 模式以危害辨识、风险评价和风险控制为动力，循环运行，建立起不断改善、持续进步的安全管理模式，通过这种模式可以将风险极大程度地降低。

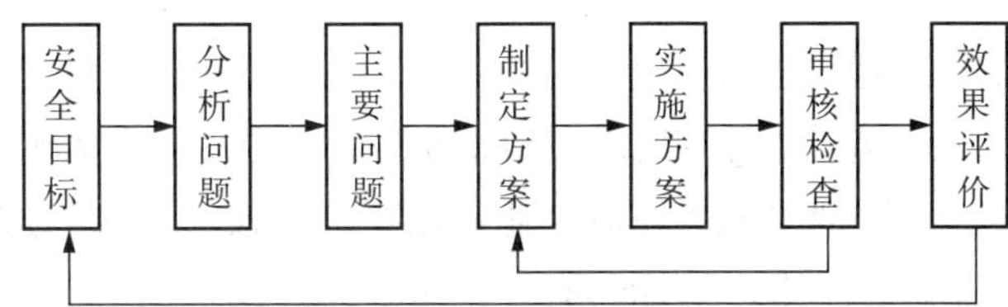

图 8-3　系统安全管理模式

NOSA（National Occupational Safety Association，简称 NOSA）模式：以系统工程的理论综合管理安全、健康和环保，将安全、健康、环保三个方面的风险管理理论科学地融入到安全管理单元和要素中，对每一个单元进行风险管理，并评选出管理水平所对应的等级。

HSE（Health，Safety and Environment Management，简称 HSE）模式：运用系统分析方法对企业经营活动的全过程进行全方位、系统化的风险分析，确定企业经营活动可能发生的危害和在健康、安全、环境等方面产生的后果，通过系统化的预防管理机制并采取有效的防范手段和控制措施消除各类事故的隐患的管理方法。

OHSMS（Occupational Health and Safety Management System，简称 OHSMS）模式：帮助企业建立一种能够实现自我约束的管理体系，旨在通过系统化的预防管理机制，推动企业尽快进入自我约束阶段，最大限度地减少各种工伤事故和职业疾病隐患，减少事故发生率。

8.2.2　安全管理技术

8.2.2.1　安全管理的行政手段

（1）建立合理的国家安全生产运行机制

我国目前正建立和逐步完善“政府监管与指导、企业实施与保障、员工权益与自律、社会监督与参与、中介支持与服务”的五方运行机制。

(2) 坚持有效的管理原则

① 生产与安全统一的原则。生产与安全统一的原则是："谁主管、谁负责"的原则；在安全生产管理中要落实"管生产必须管安全"的原则；搞技术必须搞安全的原则。"管生产必须管安全"的原则具体表现为安全生产人人有责，管生产的同时必须管好安全，分管的人员必须同时管理安全。搞技术必须搞安全的原则主要体现为任何从事工艺和技术工作的工程师和技术人员，必须在自己的业务和技术工作中考虑和解决好相应的安全技术问题。

② "三同时"原则。生产经营单位新建、改建、扩建工程项目的安全设施，必须与主体工程同时设计，同时施工，同时投入生产和使用。安全设施投资应当纳入建设项目预算。

③ "五同时"原则。要求生产经营单位负责人在计划、布置、检查、总结、评比生产的同时，要计划、布置、检查、总结、评比安全生产工作。

④ "三同步"原则。企业在规划和实施自身生产经营发展、进行机构改革、技术改造时，安全生产方面要相应地与之同步规划、同步组织实施、同步运作投产。

⑤ 安全否决权原则。安全具有否决权的原则是指安全工作是衡量企业经营管理工作好坏的一项基本内容。该原则要求，在对企业各项指标考核、评选先进时，必须要首先考虑安全指标的完成情况。安全生产指标具有一票否决的作用。

⑥ 事故查处的"四不放过原则"发生事故后，要做到事故原因没查清，当事人未受到教育，整改措施未落实，责任人未追究四不放过。

(3) 实施科学的安全检查

八查八提高活动：一查领导思想，提高企业领导的安全意识；二查规章，提高职工遵守纪律、克服"三违"的自觉性；三查现场隐患，提高设备设施的本质安全程度；四查易燃易爆危险点，提高危险作业的安全保障水平；五查危险品保管，提高防盗防爆的保障措施；六查防火管理，提高全员消防意识和灭火技能；七查事故处理，提高防范类似事故的能力；八查安全生产宣传教育和培训工作是否经常化和制度化，提高全员安全意识和自我保护意识。

(4) 规范的制度化管理

① 严密的安全生产责任制。安全生产责任制是生产单位岗位责任制的一个组成部分，是企业最基本的安全制度，是安全规章制度的核心。安全生产责任制是以企业法人代表为责任核心的安全生产管理制度，由安全生产的责任体系、检查考核标准、奖惩制度三个方面的有机统一。安全生产责任制的实质是"安全生产，人人有责"。其作用是能够产生对安全生产行为的制约功能、监督功能和检查评价功能。

② 全面的安全生产委员会制度。每个企业应该建立安全生产委员会，委员会主任由法人代表担负，副主任由分管安全生产的负责人担任，安全、质量、生产、经营、党政工团、人事财务等相关部门负责人参加，并使其成为实施企业全面安全管理的一种制度。

③ 动态的安全审核制。新建项目实施"三同时"审核，现有项目或工程推行动态、定

期安全评审制度，以保证安全生产的规范、标准得以落实和符合。

④ 及时的事故报告制。

⑤ 安全生产奖惩制度。企业安全生产奖惩制度的建立，是为了不断提高职工进行安全生产的自觉性，发挥劳动者的积极性和创造性，防止和纠正违反劳动纪律和违法失职的行为，以维护正常的生产秩序和工作秩序。只有建立安全生产奖惩制度，做到有赏有罚，赏罚分明，才能鼓励先进，督促后进。

⑥ 危险工作申请、审批制度。易燃易爆场所的焊接、用火，进入有毒的容器、设备工作，非建筑行业的高处作业，以及其他容易发生危险的作业，都必须在工作前制定可靠的安全措施，包括应急后备措施，向安全技术部门或专业机构提出申请，经审查批准方可作业，必要时设专人监护。企业应制定管理制度，将危险作业严格控制起来。易燃易爆、有毒有害的危险品的运输、储存、使用也应该有严格的安全管理制度。需经常进行的危险作业，应该有完善的安全操作规程，经常使用的危险品应该有严格的管理制度。

8.2.2.2　安全管理方法和技术

在我国职业安全管理部门和工业生产企业，各级的安全管理人员和基层的安全技术干部创造、总结和发展了许多行之有效的安全管理方法和技术。

（1）安全评价技术

对人员安全素质、企业安全管理、生产作业现场、生产设备设施、技术方案等进行安全评价，以达到生产过程、环境、条件符合行业、国家安全标准。

（2）安全人机工程

安全人机工程是研究人、机、环境三者之间的相互关系，探讨如何使机、环境符合人的形态学、生理学、心理学方面的特性，使人、机、环境相互协调，以求达到人的能力与作业活动要求相适应，创造舒适、高效、安全的劳动条件的科学。安全人机工程侧重于人和机的安全，减少差错，缓解疲劳等课题的研究。

（3）事故判定技术

组织车间一线安全兼职人员通过座谈会、填表过程，进行可能发生事故的状况分析判定。其方式是预先针对生产危险状况及设备设施故障设计事故、故障或隐患登记卡，对可能发生的事故状况进行超前判定，以指导有效的预防活动。

（4）行为抽样技术

安全行为抽样技术的目的是对人的行为失误进行研究和控制，主要是应用概率统计、正态分布、大数法则、随机原则的理论和方法，进行行为的抽样研究，从而达到控制人的失误或差错，最终避免人为事故发生的目的。

（5）“四全”安全管理

全员：从企业领导到每个干部、职工(包括合同工、临时工和实习人员)都要管安全；全面：从生产、经营、基建、科研到后勤服务的各单位、各部门都要抓安全；全过程：每项工作的各个环节都要自始至终地做安全工作；全天候：一年 365 天，一天 24 小时，不管什么天气，不论什么环境，每时每刻都要注意安全。总之，“四全”的基本精神就是人人、处处、事事、时时都要把安全放在首位。在进行全面的安全管理过程中，同时要注意重点环节和对象。如全员管理中什么工种、人员最重要？全面管理中什么车间和部门最重要？全过程管理中哪个环节最重要？全天候管理中哪个时期最重要？对于大型企业或企业集团，由于管理层次相对比较多，一般有决策层、管理层和操作层，且生产范围广，产业分工繁杂，经营立体多元化，实施有效的“四全”管理更显重要性。

(6) 人流、物流定置管理

为了保障安全生产，在车间或岗位现场，从平面空间到立体空间，其使用的工具、设备、材料、工件等的位置要规范，要进行科学的物流设计，实现文明管理。

(7) 现场“三点控制”强化管理

即对生产现场的危险点、危害点、事故多发点要进行强化的控制管理，进行挂牌制，标明其危险或危害的性质、类型、定量、注意事项等内容，以警示人员。

(8) 现场岗位人为差错预防

① 双岗制。在民航空管、航天指挥等人为控制的重要岗位，为了避免人为差错，保证施令的准确，设置一岗双人制度。

② 岗前报告制。对管理、指挥的对象采取提前报告、超前警示、报告重复(回复)的措施。

③ 交接班重叠制度。岗位交接班之间执行“接岗提前准备、离岗接续辅助”的办法，以降低交接班差错率。

(9) 安全班组活动“三落实”

生产班组每周的安全活动要做到时间、人员、内容“三落实”。以安全生产必须落实到班组和岗位的原则，企业生产班组对岗位管理、生产装置、工具、设备、工作环境、班组活动等方面，进行灵活、严格、有效的安全生产建设。

(10) 安全巡检“挂牌制”

在生产装置现场和重点部位，要实行巡检时的“挂牌制”。操作工定期到现场按一定巡检路线进行安全检查时，一定要在现场进行挂牌警示，这对于防止他人可能造成的误操作引发事故，具有重要作用。

(11) 防电气误操作“五步操作法”

防电气误操作“五步操作法”是指周密检查、认真填票、实行双监、模拟操作、口令操作。不仅层层把关，堵塞漏洞，消除思想上的误差，更是开动机器，优势互补，消除行为上的误动。

(12) 检修“ABC”管理法

在企业定期大、小检修时，由于检修期间人员多、杂、检修项目多、交叉作业多等情况给检修安全带来较大的难度。为确保安全检修，利用检修“ABC”法，把公司控制的大修项目列为A类(重点管理项目)，厂控项目列为B类(一般管理项目)，车间控制项目列为

C类(次要管理项目)，实行三级管理控制。A类要制定出每个项目的安全对策表，由项目负责人、安全负责人、公司安全执法队“三把关”；B类要制定出每个项目的安全检查表，由厂安全执法队把关；C类要制定出每个项目的安全承包确认书，由车间执法队把关。

(13) “三不伤害”活动

所谓“三不伤害”是指“我不伤害自己，我不伤害他人，我不被他人伤害”。“三不伤害”的提出，绝非一句简单的口号，它是一个内涵极为丰富、外延非常广泛的安全管理新形式。“三不伤害”活动是以人的安全行为为对象，以自我为主线，以岗位工作程序化、行动规范化、操作标准化为主要内容，以无事故或最大限度地减少事故为目标，在生产中规范“我、你、他”的关系，从系统工程观点出发，引入系统分析的方法，采取科学程序，引导每个职工从整个空间范围着眼，对我的岗位，我的工作任务，我所操作和使用的机器、工具、设备等，即从人、机、料、法、环、信息、管理等各种要素入手，去分析辨别各种致害因素。

(14) “五不动火”管理

在企业的生产过程中，由于生产维修、改造等作业需要动火，如果现场存在有易燃、易爆的气体或物质，必须坚持现场“五不动火”的管理原则，即置换不彻底不动火；分析不合格不动火；管道不加盲板不动火；没有安全部门确认不动火；没有防火器材及监火人不动火。

(15) 审批火票的“五信五不信”

在石油化工等存在易燃、易爆的场所，企业在进行动火审批时，其审批火票要坚持“五信五不信”原则，即相信盲板不相信阀门，相信自己检查不相信别人介绍，相信分析化验数据不相信感觉和嗅觉，相信逐级签字不相信口头同意，相信科学不相信经验主义。

(16) “三负责”制管理

“三负责”制管理的内容是：从文化精神的角度激励情感、从行政与法律的角度明确“三负责”，即向职工负责、向家人负责、向自己负责。采用这种管理方法的目的是通过各种教育的手段，学习规程、制度，明确责任、落实“安全生产，人人有责”的原则，激发安全生产的责任心与责任感。“三负责”制管理的关键是确定安全生产责任制，并将责任落实到位。

(17) “三个一”工程

“三个一”工程是指：车间一套挂图，厂区一套图标，每周一场录像。开展“三个一”工程就是企业通过安全宣传挂图、标志实物等建设以及在企业闭路电视上组织收看安全录像片，加强企业全体员工的安全意识，强化安全意识。该活动一般由安全管理部门和宣传部门共同负责。

(18) 风险抵押制

采取安全生产风险抵押制方式，进行事故指标或安全措施目标控制的管理(责任书、承包目标、考核内容、奖惩办法等)，称为风险抵押制。这种管理方式可以强化安全意识和安全管理的力度，使安全管理落到实处，严格安全管理。活动方式：年初进行承包抵押，年终给予考核，根据考核结果确定其关键点在于抵押金的强度和考核的科学性。

8.2.2.3 安全隐患与危险源管理

(1) 安全隐患管理

无隐患管理法是根据事故金字塔理论进行立论的，即隐患是事故发生的基础，如果有效地消除或减少了生产过程中的隐患，事故发生的概率就能大大降低。

① 隐患的概念

隐患的概念分两种：a. 可导致事故发生的物的危险状态、人的不安全行为及管理上的缺陷；b. 隐患是人一机一环境系统安全品质的缺陷。

② 隐患的分类

a. 按危害程度分类。一般隐患(危险性较低，事故影响或损失较小的隐患)；重大隐患(危险性较大，事故影响或损失较大的隐患)；特别重大隐患(危险性大，事故影响或损失大的隐患)，如发生事故可能造成死亡10人以上，或直接经济损失500万元以上的。

b. 按危害类型分类。火灾隐患；爆炸隐患；危房隐患；坍塌和倒塌隐患；滑坡隐患；交通隐患；泄漏隐患；中毒隐患等。

c. 按表现形式分类。人的隐患(认识隐患，行为隐患)；机的状态隐患；环境隐患；管理隐患。

③ 隐患的成因

隐患的形成有“三同时”执行不严；国家监察不力；行业管理职责不明；群众监督未发挥作用；企业制度不健全；企业资金不落实等多种因素。

④ 隐患的管理形式

a. 政府管理。Ⅰ. 一般隐患，由县市级劳动部门管理；Ⅱ. 重大隐患，由市地级劳动部门管理；Ⅲ. 特别重大隐患，由省市级劳动部门管理。

b. 行业管理。Ⅰ. 一般隐患，由厂级管理；Ⅱ. 重大隐患，由公司管理；Ⅲ. 特别重大隐患，由总公司管理。

c. 企业管理。进行分类、建档(台账)、班组报表、统计分析、适时动态监控。

隐患辨识与检验要求做到结合企业生产特点识别隐患状态及类型；采用仪表检测；运用自动监测技术；进行行为抽样技术。

⑤ 隐患控制与治理技术

隐患控制与治理技术要做到：a. 应用软科学手段，即加强教育，强化全员隐患严重性认识；b. 明确责任，理顺隐患治理机制；c. 坚持标准，搞好隐患治理科学管理；d. 广开渠道，保障隐患治理资金；e. 严格管理，坚持“三同时”原则；f. 落实措施，发挥工会及职工的监督作用。应用技术手段，即消除危险能量、降低危险能量、距离弱化技术、时间弱化技术、蔽障防护技术、系统强化技术、危险能量释放技术、本质安全(闭锁)技术、无人化技术、警示信息技术。同时，还需要有隐患应急技术，即具有应急预案、防范系统、救援系统等。

(2) 危险源管理

根据《安全生产法》，重大危险源是指长期地或者临时地生产、搬运、使用或者储存危险物品，且危险物品的数量等于或者超过临界量的单元(包括场所和设施)。

危险源是事故发生的前提，是事故发生过程中能量与物质释放的主体。因此，有效地控制危险源，特别是重大危险源，对于确保职工在生产过程中的安全和健康，保证企业生产顺利进行具有十分重要的意义。

① 危险源的概念

危险源是指一个系统中具有潜在能量和物质释放危险的、在一定的触发因素作用下可转化为事故的部位、区域、场所、空间、岗位、设备及其位置。也就是说，危险源是能量、危险物质集中的核心，是能量从哪里传出来或爆发的地方。危险源存在于确定的系统中，不同的系统范围，危险源的区域也不同。例如，从全国范围来说，对于危险行业(如石油、化工等)，具体的一个企业(如炼油厂)就是一个危险源。从一个企业系统来说，可能某个车间、仓库就是危险源，而一个车间系统可能某台设备是危险源。因此，分析危险源应按系统的不同层次进行。

根据上述对危险源的定义，危险源应由三个要素构成，即潜在危险性、存在条件和触发因素。危险源的潜在危险性是指一旦触发事故，可能带来的危害程度或损失大小，或者说危险源可能释放的能量强度或危险物质量的大小。危险源的存在条件是指危险源所处的物理状态、化学状态和约束条件状态，例如物质的压力、温度、化学稳定性，盛装容器的坚固性，周围环境障碍物等情况。触发因素虽然不属于危险源的固有属性，但它是危险源转化为事故的外因，而且每一类型的危险源都有相应的敏感触发因素，如易燃易爆物质，热能是其敏感的触发因素；压力容器，压力升高是其敏感触发因素。因此，一定的危险源总是与相应的触发因素相关联。在触发因素的作用下，危险源转化为危险状态，继而转化为事故。

在生产、生活中，为了利用能量，让能量按照人们的意图在生产过程中流动、转换和做功，就必须采取屏蔽措施约束、限制能量，即必须控制危险源。约束、限制能量的屏蔽应该能够可靠地控制能量，防止能量意外地释放。然而，实际生产过程中绝对可靠的屏蔽措施并不存在。在许多因素的复杂作用下，约束、限制能量的屏蔽措施可能失效，甚至可能被破坏而发生事故。

② 危险源控制途径

危险源的控制可从三方面进行，即技术控制、人行为控制和管理控制。

a. 技术控制

指采用技术措施对固有危险源进行控制，主要技术有消除、控制、防护、隔离、监控、保留和转移等。

b. 人行为控制

指控制人为失误，减少人不正确行为对危险源的触发作用。人为失误的主要表现形式有：操作失误，指挥错误、不正确的判断或缺乏判断、粗心大意、厌烦、懒散、疲劳、紧张、疾病或管理缺陷、错误使用防护用品和防护装置等。人行为的控制首先是加强教育培训，做到人的安全化；其次应做到操作安全化。

c. 管理控制

可采取以下管理措施，对危险源实行控制。

Ⅰ. 建立健全危险源管理的规章制度。危险源确定后，在对危险源进行系统危险性分析的基础上建立健全各项规章制度，包括岗位安全生产责任制、危险源重点控制实施细则、安全操作规程、操作人员培训考核制度、日常管理制度、交接班制度、检查制度、信息反馈制度，危险作业审批制度、异常情况应急措施、考核奖惩制度等。

Ⅱ. 明确责任、定期检查。应根据各危险源的等级，分别确定各级的负责人，并明确他们应负的具体责任。特别是要明确各级危险源的定期检查责任。除了作业人员必须每天自查外，还要规定各级领导定期参加检查。对于重点危险源，应做到公司总经理(厂长、所长等)半年一查，分厂厂长月查，车间主任(室主任)周查，工段、班组长日查。对于低级别的危险源也应制定出详细的检查安排计划。专职安全技术人员要对各级人员实行检查的情况定期检查、监督并严格进行考评，以实现管理的封闭。

Ⅲ. 加强危险源的日常管理。要严格要求作业人员贯彻执行有关危险源日常管理的规章制度。搞好安全值班、交接班，按安全操作规程进行操作，按安全检查表进行日常安全检查，危险作业经过审批等。所有活动均应按要求认真做好记录。领导和安全技术部门定期进行严格检查考核，发现问题，及时给以指导教育，根据检查考核情况进行奖惩。

Ⅳ. 抓好信息反馈、及时整改隐患。建立健全危险源信息反馈系统，制定信息反馈制度并严格贯彻实施。对检查发现的事故隐患，应根据其性质和严重程度，按照规定分级实行信息反馈和整改，作好记录，发现重大隐患应立即向安全技术部门和行政第一领导报告。信息反馈和整改的责任应落实到人。对信息反馈和隐患整改的情况各级领导和安全技术部门要进行定期考核和奖惩。安全技术部门要定期收集、处理信息，及时提供给各级领导研究决策，不断改进危险源的控制管理工作。

Ⅴ. 搞好危险源控制管理的基础建设工作。危险源控制管理的基础工作除建立健全各项规章制度外，还应建立健全危险源的安全档案和设置安全标志牌。应按安全档案管理的相关内容要求建立危险源的档案，并指定由专人保管，定期整理。应在危险源的显著位置悬挂安全标志牌，标明危险等级，注明负责人员，按照国家标准的安全标志标明主要危险，并扼要注明防范措施。

Ⅵ. 搞好危险源控制管理的考核评价和奖惩。对危险源控制管理的各方面工作制定考核标准，并力求量化，划分等级。定期严格考核评价，给予奖惩，并与班组升级和评先进结合起来，逐步提高要求，促使危险源控制管理的水平不断提高。

8.2.2.4 组织安全建设

班组是企业的最基层组织，是劳动组织的细胞。企业的生产活动要靠班组去实现；上层的决心再大，规划再细，措施再好，如果不能层层传递到班组加以落实，完成各项生产任务就是一句空话。因此，班组建设不但直接关系到生产率的提高，也直接关系着安全生产的好坏。据大量的事故案例分析，90%以上的事故发生在班组，80%以上的事故是由于违章指挥、违章作业和设备隐患没能及时发现和消除等人为因素造成。因此，在现有条件下，加强班组安全建设是企业加强安全生产管理的关健，也是减少伤亡和各类灾害事故最切实、最有效的办法。

(1) 班组安全建设的内容

① 提高班组长的素质，发挥班组长的作用

班组是企业的基层组织，各项措施计划都要依赖于班组来落实，班组长管理素质的高低，直接影响到整个企业的管理水平。因此，提高班组长的素质，是企业搞好安全建设的基础。班组长应具备如下的基本素质：

a. 要有认真负责的工作态度，不违章指挥，不冒险蛮干。

b. 具有较丰富的实践经验和一定的生产操作技能。

c. 具有一定的科学文化知识。

d. 有一定的企业管理基本知识和组织能力。

e. 懂得有关的专业知识和安全技术知识，熟悉有关的安全法规及安全技术操作规程，具有辨别危险、控制事故的能力。

f. 有较高的威信，具有团结同志，协调班组内外关系的能力。

② 班组安全组织建设

企业及企业安全部门应将班组建设纳入安全工作的议事日程，健全班组安全组织。除要求班组长对本班组的安全生产工作负全面责任外，还应加设班组安全员及工会小组劳动保护检查员，以便协助班组长抓好本班组安全工作及安全教育，制止违章作业。在班组长带领下，班组成员要明确岗位安全职责。

③ 班组安全管理制度的建设

建立、健全班组各项安全生产管理制度，使职工在生产活动中，做到有法可依、有章可循、按章办事。能使班组的安全管理工作，做到规范化、标准化、制度化和经常化。达到预防和预控伤亡事故的目的。

班组的安全管理制度，主要有以下几种：

a. 班组安全生产责任制；

b. 班组安全会议制度；

c. 班组安全活动日制度；

d. 班组安全检查制度；

e. 自我预防制度；

f. 班组危险作业管理制度；

g. 伤亡事故报告和处理制度；

h. 建立未遂事故报告制度；

j. 安全防护措施维护管理制度。

④ 推行标准化作业

标准化作业的主要内容包括：作业程序标准化；作业环境标准化；作业动作、检查、维修等衔接标准化；作业用语、作业手势标准化。在安全方面：安全用语标准化；工具使用、摆放标准化；个人防护用品穿戴标准化；安全标志标准化；安全防护设施标准化等。

⑤ 安全学习和训练

班组要定期和经常地组织工人学习有关安全法规、企业的安全生产规章制度。每个工人对本班组、本岗位的安全生产规章制度，都要做到会讲、会背、会使用，还要经常组织职工学习本行业、本岗位的生产工艺技术和安全卫生技术知识，组织岗位安全操作技能训练及预防事故的模拟训练，使每个人都能掌握正确的操作技能，并有一定的应急能力。

(2) 班组安全活动

① 安全管理小组活动

安全管理小组是职工为了解决安全生产中存在的问题，自主组建，参与安全生产管理的一种群众活动形式。这种活动大多以班组为单位，坚持以预防为主的观念，用数据说话，按 PDCA 工作法办事，针对生产中出现的主要安全问题，分析原因，寻求对策，消除隐患，以预防事故为主要目的。

其主要活动程序如下：

a. 规定小组活动规则，选择活动课题。

b. 组织小组成员认真学习安全技术和安全生产管理知识，掌握一定的现代安全管理方法。

c. 根据课题要求，开展调查，收集资料，整理安全生产的各项原始记录，填制表格等各项活动。

d. 根据掌握的原始数据和资料，按 PDCA 工作法开展活动。

e. 总结活动成果，在巩固原有活动成果的基础上，开展新的活动。

每个活动周期约为半年到一年。

② "5S"活动

5S 活动在 20 世纪 50 年代产生于日本，在日本企业中广泛实行，取得了较好的效果，后来传入西方和我国，它相当于我国许多工厂开展的文明生产活动，但其内容又更具体。5S 活动，是指对生产现场各生产要素(主要是物的要素)所处的状态不断地进行整理、整顿、清扫、清洁和素养的活动，它是将生产现场各项活动的内在联系进行系统化和程序化的过程。

a. 整理。效率和安全始于整理，整理即区分要与不要。除需要的东西外，一律不放在现场。首先是区分现场物品哪些是需要的，哪些是不需要的，对于不需要的物品，坚决清理出现场，这就要求对车间里各工序、设备前后、通道左右、厂房上下、工具箱内外，车间的各个死角，都要彻底搜寻和清理，达到现场无不用之物。整理能够达到的目的是，改善和增大作业面积；现场无杂物，场地宽阔，行动方便，提高工效，减少库存，节约资金，消除混乱，避免差错，减少磕碰机会，改善环境，提高工作情绪。

b. 整顿。是将整理后的物品既生产现场需要的物品加以定量、定位，置于随时能够取出的状态。需要的东西要定区、定点、定置摆放，物品摆放目视化，摆放的地点要科学合理，如不用的物品要放在远处仓库，偶尔使用的物品应集中放在固定地点，经常使用的物品要放在作业区。这样，取拿物品时迅速准确，提高效率，做到现场整齐、紧凑、协调、一目了然，便于目视管理，生产现场井然有序。

c. 清扫。对于工作场地的物品、设备加以维护，地面要勤打扫，达到现场无垃圾、无脏物的状态，即自己使用的物品自己清扫干净，不依赖他人，清扫设备时要同时检查是否有异常，同时对设备进行润滑工作。创造明快、舒畅的工作环境，使职工心情愉快，保证高效率的工作。

d. 清洁。清洁是对前三项的坚持和深入，保持完美和最佳状态，也就是说在进行彻底的整理、整顿、清扫后要认真维护，在生产操作过程保持前三项，不搞突击，贵在坚持和保持，提高工作热情。

e. 素养。素养既素质和修养，职工要养成良好的工作习惯，严格规章制度，遵守纪律，5S 活动始于素养，也终于素养，这是 5S 活动的关键，也是最难做到的，要靠平时不断地强化教育和严格的制度约束才能达到的。因此，5S 活动的核心和精髓是提高现场人员的素养，提高职工队伍的整体素养。

5S 活动能够开展起来和坚持下去，关键在于生产班组，而要开展安全生产优秀班组的活动，则必须要和 5S 活动结合起来，因为安全生产优秀班组活动的其中最重要的一个内容及衡量标志，就是要做到“班组安全标准化达标”，将 5S 的“整理、整顿、清扫、清洁”满足标准化要求；主要内容有：

a. 作业环境和定置管理标准化：作业环境应符合国家工业卫生和环境保护标准；物料、工件、工具摆放符合定置管理标准要求；工作场地文明卫生，通道畅通。

b. 作业程序标准化：根据不同工序和岗位，按照工艺规程和技术规范，编制从生产准备到工作结束全过程作业顺序标准，并严格贯彻执行。

c. 生产操作标准化：根据不同的工种和岗位，按照安全操作规程要求，编制各步骤的具体操作动作标准，包括正确使用生产设备和工具，遵章守纪，杜绝“三违”坚守岗位，不窜岗、不脱岗。

d. 设备维护保养准化：生产设备及其安全装置，要按技术标准安装、调试、使用、维修和保养，使之处于良好状态。

e. 劳动防护用品穿戴标准化：生产中按规定穿戴好劳动保护用具，并正确使用起到防护作用的要求标准。

“安全生产标准化班组”活动，实际上就是将 5S 的前四项具体到一个标准化的过程，以及巩固和发展的过程，这一过程做好了，会大大强化作业现场的安全管理。

8. 2. 3 安全检查

安全检查是企业安全生产的一项基本制度，是安全管理的重要内容之一。通过安全检查，可以了解企业安全状况，发现不安全因素，获取安全信息，消除事故隐患，交流经验，推动安全工作，促进安全生产。

8.2.3.1　安全检查内容和方式

(1) 安全检查的内容

一般来说，安全检查从以下几个方面的内容着手，即查思想、查制度、查纪律、查领导、查隐患、查整改。

① 查思想，即查各级领导、群众对安全生产的认识是否正确，安全责任心是否很强，有无忽视安全的思想和行为。总之，查思想就是查企业全体职工的安全意识和安全生产素质。

② 查制度，安全生产制度是全体职员的行动准则和规范，查制度就是检查企业安全生产规章制度是否健全，安全生产规章制度在生产活动中是否得到了贯彻执行，有无违章作业和违章指挥现象。安全生产规章制度主要包括以下几个方面：

a. 安全组织和机构的设置与安全人员的配备；

b. 安全生产责任制；

c. 安全奖惩制度；

d. 安全检查与隐患整改制度；

e. 安全教育制度；

f. 安全技术措施计划的实施与管理制度；

g. 事故调查处理及统计报告制度及事故应急处理制度；

h. 尘毒作业、职业病、职业禁忌症、特种作业管理制度；

i. 保健、防护用品的发放管理制度；

j. 各工种安全技术操作规程及职工安全守则。

③ 查纪律，即查劳动纪律的执行情况，查安全生产责任制的落实情况。

④ 查领导，即检查企业安全生产管理情况。检查企业各级领导是否把安全工作摆在重要议事日程；是否树立了“安全第一、预防为主”的思想；是否坚持了“管生产必须管安全”的原则；在工作中是否执行了“五同时”和“三同时”的原则；安全机构是否健全，安全员安全管理是否发挥作用。事实证明：只要各级领导重视安全，参与安全管理，安全生产就会取得好的效果。

⑤ 查隐患，即深入生产现场，检查企业的设备、设施、安全卫生措施、生产环境条件，以及人的不安全行为。例如，建筑物是否安全、安全通道是否畅通、危险物品的存放是否符合安全要求，各种机器设备的排列，零部件、原材料、燃料的存放是否合理；各种机电设备有无可靠的保险装置；各种气瓶、压力容器的报警及安全装置；防火设施与急救措施是否布置与执行。易燃易爆、腐蚀性物质、有毒有害气体、粉尘等是否妥善管理和有效控制；个人防护用品的配备和使用是否符合规定；生产作业场所的环境条件，如噪声、照明、色彩、辐射、温度、湿度、空气质量等是否符合安全卫生要求，作业人员的操作行为是否符合操作规程要求，有无习惯性违章作业现象，是否执行标准化作业，作业前是否开展危险预知活动等。特别是企业的要害部位，如锅炉房、变电所、油库、火药库以及各种剧毒、易燃、易爆等场所要严格检查。对随时有可能造成伤亡事故的重大隐患，检查人

员有权下令停工，并同时报告有关领导，待隐患排除后，经检查人员签字确认方可复工。对违章作业行为，检查人员有权制止和处理。

⑥ 查整改，对以上查出的不安全因素和事故隐患，即检查出来的问题，如思想认识、制度的健全与执行、劳动纪律、领导对安全的重视以及物的不安全因素和人的不安全行为等，提出具体整改要求，对企业安全生产起到监督检查作用。

(2) 安全检查的方式

安全检查的方式一般按检查的目的、要求、阶段、对象不同，可以分为经常性检查、定期检查、专业检查和群众性安全检查四种。

① 经常性检查

经常性安全检查是指安全技术人员和车间、班组干部职工对安全生产的日查、周查和月查。它是企业内部为保证安全而进行的最基本、最重要的安全管理手段。这种检查可以随时随地发现问题、及时进行整改；可以反映企业生产过程中安全状况的真实水平；检查面宽、安全信息反馈得多且快，经常性检查包括以下几种形式：

a. 巡逻检查，主要指安全专业人员和管理人员对生产现场进行的巡视监督检查。

b. 岗位检查，操作人员对操作岗位的作业环境、施工、生产条件、机器设备、安全防护设施及措施等进行检查确认。

c. 相互检查，作业人员之间相互监督、对不安全行为、个人防护用品佩戴等的检查。

d. 重点检查，企业安全部门应组织对企业内部的重点岗位、关键设备设施等要经常检查(日、周、月检查)。

② 定期检查

定期检查是企业或主管部门组织的，按规定日程和规定的周期进行的全面安全检查。这种抽查可以增强企业各级领导的安全意识，贯彻安全生产方针，提高广大职工对安全生产的认识，交流安全管理的经验，推动企业的安全工作，促进安全生产。定期检查包括以下几个方面的检查方式：

a. 安全生产大检查，由国家或当地劳动部门和产业主管部门联合组织的定期的普遍检查，称为安全生产大检查。

b. 行业检查，由企业主管部门组织的企业之间的相互检查，这种检查一般为每年检查一次。

c. 企业内定期检查，大型企业的厂、矿、公司每半年进行一次；二级厂、矿、公司每季度组织一次检查。可采用企业内部各单位相互检查的形式。

d. 季节性定期检查，如雨季进行防洪、防建筑物倒塌、防雷电检查；冬季进行防寒、防冻、防火、防滑等检查；夏季进行防暑降温、防灼烫等检查；台风季节进行防台风检查，节假日进行设备检修安全检查、防火防爆措施和治安保卫措施的检查。

③ 专业检查

专业检查是根据企业特点，组织有关专业技术人员和管理人员，有计划有重点的对某项专业范围的设备、操作、管理进行检查。专业检查可以了解某项专业方面设备的可靠性，安全装置的有效性，设备、设施的维护、保养状况以及专业管理、岗位人员的责任等情况，也可以了解该专业的规章制度执行情况等。如对消防设施、起重机械、电气设备、锅炉压力容器、炸药库、井下空气质量等的专项检查。专业检查一般采用专用仪器或其他手段进行。

④ 群众性安全检查

发动职工群众普遍进行安全检查，并结合检查对职工进行安全意识、安全知识、安全技术教育。如对职工岗位安全操作规程的考核，职工对本岗位危险因素的认识与控制危险因素方法的检查，这种检查可采取个人检查，个人和个人之间、班组与班组之间相互检查等综合方式进行。

8.2.3.2　安全检查表

安全检查表(Safety Check List，缩写为SCL)始于20世纪20年代，是一种最基础、应用最广泛的安全评价方法，也是一种用系统安全工程思想来指导安全检查工作的管理方法。

安全检查表是在分析的基础上，将系统分解成若干个单元或层次，列出各单元或各层次的危险因素，然后确定检查项目，把检查项目按单元或层次的组成顺序编制成表格，使用时对照各检查项目以现场观察或提问的方式检查项目的状况，并填写到表格对应的项目上。

(1) 安全检查表的类型

安全检查表的分类方法可以有许多种，如可按检查内容分类，可按基本类型分类，也可按使用场合分类。

① 按安全检查表的内容分

a. 公司级安全检查表

供公司安全检查时用。其主要内容包括：车间管理人员的安全管理情况；现场作业人员的遵章守纪情况；各重点危险部位；主要设备装置的灵敏性、可靠性，危险性仓库的储存、使用和操作管理。

b. 车间安全检查表

供车间定期安全检查或预防性检查时使用。其主要内容：包括现场工人的个人防护用品的正确使用；机电设备安全装置的灵敏性、可靠性；电器装置和电缆电线安全性；作业条件环境的危险部位；事故隐患的监控可靠性；通风设备与粉尘的控制；爆破物品的储存、使用和操作管理；工人的安全操作行为；特种作业人员是否到位等。

c. 工段及岗位用安全检查表

主要用作自查、互查及安全教育。其内容应根据岗位的工艺与设备的防灾控制要点确定，要求内容具体易行。

d. 专业安全检查表

指对特种设备的安全检验检测，危险场所、危险作业分析等。

② 按安全检查的基本类型分

a. 定性安全检查表

列出检查要点逐项检查，检查结果以“对”“否”表示，检查结果不能量化。

b. 半定量检查表

给每个检查要点赋以分值，检查结果以总分表示，有了量的概念，不同的检查对象也可以相互比较，但缺点是检查要点的准确赋值比较困难，而且个别十分突出的危险不能充分地表现出来。

c. 否决型检查表

给一些特别重要的检查要点作出标记，这些检查要点如不满足，检查结果视为不合格，即具一票否决的作用。

(2) 安全检查表的编制

编制一份高质量的安全检查表并不容易。实际上，编制安全检查表的过程是对生产系统进行危险辨识的过程。因此，最好采用专业安全人员、工程技术人员和有经验的工人组成的编制小组来编制。以下几个方面的程序是必不可少的：

① 编制依据

a. 相关的法律、法规、标准、规程和规范。为了保证安全生产，国家及有关部门发布了各类安全方面的法律、法规、标准及相关的文件，这些是编制安全检查表的一个主要依据。

b. 国内外事故案例。收集国内外同行业及同类产品的事故案例，从中发现问题找出危险因素，作为安全检查的内容。国内外及本单位在安全管理中的有关经验，也是一项重要的内容。

c. 通过系统分析确定的危险部位及防范措施，都是安全检查表的编制依据。

d. 研究成果。编制安全检查表的依据必须采用最新的知识和研究成果，包括新的方法、技术、法规和标准。

② 编制过程

a. 组成编制组。编制组应包括四方面的人员：行业安全专家、专业人员、管理人员和实际的操作人员。编制组的组长应该具有行业的权威性。

b. 收集同类对象或类似对象的安全评价方法。在制定安全检查表之前，编制组成员应收集并整理同类对象或类似对象已经进行的安全评价，包括评价方法、评价结果和取得的总体效果，特别要收集已经编制的安全检查表。

c. 分析评价对象。分析内容包括结构、功能、工艺条件、管理状况、运行环境和可能的事故后果等。特别是对于已经发生过的事故，要解剖事故的原因、影响及其后果。在分析评价对象之前，要收集有关的各类图纸和说明书，分析应尽量在编制组已经了解有关图纸和说明书的条件下进行。

d. 确定评价依据。检查的依据是有关的法律法规、规程规范、标准和已经取得的经验、数据资料等。

e. 确定检查项目。把评价对象分成单元或层次，列出各单元或层次的危险因素清单，确定检查项目。

f. 编制表格。根据已经取得的资料、数据和依据等设计表格，并填写检查项目。

g. 组织专家会审。对已经设计出的表格要通过有关专家的会审，找出遗漏项或不完善的项目，进一步完善表格。

h. 修正表格。表格经过一段时间使用后，可能发现不足，也可能取得了新的经验或颁布了新的法律法规、规程规范、标准等，因此应当把新的内容及时编制到安全检查表中。

(3) 安全检查表的格式

安全检查表并无统一格式，一般依据检查项目和使用目的来设计，其基本格式如表8-1所示。表中检查内容常采用疑问句或陈述句来列举，检查结果采用分值式或是否式来定性评价。

表8-1　安全检查表基本格式

序号	检查项目	检查内容	检查标准(依据)	检查结果
检查结果评定：			整改意见：	

检查时间：　　　　检查人：　　　　负责人：

8.3 安全管理实践分析

8.3.1 壳牌石油公司的安全管理

壳牌石油公司的安全管理是以下几个方面为主要特色的，其安全管理的做法在世界石油行业，甚至整个工业社会有广泛的影响。

(1) 管理层对安全事项做出明确承诺

这是壳牌各项安全管理特点中最为重要的。管理层如不主动和一直给予支持，安全计划则无法推行。安全管理应被视为经理级人员一项日常的主要职责，同营业、生产、控制成本、谋取利润及鼓舞士气等主要责任一起，同时发挥作用。

公司管理层可通过下列内容显示其对安全的承诺：

① 在策划与评估各项工程、业务及其他营业活动时，均以安全成效作为优先考虑的事项；

② 对意外事故表示关注；总裁级人员应与一位适当的集团执行董事委员会成员，商讨致命意外的全部细节及为避免意外发生所采取的有关措施；总裁级以下的管理层，亦该同样关注各种意外事故，就意外进行的调查及跟进工作，以及有关人士的赔偿福利事项；

③ 用经验丰富且精明能干的人才承担安全部门职责；

④ 准备必要资金，作为创造及重建安全工作环境之用；

⑤ 树立良好榜样。任何漠视公司安全标准及准则的行为，均会引起其他人士效仿；

⑥ 有系统地参与所辖各部门进行的安全检查及安全会议；

⑦ 在公众和公司集会上及在刊物内推广安全信息；

⑧ 每日发出指令时要考虑安全事项；

⑨ 将安全事项列为管理层会议议程要项，同时应在业务方案及业绩报告内突出强调安全事项；

管理层的责任是确保全体员工获得正确的安全知识及训练，并推动壳牌集团及承包商的员工具备安全工作的意愿。改变员工态度是成功的关键。

良好的安全行为应该列为雇用条件之一，并应与其他评定工作表现的准则获得同等重视。就公司各部门的安全成效而言，劣者需予以纠正，优者则需予以表扬。

(2)明确、细致、完善的安全政策

有效的安全政策理应精简易明，让人人知悉其内容。这些政策往往散列于公司若干文件中，并间或采用法律用语撰写，使员工有机会阅读。为此，各公司均需制定本身的安全政策，以符合各自的需求。制定政策时应以以下基本原理作为依据：

① 确认各项伤亡事故均可及理应避免的原则；

② 各级管理层均有责任防止意外发生；

③ 安全事项该与其他主要的营业目标同等重视；

④ 必须提供正确操作的设施，以及制定安全程序；

⑤ 各项可能引致伤亡事故的业务和活动，均应做好预防措施；

⑥ 必须训练员工的安全能力，并让其了解安全对他们本身及公司的裨益，明确责任。

避免意外是业务成功的表现。实现安全生产往往是工作有效率的证明。

以下是某公司的安全政策方案：

① 预防各项伤亡事故发生；

② 安全是各级管理层的责任；

③ 安全与其他营业目标同样重要；

④ 营造安全的工作环境；

⑤ 订立安全工序；

⑥ 确保安全训练见效；

⑦ 培养对安全的兴趣；

⑧ 建立个人对安全的责任。

(3) 明确各级管理层的安全责任

某些公司或仍存有一种观念，以为维护安全主要是安全部门或安全主任的责任。这种想法实为谬误。安全部门其中一项重大任务就是充当专业顾问，但对安全政策或表现并无责任或义务。这项责任该由上至总经理下至各层管理人员的各级管理层共同肩负。

高层管理人员务必订阅一套安全政策，并发展及联络实行此套政策所需设的安全组织。

安全事项为各层职级的责任，其责任需列入现有管理组织的职责范围内。各级管理层对安全的责任及义务，必须清楚界定于职责范围手册内。

推行安全操作、设备标准及程序，以及安全规则及规例的安全政策时，需具备一套机制，安全组织必须促使讯息及意见上呈下达，使得全体员工有参与其中之感。

各经理及管理人员均有责任参与安全组织的事务，并需显示个人对安全计划的承诺，譬如树立良好榜样，并有建设性地回应下列项目：

① 安全成效差劣；

② 安全成效优异；

③ 欠缺安全工序的标准；

④ 标准过低；

⑤ 衡量安全成效的方法正确性及差劣；

⑥ 欠缺安全计划、方案及目标，或有所不足；

⑦ 安全报告及其做出的建议；

⑧ 不安全的工作环境及工序；

⑨ 各人采取的安全方法不一致；

⑩ 训练及指令不足；

⑪ 意外与事故报告及防止重演所需的行动；

⑫ 改善安全的构想及建议；

⑬ 纪律不足。

在评定员工表现时应该加入一项程序，就是对各经理及管理人员的安全态度及成效作出建设性及深入的考虑。安全责任需由较低层次的管理人员承担。全体员工均应致力参与安全活动，并了解各自在安全组织内所担当的职责和他们本身应有的责任。

(4) 有效的管理运行及沟通

改善安全管理计划的成败，取决于员工如何获得推动力及如何互相联络沟通。成功秘诀之一是与各级员工取得沟通，渠道包括书面通知、报告、定期通信、宣传活动、奖励奖赏计划、个别接触，以及最为有效的方法——在工人中召开有系统的安全会议。这些会议可让个人参与安全事项讨论，可在会上畅所欲言。

安全会议应由管理层轮流分工举办，当遇有特定的安全问题需要讨论时召开。各级管理层应尽量利用各种可行的推动方法，鼓励与会者积极讨论及提出意见。令安全会议形成越见成效就越具推动力的方法，让接受管理层指导的工人主持会议，并先行得知讨论项目及讨论目的的纲要。当承包商属于工人职级时，他们亦应获得这个机会。为使会议更为见效，与会人数不应超过 20 人，而会上得出的结论及提出的关注事项亦该记录在案，并切实加以处理。

召开安全会议的主要目的是：

① 寻求方法根治危险状态和行为；

② 向全体员工传达安全信息；

③ 获得员工建议；

④ 促使员工参与安全计划及对此做出承诺；

⑤ 鼓励员工互相沟通及讨论；

⑥ 解决任何已出现的关注事项或问题；

⑦ 会上未能解决的事项及具一般重要性的行动事项，亦应提出适当的经理人员或其中一个属于管理层的安全委员会加以重视。有关方面应尽早作出回复，以免尚待解决的行动事项不断积聚。

除召开有系统的安全会议外，管理人员当与下属研讨将要进行的工作时，亦需讨论各点相关的安全事项，如工作计划、施工过程、工作例会等。

管理层在安全委员会及安全会议上的主要目的之一，是探讨各级员工对安全计划的观感，以及安全资料及讯息是否正确无误地传达。为继续给予员工推动力，管理层务必鼓励员工做出回应，各抒己见。

8.3.2 “安如泰山”安全管理模式

(1) “安如泰山”模式创建背景

党的十八大以来，党中央作出了“全面建成小康社会、全面深化改革、全面推进依法治国、全面从严治党”的“四个全面”治国理政战略部署。全面建成小康社会是建设具有中国特色社会主义，实现中华民族伟大复兴的最终目的。这一目标的实现，需要建立“科学发展”“以人为本”的理念，要求落实“安全发展”“安全生产”的创新举措。山东某市“安如泰山”科学预防体系的创建工作，就是在把握全面建成小康杜会的“科学发展、安全发展”“民族复兴、实现中国梦”的大背景下提出来的，是因势而谋、顺势而为，是适应经济发展新常态、锁定安全发展新目标、落实安全生产新举措的具体体现。

安全生产科学预防体系建设以“安全发展”战略和“以人为本”为理念，以“科技强安、管理固安、文化兴安”策略为导向，应用先进的“战略—系统”“综合防范”“超前预防”等现代安全原理，以及国际前沿的本质安全、功能安全、系统安全、RBS—基于风险的监管、文化软实力、“安全生命周期”“全过程安全”等安全科学理论和方法，针对山东某市落实安全生产主体责任、强化安全生产基础建设和创建安全发展城市的需求，通过调查研究分析该市安全生产的发展现状及规划，采用逻辑推理、现象辨析、专家询证、社会调查、数据挖掘、统计论证、比较研究、实地考证、实证研究等方法，研究建立安全生产科学预防体系的模式及方法，实现“超前预防、本质预防、系统预防”为特征，体现“关口前移、重心下移、源头治理”的工作模式，落实“安全第一、预防为主、综合治理”的安全生产基本方针；建立政府为导向的安全生产科学预防体系和模式机制，为地市层级的政府实施安全生产科学预防工作提供经验和范例；打造基于“安如泰山”安全文化品牌，为该市创新安全生产工作方式，推行政府导向的安全生产科学预防体系，提供文化引领的智力支持和精神动力；全面提升安全生产科学预防能力和打造“安如泰山”平安城市，提供系统、科学、合理、实用、有效的安全生产科学预防体系。预期成果对该市安全生产工作发挥“理论支撑、文化引领、体系保障、方法落实”之功用，同时，研究探索一条全新的安全生产科学预防之路，为我国同类城市或地区的安全生产科学预防发挥引领和示范作用。

(2)“安如泰山”模式创建的思路

“安如泰山”的安全生产科学保障体系模式创建工作，是一次安全生产工作模式创新的探索，是一项全面、科学的安全生产“基础工程”“系统工程”。这一“模式创新”和“系统工程”，以创建“安如泰山”的平安幸福城市为目标，通过打造“安如泰山”的文化品牌、创建“科学预防”的泰安模式、建立“本质安全”的科学保障体系来实现。这一项目已经立为国家安全生产监督管理总局 2015 年的科技支撑项目。

“安如泰山”的安全生产科学预防保障体系模式创建的基本思路是：依据一套理论——本质安全的科学理论；培育一种文化——“安如泰山”的文化品牌；创建 12 个体系——安全发展目标、安全责任落实、安全法制保障、安全科技支撑、安全文化宣传、安全教育培训、安全事故防控、安全监督监察、安全“三基”建设、事故应急救援、安全生产信息、安全绩效评价体系；创新系统方法——超前预防、本质安全、系统安全的方法体系。

(3)“安如泰山”模式的内涵

“安如泰山”的安全生产科学保障体系包括三大内涵：安如泰山的文化品牌、科学预防的泰安模式、系统保障的 12 大体系，如图 8-4 所示。

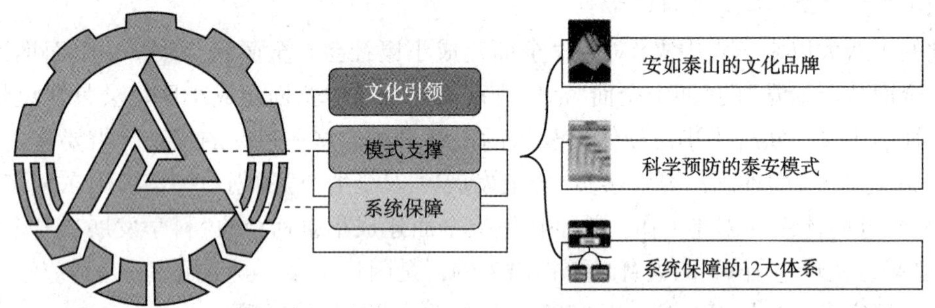

图 8-4 “安如泰山”体系模式内涵

其中，“安如泰山”的文化品牌的内容和载体如图 8-5 所示，科学预防的泰安模式内容如图 8-6 所示，系统保障的 12 大体系内容如图 8-7 所示。

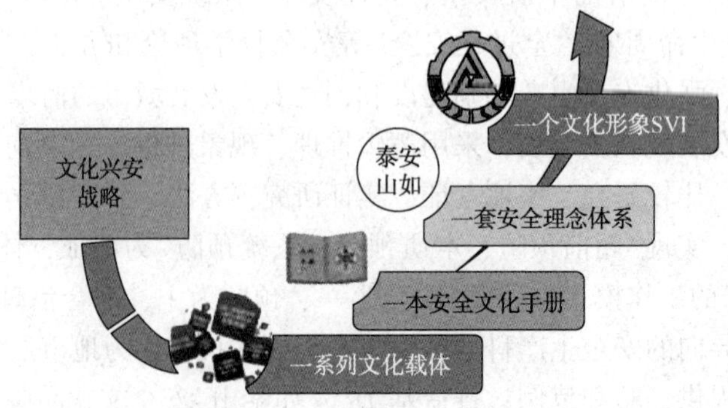

图 8-5 “安如泰山”文化品牌

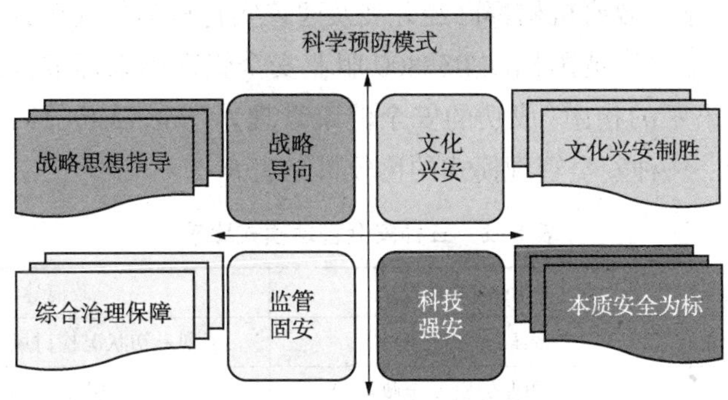

图 8-6　“安如泰山”科学预防模式

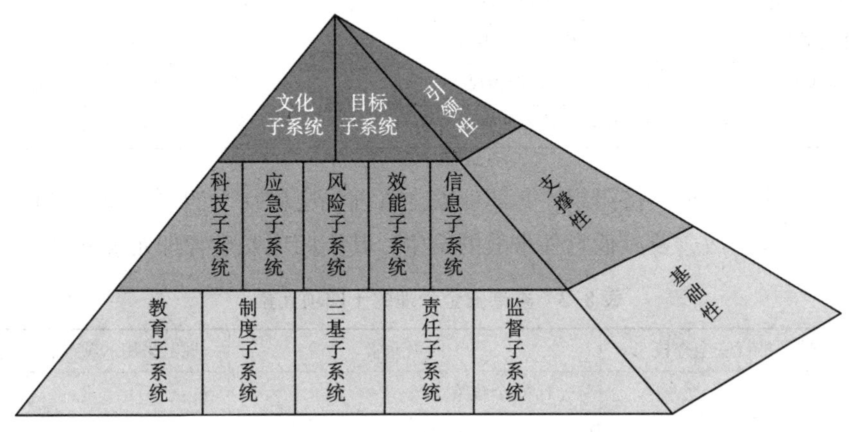

图 8-7　“安如泰山”系统保障体系

8.3.3　香港十四项安全管理元素

香港在职业安全管理方面采取的 14 项管理元素系统地归纳了香港现代安全管理的特色，值得我们很多企业学习、借鉴。

香港政府 1999 年 1 月 5 日的立法会会议通过由劳工处制定的《工厂及工业经营(安全管理)规例》。待条例草案成为法律条例后，规定雇用 100 名或 100 名以上工人的建筑地盘、船埠、工厂以及其他指定行业经营的承建商或东主，以及进行合约价值为 1 亿元或 1 亿元以上的建筑工程的承建商或东主，都要实施安全管理制度。为了方便投资商和承建商实施这个制度，香港政府将安全管理制度范畴定为十四项主要元素。

据香港《工厂及工业经营(安全管理) 规例》中的定义，安全管理是指与经营某工业有关并几乎在该工业经营中的人员的安全的管理功能，包括策划、发展、组织和实施安全政策及衡量、审核或查核等功能的执行。对当地的建造业、主要公用事业和大型工业经营，安全管理无论在概念上或实际运作上，都是一种基本的安全制度。由于采用了严格的安全管理制度，使企业安全表现记录优秀，如有关政府工程的机场核心计划、房屋委土会合约和工务局计划合约等。由于具有效力，香港的电力公司、煤气公司及铁路公司等机构，部分承建商、医院、大学、政府机构都已经开展及建议实行科学的安全管理制度。

香港的安全管理制度与英国标准 BS8800 职业安全管理体系标准，以及英国职业安全健康执行处(HSE)出版的指南《成功的安全健康管理》[Successful Health and Safety Management HS(G)65]，三种安全管理模式的比较可见表 8-2。

表 8-2　三种安全管理模式比较

HS(G)65 的模式	BS8800 的模式	政府建议的模式
最初及定期状态检讨	最初状况检讨	策划最初状况检讨风险评估定期状况检讨
政策	职业健康安全政策	发展 安全政策安全计划
组织	计划	组织
计划及实施	实施及运作	实施
量度表现	检查及改善行动	衡量
包括在该模式的第一项内	管理检讨	包括在该模式的第一项内
稽核	包括在检查及改善行动内	审核或查核

香港政府确定了工业经济组织，其职业安全管理也应包括十四项主要的管理元素，以用安全管理的对策去改善及减低意外事故的发生。其十四项安全管理元素见表 8-3。

表 8-3　香港安全管理的十四项元素

<table>
<tr><th>规定采用八项及推行安全查核</th><th>十四项元素</th><th>规定采用八项及推行安全查核</th></tr>
<tr><td rowspan="10">• 雇用 100 名或 100 名以上工人的建筑地盘、船场、工厂以及指定工业经营
• 1 亿元或 1 亿元以上的建筑工程的承建商或东主</td><td>(1)安全政策</td><td rowspan="8">雇用 50~99 名工人的承建商或东主</td></tr>
<tr><td>(2)安全职责架构</td></tr>
<tr><td>(3)安全训练</td></tr>
<tr><td>(4)内部安全规则</td></tr>
<tr><td>(5)危险情况视察计划</td></tr>
<tr><td>(6)个人防护计划</td></tr>
<tr><td>(7)调查意外事故</td></tr>
<tr><td>(8)紧急事故准备</td></tr>
<tr><td>(9)评核、挑选和管控次承建商</td><td rowspan="6">规例生效起计的一年后检讨</td></tr>
<tr><td>(10)安全委员会</td></tr>
<tr><td rowspan="4">规例生效起计的一年后检讨</td><td>(11)评核与工作有关的危险</td></tr>
<tr><td>(12)推广安全与健康意识</td></tr>
<tr><td>(13)控制意外和消除危险的计划</td></tr>
<tr><td>(14)有关保障职业健康的计划</td></tr>
</table>

对于不同的经济行业，在此基础上有一些变化。据香港《工厂及工业经营(安全管理)规例》草案，政府规定雇用 100 名或 100 名以上工人的建筑工地，以及其他指定工业经营的承建议商或东主，以及进行合约价值为 1 亿元或 1 亿元以上的建筑工程的承建商或东主，需采用安全管理制度十四项元素的其中十项(表 8-3)，以及对他们的安全管理制度进行安

全审核。而指定工业经营是指涉及电力、煤气或石油气的生产及输送以及货物搬运的工业经营。

近年来国际上对于职业安全健康非常关注，政府积极推行新策略，鼓励组织实行自我规范来管理本身的安全健康。一个最有效的职业安全管理制度，是组织能把职业安全健康整合到组织内的各项经营策略，借以改善组织内职业安全健康的成效。据政府估计，在实施安全管理制度方面，工业和建造业的雇主所需承担的额外成本为0.1%~0.2%。但实施安全管理制度有助于减少意外的伤亡数目、停工和工作受阻的情况，节省医疗成本，补偿开支，降低保费等。因此我们没有任何理由相信政府建议采用的安全管理制度不适用于非工业经营机构。职安局在这方面不遗余力地把安全管理制度推广到学校、医院及酒店等。

8.3.4　“绿十字工程”安全管理模式

某企业将安全管理的模式用一系统工程的概念，设计成名为《绿十字工程》的模式。

《绿十字工程》的目标是：确立现代的安全理念，建立科学的安全管理模式，制定系统的安全管理制度，实施有效的《绿十字工程》。也就是说，其内涵由安全管理理念、安全管理机制、安全管理模式、安全管理制度体系四个子系统构成。

(1) 安全管理理念(方针)

安康为本，预防为先，科学管理，安全生产。

(2) 安全管理机制

建立如下四个保障系统。

① 合理、完善的组织保障系统。综合(大安全观)的管理组织配置方案，即将企业的劳动保护、安全生产、消防安全、交通安全等业务综合、统一、集中管理。

② 明晰、严格的人员职责系统。各类管理人员全面落实安全生产制度。

③ 协调、明确的管理职能系统。各级安全机构(安全委员会、安全部、安全科等)的管理职能协调、配合。

④ 充分、有效的安全投入系统。安全措施经费充足、必要而有效的投入机制。

(3) 安全管理模式

推行“0458管理模式”。

① 管理的目标。0代表以事故为零的管理目标。(因工死亡、重伤、重大设备事故、重大交通事故、重大火灾事故)

② 管理的对象。4代表全员、全过程、全方位、全天候的管理对象系统。(管理的对象的四个序列：全员代表人的序列；全过程代表技术的序列；全方位代表空间的序列；全天候代表时间的序列)

③ 管理的基础。5代表安全生产责任制体系、安全规章制度体系、安全教育培训体系、设备维护整改体系、事故应急抢救体系。(分别以责任、规章系列化；教育培训正规化；工艺设备安全化；安全卫生设施现代化为基础)

④ 管理的方法。8代表四查工程(科学严密的安全检查)、无隐患管理法(危险预知预

控)、定置管理法(现场物流人流定置管理)、六个一活动(班组安全活动)、经济手段(奖罚制度)、三标建设、三点控制管理法(危险点、危害点、事故高发点)、安全责任区(党员责任区，领导现场挂点)。

(4) 安全管理制度体系

① 安全检查制度。车间班组日常安全检查制度；重大危险设备检查制度；特种设备安全检查制度；安全管理检查制度。

② 安全教育培训制度。三级教育制度；特种作业人员教育培训制度；员工日常教育制度。

③ 责任制。厂长(经理)安全生产职责制；分管副厂长(经理)安全生产职责制；分管副厂长(经理)安全生产职责制；各部门负责人安全生产职责制；各岗位安全作业职责制等。

④ 工艺及技术安全管理制度。改建、扩建"三同时"制度；原材料采购安全预审制度；工程承包方评定与监控制度；设备维修改造安全预评价制度。

⑤ 安全报告制度。事故报告制度；隐患报告制度。

⑥ 文件管理制度。事故档案资料管理制度；安全技术、工业卫生技术文件资料管理制度；安全教育卡片管理制度。

⑦ 现场管理制度。现场动火制度；机械维修安全管理制度；电器维修安全管理制度。

⑧ 班组台账管理制度。

⑨ 用工安全管理制度。特种作业人员用工制度。

⑩ 安全机构工作制度。安全委员会工作制度；安全生产例会制度；专业人员培训制度。

⑪ 事故处理制度。

⑫ 消防消防管理制度。消防责任制实施办法；要害部位防火管理规定；建筑设施防火审核程序规定；工业动火管理规定；火灾事故管理办法；消防设施及防雷避电装置管理办法。

⑬ 交通安全管理制度。道路交通安全责任制实施办法；厂内交通运输安全管理办法；交通违章与交通事故处理办法；起重搬运安全管理办法。

⑭ 特种设备管理制度。锅炉安全管理规定；压力容器安全管理规定；液化气瓶安全管理规定；制冷装置安全管理规定。

⑮ 生产安全管理制度。职业安全卫生"三同时"管理实施细则；基层班组"三标"建设管理办法；班组安全台账管理细则；安全措施项目管理办法；安全用电管理办法；危险场所控制管理办法；重大隐患管理制度。

⑯ 劳动保护用品管理制度。职工劳动防护用品管理规定。

⑰ 职业健康管理制度。有害作业管理办法；职业病防治管理办法；女工劳动保健实施细则；劳动强度分级实施细则。

⑱ 危险品安全管理制度。化学危险品管理办法；放射源使用管理办法；易燃易爆物

品安全管理办法。

⑲ 应急管理制度。危机事件分类与应急措施导则；重大事件应急组织管理细则；应急救援实施细则。

复习思考题

(1) 我国安全生产法律法规体系的构成？现有的主要安全生产法规有哪些？

(2) 我国现行的安全生产管理体制是什么？

(3) 论述安全生产管理的方针。

(4) 如何开展实施系统安全管理？

(5) 现代安全管理的技术有哪些？试简要论述。

(6) 试分析我国安全管理实践的优势和缺点。

参考文献

[1] 罗云，程五一．现代安全管理[M]．北京：化学工业出版社，2004.
[2] 谢正文，周波，李薇．安全管理基础[M]．北京：国防工业出版社，2010.
[3] 彭冬芝，郑霞忠．现代企业安全管理[M]．北京：中国电力出版社，2004.
[4] 袁昌明．安全管理技术[M]．北京：冶金工业出版社，2009.
[5] 常占利．安全管理基本理论与技术[M]．北京：冶金工业出版社，2007.
[6] 崔正斌，邱成，徐德蜀．企业安全管理新编[M]．北京：化学工业出版社，2004.
[7] 金龙哲，宋存义．安全科学原理[M]．北京：化学工业出版社，2004.
[8] 陈宝智．安全原理(第二版)[M]．北京：冶金工业出版社，2002.
[9] 王洪德，石剑云，潘科．安全管理与安全评价[M]．北京：清华大学出版社，2010.
[10] 马小明，田震，甄亮．企业安全管理[M]．北京：国防工业出版社，2007.
[11] 罗云等．安全经济学(第二版)[M]．北京：化学工业出版社，2010.
[12] 刘均．风险管理概论[M]．北京：中国金融出版社，2005.
[13] 汪生忠．风险管理与保险[M]．天津：南开大学出版社，2008.
[14] 罗云．安全生产成本管理[M]．北京：煤炭工业出版社，2007.
[15] 李红霞，田水承．企业安全经济分析与决策[M]．北京：化学工业出版社，2006.
[16] 李树刚．安全科学原理[M]．西安：西北工业大学出版社，2008.
[17] 李加明．保险学[M]．北京：中国财政经济出版社，2009.
[18] 迪尔伯恩金融服务公司．企业保险[M]．北京：中国人民大学出版社，2005.
[19] 王书明，何学秋．论安全投资决策[J]．经济师，2004(2).
[20] 罗云等．安全经济学导论[M]．北京：经济科学出版社，1993.
[21] 武喜尊．论安全与经济效益[J]．中国煤田地质，2002(12).
[22] 梅强．安全投资项目经济评价的研究[J]．技术经济，1994(1).
[23] 姜洋等．企业投入的安全经济效用及边际效用[J]．中国安全科学学报，1998(4).
[24] 梅强．安全投资方向决策的研究[J]．中国安全科学学报，1999(10).
[25] 施国洪等．系统动力学方法在环境经济学中的应用[J]．北京：系统工程理论与实践，2001(12).
[26] 王新泉，乌燕云．安全生产标准化教程[M]．北京：机械工业出版社，2011.
[27] 张荣．危险化学品从业单位安全标准化操作手册[M]．北京：中国劳动社会保障出版社，2010.
[28] 平海军，武洪才．危险化学品企业安全标准化操作手册[M]．北京：中国石化出版社，2009.
[29] 郭仁惠、刘宏．ISO14001：2004 环境管理体系建立与实施[M]．北京：化学工业出版社，2006.
[30] 刘宏．职业健康安全管理体系实用指南[M]．北京：化学工业出版社，2003.
[31] 刘宏．职业安全管理[M]．北京：化学工业出版社，2004.
[32] 李在卿，高利东，陈红．OHSAS18001：2007《职业健康安全管理体系要求》标准的理解与应用[M]．北京：中国标准出版社，2010.
[33] 职业健康安全管理体系规范[S]．GB/T 28001—2001. Occupational health and safety management systems-Requirements[S]．OHSAS 18001：2007.
[34] 罗云．现代安全管理(第三版)[M]．北京：化学工业出版社，2016.
[35] 胡月亭．事故防控策略与技术[M]．北京：石油工业出版社，2017.
[36] 牟善军．化工过程安全管理与技术[M]．北京：中国石化出版社，2018.
[37] Meng-ChowKang(江明灶)．响应式安全：构建企业信息安全体系[M]．走马，译．北京：电子工业出版社，2018.
[38] 景国勋，杨玉中．安全管理学(第二版)[M]．北京：中国劳动社会保障出版社，2016.